■ 李春国 主编

扬州水利史话

**YANG ZHOU
SHUI LI SHI HUA**

广陵书社

图书在版编目（ＣＩＰ）数据

扬州水利史话 / 李春国主编. -- 扬州 : 广陵书社，2013.1

ISBN 978-7-80694-914-6

Ⅰ．①扬… Ⅱ．①李… Ⅲ．①水利史－扬州市 Ⅳ．①TV-092

中国版本图书馆CIP数据核字(2013)第011730号

书　　名	扬州水利史话
主　　编	李春国
责任编辑	刘　栋
出版发行	广陵书社
	扬州市维扬路 349 号　　　邮编　225009
	http://www.yzglpub.com　E-mail:yzglss@163.com
印　　刷	江苏凤凰扬州鑫华印刷有限公司
开　　本	787 毫米 × 1092 毫米　1/16
印　　张	31.25
字　　数	450 千字
版　　次	2013 年 1 月第 1 版第 1 次印刷
标准书号	ISBN 978-7-80694-914-6
定　　价	98.00 元

（广陵书社版图书凡印装错误均可与承印厂联系调换）

为政之要

在于治水

陈雷

二〇〇八年二月廿一日于扬州

序 一

水是人类文明的源泉。水利和农桑是华夏壮丽史诗的主旋律。从远古传说中的大禹治水到李冰父子修建都江堰,从汉武帝治理黄河到康熙巡视河务漕运,从毛泽东部署治淮到今天的三峡水利枢纽……在长期的治水实践中,中华民族不仅创造了巨大的物质财富,也创造了宝贵的精神财富,形成了独特而丰富的水文化。水文化是中华文化和民族精神的重要组成部分,也是实现水利又好又快发展的重要支撑。"善治国者必先治水"。学习借鉴传承前人治水创造的精神财富,加强我国传统治水理念、治水方略、治水措施的研究,从中提炼出科学的文化内核,对当今水利建设提供有益借鉴、推动水利事业又好又快发展、形成人水和谐相处的良好局面有着重要意义。

扬州是国务院公布的第一批历史文化名城之一。春秋时期吴王夫差开邗沟,迄今已有近 2500 年历史。因为处于江淮之间,长江和运河在此交汇,淮河入江水道又纵贯入江入海,扬州历来就与治水结下不解之缘,开运河兴漕运、盐运,兴建归海、归江众多河沟、坝、闸以疏解洪灾,众多治水名臣在此殚精竭虑,康熙皇帝也多次亲临勘察水情,充分说明扬州的古代水利工程在中国水利史上的重要位置和影响。扬州市水利局用几年时间,专门组织编写了《扬州水利史话》,从众多来稿中遴选一百多篇入编,不仅有古代的夫差开邗沟,陈登修陈公塘,谢安建召伯埭,隋文帝开凿山阳渎,还有陈瑄治理运河、民国张謇导淮,更有新中国建立后的运河整治、淮河治理、长江治坍、兴修水库、南水北调、防洪抢险、兴修农田水利、发展机电排灌、中低产田改造等等内容，涵括工程、人物、事件。这本书采用史话体的形式，以时间为经，将历史上的重要治水人物、事件用形象、简明的笔墨分篇记载，附有大量的图、照片，增强了可读性，不仅是水利工作者，普通读者也能容易地读懂，既体现真实性，又增强了可读性，是一部集史料性、知识性、科学性、文学性于一体的水利史书。在我印象中，修志的地方不少，但以一地市级水利部门，组织编写史话类作品实不多见。就我所了解，近年来扬州水利部门在积极开展水利建设管理的同时，积极探索开展文化活动，打造《情注水利》歌曲，编印《水润扬州》画册，出版《江河大治润千秋》扬州水利诗词集、《扬州运河》等，获得各项表彰，有声有色，可圈可点。

党的十七届六中全会鲜明地提出建设社会主义文化强国的宏伟目标。水利部党组出台了《水文化建设规划纲要》（2011~2020年），这是水利系统第一次对水文化建设进行全面部署，对水利系统深入开展水文化建设具有重要意义。希望各级水利部门从全局和战略的高度，深刻认识做好水文化建设的重要性，紧紧抓住这个重大历史机遇，推进水文化建设实践，为现代水利事业的可持续发展提供先进文化支撑。

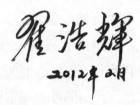

罗浩辉

二〇一二年二月

序　二

　　《扬州水利史话》从征文、收集、整理、史料查核到编辑出版,集数十人心血,历经三年,数易其稿,终于付梓。这是扬州水文化建设乃至全省水文化发展的一件盛事,可喜可贺!

　　扬州地处长江下游,淮河尾闾。境内有丘陵、平原、圩区,水系复杂,治水历史悠久,水文化底蕴深厚。明代以前,扬州治水以保证漕运为中心,治水以蓄为主、蓄泄兼筹;明代中期,黄河南泛,灾害频仍,导淮由扬州入江、入海,治水以保漕运兼治水患;清末以后,黄河虽然北徙,但战事不断,水旱灾害加重,人民群众与水患灾害英勇抗争的历史令人感慨!

　　新中国成立后,在毛主席"一定要把淮河修好"的伟大号召下,党和政府全面规划,除水害、兴水利,广大人民群众以改天换地的精神治理山河,水利防灾抗灾能力空前提高,虽有洪涝肆虐,但社会秩序稳定,人民安居乐业;虽遇百年大旱,但农业连获丰收,经济持续发展;几十年的水利工程建设为扬州地区经济社会发展和人民群众的幸福安居做出了重大贡献。

　　水文化是劳动人民长期治水实践的经验总结,是民族精神和中华文化的重要组成部分。扬州市的同行们在加强水利建设的同时,十分注重水文化的研究和整理工作。自2006年来,组织专门力量,陆续整理出版了《水润扬州》画册、《江河大治润千秋》诗词集、《扬州水道记》(标点注释)、《扬州运河》等一批水文化重要成果,继而又认真筹划、广泛收集、精心整理,打造出一部具有专业背景兼具浓郁地方文化特色的《扬州水利史话》。

《扬州水利史话》以历史唯物史观为指导,认真收集整理了自吴王夫差开凿邗沟以来至现代扬州境内重要的治水事件、关键人物、重大水利工程建设以及主要治水经验和教训等。书中既有对扬州治水关键人物功过是非的客观评说,更有对人民群众百折不挠治水精神的热情讴歌。虽然历史跨度大,但提供的史料充分翔实。特别是书中用大量的篇幅真实再现了建国以来,扬州人民在党和政府的领导下,艰苦奋斗,前赴后继,投入波澜壮阔的大修水利的建设场景,令人震撼,催人奋进!

今天,党中央国务院作出加快水利改革发展的重大决策部署,江苏省委省政府提出推进水利现代化建设的伟大号召,新一轮水利大改革、大建设、大发展的热潮扑面而来。温故而知新,《扬州水利史话》的出版,对于我们传承借鉴历史上人民群众的治水智慧和经验,科学推进水利现代化建设无疑具有重要意义。在这里,我衷心希望扬州市水利局的同行们在现代水利建设的实践中,既要继续挖掘水文化的历史宝库,不断总结借鉴前人治水的宝贵经验,又要积极推进现代水文化的创新和发展,以先进的水文化引领水利现代化建设的伟大实践。

吕振霖

2012 年 4 月 8 日

序　三

　　水是生命之源、生产之要、生态之基。兴水利、除水害,事关人类生存、经济发展、社会进步,历来是兴国安邦的大事。水也是人类文明生存发展的源泉。从一定意义上讲,中华民族的悠久历史也涵盖了一部兴水利、除水害的历史。

　　"借问扬州在何处?淮南江北海西头。"历史在变迁,长江依旧东流入海,而扬州由枕淮变成淮水穿腹而过。京杭大运河纵贯南北,襟带白马、宝应、高邮、邵伯诸湖。新通扬运河、仪扬河横贯东西。境内沟渠、河道密布。全市面积6634平方公里,其中水面积占四分之一还多。

　　扬州的治水历史悠久。开邗沟始于春秋。运盐通商开通扬运河始于前汉。邗沟改道、筑塘灌溉始于东汉。筑埭蓄水、利运始于晋。隋文帝开渎为灭陈,隋炀帝沟通大运河巡幸江都。唐开伊娄河保漕。宋代始筑堤防、建石碇、改堰建闸蓄泄两便,依然是保漕。明代黄河全面夺淮,为保漕,开月河,实现河湖分隔;为保漕、护陵,实施"分黄导淮",淮河洪水从扬州入江、入海,扬州遂成洪水走廊,水患连年不断。清代为解决淮水出路,大建归海、归江工程,意在保漕兼治水;清中期为保农田,开始广筑圩堤。咸丰时黄河北徙,漕运停止,扬州治水再也牵不上保漕的由头。民国时导淮议而无果,仅建船闸维持航运。回顾扬州治水历史,历经坎坷,漕运时代的水利工程为漕运畅通、南北经济文化交流发挥了重要作用,也促进了扬州的几度繁华。但到新中国成立时,境内水利失修,满目疮痍,大雨大灾,小雨小灾,无雨旱灾。

为政之要在于治水。新中国建立以后，在党的领导下，扬州人民积极响应毛主席"一定要把淮河修好"的伟大号召，在经济条件十分困难的情况下，节衣缩食，艰苦创业，每年组织几十万民工奋战在水利建设工地，全面整治里运河，治理淮河入江水道，兴建江都抽水站，开展长江岸线治理。同时以改造低产田、建设高产稳产农田为目标，对山、水、田、林、路、桥、涵、闸、站、库、塘、坝，实行综合治理，曾经饱受水旱灾害之苦的里下河"锅底洼"变成"米粮仓"。《中华人民共和国水法》颁布以后，依法行政、依法治水，依法管水、加强水资源管理，出现了崭新的治水局面。

近年来，扬州水行政主管部门在上级水行政主管部门的大力支持下，在市委、市政府的正确领导下，深入贯彻落实科学发展观，积极践行可持续发展治水思路，积极实施城市防洪、南水北调、治理淮河、治理长江、水库除险加固、水利血防、灌区改造、饮水安全和水环境整治工程、水利改革等各项工作，取得了非凡的成就，不仅为扬州的经济社会发展提供了支撑和保障，也为国家北煤南运、南水北调做出了积极贡献。在担当水利建设、管理、防汛、防旱、依法治水的同时，还特别注重水利文化建设，先后编印《水润扬州》画册，谱写《情注水利》歌曲，出版《江河大治润千秋》水利诗词集和《扬州运河》史学著作。近年来，我市水利工作者又花费数年之力，组织编写《扬州水利史话》。该书时间跨度大，涉及事件人物多，图文并茂，通俗易懂，比较全面地介绍了扬州治水的史实，特别用大量篇幅讴歌颂扬新中国建立以后，扬州水利建设的巨大成就，是一部好书，它不仅适合水利工作者阅读，也为想了解扬州水利史、航运史的人们打开了一扇大门，对于借鉴先贤的治水经验，推进扬州水利又好又快发展，丰富扬州文化内涵，都将大有裨益。希望水利部门再接再厉，推出更多精品力作，为扬州文化百花园增光添彩。

是为序。

洪锦华

2012 年 6 月

序 四

　　"生物其始为水。"老子敬水曰：水有七善，"居善地、心善渊、与善仁、言善信、政善治、事善能、动善时"，"水善利万物而不争，处众人之所恶"，"几于道"，天下亦无怨尤。

　　水者，有无之际，始离与无，而入于有。水之多寡，则洪、涝、旱灾伴随。水多，泛滥成灾，波高于屋，哀鸿遍野，十室九空，田园荒芜；水少，禾苗干枯，五谷欠收，人饥相食，立地毙命。据史志记载，扬州自汉文帝五年（前175），至1949年，两千多年来就发生洪、涝灾害年份达450年之多，发生干旱的年份有210年之多。新中国建立后也多次发生大洪水和严重干旱。千百年来，人们一直期盼着风调雨顺。

　　治水是中华民族的优良传统。大禹说："浚畎浍距川。"孔子说禹"尽力沟洫"。北宋著名政治家王安石，是一位非常重视农田水利建设的改革家，写下著名的并对此后治水政令有着深远影响的《上杜学士言开河书》。清代康熙皇帝亲政时，把河务作为三件大事之一，悬在宫中柱上。乾隆皇帝说："南巡之事莫大于河工"，"河工关系民命"。毛泽东主席号召"一定要把淮河修好"。这些都反映了为政者自古至今就重视治水，兴利除害。

　　随着社会的发展，经济高速增长，工业化、城镇化深入发展，全球气候变化影响加大，水利事业面临的形势更趋严峻，增强防灾减灾能力要求越来越迫切，强化水资源节约保护工作越来越繁重，加快扭转农业"靠天吃饭"的任务越来越艰巨。2011年，中央发出1号文件《关于加快水利改革发展的决定》，把水利建设放在重要的战略地位，再次警示我们加快水利建设刻不容缓。

扬州自古襟江带海。春秋时吴王夫差开邗沟，沟通江淮，为扬州兴修水利之始。随着封建王朝的漕运兴起，扬州成为漕运咽喉，围绕保漕、治水，做了大量的水利工程，"以塘潴水，以坝止水，以澳归水，以堰平水，以涵泄水，以闸时其纵闭，使水深广可容舟"，形成河川联合运用之效，为国家统一、南北经济文化平衡发展做出重要贡献。

明万历时，"分黄导淮"以后，淮水由扬州入江、入海，清代大兴淮水入江工程，改变了扬州的水系，扬州遂成为洪水走廊，灾害连年，难以治理。历代统治者，曾提出多种治理措施，也兴办了一些工程，受历史条件限制，不可能根治水旱灾害，人民长期生活在水深火热之中。

新中国建立以后，扬州历届市委、市政府组织带领全市人民兴水利、除水患、治淮、治江、整治运河，修建防洪、排涝、调水、挡潮、灌溉、跨流域调水等水利工程，努力抗御洪涝干旱灾害，保障全市经济社会的又好又快发展。

前人治水的经验教训，是留给后人的宝贵精神财富，给后人治水提供借鉴和启发；前人留下的河道、堤防、典籍等遗存，也是开展文化建设的丰富遗产，需要我们加以发扬光大。

扬州市虽然建了大批水利工程，但对其建设历程及社会作用的文化内涵精神品质研究不足，每当夜深人静之时，总感有所缺憾。前人治水形成的"艰苦奋斗，乐于奉献，顽强拼搏，勇于探索，积极向上，争创一流"的扬州水利精神也时常激励着我。出于对扬州丰厚水文化的挚爱，认识水文化对水利事业的重要作用，我自 2005 年主持扬州市水利局工作之时，提出打造安全、资源、环境、文化、法治"五个水利"的思路，将水文化同水利建设工作一同布置一同安排，在组织实施南水北调、淮河入江水道治理、城市防洪、水利血防、江岸治理、农村饮水安全、水库除险加固、河道疏浚、区域供水等工程和抗御水旱灾害的同时，开展了一系列的水文化建设工作，编印《水润扬州》画册，出版《运河·千秋风》邮册、《江河大治润千秋——扬州水利诗词集》《扬州运河》史学专著,成功谱写《情注水利》歌曲,为水利大发展营造了良好的文化氛围。

盛世修史,资政育人。这次扬州市水利局花费数载之力,通过广泛征集、重点约稿,编撰出一本《扬州水利史话》。本书由 100 多篇文章组成,以时间为序,由古到今介绍扬州水利历史,图文并茂,见人见事,通俗易懂,希望读者能够喜欢,开卷有益。

《扬州水利史话》付印之时,适逢深入学习贯彻党的十八大精神,我们将进一步加大力度,创新举措,推进水利改革发展和水利现代化建设,为把扬州建成世界名城做出新的贡献。

是为序。

2012 年 11 月

目　录

吴王夫差开邗沟

徐炳顺

　　春秋时,吴王夫差为了北上称霸中原,在淮扬之间开了一条邗沟,最初用于军事,它就是今里运河的前身,这是扬州有史籍记载的最早的水利工程。

　　禹时,江淮之间没有水道相通,所以扬州(天下九州有其一,包括今扬州市)贡道由江入海,然后达于淮、泗,抵达帝都。哀公九年(前486)秋天,吴王夫差用了很短的时间,开挖长约150公里的河道将长江与淮河之间的湖泊连接起来,沟通江淮,名为邗沟,江淮之间始有水道相连。《左传》《国语》《水经》《汉书·地理志》等古典文献中都有与它相关的记载。邗沟以后为漕河,不可废,又经历代开发治理,成为今日京杭运河中最早的一段,有运河之祖之称。吴王夫差开挖邗沟之功不仅在于当时用于军事,而且惠及千秋万代,确是一项伟大的创举,吴王夫差遂成淮扬之间开

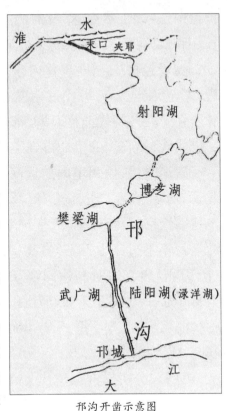

邗沟开凿示意图

沟第一人。

吴王夫差在短时间内将邗沟开挖成功,显示了吴国强大的国力及其治国理政的大智慧。邗沟的开凿做到了因地制宜,开挖人工河道一般采用直线,然而他考虑到要在短时间内开成,又考虑到运道水源,不惜采用较大的弯道。从入江口向北,由长江引水,河线由武广湖(今邵伯湖)东、陆阳湖(又作渌洋湖)西之间穿过,向北抵樊梁湖(又作樊良湖,今高邮湖),既利用了樊梁湖作为运道,又解决了邗沟中部的水源。出樊梁湖后,径达博芝湖(后名广洋湖),同样博芝湖既作运道,又获水源。出博芝湖后,绕了一个大弯子,抵射阳湖,该湖不仅作为运道,而且是邗沟北部水源的供给地。运道路线虽然长了一些,但节省了开挖时间,又随时随地得到水源的补给。这不能不说是吴王夫差采用了因地制宜,在短时间内将运道开挖成功的重要决策。

吴王夫差开挖邗沟以后把长江、淮河两大河流沟通起来,改变以前贡道由江入海,然后达于淮、泗的路线。隋以后沟通海河、黄河、淮河、长江和钱塘江五大水系的京杭运河亦循此思路。

随着经济中心逐步移向东南,唐代开始用邗沟作为漕运通道,自唐、宋至元、明、清,历代王朝视漕运为生命线,成为封建王朝的政治命脉所在。在各朝代鼎盛时期,都注重对里运河的治理与开发,并取得了一定成效,使邗沟的生命得到了延续。

漕运时代,扬州境内的运河"半天下之财赋,悉由此路而进",南粮北运,居功显赫。唐都长安(今西安),而关中号称沃野,然其土地狭,不足以给京师,备水旱,故常转漕东南之粟。唐太宗时(621~647)水陆漕运每年不过二十万石,自高宗以后,漕运量逐年增多,至唐代宗时达110万石,唐玄宗时高达400万石。北宋时漕粮自江淮至汴京每年多至800万石,少亦不下600万石。明清两代,邗沟的漕运地位更显重要,舳舻衔尾,逶迤数千里,每年400多万石漕粮直达天津,春往秋还,有同塞雁,成为运河奇观。

明末"分黄导淮",清代又兴建淮水归海、归江工程,里运河接纳淮水以转输,分流入海、入江,扬州境内的运河接纳黄、淮洪水以转输,之后淮水南下,黄蹑其后,成为洪水走廊,扬州运河由以往的"害一利十,而成为利十害百",想必吴王夫差始料未及。清末黄河北徙,漕运废止,扬州运河千疮百孔。

邗沟经过一代又一代的整治与配套,为国家的统一、南北经济文化的交流等发挥了多种功能。新中国建立以后,经全面治理,扬州运河获得新生,为北煤南运、南水北调再谱新篇,最终成为我国东部南北振兴经济的水运大动脉,也成为了我国南水北调东线输水干线。扬州境内的运河具有防洪、南水北调、灌溉、排涝、航运、城镇供水、旅游等多种功能。邗沟的开凿成功凝聚着劳动者的聪明智慧,是我国古代水利工程的创举,也创造出光辉灿烂的运河文化。

吴王夫差(?—前473),春秋末吴国国君,是吴王阖闾的儿子。阖闾为越王勾践打败伤死,他立志为父报仇,终于打败越兵于夫椒(今江苏吴县西南太湖中),使越降服。前473年吴为越所灭,吴王夫差向勾践求和未成,自杀。扬州百姓为缅怀吴王夫差开邗沟之功,将他当财神供奉,建起了大王神庙(俗称"财神庙"),以祭祀这位淮扬之间开沟的第一人。

射阳湖湖畔古邗沟

刘濞开邗沟至海陵仓及蟠溪

徐炳顺

　　汉文景时（前179～前141），就是吴王夫差开凿邗沟以后的300多年，又有一个诸侯王刘濞，他为了捍盐通商，自茱萸湾（今湾头）通海陵仓（今泰州）及蟠溪（今如皋市东城乡），开了一条东西向的运河，后名为运盐河，也称为邗沟（《宋史·卷九十六》"吴王濞开邗沟通运海陵"）。《江南通志》引《惟扬志》讲："吴王濞开邗沟自扬州茱萸湾通海陵仓及如皋蟠溪，此运盐河之始"，说的就是这条运河。这是扬州境内继邗沟开凿以后扬州境内的第二条人工运河。

　　刘濞（前215～前154），沛县（今属江苏）人，刘邦侄，封吴王。他在封国内大量铸钱、煮盐，为海盐运输及发展盐业作出了重要的贡献。

　　吴王夫差开的邗沟与刘濞开的邗沟相汇于湾头，给湾头带来了兴盛。邗沟之水经茱萸村后分为两道，一道向北至樊梁湖，一道向东入运盐河（即今通扬运河）。其分道处因古代种植茱萸而闻名，得名茱萸村、茱萸湾，所以湾头这一段河道又称为茱萸沟。茱萸湾即今湾头镇，一名湾口，一名湾头。湾头—宜陵段运盐河曾叫做东塘，湾头镇成了运盐河之首。湾头镇，历史上位置显要，在漕运、盐运、水运等方面起过重要作用。唐代湾头已成为重要港口。唐朝诗人刘长卿写的"半逻莺满树，新年人独还。落花逐流水，共到茱萸湾"，指的就是今湾头。日本僧人圆仁于唐文宗开成三年（838），就是沿着运盐河至湾头达扬州的。在他回国后写的《入唐求法巡礼行记》中，称湾头附近的运河为城北江。

北宋时,湾头为江都(今扬州)七镇之一。明清时为两淮盐运司专管码头。明成化九年(1473)建湾头上下二闸。今湾头还有一座明末建的老闸,是扬州境内保存较好的明代古闸。万历二十四年(1596)"分黄导淮",淮水经邵伯湖南流,过壁虎桥(桥下设有滚水坝)、凤凰桥(桥下设有滚水坝),入通扬运河,东注芒稻河入江,使湾头成为淮水入江第一门户。湾头镇上还存有清光绪年间的"古茱萸湾"、"保障生灵"石额。今日到湾头一游,不仅使你能见到汉、隋、唐、宋、明、清的治水历史遗存,还可看到新中国治淮、治理运河的丰功伟绩。

刘濞开的邗沟,也就是现在所说的通扬运河,与春秋时的邗沟,历史上无论在漕运、盐运,还是在排泄淮河洪水方面,都有着密切的关系,那么通扬运河后来的历史演变及现况又如何?请看下文。

通扬运河今起江都区邵仙闸洞,断于泰州引江河,东至南通市九圩港。全长191公里,其中江都区境内28.5公里。地跨扬州、泰州、南通三个地级市的江都、海陵、姜堰、海安、如皋、通州六个县(市、区)。

前面说过,通扬运河古称邗沟,后来又有古运盐河、泰州运盐河、通泰运盐河等名字,仙女镇附近又称龙川河。清宣统元年(1909)改称通扬运河。后因水系调整,邵仙闸至江都段又改称运盐河。如今通扬运河仍具有灌溉、排水、航运功能。

东汉末年受战乱影响,通扬运河年久失修,三国以后淤塞。隋开皇七年(587),开山阳渎(即三阳河)由茱萸湾(今湾头镇)至今江都区宜陵镇,经今樊川镇接高邮、宝应三阳河至射阳湖入淮,湾头至宜陵段的通扬运河重新被利用起来。隋仁寿时,再次复开,用于通漕。隋、唐时,湾头是否设置埭堰,史载不详。宋初为了蓄水,筑设茱萸堰与斗门。仁宗天圣(1023~1031)中,茱萸堰被废除。宋嘉祐时,又利用通扬运河进行海盐运输。宋熙宁时整修了泰州至如皋段的运盐河。宋徽宗宣和(1119~1125)初,淮南连年干旱,漕运不通,扬州河段尤为严重,重新筑茱萸堰拦蓄水源。宋高宗绍兴四年(1134),惧怕金人南侵,通扬运河遭严重破坏,下令:"烧毁扬州湾头港口闸、泰州姜堰、通州白莆堰,务不要通敌舟。"元延祐时,运河浅涩无源,稍有疏浚。元末至明初,私盐猖獗,通扬运河失修,濒临湮废。明宣德时,江都白塔河开挖以后,江南漕船经白塔河入通扬运河至湾头抵运河,通扬运河又再次兴盛起来。通扬运河时兴时废,皆因地处高沙土地区,淤积坍塌严重。

明景泰、嘉靖、万历时分别疏浚通州(南通)至扬州、江都至泰州、湾头至泰州河段。清代继续沿用通扬运河及通扬运河以南的通江河道作为排泄淮水的通道。

清康熙元年(1662),为便利盐船行走,避开芒稻闸出水湍急,开挖人字河月河(约今邵仙河北至拦江坝旧址)绕行。乾隆时创建土山坝于人字河南端与通扬运河交叉处,以堵盐船西出湾头。商人为图便利,废除了土山坝,另筑拦江坝于人字河北端与通扬运河交叉处,拦住淮水通江之路。雍正时疏浚扬州至通州窄段,乾隆至同治时又进行过四次疏浚。乾隆时还将通扬运河以南的通江口门改坝为闸,用于排泄淮水。嘉庆二十一年(1816),为确保归江各河行水,复建土山坝,截断通扬运河西出湾头,令盐船由邵伯六闸进出,通扬运河源头首次移往六闸,湾头镇向东至仙女镇之间的河段从此湮废。清中叶,于今泰州市南门筑坝堵断,光绪时废坝建闸,复通淮水流向泰州以东。民国36年(1947),疏浚江都三元桥浅段。民国38年(1949)春,中国人民解放军渡江前夕,对宜陵段清淤清障,以资军运。

新中国建立以后,对通扬运河的治理,主要是开辟水源开挖引水河道及沿线两岸支河口建控制建筑物,稳定江都县通扬运河以南地区水位,高水时不入里下河。1952年冬,北自江都县邵伯镇开挖邵仙引河,长12公里,南与仙女镇北通扬运河相接,引里运河水流量150立方米每秒,作为灌溉水源。是年又建江都船闸,沟通里下河水网与长江。1954年7月大水,加高通扬运河北岸堤防25公里,封堵通往里下河的所有口门,阻止通南高水流入里下河。1957年,兴建界沟(今扬州、泰州分界处)节制闸,以控制通扬运河水位,解决通扬运河以北高地灌溉水源。当年拆除了仙女镇东通扬运河北岸的孔家涵。1959年新通扬运河开挖以后,通扬运河被切断,淮水亦被隔断。1961年在江都县仙女镇西芒道河堤兴建土山洞,引芒稻河水入通扬运河,过水流量80立方米每秒,被用作灌溉、航运水源。1963年兴建江都水利枢纽工程,邵仙引河北段被高水河利用,建邵仙闸洞,改引邵伯湖水入通扬运河,过水能力60~120立方米每秒,作为灌溉、航运水源。1963年,建成五里窑船闸。1964年建成三里窑船闸(即宜陵船闸),重新恢复通扬运河的航运。1980年建成宜陵地下涵洞,过水流量40立方米每秒,又恢复了通扬运河引邵伯湖水灌溉、通航的能力。1965年建通扬运河南岸砖桥套闸(2004年改建为节制闸)。1971年建北岸小涵闸,以调节通扬运河与新通扬运河水位。1972年,于通扬运河南岸建成红旗河套闸。1975年,于北岸建成龙耳河大寨闸。1995年,通扬运河被新开的泰州引江河挖断,通扬运河成了江都区境内灌溉、航运河道。2005年将新通扬运河北岸的野田河向南开挖,穿过新通扬运河注入通扬运河,接通红旗河,经红旗河套闸连通长江。20世纪50年代后经过多次疏浚,现在通扬运河江都区境内河底宽8~16米。

说罢历史演变,再谈今日概况。通扬运河江都区仙女镇至宜陵镇之间,南以新通扬运河为界,通扬运河以南属长江三角洲平原,地势略向长江江面倾斜,河道稀少。北面是里下河水网平原地区,宜陵以东,通扬运河流入新通扬运河以南,两岸河道亦少,地势平坦。

通扬运河自邵仙洞沿邵仙河南流,经新村桥、油库桥、宁启铁路桥、扬州西北绕城公路高架桥抵江都仙女镇折向东流,利民桥、三元桥架其上,再向东有江都桥、龙川二桥。继续东流,北岸有小涵河、顾家圩河通向里下河水网圩区。再东是五里窑船闸,与新通扬运河相交,穿过宜陵地下涵洞,入三里窑船闸。出三里窑船闸,通扬运河转向新通扬运河以南,继续东流,偏南行,至千年古镇——宜陵。汉代称此为东陵,隋代曾葬宜妃于此,遂改名宜陵。复再东流,南岸有明代用于漕运接通长江,由陈瑄开挖的白塔河。明万历以后,白塔河参与排泄由通扬运河流来的淮河洪水。中华人民共和国成立后,经整治淮河入江水道,不再排泄淮水,现为江都区通扬运河以南地区的重要引、排河道,南经大桥闸注入长江。再东,有连接长江、里下河水网的红旗河。红旗河北穿新通扬运河,接野田河,南经通江闸,注入长江。再东,急转东北,至马家湾又转向东南,继续东流至界沟,入泰州市界。

通扬运河沿线有横贯东西的宁启铁路。京沪、宁通高速公路在此交汇,省道、县乡公路密如蛛网。芒稻河、红旗河、新通扬运河等均与通扬运河沟通,连接长江与里下河水网,水运很发达。

历史上,通扬运河沿线土质为沙土,易旱易涝,易淤易坍。从西晋武帝咸宁四年(278)至1949年的1672年间,共发生水旱灾害180多次,尤以明中期以后受黄河全面夺淮的影响,水旱灾害平均每3~4年就发生1次。据1949年以后统计,旱年有10年,涝年有17年。其中1954年、1991年发生特大洪水。1966年,通扬运河以南旱谷田地29.2万亩农田无水浇地。1985年至1986年6月,连续干旱,河道断流,60%的农田无水夏栽。1975年6月21日至25日,连降暴雨,大部分农田泡在水中。

最后要说说"河头三变"。通扬运河最早水源在湾头。今湾头镇向东至江都区高水河西侧(对岸是江都船闸,接通扬运河),自西向东被归江河道壁虎河、新河、凤凰河、太平河、金湾河、高水河(1963年开挖)穿断,汉代老河虽然淤废,但遗存尚在,现称为横河。1949年以后通扬运河源头有过三次变化。1952年开邵仙引河,通扬运河河头移至邵伯闸(1953年5月建成)下,引运河淮水为源头;1962年于仙女镇建成土山洞,通扬运河河头移至土山洞下,引高水河水为源头;1964年于邵伯陈行庄建成邵仙闸洞,使通扬运河河头移往邵仙洞下,引邵伯湖淮水为源头,至今不变。通扬运河悠悠流淌2100多年,如今是江都区境内骨干河道,仍发挥着灌溉、排涝、航运功能。

江都区仙女镇附近通扬运河

遍插茱萸是湾头

张长峰　王金祥

西汉吴王刘濞开邗沟自茱萸湾通海陵。《元和郡县志》云：隋仁寿四年（604）开以通漕运，其侧有茱萸村，因名。茱萸湾就是今日的广陵区湾头镇，又叫湾头。

唐代诗人刘长卿《送子婿崔真甫、李穆往扬州》曰："渡口发梅花，山中动泉脉。芜城春草生，君作扬州客。""半逻莺满树，新年人独还。落花逐流水，共到茱萸湾。"

关于茱萸村的来历还有一个美好的传说。相传很久以前，湾头北边运河北岸的龙王庙里，有一个住持和尚，知识丰富，博学多才，天文地理，无所不晓。一天，他预测到湾头一带要发大水，便告诉当地群众："某天某日这里要发大水，你们要早做准备啊！"群众听后，少数人相信他的话，事先搬走了；大多数人不相信他的话，仍然住着没有动。到了住持说的那个时间，天上大雨倾盆，河中恶浪滚滚，很快把整个湾头淹得一片汪洋，这时人们才想起了住持的话，但后悔已经晚了。

水灾过后，随之瘟疫盛行，很多人又屙又吐，面黄饥瘦。这时，住持又拿出药草煎汤给大家治病，使很多人得救。人们病好后，问住持给他们吃的是什么药？住持告诉他们："这药叫茱萸。"有村民问："这东西既然治病这么灵，好不好栽？"住持说："你们是种粮食的，又不种药材的，问这做什么？"村民回答说："这次你用它治好了我们这么多人的病，我们想栽一些，将来遇到别人得这种病，也好给他们治病啊！"住持听了很感动,说:"它能栽种。"于是就找来了些鲜茱萸送给村民,并告诉他们栽植的方法。村民接过茱萸枝,按照住持说的方法,把这些鲜茱萸栽插起来。后来这里便成了"遍插茱萸"的茱萸村。

西汉时,吴王刘濞以茱萸湾为起点,开挖了茱萸沟。这条河道西起茱萸湾的邗沟,东通海陵仓(今泰州)及如皋蟠溪。这是有运盐河之始。

隋仁寿四年开茱萸湾通运后,茱萸湾成了从北面、东面水路进入扬州的第一镇。隋炀帝三下江都,都是由茱萸湾入境的。

唐文宗开成三年(838),日本求法僧圆仁来扬州,也是从茱萸湾登岸的。

在茱萸湾有一座山光寺,在湾头镇前,临漕河,隋炀帝以宫为寺,名山光。北宋真宗天禧四年(1020)改名"胜果寺",后又复称山光寺,并将寺址迁至茱萸湾。宋室南渡,宋高宗南逃来到扬州,也曾以山光寺作为行宫。清康熙、乾隆六次下江南也是由茱萸湾下船,巡幸山光寺。乾隆还有"清晨启缆发高邮,夕阳西斜到茱萸"的诗句。至今湾头还流传着五位皇帝和山光寺的故事。清道光十八年(1838),山光寺改为"福慧禅寺"。咸丰三年(1853),寺遭兵火,日渐荒废。后经同治、光绪、宣统年间僧人化缘陆续修复。日寇占领时,寺复始衰颓。解放后该寺曾用作荣军学校,后佛像被拆,在其址修建了粮管所和湾头小学。1986年湾头小学迁出,在此建船舶技工学校。

茱萸湾是从北面水陆两路进入扬州城的咽喉,有扬州北大门之称,故也是历代兵家必争之地。南宋末年,金兵侵犯扬州,屯兵湾头,扬州守将姜才多次出兵茱萸湾,以解对扬州城的威胁。史可法抵抗清兵时,曾派遣川军和应廷吉的军队屯驻茱萸湾。太平军后期的遵王赖文光,率兵由北方南下经茱萸湾,遭到清兵伏击被俘。茱萸湾河边有一根石桩,传说当年赖文光曾在此桩系过战马。

清咸丰举人刘惟金因念旧居不忍湮没,于道光二十四年(1844),特请大学者阮元及其族弟阮亨书写地名与题跋,碑跋楷书全文如下:

湾头镇去扬城十五里,即古茱萸湾也。汉吴王濞开此通海陵仓,隋仁寿四年复开此通漕。在唐称为东塘,周韩令坤克扬州守之,败南唐兵于此。宋毁港口以遏金兵,令不得通舟楫。元始屯兵于其地。《太平寰宇记》所谓茱萸沟也。予往来北湖,皆泊船眺览,为诵李国宋'家在茱萸湾里住,五更月落打船回'句,洵重镇也。刘君海秋曾构屋数椽,侍其令祖广川上舍、尊人玉甫别驾读书于此,言念旧居,不忍湮没,爰刻相国兄隶书以表之,属予其年月,则道光甲辰九月望日也。仪征阮亨仲嘉识于珠湖草堂。

阮亨在跋中提到的两句诗是李国宋《广陵竹枝词》中的两句。全诗为:"芜城墩下唱歌来,舴艋轻舠暗橹催。家在茱萸湾里住,五更月落打鱼回。"碑还镌有刘惟金古诗一首:"茱萸湾在东城东,蓼花芦叶纷为丛。唐宋据守今已矣,千秋徒忆前贤风。竹西歌吹久销歇,但闻水调来孤篷。吾家数世昔居此,门临高港湍流通。柳岸古春屐浮绿,兰窗展卷烛摇红。一从徙宅入城市,访旧携酒招邻翁。遗弃碑铭不可得,念兹胜迹心忡忡。相国擘窠书大字,淋漓巨笔气如虹。刊诸碧玉定不朽,灿烂明星悬长空。后之览者自珍惜,斯文相感今古同。"其碑在 1980 年春于湾头镇西圈门山光寺藏经楼墙下掘土时发现。

今湾头的东西古街仍存。东街进街口有一圈门,圈门西面写着"保障生灵",东面写着"北接棠湖"。老街不长,步行五六分钟便可到达古运河边,与壁虎河相汇,是明代"分黄导淮"的泄水口

古茱萸湾

门,清末的壁虎坝就坐落在这里,至今坝头还有破损的石质壁虎为标记。走进西街,在西圈门的东西两圈门上各嵌有"古茱萸湾"和"西接邗水"石额各一块,落款为清光绪戊申年。这两条街上清末民初的数百处老宅仍保存完好。

清代赵彦俞曾写《愁倚阑令·晚泊茱萸湾》云:"东风起,水悠悠,古湾头。尚有旧时残垒在,使人愁。黄昏细雨扁舟,垂杨外,来往一群鸥。灯火寂寥三两处,是扬州。"

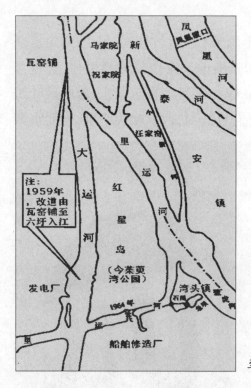

1959年湾头段运河改道由瓦窑铺
至六圩入江示意图

编者注:在扬州境内叫茱萸湾者还有一处,《江南通志》云:"茱萸湾者,乃维扬俗称宝塔湾,居三汊河之中。"至此水分三汊,西达仪征,南达瓜洲。上江船由仪征、下江船由瓜洲至此会归运河北上。此处亦称茱萸湾,别称塔湾,该塔并非文峰塔,而是高旻寺内的天中塔。

张纲沟的来历

禹克明

张纲(镇)离仙女镇十来里,是扬州东乡繁盛的集镇,俗语说:"张纲沟的驴子,来回奔。"这句俗语虽然是比作某人接受了一件苦差使,但这句俗语的源头是张纲镇的驴子,它们为主人每天驮着张纲镇的农产品到仙女庙出售,回来时,又驮着生活、生产用品回张纲镇,来回奔忙。张纲镇的由来与汉代张纲开沟有关。

张纲和张婴

张纲,字文纪,武阳(今四川彭山县)人,是西汉张良的裔孙,他的父亲张皓,官至全国最高司法官——廷尉。张皓审理案件严肃认真,依法办事,深得朝野好评。张纲受到父亲的影响,为人正直,办事公平。当时欧洲还实行世袭为官制度,中国已经领先一步,实行推举制度,他因品行端正,被地方推举为孝廉,入朝为官。

东汉顺帝时,张纲任御史(监察官),汉安元年(142),张纲与杜乔、周举等八人奉命分巡各地郡县,其他七人皆分赴任所,只有张纲行至洛阳都亭时,将车轮卸掉埋在地里,回到朝廷上书说:"豺狼当路,安问狐狸!"言下之意是:皇帝的舅舅——大将军梁冀是当朝吃人的豺狼,郡县的贪官污吏仅仅是偷鸡的狐狸,朝廷无力驱除豺狼,却要他到各郡县去查问狐狸,正直的张纲感到可耻。戏剧《张纲毁车》讲的就是这个历史事件。

这时候有位广陵人张婴,率领一支数万人的起义军,驰骋扬州(今皖中、皖北)、徐州(今苏中、苏北)已经 10 多年了,近来驻扎在广陵西山(今甘泉山),直逼广陵郡首府广陵城,杀了一位 2000 石(部省级)官员,官方没有一个敢来进剿。

梁冀听到张纲上书影射自己,怀恨在心,便挟天子之名命张纲为广陵太守,不给一兵一卒,要他平定张婴起义军。梁冀心中盘算,如果张纲被张婴杀了,正中下怀;如果平定不了张婴,就有借口拿他问罪。事实出乎梁冀的预料,张纲到任后,立即带领十数名亲随坦然看望张婴。张婴感到突然,当即关闭辕门,准备战斗。张纲到附近请出几位长者,由他们传话给张婴,他来这里完全是私人问候,没有别的用意。随后又把十数名亲随也遣散了,张婴这才同意他走进大营。

张纲入营坐定后说:"你们的起兵是过去地方官员不仁不义,罪不在你们,现在你们横行掳掠,残暴百姓,这又是你们的不是。假如天子震怒,会合荆、扬、兖、豫四州大兵前来围剿,你们就危险了。不辨强弱,不是明白人;由善而恶,不是智者;去顺效逆,不是忠臣;身绝血嗣,不是孝子;背正从邪,不算正直;见义不为,不是勇士;有这六者,请您自己考虑。"

张婴听到这话黯然泣下,说:"荒野愚人受到侵害,我们的痛苦不能上达朝廷,只能啸聚山林,作暂时的快乐。我们也知道自己是釜中游鱼,只是活一天算一天罢了。今天听您一席话,给了我张婴一次再生的机会。只恐怕我们丢下武器之日,就是身首异处之时。"

两人谈判很成功。张纲和张婴对着天地设盟,指着日月发誓,张婴决定放下武器,解散部队;张纲保证他们生命安全。第二天,张纲单车进入张婴营垒,张婴率领一万多部队举行投降仪式,大家吃酒欢乐。士兵被安排在各地村庄,张纲亲自为他们建居宅,指定耕地。他们中有能力的,安排当小吏,按照特长分配工作。于是广陵地区人情悦服,世道太平。

张纲任广陵太守期间,"济惠百姓,勤为农桑",在东陵村东,开沟引石岱湖水,灌溉田亩,因而以他的名字命名。后又名张王沟、张公渠。因年代久远,已经找不到更多的资料来证实他的辛劳。但可以想象,在干旱的夏天,农民种的庄稼没有水灌溉,他急民众之急,立即勘察工地,组织军民开赴施工,把河道开挖成功。也许就是这个工程,使他积劳成疾,直至一病不起。他在广陵仅仅一年多,卒于任上。死时,"百姓老幼相携,诣府赴哀者,不可胜数","皆言千秋万岁,何时复见此君。"张纲英年早逝,逝年36岁。百姓扶老携幼前来吊唁,张婴率领300人穿着丧服,扶着灵柩,一直送到四川犍为,他们挑土为他垒起一座高大的坟墓,祭奠一番后,洒泪而别。犍为今属四川省乐山市,古人说:"蜀道难,难于上青天。"张婴他们越过万水千山护送张纲到今天的四川西部,可见他们的感情多么真诚!在水之滨形成一个集镇,既有水之利,又有水之便,为纪念张纲对扬州人民的功绩,镇名张纲镇,河名张纲沟。2001年9月,江都市乡镇机构改革,张纲镇并入仙女镇,但人们年年祭祀张纲的香火一直延续。

麻线港韩信追鸢

张锦昌

朋友！您到过仪征吗？仪征不光山美水美，沿长江的河港更美。假如您给美景吸引，我再告诉您些景色的文化渊源，那您更会为之倾倒。

过去河港与长江相通，可引水排水、航运小船。我们对沿江圩区水道有个通称：水面宽一点叫河，窄一点叫港。今天我要讲述的是朴席镇田圩与三联村之间的麻线港的来历。

据说，汉代大将军韩信在青少年时，不仅喜欢看兵书学武艺，还爱放风筝。一年春天，韩信到野外放风筝，这是长长的风筝，一眨眼功夫，风筝直冲云霄，像活鸢在空中摇头摆尾。韩信满心欢喜，观看的人也很高兴。就在这时候，北风骤起，风筝线虽是粗麻线，但北风劲吹，把粗麻线吹断了，断线的风筝随风向南方飞去。韩信立即备马，快马加鞭，紧追风筝。韩信快马似风，追了几个时辰，风小了，风筝慢慢落了下来，哪晓得这麻线实在太粗了，麻线拖过的地方，拖成了一条近5公里弯弯曲曲的入江水港，人们因此称麻线港。

陈登穿沟和曹丕东征

朱志泊

汉朝末年,天下大乱,军事强人割据一方。献帝建安二年(197),北方的军事强人曹操委陈登为广陵太守。广陵地近江南(当时称江东),不断受到东吴孙氏的侵扰,陈登和孙氏兄弟打了几次仗,曹操对广陵是鞭长莫及。建安六年(201)春天,陈登接到曹操命令,把广陵郡衙门移到今天的宝应射阳湖镇。他走街串巷动员民众一齐撤离。男女老幼都愿跟随他到新的广陵城去。射阳湖镇受军事威胁要少,且在邗沟的交通要道上,所以成为汉末到南北朝300多年间的重要城市。

春秋时期江淮平原的东部,是众多的泻湖和沼泽地带。夫差开挖的邗沟是串连天然沟渠和湖泊而成。经过七百年沧桑,到陈登时,樊梁湖(今高邮湖)到射阳湖之间的邗沟淤塞,为了沟通两湖之间的水上交通,于是另开水道:由樊梁湖、津湖(即界首湖,今已并入高邮湖)、白马湖,折而向东,入射阳湖。史称陈登所开为"邗沟西道",夫差所开为"邗沟东道"。这就是《水经注》所说:故蒋济《三州论》曰:淮湖纤远,水陆异路,山阳不通,陈登穿沟,更凿马濑,百里渡湖者也。

改线后的新邗沟同样水浅难航,这有魏文帝征伐吴国可以证明。

陈登整治邗沟,又过了20多年,朝代已经进入三国,这时吴国的国都在武昌(今属武汉市),魏文帝曹丕预料吴国的军事实力在长江中游,下游一定空虚。

黄初五年(224)八月,曹丕亲率大军从许昌出发,沿蔡水、颍水、淮水、邗沟一路南下,驻跸在广陵城内。这是邗沟和扬州在历史上迎来的第一位皇帝。吴国在长江下游的军事确实单薄,只有安东将军徐盛带领少数军队镇守丹徒(今镇江)。假如魏国军队真的渡过长江攻打丹徒,徐盛肯定招架不住。《孙子》云"实而虚之,虚而实之",于是徐盛在南岸虚张声势,在数十里江岸上布置起连绵不断的营帐,人马穿梭往来,城墙上刀枪林立,旌旗招展。当时江面宽40里,曹丕也很有胆略,他要实地看个究竟,在众将官陪同下,乘船来到江心,看到江南军容壮盛,心中有些胆怯,正和众谋士讨论进攻方略时,忽然狂风大作,所有船只在江中颠簸不已,一个狂浪打来,曹丕的乘船猛然向江南飘去,幸亏众将士死命相救,才把曹丕的船划回北岸。

受了这次惊吓,御前会议上一致认为,攻打吴国的军力不足,还需调动更多的军队才有战胜的把握,于是撤军,从邗沟退回许昌。

这次曹丕沿邗沟南巡,是继吴越灭亡后第一次被记载的航行记录。

曹丕在回军的半途上得到情报,知道江南岸的军事布防是假的,连呼上当,于是又有二次广陵之行。

黄初六年(225)十月,曹丕决定第二次亲征,出征前,右中郎将蒋济作《三州论》,讲述淮河在淮阴县境内有三洲,三洲以南是邗沟,邗沟在冬季是一条十分难于航行的河道。皇帝没有听从他的劝告。

这次曹丕南征,据记载是"戎卒十馀万,旌旗数百里"。他们在十月底来到故广陵城。经过几次小的接触,终因长江宽阔,不能取胜,接着下令退军。这次真正尝到邗沟枯水期航行的苦头,他们的船队在邗沟津湖段前不能进,后不能退。吴国侨居镇江的广陵太守孙韶派敢死队在半道上袭击曹丕的船队,擒获曹丕的副车(皇帝的替身),缴获皇帝的銮驾。曹丕大受惊吓,带了随从和主要官员上岸回京城许昌,留言蒋济把船只全部烧毁,率领士兵也由陆上回去。蒋济没有听从他的话,他命令将士在船队的前方作土豚(《水经注》云,以草裹土筑城及镇水)四五道,遏断湖水,引船逐段通过,才使船队走出邗沟进入淮河。

在邗沟里航行有失败的事例,也有成功的事例。吴太平元年(256),骠骑将军吕据等率领大军讨伐魏国,自邗沟入淮、泗,船队曾在邗沟里顺利地通过。

这些事实也说明,邗沟在头七百多年里,一直是一条季节性河道,是一条不便于航行的河道,是一条少人问津的河道。

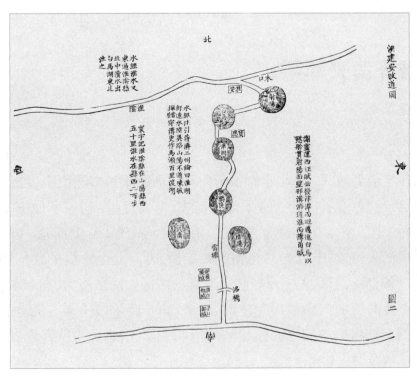

汉建安邗沟改道图(引自《扬州水道记》)

陈登开凿夹耶渠

梁鼎成

在宝应老城区,大运河水由城南跃龙关闸洞注入城市河,几经曲折后,从广惠桥(俗称小新桥)下向北流去,与嘉定桥(初名孝仙桥,俗称大新桥)下的河水在小桥庵汇合后,沿宋泾河向东,至望直港入湖。熟悉宝应的人可能知道,自广惠桥到嘉定桥,再向北至水门桥,河道基本上成一条直线,那是人工开挖裁弯取直的结果。河虽不大,它却承载着一段重要的历史。1800多年之前,后来这一段河叫夹耶渠(清道光时,宝应刘宝楠将湖与湖之间连接的河道叫夹耶,故名),主持开挖者是大名鼎鼎的英雄人物陈登。

东汉末年,国祚衰微,风起云涌,英雄辈出。下邳(今江苏邳州)人陈登,字元龙,25岁时即被徐州牧陶谦举为孝廉,作管辖今金湖、盱眙和天长北部、宝应西部的东阳县令。他到任后奖励生产、抚育孤儿、扶助贫困,不久百业俱兴,人口增加,表现出不同凡响的政治才干,被陶谦推荐为典农校尉,管理一州的农业和水利。他"巡土田之宜,尽凿溉之利,秔(粳)稻丰积",使百姓摆脱了饥荒。后来和其父陈圭合谋,离间吕布与袁术的关系,接着又赴许昌见曹操,说吕布"有勇而无谋,轻于去就,宜早图之"。曹操十分赏识这位颇有见识的后生。建安二年(197),任命他为广陵郡太守,并要他聚合部众以作内应。次年秋,待曹操出兵下邳时,陈登率广陵郡兵马为前驱,击破吕布这个反复无常的枭雄。他因功被加封为伏波将军。

史书上说陈登："学通古今,处身循礼,非法不行,性兼文武,有雄姿异略"、"忠亮高爽,沉深有大略,有扶民济世之志"。与他曾同在陶谦和曹操那里共事,并一起击破吕布的刘备,对他印象很好。刘备在荆州与刘表谈论天下英雄时,陈登也列入其中。刘表还赞叹"元龙名重天下"。陈登久有助曹操吞灭东吴之志。东汉建安五年(200),他将广陵郡治所从淮阴(今淮安市府所在地)移于邗沟交通中心射阳城(今宝应县射阳湖镇),其目的是把自己的力量向南延伸,使广陵郡成为遏制东吴向北扩张的屏障,进而搭起跨越长江向南进击的跳板。"明审赏罚,威信宣布"是史家对陈登任广陵太守时的中肯评价。他大力推行曹操的屯田制,采取一系列兴修水利的措施。其时射阳、盐渎诸县经常遭灾。清雍正《江南通志》称:"广陵太守陈登筑堰障淮。"明清之际著名学者顾炎武在《天下郡国利病书》中说:"埝长三十里,西为阜陵(又名富陵)湖,每淮溢入湖,赖以此埝障之。"为减轻水患,发展农业生产作出贡献。可惜,他死时才 39 岁。

开凿夹耶渠,就是挖邗沟西道,是陈登永垂史册的大手笔之一。邗沟作为主要通道,至东汉末年因久未疏浚多处淤塞,加之射阳湖风浪险恶,北上入淮曲折迂远,沿途浅滩较多,航道不通畅。建安二年(197),陈登就任太守后,即下令调集民夫,自樊梁湖(今高邮湖)北口,经津湖,开凿马濑(今白马湖),北至末口入淮,为邗沟直径运道之始。这就是《水经注》所说的:故蒋济《三州论》曰:淮湖纡远,水陆异路,山阳不通,陈登穿沟,更凿马濑,百里渡湖者也。

清代经学家刘宝楠在《宝应图经》中说:"按此,当谓陈登于白马、津湖之间,凿濑穿沟,为支渠相连。故魏文战船得由白马湖入津湖,其支渠亦名夹耶。《水经注》:'津湖北口直至夹耶'由此,津湖与白马湖连。此今宝应境中邗沟一变也。"

由陈登主持开凿的邗沟西道,是惠及当时造福子孙后代的水利设施。在那战争频繁的古代,开挖如此规模的工程,足见陈登非凡的魄力和杰出的组织指挥才能。1800 多年过去了,陈登所生活的那个时代已经久远,而他的名字和业绩仍被我们牢牢地铭记在心里。

陈登和陈公塘

宋建友

东汉建安初年（196~198），广陵太守陈登在今仪征市龙河集以北官塘庵一带兴建了规模浩大的蓄水工程——陈公塘，它是扬州市最早的大型农田水利工程，作为我国著名的古塘之一，载入了《文苑英华》、《全唐文》、《古今图书集成》等多部典籍。关于陈公塘的工程概貌，《宋史·河渠志》载："其塘周围百里，东、西、北三面依山为岸，其南带东，则系前人筑垒成堤，以受启闭。"具体规模，明隆庆《仪真县志》说："凡八百九十余丈，环汉三十六，毕汇于此。"

从史志记载的情况看，这个塘三面倚山，东南面修筑了一道大堤有八百九十余丈，用来拦蓄上游来水。大堤堤身在官塘庵西，塘身范围向北一直延展到白羊山脚下，周长有九十余里，面积达万亩有零。沿山有三十六汉，可以汇集山水。下游开挖了用于放水和溢洪的漱道，因为分别在大堤的东、西两端，故此称为"东漱"和"西漱"。"漱"相当于当代水库溢洪道，如今浙江东部亦有此说法。仪征丘陵山区的农民至今还习惯把水库溢洪道叫作"出水漱"。这样的工程规模已达到今天中型以上水库的标准。

陈登，字元龙，下邳（今江苏邳州）人。25岁时举孝廉，任东阳（《括地志》："东阳故城在楚州盱眙县东七十里。"《水经注》曰："淮阴县楚汉之间为东阳郡"）县令，在任上养老育孤，扶贫救苦，深得众望。陶谦为徐州牧时，任为典农校尉，专管农事，政绩显著。建安二年（197）被曹操任为广陵太守后,首先致力于农事,主持兴建塘堰。《广陵通典》云:"当时淮扬之塘堰,他皆经理也。"可见他对水利的建树尤著。

那时,南北运输主要依靠邗沟运道,但是射阳以南水路不通,从广陵到淮河需要由樊梁湖向东北绕经博支湖,至射阳湖西北入淮。淮湖纡远,博支、射阳两湖又多风浪,航运旷日延时,很不方便。陈登于是开凿改道工程,在津湖与白马湖之间穿沟,由白马湖至末口入淮。这样,运道取直,大大缩短了航程,便利了航运。这条水路,史称邗沟西道。

陈登39岁去世,从政时间不长,但政绩却很突出,特别是兴修水利的贡献被载入了史籍。他兴建陈公塘的事迹在仪征更是代代相传,家喻户晓。

在由汉至明的一千多年中,历代曾屡次对陈公塘进行兴修、配套,特别是唐、宋借以济漕以后,更是着力加以修缮和管护。历史上曾有几次较大规模的修复:

唐贞元四年(788),淮南节度使杜亚筑塘堤,建斗门。宪宗元和年间(约806),淮南节度使李吉甫筑平津堰时,疏浚太子港(又名泰子港、带子港,今名龙河)和陈公塘。

宋时有三次大修。大中祥符年间(1008~1016)建斗门、石硪各一座。同时还设置了专管机构,负责塘水济运的管理。嘉定十四年(1221),修塘堤二百余丈,并建石闸。其中尤以淳熙九年(1182)的修复工程为最。这一年,淮南漕臣钱冲之招募民众,以工代赈,自三月至八月,耗工数万,"贴筑周围塘岸,建置斗门、石硪,各一所"。为了加强正常的维修养护,钱冲之还提出在"扬子县尉阶衔内带'兼主管陈公塘'六字,或有损坏,随时补筑,庶几久远,责有所归"。

陈公塘毁于明代,但仅洪武至正德100多年间就先后修缮5次,而且设置专门的管理机构。明初时,塘务为两淮运司专管,永乐年间(1403~1424),"设立塘长、塘夫,常用看守,……非遇至旱运河浅涩,不敢擅放"。宣德十年(1435),改五塘(陈公、勾城等)"属扬州府专修济运"。直到嘉靖二年(1523),御史秦钺疏浚五塘时,还"令禁占种盗决"。可见当时非常重视维修和管理。

陈公塘是一项经济效益较高而又能综合利用的水利工程。在正常年景,能够解决周围90多里农田的灌溉用水。唐、宋两代漕运量激增,史载每年由运河运往北方的漕粮,唐时达200~400万石,宋时达600~800万石。但是水源紧张,运河时而水浅而影响过船。于是多次整修陈公塘,疏浚太子港,引塘水入漕河(今仪扬河),抬高水位,从此陈公塘又发挥注漕济运的作用,一直延续到明代中叶。唐时,杜亚"引湖陂,筑防庸,入之渠中,以通大舟"。宋时,"大中祥符间(1008~1016),岁籍此塘灌注长河"。靖康元年(1126),诏"淮南运使引勾城、陈公两塘达于沟渠"。明时,洪武元年(1368),开平王常遇春北征,军需器械船到湾头,浅阻不能前进,开塘放水,塘水下泄三尺五寸,运河涨水二尺六寸,军械船才得以北上。洪武十四年(1381),御盐船到湾头搁浅,开塘放水,船始得前行。尔后,"平江伯陈瑄总理漕河,全资塘水济运"。如此等等,有关史籍常有记载。同时,塘水还被引入城市。据载,宋嘉定十四年(1221)大修陈公塘时,沿西渰故道修浚渠道二十里,将塘水引入真州城濠。陈公塘的景色很美,置身其中令人怡然。宋时广陵人徐铉有《寒食宿陈公塘上》诗:"垂杨界官道,茅屋倚高坡。月下春塘水,风中牧竖歌。折花闲立久,对酒远情多。今夜孤亭梦,悠扬奈尔何。"

但是,由于年代久远以及战争因素,陈公塘曾经屡有兴废。南宋绍兴四年(1134),为了防止被金兵所用,曾拆毁塘堤,断水停止济运。开禧二年(1206),民兵总辖唐璟又决开塘堤,放水阻遏金兵攻打真州城。漫漫岁月,常有政局动荡,时世变迁,陈公塘竟变成战争工具。

据载,从宋、元开始出现了占塘为田现象,到了明代以后愈加严重,"近塘之民每每盗开成田。"明嘉靖三十年(1551),将军仇鸾占塘废制,将淤废的塘地租给农民耕种,由官府收租,次年民皆佃塘为田,称为"塘田"。这样一来,使得耕种塘田成为公开和"合法"了。接着在防御倭寇入侵,修筑瓜洲城的时候,管工官高守一受私,竟拆掉塘闸移运石料用于筑城。至此,陈公塘全废,总共被佃塘田10016亩。这样,当地历史上有了"塘田"的说法,今仪征市新城镇周营村还有一个村民小组取名塘田,陈集一带也有一个国有灌区叫作塘田电灌站,"塘田"之名相沿至今。陈公塘被废,可能还有多种因素,但是仇鸾在其中起了关键性作用。仇鸾,明陕西镇原(今属甘肃)人,字伯翔,将门出身,在甘肃总兵任上,以贪虐被革职。后阿谀严嵩父子,得到重用,嘉靖二十九年(1550)官至大将军。蒙古俺答攻入内地,他一战即溃,又讳败冒功,加至太子太保。后来经人揭发,事败再次被革职,并于嘉靖三十一年(1552)忧惧而死。他的死可以说是自作自受,但是陈公塘这座千年古塘竟毁于此人之手,实在令人痛惜。

嗣后,从明季直到清初的一些官员不断向朝廷呈议,要求恢复陈公塘。明代水利家、曾经四任总理河道的潘季驯(1521—1595)实地勘查后,提出了不同的意见。他说:"查得勾(又作句)城、陈公二塘地形高阜,水俱无源,惟藉雨积。……故汉、唐二臣(指陈登、李袭誉,后者曾筑勾城塘)筑塘积水,以为灌田之计,非以资运也。……且冬春运河水浅,彼先涸矣。"明嘉靖中,黄河由清口入运河,河势北高南低的情况根本改变,江都运河"已患水多",借塘水济运已成陈年旧事,陈公塘失去修复的良机。但是对这个问题的议论仍然没有停止,到了清朝初期

龙埂   摄影:吴宝兵

还在讨论。据《扬州水道记》载："雍正五年（1727），廷臣欲修复五塘，勘明塘已为田，虽开无益，遂改照地亩开科输赋。"所谓"虽开无益"，是指塘田已经普遍耕种，涉及耕种者的生计，恢复也难。更重要的是既得利益，上万亩田租难以舍弃。再加上恢复工程浩大，耗费亦巨。所以，朝廷最终没有采纳修复陈公塘的意见。

陈公塘从兴建到废毁，前后历经1300多年。直到今天，陈公塘还有"龙埂"等遗迹。在新城镇境内，从官胜村官塘组到周营村鸭赵组有一条残存的土埂，蜿蜒曲折，长约1公里左右，最宽处在10米以上，大约有3米多高，相传就是当初陈公塘的大坝，被人们称为"龙埂"。龙埂附近有一个以龙埂为名的村民小组，20世纪70年代在开挖大塘时，从地下挖出了30多个立方米的楠木。最大的一人双臂勉强能够合围，开出木板后香气浓郁，据分析这里很可能是过去码头所在。塘田村民小组也发现一处方形的建筑遗址，里面有一块块粗大厚实的木板，并且有榫头互相咬合。这个地方自古被叫作闸口。

陈登因主持兴建这项著名的灌溉工程，受到了人们的尊敬和爱戴。为了纪念陈登，人们把这项工程称为陈公塘、爱敬陂，把下游配套的河道叫作元龙河，后来又被称为龙河。人们还在塘边建起恭爱庙，供奉他的塑像。随着时间的推移，出于对美好事物的喜爱和颂扬，陈公塘的开挖慢慢地演变成了神话。清道光《重修仪征县志》和《天下郡国利病书》均载，"旧传陈登尝役五龙以开此港"，役使龙来开河，陈登被神化了。

五塘筑，"西山熟，扬州足"

徐炳顺

"西山熟，扬州足。"这是一句清代早期流传的民谚，说的是扬州"谷产专赖西北乡，专藉五塘之水以资灌溉"，粮食丰收，就能满足扬州的需要。这句民谚，如今扬州人知晓者寥寥，更可能引以为笑谈，显然有点夸大五塘的灌溉功能。不过清初水患连连，里下河年年失收。而西山凭借地势高亢，不被水淹，"专藉五塘之水以资灌溉"，反而岁岁丰稔。这一时期，扬州五塘并非空有其名。扬州五塘为何消失，让我们一起打开尘封的历史。

史载扬州古有陈公塘、句（有的写作勾城塘）城塘、上雷塘、下雷塘、小新塘、鸳鸯塘、北山水堰、茅家山塘、刘塘、茅塘、柘塘、麻塘、白水、羡塘等十五座塘，分布在今天的扬州以北，邵伯、高邮、宝应湖西，合称为扬州十五塘。其中陈公、勾城、上雷、下雷、小新五塘较大而著名，常称为扬州五塘。其他十塘则蓄水不多。

《元和郡县志》云：陂西北旧县西五十里，汉陈登为太守所开，人号为爱敬陂，亦号陈公塘。这是扬州有塘之始，由陈登所筑。陈登于汉建安二年（197）被任命为广陵太守（时扬州称广陵），此人除有一定的政治才能外，还注意发展农业。在他主持下，兴修了不少水利工程。《太平寰宇记》云："陈登浚塘筑陂，周回九十里，灌田千余顷，百姓德之，因名（陈公塘），亦曰爱敬陂。陂水散为三十六汊，为利甚溥。"汪中《广陵通典》云："（陈）登于（扬州）城西浚上雷、下雷、小新、勾城（唐代兴筑，不应列此)、陈公五塘,四塘沾溉、岁用丰稔,民呼为爱敬陂。"还说陈登筑塘不只陈公塘,"当时淮扬之塘堰,他皆经理也。"五代宋初,文学家徐铉写下了"垂杨界官道,茅屋倚高坡。月下春塘水,风中牧竖歌。折花闲立久,对酒远情多。今夜孤亭梦,悠扬奈尔何"的诗句。

《唐会要》记载,"贞观十一年(637),扬州大都督府长史李袭誉以江都俗好商贾,不事农业,誉乃引雷陂水,又筑句城塘,溉田八百余顷,百姓获其利"。扬州再添句城塘。宋代,晁补到雷塘时留下了"雷陂新作麦田荒,曾说风兴没两郎。谁似当年李刺史,春波还引句城塘"的诗句。元代,苏大年到雷塘也写了"雷塘春雨绿波浓,古冢寒烟蔓草空。斜日欲沉山色近,行人无处问行宫"的诗句。

唐初,江南漕运量不大,所开河道、所筑堰塘主要用于灌溉,属于民有。《通典》明确地说"汉唐二臣筑塘积水,以为溉田之计,非以资运也"。

《江南通志》载扬州五塘概况如下:

塘　名	范　　围	塘　址
爱敬陂	五塘统称	
陈公塘	周回九十余里,灌田千余顷,亦名爱敬陂,陂水散而为三十六汊,为利甚溥	在今仪征县东北30里。塘水南流经龙河入今仪扬河济漕
句城塘	长广十八里有奇,溉田八百余顷	句城塘在府西南与仪征县接界。塘水南流经乌塔沟入今仪扬河济漕
小新塘	长广二里余	小新塘在府西北十里,西南接上雷塘,塘水经槐子河入湾头运河济漕
上雷塘	城西北十五里,长广六里	扬州西北(今还保留雷塘地名)
下雷塘	城西北十五里,长广七里	扬州西北

唐开元(713~741)时,"扬州运河已苦水浅",由江去淮,因长江潮水有季节变化,"二月到扬州,留一月,四月以后始渡淮。"随后到代宗广德(763~764)时也因扬州运河水浅,漕运谷积扬州,不得不开始立转般仓。水源不足,漕运困难,到贞元初(785)"扬州疏……陈登塘;凡三十四陂,以溢漕河"。从此用于灌溉的塘水,被挤占作为漕运的补给

水源,所谓"藉塘济运",由此而始。四年后,淮南节度使又"浚渠蜀岗,疏勾城塘,爰敬陂起堤贯城以通大舟"。可见塘水济运后,漕运有了很大的改善。此后成为惯例,一直被沿用,就这样,民用的水塘变为了官有。

宋时,五塘济运的作用又进一步被发挥。据《宋史·河渠志》记载,大中祥符间(1008~1016)江淮发运司置司真州(今仪征),每年都要藉周围百里的陈公塘的水"灌注长河,疏通漕运",并"贴筑周围塘岸,建置斗门、石砝,各一所,迄于扬子县尉阶衔内带'兼主管陈公塘'六字,要做到随坏随修,"责有所归"。由于塘水济漕的重要,陈公塘开始转为官管。熙宁九年(1076)对陈公塘还专门进行修缮。北宋末年又派陈享伯措置,引塘水,济不通。并在"真州、瓜洲江口、泰州海陵(今通扬运河入泰州处)作三坝,使诸塘水不为三河所分"。宋神宗时,又"诏判都水监工部郎中侯叔献,减磨勘二年,以开引扬州陈公塘放水,拨出淮南重纲之劳"。

官方忙于用塘水济运,老百姓可受苦了。宋代,有二十六家农民,自唐以来就在塘内耕种的,被迫让出,原先官方答应以其他土地补偿的,竟不予兑现,使二百多人啼饥号寒。

至南宋时,金兵南下,为阻金兵,绍兴四年(1134)诏令守臣毁拆真州陈公塘,不让塘水入运河"以资助敌",陈公塘又成了战争的工具,遭到破坏。淳熙九年(1182)淮南漕臣钱冲之对受战争破坏的扬州五塘,又重新作了恢复,"迁其砝少西二十丈,而更新之,浚东西两湫,以谨蓄泄。与斗门之建,皆仍旧址,饰龙祠以还旧观,作新亭以待临察,委官以专护守"。这一次修复规模较大。楚州参军李孟传在《修陈公塘记》中说到"自建安至今垂千三十余年,乃始因公而复兴"。

元至正(1341~1368)时曾在上雷塘建闸,因元时以海运为主,未见利用五塘济运。

明代,五塘济运又得到重视。据《扬州水道记》云,洪武八年(1375)扬州湾头河浅不通,"开四塘下水三尺五寸,漕河增水二尺六寸,才得济"。洪武十四年(1381),因旱开塘放水,"湾头漕船始得通行。"这时

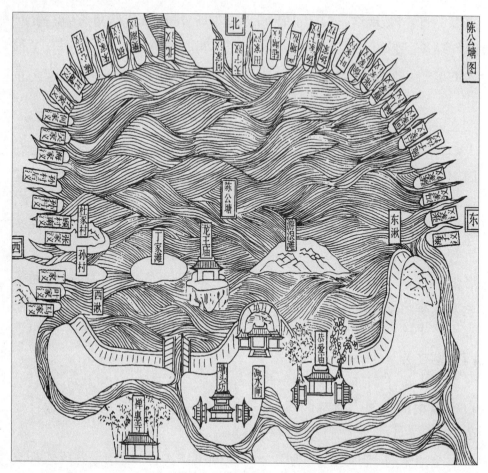

本图选自明隆庆《仪真县志》

塘务已由两淮运司专管。永乐二年（1404）平江伯陈瑄总漕，"全资塘水济运。"永乐十五年（1417），"钦取皇木，时值浅阻，亦开塘放水济之。"并设塘长 2 名，塘夫 70 人，规定塘内积水 8~9 尺，不得擅自开塘放水。五塘之水从此被严格控制起来。宣德八年（1433）大旱，四塘干枯，运舟阻滞，扬州知府李贞奏专修五塘济运。宣德十年（1435），奏改五塘属府专修济运。成化八年（1472）于上下雷塘造石闸一座，石磁二座，以时蓄泄。同时在上、下雷塘，设塘长 2 名，每塘夫 40 名。句城塘，塘长 1 名，塘夫 40 名。嘉靖中，开浚句城塘，其水东南流至乌塔沟入运，还"令禁占种盗决"。但到万历初年，水情发生重大变化，黄淮汇流，明祖陵被淹，漕运受阻，漕堤溃决，河臣们被"护陵"、"保漕"、"治水"搞得焦头烂额,河臣潘季驯采取"蓄清刷黄"之河策,用三分淮河清水济运,七分刷黄,济运之水由清口流入扬州运道,江都运河"已患水多",不患水少,藉塘济运开始萎缩,而近塘之民,占塘成风。嘉靖三十年(1551),将军仇鸾以势占塘,租给农民耕种,由官府收租。加之又遇倭寇入侵,将五塘闸石拆迁,移往瓜洲筑城。虽然天启二年(1622)重筑上下雷塘,天启四年再修陈公塘,但已无济于事,五塘渐废已成定势。

五塘之废并非始于明代,至宋、元时占陂旁者已达十分之六,随着时间的推移,情况越加严重。面对五塘被废的情况,明、清两代确有人极力挽回,但劳而寡效。万历二十年(1592),备兵使者吴公秀、御史中丞郭光复(曾任知府)就有力主恢复五塘之议。他们说:"塘之兴废,关国家之大利大害也。"确也修筑上雷塘,"补筑者纵计百五十丈有奇,横凡三十丈有奇","下塘筑土纵约百四十丈有奇,横凡二十丈有奇",并对旧闸更新改造,"保小新塘如旧。"但五塘未能全部修复。稍后,河臣潘季驯也锐意修复,但经他查勘后,认为"卒不可复",扬州知府张宁也认为不可修复。

历史进入到清代,康熙四年(1665)对陈公塘做了修筑。雍正五年(1727),廷臣欲修复五塘,但这时五塘"久淤成陆,民垦为田,难以改挑,惟塘内沟汉筑土坝截水,塘外带子沟(即泰子沟,今龙河)、乌塔沟、槐子河可以挑通,接运河之水,以灌两岸民田",五塘往日通运河道可以修通,五塘湮废难以挽回。

雍正七年,又有人认为:"扬州水利,五塘为要。五塘之复,建闸为先。今虽开浚槐子、乌塔沟引水入塘,不过塘内田地得资灌溉,于塘上高田终无裨益。且扬州谷产专赖西北二乡,谚云'西山熟,扬州足',而西北地势高昂,专藉五塘之水以资灌溉,是五塘一复,则西北两乡数十万亩之民田,得以均沾乐利。夫复五塘,则建闸、筑堤、设夫三事,阙一不可。盖闸不建则塘不能复,堤不筑则闸亦虚存,夫不设则奸宄私行挖决,堤不终保。通计三事,需费不须万金,便可宽然有余,而西北民田获益无穷。"因此雍正九年,开浚乌塔沟"自仪邑乌塔沟起至江都句城塘口"、"槐子河自运河口至下雷塘闸口止",其他未再兴办,以后也很少有人过问。

五塘虽然成了历史的记载,但当年用作沟通五塘与入仪扬运河的泰子沟(今仪征市龙河)、乌塔沟(今仪征、邗江区界河)及入湾头运河的槐子河(今槐泗河)依然存在,有幸的是经过建国后整治拓浚,仍在发挥引水、排水、灌溉的作用。还要告慰先人的是,如今数以万计的塘坝、近百座中小型水库布满了扬州西山的岗塝、村旁,电力抽水站星罗棋布。如今仪征市龙河中游官塘集北侧当年陈公塘的"龙埂",已成为陈公塘历史的记忆。"君王忍把平陈业,只换雷塘数亩田",昔日雷塘处葬有隋炀帝陵,水殿龙舟运河情,又是一番好风景。

今日仪征市丘陵山区大玉坝

仪征县志记载的镇水之物

宋建友

说起镇水物,人们可能会很自然地想起铁犀(犀像牛,故俗称铁牛),因为自战国时就有秦国的李冰修建都江堰"作石犀五头以压水精"的传统。据说蛟龙畏铁,又牛属土,土能治水,常言说"水来土掩,兵来将挡",所以以铁犀制镇。仪征治水历史悠久,其间也不乏镇水物,不过县志记载的镇水物中并没有铁犀,而是鼍、塔、神像、鹞子等,比较独特。

鼍淙 东汉广陵太守陈登建陈公塘时,立黑白二鼍于塘上,号曰"鼍淙"。据《辞海》释:"鼍,亦称'扬子鳄',俗称'猪婆龙',爬行纲,长约2米余。穴居池沼底部,以鱼、蛙、小鸟及鼠类为食。为我国特产动物。"鼍与传说"龙生九子"中的螭比较相像。螭,嘴大,肚子能容纳很多水,作为镇水兽,石桥上常见,亦多用于排水口的装饰,称为"螭口散水"。

镇江浮图 唐时沿江沙涨,景龙三年(709)泗州和尚化缘,在白沙镇(今仪征)建造了一座佛塔镇沙,可见当时塔距离长江靠近。仪征籍世界文化名人盛成称之为"镇江浮图"。宋乾德二年(964),迎銮镇(五代时由白沙镇更名)升为建安军,筑军城,如今市中心的鼓楼是当时的南门——宁江门,塔仍然在城外。建塔时又在塔后创永和庵,后来宋崇宁中庵改建成报恩光孝寺,政和中改天宁禅院,塔以寺名,从此称为天宁塔。塔建成后几经兴废,现存为清康熙二十七年(1688)重建。塔的内部为正方形,层层收缩,交错上升。外部为正八方形仿楼阁形状,层层有回廊,气势不凡。塔前有河,河上有桥,塔、河、桥相映,成为著名的真州八景之一——仓桥塔影。后来在太平天国战争中回廊被焚烧,这才剩下今天光光的塔身。塔本来高近 70 米,因为地面增高将塔座埋了下去,塔的顶部宝刹相轮又被战火烧毁,所以现存塔身高 47.2 米,是江苏省境内最高的塔。今天的天宁塔早已由滨江到了城内,距离长江有三公里左右。

"石猴子" 明清时仪征城北门城外墙上镶嵌一块方石,横直二尺许,石的表面凹凸不平,时间长了人们不知道上面是什么图像,便俗称其为"石猴子"。有一次恰逢暴雨,"石猴子"脱落坠地,此时风大雨急,水势猛涨。城守情急之中命人赶快把"石猴子"安回原位。人们细看之下,发现原来是神像三尊,神像身上有铠甲,还有鳞片,由于图像模糊,究竟是何方神圣仍然辨认不清。后来有知道的人说,这是"神禹锁巫支祁像",因为城的北门正对高家堰,所以置于门上以制水患。

铁鹢子 明清时仪征沿江不断出现沙洲。在上江口有一个洲叫作沙漫洲,由于形似纱帽又被称为纱帽洲,洲的东面是一片相对宽阔的水域,渔船多会集其间,当地人称为渔湾。曹寅在担任两淮巡盐御使期间,经常带着酒和渔民相聚同饮,观景游玩,并写有《渔湾》诗,可谓自得其乐。清初,江面上往来的盐船、粮艘及商舶以沙漫洲方便停泊,纷纷在这里避风、补给和休憩,往往毕集如鳞。当地人便在洲滩之上摆摊设店,形成数百家店面的街市,荒滩僻洲不数年间竟然阛阓相连,舳舻衔尾,成为巨镇。为了保证运口安全和岸线稳定,人们在沙漫洲的北岸置铁鹢子作为镇水物。铁鹢子曾经作为标志成为当地代名词。不过,铁鹢子并没有能够改变江滩沙涨的规律,漕、盐运口屡屡变迁,沙洲闹市很快就成为过眼云烟。今天,沙漫洲的地名尚存,铁鹢子却早已不知去向。

欧阳埭与仪扬河

宋建友

　　水利名著《水经注》里有这样一段话，"自永和中，江都水断，其水上承欧阳埭，引江入埭，六十里至广陵城。"说的是东晋永和中（345~356），邗沟南端原来在江都（非今江都）的通江口淤断，向西重新开了一条新的通江运道，并设置堰埭，其埭唤作欧阳埭，引江水入埭，六十里到达广陵城（今扬州）。正如《扬州水道记》所说，这是"邗沟引欧阳埭江水入运之始"。从此邗沟也就向西延伸到了仪征。

　　欧阳埭的位置位于今日的仪征城东，不过已难确指何处。埭即拦水的土坝。坝在古代称堰、埭、遏、堨等，元代以后这类水工设施称为"坝"。欧阳埭在运河的南运口，处于运河与长江的相通处。从"引江入埭"四个字来看，其埭不是过高的，高潮时可引江水，低潮时可以拦水。除此，还可有用来过船。欧阳埭是用土、秸料砌筑而成，用来蓄水，以防走泄，以保证过往船只有足够的通航水深。埭的上、下两侧各建成一定坡比的斜面，以连接上下游航道。过船的时候在斜坡上敷以秸料、泥浆，用人力或者畜力拖船过埭，后来改用辘轳绞牵，成为原始的斜面升船机，过船时的景况十分壮观。

　　欧阳埭是一座用于航运和拦水的水工建筑。但是，过去一些书籍和图卷往往也把该埭所在的这条河（今仪扬河）称作欧阳埭，可能是河因埭名，也可能是汉语在修辞上借代手法的习惯运用。欧阳埭通江达淮，进入欧阳埭就可以长驱直入广陵城，因此它不仅是航运的重要运口,同时又是城守要地。《读史方舆纪要》载:"仪征有欧阳戍,在县东北十里。"据《资治通鉴》载,南朝宋大明三年(459),竟陵王刘诞在广陵举兵反叛,朝廷派沈庆之率兵讨伐,沈庆之的军队首先就进入到欧阳埭。齐延兴元年(494),萧鸾(登基后为齐明帝)派遣王广之袭击南兖州刺史王子敬(当时南兖州侨置于广陵)。王广之率领军队至欧阳埭,然后派遣部将陈伯之作为先锋进入广陵。陈太建五年(573)北伐,都督徐敬成率舰队由欧阳埭入邗沟北上。可见当时欧阳埭在军事上具有重要的位置,所以在附近又设置了欧阳戍,作为城守要地。

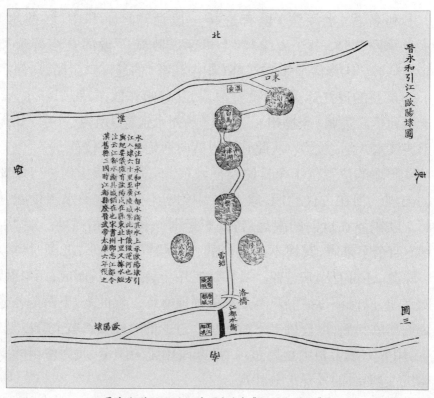

晋永和引江入欧阳埭图(引自《扬州水道记》)

欧阳埭与邵伯埭的战争风云

朱志泊

东汉建安末年到三国时期,长江下游江北数百里内基本没有人烟,到晋武帝统一中国,于太康元年复建广陵郡,上属徐州,下辖八县,郡治先在淮阴,后在射阳(今宝应射阳湖镇)。晋朝统一中国的 36 年后,"五胡乱华",北方为少数民族掌控,皇子司马睿在建康登基,建立东晋政权。北方的汉族人经受不住异族的虐待,政府率领整州、整郡的民众南下长江两岸定居,此时的广陵郡郡治又回到今天的扬州,同时或前后在扬州设立了徐州、(侨)青州、(侨)幽州、(侨)兖州的流亡政府。此时的(今)扬州,背后是国家的首都建康(今南京),是保卫首都的屏障。对面是淮河北岸的敌对政权,是指挥前方作战的大本营。因此来扬州任行政长官的总是身兼数州的军政首领,他们的职务名称往往大得吓人。例如:太元十年(385),谢安镇广陵,他的军职是"大都督扬、江、荆、司、豫、徐、兖、青、冀、幽、并、梁、益、雍、凉十五州诸军事"。安帝隆安四年(400),司马元显的行政职务是徐州刺史(省长),军事职务是"都督扬、豫、徐、兖、青、幽、冀、并、荆、江、司、雍、梁、益、交、广十六州诸军事"。他们都是战区司令员,在这大背景下,开发利用邗沟只能是军事作用。

出于运输粮食需要,对邗沟进行开发。《水经注》说"永和中(345~356)中,江都水断,其水上承欧阳埭,引江入埭,六十里至广陵城"。这是由于"江都水断",即原来邗沟入江口淤塞了,邗沟向西南行 60 里,在今仪征市入江,在入江口建埭蓄水、过船,名欧阳埭。于是便有了今天的仪扬河。这欧阳埭很重要,南北朝时,多次战争和这有关。

太元十年(385),谢安出镇广陵,在邗沟上修筑了利农便运的邵伯埭。据《水经校注》说,到东晋末年,邵伯埭南20里建有秦梁埭,北30里有统梁埭。此后,邗沟已经是常年通航的河道,南方的东晋、宋、齐、梁、陈的多次北伐都是利用这河道运兵和输送给养,最有力的证明是东晋义熙十二年(416),太尉刘裕西征长安,诗人谢灵运受命劳军,作《征赋》(又称《西征赋》),该文有三段文字很可玩味:"敬戒九伐,申命六军,治兵于京畿(今南京),次师于汜上,灵樯千艘,雷辎万乘,羽骑盈涂,飞旆蔽日。""彀连弩于川上,候蛟龙于中流。爰薄方与,乃届欧阳,入夫江都之域,次乎广陵之乡。""发津潭而回迈,逗白马以憩舲,贯射阳而望邗沟,济通淮而薄甬城。"

"方与"和"甬城"在什么地方,有待查考。不过,刘裕西征的规模和路线已经很清晰了。这次战争动用了很多的战船,充分利用邗沟这水上通道,从欧阳埭进入邗沟,经过江都和广陵,一路北上,先到津湖,再入白马湖,还是向东入射阳湖,再西北进入淮河,最后来到黄河岸边的开封。

《水经注》卷三十说:梁太清二年(548),发生"侯景之乱"。侯景在建康控制了中央政权,各地起兵讨伐他,侯景许诺萧正表(梁武帝的侄儿)推翻梁武帝后奉他为皇帝,暂时任命他为南兖州刺史(州治在广陵城)。于是正表在欧阳埭立栅,断绝政府军从水上入援广陵,自己率领一万部队袭击广陵。三年后"侯景之乱"平定,侯景的亲信、南兖州刺史郭元建把南兖州敬献给北齐,请驻防徐州的北齐行台辛术来防守广陵城。梁朝大将陈霸先率军从京城乘船行至欧阳埭,听说辛术已经占据广陵,就率军驻防在欧阳埭。投奔了北齐的郭元建又汇合潘乐共7万士兵攻打秦郡(今六合),在形势十分危急之时,陈霸先从欧阳埭带领大军来到,与郭元建激战于士林(今六合竹镇),大获全胜。

广陵城在北方政权统治下的第二十一个年头,南方改朝换代称陈朝,陈朝都督吴明彻伐齐,出秦郡,别遣徐敬成乘金翅(船名)自欧阳埭至广陵。齐人不敢出战,徐敬成一面围城,一面分兵由樊梁湖北上,围攻淮阴城。到第二年正月,广陵城和淮阴城重新回到南朝政权的版图。

仪扬河的前世今生

杨玉衡

《水经注》云："自永和中（345~356），江都水断，其水上承欧阳埭，引江入埭，六十里至广陵城。"这便是今仪扬河之始。埭因欧阳成得名欧阳埭，河因欧阳埭得名，被称为欧阳埭。这是邗沟首次于东晋时西延至今仪征，迄今已有1600多年历史。宋、元、明、清、民国时期，名称甚多，有真扬运河、真州运河等，民国时期称仪征运河，继称盐河、仪河、古运河。中华人民共和国成立后改称为仪扬河。

仪扬河原东起湾头，西至仪征市泗源沟节制闸外长江口，因湾头至高旻寺段今改称为古运河，故今仪扬河东起高旻寺，西至泗源沟节制闸外长江口。仪扬河地跨仪征市、邗江区，全长25.73公里（其中仪征

泗源沟节制闸

市境内长 17.7 公里)。流域面积 394 平方公里。河底宽 15~30 米。河底高程 0.00 米(废黄河零点,下同)左右。两岸堤顶高程 8~9 米,顶宽 4~6 米。通航能力 300 吨位船队。仪扬河历年平均水位为高程 4.42 米,最高水位泗源沟闸上 6.94 米(1991 年 7 月 11 日)。自 1959 年,扬州市京杭运河六圩的新入江口开挖后,仪扬河为区域性河道。1961 年建成泗源沟节制闸、仪征船闸,千百年来几经变迁的仪征运口及多变的堰闸,才固定下来。2003 年重建泗源沟闸和大修船闸,排洪能力 450 立方米每秒、引水 30 立方米每秒。

仪扬河地处亚热带气候湿润区。多年平均气温 15.1 摄氏度;年降水量 1014 毫米,降水主要集中在 6~9 月,占全年降水量的 54.1% ;多年平均水面蒸发量在 1000 毫米以上。

宋代,荆湖、淮南、江浙漕粮均由此转运京师。通泰各盐场生产的盐转运到各地,仪征有"风物淮南第一州"之称。今亚洲最大的化纤原料生产基地就坐落在仪征市。仪扬河出泗源沟节制闸北,偏东流至新城。新城曾经是元代扬子县治所所在。新城南,由运河通过盐河抵达长江边,这里就是曾经被称为"食盐之都"的清朝淮盐汇集转运重镇——十二圩。出新城,北岸有龙河汇入,龙河古名泰子河,是唐代借陈公塘水进入运河济运的重要输水河道。又东流,南岸有著名的朴席镇,该镇所产的草席享有"莞席细苎"的美称,与苏州出产的苏席、宁波出产的宁席并称为我国三大名席。再东流,抵仪、邗交界处,北岸有乌塔沟注入。乌塔沟是自唐以后借句城塘水入运河济运的古河道。南岸有 2012 年新开挖的润扬河,长 8.24 公里,向南注入长江。继续东流,抵高旻寺,仪扬河自此分汊向南流入瓜洲运河,向东入古运河抵古城扬州。仪扬河的水流是双向的,引邵伯湖水则向西流,引长江水时向东流,排山洪时向西流,时又东流。

古老的仪扬河至今仍为扬州市西部地区集防洪、灌溉、航运为一体的综合性河道。

谢安筑埭　恩比召伯

扈　刚

"南北悠悠三十年,谢台遗埭故依然。欲寻旧事无人共,卧听钟鱼古寺边。"这是北宋著名词人秦观在邵伯写下的怀念谢安的诗句,其中"遗埭"即指邵伯埭。

谢安(320—385)是我国东晋时期杰出的政治家、军事家和文学家。在朝廷,他长期担任一人之下、万人之上的宰相;在地方,又长期担任扬州刺史,当时的扬州辖地在长江下游江南地区,州治就是京城建康(今南京)。因此他的职务类同清朝的直隶总督,既是地方大员,又是朝廷首辅。太元八年(383),他派遣侄儿谢石、谢玄,率领在广陵训练的北府兵与秦王苻坚决战于淝水,谢安在京城运筹帷幄,终于以8万之卒胜80万之众,成为我国战争史上最著名的以少胜多的战争范例。此次战役使东晋王朝转危为安,确立了南北对峙的局面。

淝水之战后的第三年,谢安因功高震主,受到亲王司马道子的猜嫌。此年他66岁,身体不好,已经没有精力再在官场上叱咤风云,要求出镇广陵。他于四月来广陵,八月生病,要求回京师,回去没几天就去世了。

谢安出镇广陵后,于步丘(编者注:《晋书》作步丘,宋郑樵《通志》作步邱。今江都邵伯镇)修筑"新城",并在城中新建"甲仗楼"。他考察步丘地势:西面高,湖水浅,常常为干旱所苦;而东面低,湖水涨,常常淹没农田。于是,谢安下令在步丘以北20里处,筑一条南北拦水大堤,时称为埭。埭成,便农济运,民皆称颂。

谢安为老百姓做了大好事,人们以各种方式感念他的恩德,将他比之周朝的召(邵)伯,将步邱改名为邵伯,将他所筑的埭命名为邵伯埭,埭旁之湖称为邵伯湖。还建了甘棠庙,植有甘棠树,明代时改为谢公祠,祠内供奉木刻谢公像,院内有石碑一方,明国子监监丞沈珠撰写碑文,以纪念谢公在邵伯治水的功绩。

如今谢公祠已经不在,但古往今来,不少帝王将相、鸿儒骚客,远道来访,凭吊谢公遗迹,发思古幽情。宋代苏辙、秦观、文天祥,清代乾隆皇帝、蒲松龄都曾在这里留下纪念谢公的诗篇。

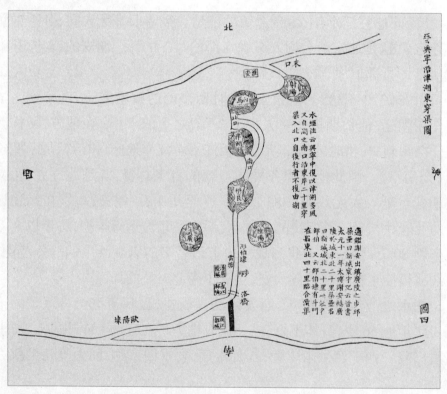

晋兴宁沿津湖东穿渠图(引自《扬州水道记》)

甘棠树下话治水

扈　刚

邵伯,江都古镇。苏北运河咽喉,兵家必争之地。

邵伯之名,缘于东晋谢安出镇广陵,治水患于步丘,保一方平安,人们因此将他比为西周召伯。为永久纪念谢安为官亲民、惠泽百姓之举,后人将步丘改名为邵伯。

甘棠之名,出于《诗经·召南》。《诗序》云:"甘棠,美召伯也。"宋理学家朱熹注解说:"召伯循行南国,以布文王之政,或舍甘棠之下,其后人思其德,故爱其树而不忍伤也。"后世因用"甘棠"称颂地方官吏之惠政于民者。谢安为步丘及周边地区百姓解决了水患,时人把他与召伯相提并论,援引召伯南行舍于棠下之说,也为谢安栽种了甘棠树,以彰其德。

东晋之前,这里是一片荒滩,低洼水渚成洼。邵伯古称步丘,古书都这么说,但近代学者考证认为步丘在今邵伯之北。究竟哪一种说法正确,缺少确凿史料证明。

有一点大家公认,邵伯(又称甘棠)是谢安筑堤治水以后兴起的。1927 年北伐军光复邵伯,成立了国共合作的国民党邵伯区党部和中共邵伯特别支部委员会,当年"特支"开会的地方已列入市文物保护单位。

其实,邵伯原来指的是西周时的召伯,史称如公奭。他与周公旦共同辅翼周成王。自陕西以东的政事由周公治理,自陕西以西的政事由召公治理。召公治理深得民心,据传他在社前(古时的社,是听诉讼、断是非的地方,也是敬奉大地之神或土谷之神的地方)听讼断狱,公正无私。当时有些人感戴他,因社前有一棵甘棠树,便唱起《甘棠》的诗,表示要爱护召伯社前的树木,反映了睹物思人、思人爱物之情(诗见《诗经》和《史记》)。邵伯镇得名的由来,并不是召伯真到过这里,而是借用召伯的故事颂扬东晋的谢安。

东晋太元十年(385),太傅谢安镇守广陵,于广陵城东北20里的步邱筑垒,名新城。并在步丘之北20里筑埭,蓄水灌田,便民利漕。后人追思其德,名此埭为"召伯埭"。后来百姓不忘他的好处,曾在这里建立了一座谢太傅祠(原址在邵伯镇北头,今已无存),并把他比作周朝的召伯,称这道堤为"邵伯埭",因而步丘就逐渐为邵伯所代替了。又因《甘棠》这首诗,还有人在邵伯镇南头栽了几棵甘棠树,至今存活一棵,年年开花,今在邵伯原文化站院子里。邵伯称甘棠就是这个原因。

在邵伯大码头运河堤顶的斗野亭公园内有座铁铸的犀,伏卧于铁座上,栩栩如生。康熙三十八年大水,邵伯被淹,河臣安置铁犀用来"镇水"。

今天的邵伯镇,是江都的四大名镇之一,位于邵伯湖东,运河岸畔,既是水陆交通要冲,又是富饶的鱼米之乡。若登上邵伯船闸,运河水面帆樯如织,百里湖滩烟笼雾绕,俨然是一幅迷人的图画。清诗人王士祯的《邵伯舟中》诗云:"一望遥天阔,茫茫泛夕槎。树分甓湖水,月上楚人家。野戍寒虫乱,回堤古庙斜。芜城前路近,宫柳欲栖鸦。"(见《带经堂诗集·己亥稿》)这首诗,对邵伯的自然风光做了富于神韵的描绘,全诗带有悲凉之感,与马致远《天净沙》异曲同工。而今邵伯镇欣欣向荣,邵伯湖上船只喧阗繁忙,确实换了人间。

江流芳甸说瓜洲

傅桂明

　　瓜洲镇是扬州市邗江区的一个历史文化名镇,位于长江北岸、瓜洲运河入江口、润扬长江大桥北端西侧,唐以来即是著名的渡口所在。《嘉庆瓜洲志》上说:"瓜洲虽弹丸,然瞰京口,接建康,际沧海,襟大江,实七省咽喉,全扬保障也。且每岁漕舟数百万,浮江而至,百州贸易迁徙之人,往返络绎,必停于是,其为南北之利,讵可忽哉?"

　　南来北往的文人墨客羁旅瓜洲,触景生情,睹物思人,留下了许多不朽的诗篇。白居易《长相思》:"汴水流,泗水流,流到瓜洲古渡头。吴山点点愁。思悠悠,恨悠悠,恨到归时方始休。月明人倚楼。"张祜《金陵渡》:"金陵津渡小山楼,一宿行人自可愁。潮落夜江斜月里,两三星火是瓜洲。"高蟾《瓜洲夜泊》:"偶为芳草无情客,况是青山有事身。一夕瓜洲渡头宿,天风吹尽广陵尘。"最脍炙人口的当数王安石的《泊船瓜洲》:"京口瓜洲一水间,钟山只隔数重山。春风又绿江南岸,明月何时照我还。"因为地处要冲,又因文人的渲染,瓜洲闻名遐迩。

　　其实瓜洲并不是一开始即有的,而是由长江积沙而成。瓜洲之形成最早是在晋代,在江中涨有沙碛,形如瓜,故曰瓜洲,又称瓜步或瓜埠,对面与镇江相望。据《名胜志》载:"瓜洲昔为瓜洲村,扬子江之沙碛也,或称瓜埠洲,亦称瓜步洲,沙渐长,连接扬州郡城,自开元(713~741)后遂为南北襟喉之处,及唐末渐有城垒,宋乾道四年(1168)始筑城,号簸箕城。"

约五千至七千年前,长江在扬州、镇江入海,形成一个喇叭状的长江河口。秦汉时,长江泥沙增多,形成大片的冲积平原。三国时,扬州附近的江面尚且辽阔。

晋时,长江三角洲迅速向海域扩展,镇扬江面缩窄,长江喇叭口下移至海安以下,江心洲大量出现,这时著名的瓜洲也已出水,成为长江中四面环水的沙洲,岛上逐渐形成渔村、集镇。

唐开元天宝以后,由于淤沙扩展,瓜洲渐与北岸相接,船只由京口过江需要绕过瓜洲尾部,水程增加近60里,而且增加了被风浪掀翻的风险。唐开元二十六年(738),润州(今江苏镇江)刺史齐澣,开挖瓜洲至扬子县25里长的伊娄河(今瓜洲运河的前身),使南北漕船改经瓜洲航行,大为便捷。从此瓜洲作为运河与长江的交汇点,帆樯如织,商旅如云,迅速发展为江边巨镇。

由宋至明,扬州江岸继续向南淤涨,瓜洲与京口越来越近。明人郭第有诗云:"水断瓜洲驿,江连北固城。涨沙三十里,树杪乱山横。"《读史方舆纪要》卷二十三云:"宋时瓜洲渡口,犹十八里。今(指明末)瓜洲渡至京口,不过七八里。""杜十娘怒沉百宝箱"的故事,相传就发生在瓜洲渡。马可·波罗也曾游览过瓜洲,并在《马可波罗游记》中有详细描述。到清代初叶,由于运河漕运发达,瓜洲更显繁盛,康熙、乾隆二帝数次南巡,都巡游过瓜洲。

清康熙末年,由于仪征、瓜洲间的长江中涨出了北新洲,致使长江江流北移,镇江、扬州段长江开始出现南岸淤涨、北岸坍塌的情形,南岸的镇江附近涨出大片江滩、沙洲,北岸的瓜洲则成为顶冲点,江岸开始不断坍塌,到光绪二十一年(1895),瓜洲最终全部坍入江中,昔日的繁华街市,连同众多的名园佳景,一同付诸江流。直到清末,瓜洲江岸才渐趋稳定。

瓜洲全城坍入江中以后,原城西北的四里铺、江滨渡口仍维系南北交通枢纽,并以此地为基础,又慢慢形成了新的瓜洲镇,开始繁华起来。后随着津浦铁路通车,大运河失去水运优势,昔日商贾云集的鼎盛景象已不复见,但古镇的风貌仍保存了下来。

　　物换星移几度秋,沧海桑田景物稠。新中国建立后,瓜洲镇建立了古渡公园,兴建了银岭塔、映影池、园中园、"瓜洲古渡"碑、含江口牌楼、沉箱亭、观潮亭等诸多景点,与古运河风光带连成一片,成为集历史遗迹凭吊与现代人文景观欣赏于一体的观光休闲地。近年来,又规划建设"春江花月夜"景区,复建大观楼、锦春园和簸箕城等历史名胜,再现唐代诗人张若虚笔下的《春江花月夜》景观,古朴而又青春的瓜洲又将屹立在扬子江左,世业洲右。

瓜洲船闸　　　　　　　　　摄影:杨玉衡

隋文帝凿山阳渎

廖高明

隋文帝杨坚（541—604），581~604年在位，弘农华阴（今陕西）人。杨坚的父亲杨忠，是北周开国功臣，被封为随国公，杨坚继承父亲的爵位。他的女儿是周宣帝皇后，宣帝死后，由年仅8岁的静帝继位，杨坚任丞相，辅佐朝政，封随王。北周大定元年（581）杨坚废静帝自立，改随为隋（杨坚认为自己一生南征北战，西驱东荡，辛苦至极，不愿再走，就将随字的走字去掉，改随为隋）建立隋朝。

隋开皇七年（587）隋灭后梁，与陈划江而治。隋文帝为了进一步统一江南，派襄邑县公贺若弼为吴州（治广陵，今扬州）总管，屯兵广陵港，准备渡江灭陈。贺若弼献灭陈十策，其中有一策为以老弱残兵和破旧战船陈于邗沟一线，用以麻痹陈国，另在邗沟之东开一新河，使精锐之师隐蔽其中，侍机攻陈。杨坚此前已开凿过沟通黄河与长安的广通渠，有开凿运河方面的经验，便接受了贺若弼的建议，于这年四月在邗沟之东10~20公里的地方新开山阳渎，自广陵茱萸湾（今湾头）至宜陵镇直转向北，经樊汊（今樊川）镇入高邮、宝应，北延射阳湖达淮，长约300里。山阳渎，自茱萸湾至宜陵镇段系利用吴王刘濞所开凿的另一条邗沟旧道（即今通扬运河），自宜陵向北，经樊川、高邮三垛至射阳河段为新开河。其时射阳湖的南端尚在今三垛镇北约10公里的柘梁附近，南距长江不足50公里，三垛尚未形成集镇，沿河荒无人烟，较为隐蔽，射阳湖以北达淮仍沿用山阳旧道。该河北起山阳县境，故名为山阳渎,即今三阳河的前身。

在山阳渎开通后第二年(隋开皇八年)十月,杨坚即利用山阳渎,以年仅 20 岁的晋王杨广为行军元帅,派遣 51.8 万军队在长江一线分兵八路向陈国发起进攻。杨广的船队在经过柘梁附近的河段时曾将一条断为两截的玉带抛入河中,那地方至今仍被称为腰带程(沉)。开皇九年(589)一月,隋军渡过长江,很快攻占建康(今南京),俘获陈后主,陈国灭亡,从而结束了东晋以来长达 270 多年长期分裂的局面,使南北方重新归于统一。

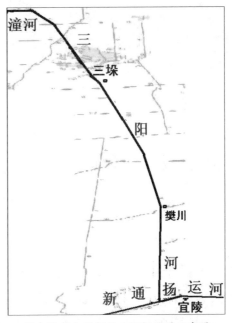

新中国成立后新开三阳河位置示意图

隋炀帝杨广即位以后,于大业元年(605),又诏发淮南民众十余万重开邗沟,路线大体仍循东汉陈登所开之邗沟西道,从此山阳渎废弃,逐渐淤塞,而成为今天里下河腹部地区的一条排引干河。至新中国建立前夕,三阳河仅存自通扬运河至高邮境内的新六安河一段 50 余公里。

今日新通扬运河

扬子津与扬子

徐炳顺

扬子作为美名一直流传至今,并广泛应用。它起于何时、何地?又怎样流传开来?与运河怎么结缘?让我们看看史籍上是怎么讲的。

《南朝乐府·杂曲歌辞》里的《长干曲》云:"逆浪故相邀,菱舟不怕摇。妾家扬子住,便弄广陵潮。"这是扬子之名最早的文字记载。曲中所说的广陵潮在广陵曲江,可以西汉词赋家枚乘《七发》"将以八月之望,与诸侯远方交游兄弟,并行观涛乎广陵之曲江"为证。枚乘笔下的广陵潮波涛壮观:"其始起也,洪淋淋焉,若白鹭之下翔。其少进也,浩浩澄澄,如素车白马帷盖之张。其波涌而云乱,扰扰焉如三军之腾装。""诚奋厥武,如振如怒;沌沌浑浑,状如奔马;混混庉庉,声如雷鼓。"枚乘《七发》告诉我们广陵潮在广陵曲江,《长干曲》告诉我们广陵弄潮女住在扬子,扬子之名最初始于广陵(今扬州)则应无疑。

津者,渡口。隋代,扬子之名开始用于济渡处。《隋书》云:"隋开皇十年(590),杨素为行军总管,率众讨之。贼朱莫问自称南徐州刺史,以盛兵据京口。素率舟师入自扬子津,进击破之。"这是扬州用于渡口称扬子津的最早的文字记载(《资治通鉴》解释扬子津"在今真州扬子县南")。其后,隋大业元年(605),隋炀帝发动淮南十余万人开挖邗沟,自山阳至扬子入江(见《隋书·炀帝本纪》),这是扬子之名始与邗沟结缘。隋炀帝大业三年(607),诗人柳顾言写有《奉和晚日扬子江应制诗》《奉和晚日扬子江应教诗》云:"诘旦金铙发,骖驾出城(瓮城

门）……千里烟霞色。四望江山春……风生叠浪起，雾卷孤帆出……"、
"大江都会所，长洲有旧名。西流控岷蜀，东泛迄蓬瀛。未睹纤罗动，先
听远涛声……"柳顾言将扬子之名冠于大江之前，至此，长江有扬子江
之名由此而始。大业七年（611）升钓台临扬子津大宴百寮。大业九年
（613），隋将吐万绪、鱼俱罗率兵自扬子津讨伐刘元进（？—613，隋末
江南农民起义领袖）。扬子津之名遂在史册中不断出现。

唐代，扬子津的用法有了变化。唐开元二十六年（738），齐浣主持
开挖伊娄河（瓜洲运河），伊娄河开挖以后成了邗沟的一个重要渡江要
津之一。南来北往的众多诗人写下了有关扬子津的若干诗篇。随之，
伊娄河的知名度大大提高，还将扬子津移用于瓜洲。扬子已享有盛名，
并被广为应用，有如扬子县、扬子镇、扬子桥等等。

由于史载不详，历史久远，产生了对扬子津的一些不同说法。从以
上介绍来看，"杂曲歌辞"里的扬子、隋唐人所讲的扬子津并不在一处。
从史料分析来看，广义说扬子在扬州境内，狭义说今广陵区、邗江区、
仪征市都曾有过叫扬子或扬子津的地名和渡口。"杂曲歌辞"里的扬
子在今广陵区范围内（广陵至今还保留着曲江之名）。《资治通鉴》对
"自扬子津入击贼帅朱莫问于京口破之"加注"扬子津在今真州扬子县
南"，说明今仪征境内有扬子津。唐代有关扬子津的诗和明代文翔凤
《扬子曲》"泛泛扬子津，冉冉离瓜步。……"说明今邗江区的瓜洲渡江
处叫扬子津。

但是后来不少人提到扬子桥就认为是扬子津，扬子桥是不是扬子
津桥呢？

清初的《天下郡国利病书》（简称《利病书》）认为仪征、江都皆有
扬子津。该书在仪征条下云扬子津"在县东"；并明确"在县东南旧江
口"。该书在江都条下云扬子津："城南（指今扬州）十五里即扬子桥，
一名扬子渡，旧扬子县治也。"该书认为城南十五里的扬子桥就是扬子
津。

《读史方舆纪要》（简称《方舆纪要》）云"伊娄河在府南二十里扬
子镇，南通大江。自隋以前，扬子镇临江南渡京口，唐时积沙二十五里，

渡江者绕瓜步沙尾,迂回六十里……";又在扬子条下云"扬子桥府南二十里,自古为滨江要津,……隋开皇十年,陈故境多叛,命杨素讨之,破贼帅朱莫问于京口。大业七年,升钓台,临扬子津,大宴百僚,寻至临江宫于此,亦曰扬子宫。"该书认为城南二十里(《利病书》讲十五里)的扬子桥是扬子津。

官修的《大清一统志》用了《利病书》"城南(指当时的江都,今扬州)十五里即扬子桥"和《方舆纪要》"自古为江滨津要",写成"扬子桥在江都县南十五里即扬子津,自古为江滨津要"著于志书中,以致后来认为扬子桥就是扬子津。

《利病书》、《方舆纪要》、《大清一统志》等之所以产生这些说法,其根源在南宋《舆地纪胜》。该书云:"扬子镇以南,至江之运河,昔名伊娄河。隋以前,扬子镇尚临江,至唐江滨积沙至二十五里,唐开元中,齐浣奏开此河通运。"该文中所说的"隋以前,扬子镇尚临江,至唐江滨积沙至二十五里"。该书所讲伊娄河"扬子镇以南,至江之运河,昔名伊娄河"是对的。但所讲的"隋以前,扬子镇尚临江,至唐江滨积沙至二十五里"则不符史实。南北朝时的《水经注》讲,自晋永和中,开欧阳埭(今仪扬河)通广陵(今扬州),证明晋时江岸线已在仪扬河以南,隋在后,相距二百多年,扬子桥在仪扬河边,江岸线也在扬子桥以南,不存在"隋以前,扬子镇尚临江"。《方舆纪要》引用《舆地纪胜》"至唐江滨积沙至二十五里",改变了江岸线的位置,以致说扬子桥就是扬子津,自古为滨江津要。"至唐江滨积沙至二十五里"的说法不可靠,唐开元时齐浣开伊娄河也是二十五里,这两个二十五里是偶然巧合,还是开河二十五里被误为积沙二十五里,不得而知。据《从出土文物看镇扬河段的历史变迁》一文来看,1986年在施桥二线船闸施工时发现一批东汉陶井圈,说明这里已成陆地,有人居住。扬子桥位于施桥西北,江岸现在扬子桥以南,汉时扬子桥已不临江,何来"隋以前,扬子镇尚临江"?因此"扬子桥即扬子津"、"自古为滨江要津"的说法自然不能成立。尤其是《方舆纪要》把"隋开皇十年(590),杨素帅舟师自扬子津入击朱莫问(自称南徐州刺史)于京口、大业七年(611)隋炀帝升钓台临扬子津、置临江宫等均移植于扬子桥"置于条下,更使人产生误解。隋代,邗沟入江济渡处仅有仪扬河(欧阳埭),隋开皇十年(590),杨素帅舟师自扬子津入击朱莫问(自称南徐州刺史)于京口的扬子津当在仪征。隋大业元年(605)邗沟,自山阳至扬子入江,是利用原有的仪扬河入江,未开新的口门。大业七年帝升钓台临扬子津大宴百僚,其扬子津毋庸置疑在仪征而不在扬子桥。《唐书》言,隋末"杜伏威屯清流,沈纶屯扬子,相去数十里,则扬子去滁州不远",《元丰九域志》云:"真州西至本州界一百二十里,自(今安徽)界首至滁州八十里,"《仪征县志》讲有滁河口(今属六合区),在县南三里,扬子去滁河不远。可见扬子当在仪征境内。清代曹寅在《重修东关石闸记》中把隋开邗沟"自山阳淮至扬子入江"改成了"隋开古邗沟,至扬子桥入江","扬子入江"变成"扬子桥"入江,添了个"桥"字,以致一误再误。

通过以上叙述,应该说最初的扬子在广陵,隋时的扬子津在仪征,唐以后的扬子津在瓜洲。

邗沟称谓知多少

徐炳顺

邗沟历史悠久,随着时代变迁、地域划分、河段变化等因素,其称谓有 60 多个。

《左传》:"吴城邗,沟通江淮。"后来人多因邗得名邗沟。而《国语》称为深沟。

《汉书》:"渠水出江都,首受江,北至射阳入湖。"可见汉代称邗沟为渠水。

《水经》:"淮水又东,过淮阴县北,中渎水出白马湖,东北注之。"可见东汉至三国时称邗沟为中渎水。

西晋时,杜预作《春秋左氏经传集解》,注云:"于邗江筑城穿沟,东北通射阳湖,西北至末口入淮,通粮道也。今广陵韩江是也。"可见西晋称邗沟为韩江。

东晋永和中,邗沟第一次西延,开挖的河道名为欧阳埭(今仪扬河)。

南北朝时,南朝宋诗人谢灵运《西征赋》中有"贯射阳而望邗沟"的话,邗沟之名首见于文字记载。同时期的鲍照在《芜城赋》中有"柂以漕渠,轴以昆岗",把邗沟称为漕渠。

《南齐书》称邗沟为官渎,一名直渎,又曰渎、曰涧。

南北朝北魏地理学家郦道元《水经注》云:"昔吴将伐齐,北霸中国,自广陵城东南筑邗城,下掘深沟,谓之曰韩江,亦曰邗溟沟。"可见北魏时除把邗沟称为韩江外,又加韩滨沟这一称呼。

魏征作《隋书》时,云隋文帝称山阳渎,隋炀帝时仍称邗沟。

唐代除用漕渠、漕沟外,多称官渎。唐元和中,李吉甫作《元和郡县志》时,称邗沟为合渎渠、邗江、山阳浊。唐开元时,邗沟南伸,开挖的河道名叫伊娄河(今瓜洲运河)。穿过今宝应城的这一段又叫宋泾河。

五代十国时,称邗沟为浊河。

宋初,称邗沟为淮南漕渠。《宋书》记载:"天禧四年(1020)正月,开扬州运河。"邗沟由此而始称运河,并延续后世。但此时的邗沟称谓也不统一。有的叫真(州)楚(州)运河、真扬运河、淮南运河、真扬漕河、扬州漕河,有的按所在县分段称为真州运河、高邮运河、宝应运河、楚州运河。扬州附近的曾叫古河(今称古运河)。

元代,把大都(北京)到杭州的运河分为七个部分,从黄河到瓜洲之间的部分称为扬州运河。《元书》仍称邗沟。其时也有的称扬州漕河、淮东漕渠。

明代,把北京至杭州的运河通称为漕河,淮扬之间因专取湖水为运道被称为湖漕。又把"通州至仪征、瓜洲,水源不一,总谓之漕河,又谓之运河"称之为里河,所谓里河者,"江船不入海而入河,故曰里也(见《漕河图志》)"。明永乐间,循故沙河开河,又多了清江浦河之名(加原邗沟部分成为今里运河)。但也常称为淮扬漕河、真扬运河。后又把淮河至京口(镇江)间的运河称为转运河,把瓜洲、仪征达淮河者称为南河,又谓之里河。明代,又因白马、宝应、高邮、邵伯诸湖有风涛之险,大搞河湖分开工程,先后分段开挖了康济、弘济、宝应、界首、邵伯等月河(有的写作越河),因此有了分段的叫法。明代,仪征境内入江口变动频繁,新增的入江口有的叫新安河、旧港、沙河等。明万历《宝应志》称邗沟为寒江。万历时扬州附近局部河段调整开挖的叫宝带新河、玉带河。明末又分别称瓜洲运河、仪征运河为瓜河、仪河。明成化十三年(1477)将运河分为南北两段,分段置官管理,于是有南河之名,当时北至济宁,南至仪征。万历六年(1578)改南河北至淮安,南至仪征。

清代,自北京到杭州通称之为运河。康熙二十七年(1688),派尚书张玉书查勘河工,张玉书在奏文中首次称用里运河(《清史稿·河渠志》),并延续至今。雍正年间,管治河道的重臣驻清江浦后,设立南河总督,邗沟又称为南运河。有时也分段称为淮安运河、高宝运河、瓜仪运河。高邮清水潭是著名险工,康熙时堵塞后,这一小段改称永安新河。清代继续沿用里河、里运河之名。雍正时,分立甘泉县,邗沟又多了江甘运河、高宝运河、山(阳)清(江)运河的分段叫法。扬州至仪征之间又称仪河。清末出现了江北运河的称谓。

民国时期继续沿用江北运河、里运河之名。偶见的文字写有中国运河的字样,并有京杭运河之称,扬州则是其中一段。仪征至扬州之间的河段又称为古运河。

新中国建立后,1962年《中国运河史料选辑》一书出版,称中国运河(此前有的文献已用中国运河之名)。1958年京杭运河全面整治,通称京杭大运河(扬州段),里运河之名仍沿用。由于新运口从六圩入江,扬州城以东河段称大运河,扬州城区湾头至瓜洲、仪征的河道分别称为古运河(也曾称老运河)、瓜洲运河、仪扬河。

乌塔沟因塔乌得名

张锦昌

乌塔沟,在历史上济运发挥过重大作用。当它退出漕运历史舞台许多年以后的 2008 年,扬州市城市防洪实施了一项重点工程,北起仪扬河,与乌塔沟隔河相望,南抵长江,它的名字叫乌塔沟分洪道(项目名称,后改为润扬河)。

历史上有许多赫赫有名的河流,随着历史尘埃堆积,与人们的记忆一起壅塞干涸了,而乌塔沟却仍在扬州大地上奔流,或许与它所处位置、所发挥的作用分不开吧。可是,为什么要用"乌塔"二字作为沟的名字呢?

先说"沟"。我们一般说到沟,都会理解为小水沟、小沟渠,没错。现代词典就解释为"田间水道";《说文》云"沟,水渎,广四尺,深四尺";《考工记·匠人》云"九夫为井,井间广四尺、深四尺,谓之沟"。显然,"沟"确是不大的小河道。历史上的乌塔沟原来就是由山洪下泄自然形成的水沟,"广"、"深"不得而知。但它是句城塘下的一条送水河道,句城塘"长广十八里有奇",可见其沟已不是很小的沟了。

至于沟前冠以"乌塔"二字,则来自一个传说。唐开元十六年(728),唐玄宗派邬姓水官来赈灾,一面督促地方官员组织百姓拓河挖土筑堤,一面用赈灾款在对沟口的古河道(仪扬河)边兴建六面五层砖木结构宝塔,用来镇压水魔。此塔以水官姓邬得名,称邬塔,后来战火烧掉木柱挑檐,导致宝塔全身乌黑,被当地百姓叫做乌塔。因为沟位于乌塔附近,老百姓遂将此沟称为乌塔沟。

　　现在宝塔早就没有了,但它的"影"子还在。当年宝塔投影到河汊的西北圩,老百姓称此圩为塔影圩,一直延传至今。不仅塔影圩还在,旁边的村庄也叫塔影村,它位于扬州沿江开发区朴席镇。

伊娄河的开凿年代

赵苇航　周子如

　　伊娄河即今瓜洲运河,位于今扬州古运河扬子桥之南至瓜洲镇。这条河自凿成至今,在交通、水利等方面一直发挥重要作用,古往今来均为世人所瞩目。古今一些重要著作,尤其是涉及水利史或扬州地情的专著,大都有对伊娄河的记载。然而对这条河的开凿年代却是众说纷纭。

　　先看众说纷纭的古代记载,《旧唐书》卷一百九十九《齐浣传》:开元二十五年,迁润洲刺史,充江南东道采访处置使。润洲北界隔吴,江至瓜步沙尾,纡汇六十里,船绕瓜步,多为风涛之所漂损。浣乃移其漕路,于京口塘下直渡江二十里,又开伊娄河二十五里,即达扬子县。自是免漂损之灾,岁减脚钱数十万。又立伊娄埭,官收其课,迄今利济焉。

　　《旧唐书》卷九《玄宗本纪》:开元二十六年其冬,两京建行宫,造殿宇各千余间。润洲刺史齐浣开伊娄河于扬州南瓜洲浦。

　　《新唐书》卷四十一《地理志》[润洲丹阳郡丹徒]:开元二十二年,刺史齐浣以洲北隔江,舟行绕瓜步,回远六十里,多风涛,乃于京口埭下直趋渡江二十里,开伊娄河二十五里,渡扬子,立埭,岁利百亿,舟不漂溺。

　　南宋《(嘉定)镇江志》卷六《山川》:伊娄河,唐《地理志》:开元二十七年齐浣开;《太平寰宇记》:开元二十二年润洲刺史齐浣……开伊娄河。

明《（万历）丹徒县志》：京口闸在京口港，距江一里许，莫究所始。唐漕江淮，撤闸置堰。开元二十五年，齐浣徙漕路由此。时瓜步遥隶于润洲，又于瓜步治伊娄河，以达扬子。

明末清初顾祖禹《读史方舆纪要》卷二十三：开元二十六年，齐浣为润州刺史，请于京口埭下，直趋渡江二十里，开伊娄河于扬州南瓜洲浦，长二十五里，即达扬子镇。

《大清一统志》、清《（嘉庆）瓜洲志》以及清代汪中撰《广陵通典》都说这条河开挖于开元二十六年。

再看不加考证的近现代著作，当代各种专著、论文对伊娄河开凿年代也是说法不一。

民国时期，武同举著《江苏水利全书》和《淮系年表》中记载了伊娄河。但说法前后有异。《江苏水利全书》中作开元二十二年；《淮系年表》武同举按：开河年岁诸书有异，或作二十二年，或作二十六年冬。

当代各种专著、论文对伊娄河开凿年代也是众说纷呈。

《辞海》［扬子］条云：二十五年（737）齐浣开伊娄河，自此南达瓜洲渡口，遂复为往来通津。

《中国水利百科全书》（水利电力出版社 1990 年 12 月第一版）中，有两处提及开伊娄河的年代，但不一致。"长江水利史"条说是开元二十六年，［邗沟］条说是开元二十二年。《中华人民共和国地名词典·江苏省卷》"瓜洲运河条"作开元二十五年。

最近几年，扬州正式出版了好几本史志专著，对伊娄河开凿年代的说法就更多了。例如，《扬州古港史》说开元二十二年；《扬州交通志》正文中说开元年间，大事记中说开元二十二年；《扬州城乡建设志》正文中说开元年间，大事记中说开元二十二年或以后数年；《广陵区志》说开元二十二年后；《邗江交通志》说开元二十五年；《邗江县志》正文中说开元二十五年，大事记中说开元二十六年。

我们考证，唐代正史的原始史料就有三种说法，后人各有所本，众说纷纭也就不足为怪了。我们认为，《旧唐书》对唐代史实的记载应该是最为真实可信的。因为《旧唐书》成书于后晋开运二年（945），离唐代末年（907）仅隔30余年，对唐代重大事件发生的年份不致搞错。齐浣在开元二十五年之前在别的地方做官，二十五年才迁任润洲刺史，至二十七年又调任汴州刺史了，所以他主持开挖伊娄河只能在二十五年至二十七年。《旧唐书·齐浣传》只确指二十五年迁润州刺史，并未明确他是在迁润洲的当年就开河还是次年才开河。而《旧唐书·玄宗本纪》确指二十六年冬开伊娄河，这是基本可信的。综合上述两条史料，齐浣开伊娄河之确切年份应在开元二十六年（738）。古今治学严谨的著名学者如顾祖禹、汪中、姚汉源等人的著作均认定为开元二十六年。《新唐书》成书晚至北宋中叶，去唐较远，难免有误记之处。《新唐书·齐浣传》未提及迁润洲的具体年份，当然就更未提及开河的年份了；《新唐书·地理志》记齐浣开伊娄河在开元二十二年，显然系误记，不足为据。武同举《江苏水利全书》称开元二十二年开伊娄河，本于《新唐书·地理志》。后来不少人照搬武同举的说法，也就搞错了。齐浣在开元二十二年时，尚未到润洲做官，怎么可能开挖归润洲管辖的伊娄河呢？

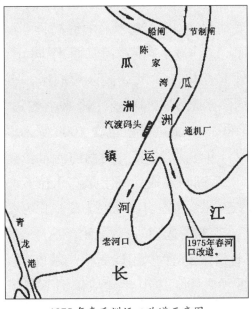

1975年春瓜洲运口改道示意图

瓜洲运河古今谈

杨玉衡

瓜洲运河古称伊娄河,又称瓜河。明、清时为里运河的南段,即今邗江区高旻寺至瓜洲镇段,是一条已具有 1270 年历史的古老运河。1960 年里运河入江口改道六圩,1972 年继建成扬州闸后,瓜洲运河降为区域性河道。

今瓜洲运河起于邗江区瓜洲镇长江口,经高旻寺,过扬州市区,止于扬州闸,全长 29.3 公里,其中高旻寺至瓜洲段长 12 公里。流域面积 53 平方公里。河底河口宽 40~120 米。河底高程 0.0~-2.0 米。两岸为沿江圩区,地面高程 3.0~4.0 米(废黄河基面,下同)。

瓜洲运河地处北亚热带季风气候区湿润区。多年平均气温 14.8 摄氏度。多年平均降水量 1049.4 毫米;降水主要集中在 6~9 月,占全年降水量的 58%。平均水面蒸发量也在 1000 毫米以上。瓜洲最高长江潮位 6.69 米(1954 年 8 月 17 日),同期内河水位扬州市区渡江桥最高洪水位 6.725 米。瓜洲闸建成后闸上最高水位 6.43 米(1991 年 7 月 11 日),最低水位 2.59 米(1972 年 6 月 27 日),平均水位 4.39 米。

新中国建立后,对瓜洲运河进行全面治理。瓜洲自光绪年间坍失以后,瓜洲运河一直沿续到 1949 年以后均是敞口,为了蓄水,瓜洲口门年复一年处于堵拆坝之中。1970 年建成瓜洲节制闸。1974 年又建成瓜洲船闸和抽水站,形成瓜洲小型水利枢纽,具有灌溉引水、防洪、排涝、通航、排换扬州城污水的功能。2001 年 11 月对瓜洲水利枢纽进行

鸟瞰瓜洲闸 　　　　　　　　　　　　　　　摄影：缪宜江

除险加固，拆除老节制闸，新建瓜洲节制闸 3 孔，每孔 8 米，设计排涝流量 361 立方米每秒，自引流量 155 立方米每秒。同时对原船闸、排涝闸进行加固。又对原抽水站进行更新改造，装置 16 台套立式流泵，提水能力 21 立方米每秒。新增"千年咏扬州"百首诗廊。

　　瓜洲运河开凿时水流由南向北流，明代淮水加入，改向南流。今瓜洲运河上段（今名古运河）起于扬州闸。西流经黄金坝，转向南，沿历史文化名城扬州城南折向西，再转向南，抵新河湾（今称三湾）。新河湾是明代万历年间为行船安全，节蓄南下的水流而改成弯河。出新河湾南流至扬子桥。左岸施桥港，系明代改坝为闸分泄淮水入江的口门。在扬子桥附近，与西来的仪扬河相会，河流分叉，故又名三汊河。瓜洲运河由此转向南。右岸有千年古刹——高旻寺，相传高旻寺创建于隋代，清初重建为行宫，康熙、乾隆皇帝南巡，均曾驻跸于此。1983 年，国务院宗教事务局正式将高旻寺列为全国重点寺观之一，影响远及东南亚各国，现已成为扬州市一个重要的宗教活动场所和旅游景点。过高旻寺继续南流，两岸是农家的田园风光。继续南流，抵千年古镇——瓜洲。瓜洲原为江中暗沙，形如瓜，故名瓜洲。晋代，开始出水，到唐时与陆地相连。唐开元二十六年（738），为避江上风浪，缩短江上航程，润州（今镇江）刺使齐浣开凿了伊娄河，从此瓜洲成为连通长江、淮河、运河的要冲。唐代大诗人李白为伊娄河的开凿写到："齐公凿新河，万古流不绝，丰功利生人，天地同朽灭。……海水落斗门，潮平见沙汭。"记下了瓜洲有运河和建闸之始。唐末，逐渐筑起城垒，至宋时已成为巨镇。明、清时漕运、盐运再兴，加速了它的昌盛。"虽弹丸之地，然瞰京口（今镇江），接建康（今南京），际沧海，襟大江"，成为七省咽喉。每年的船艘数百万，浮江而至，"商贾之集，冠盖络绎，居民殷阜，第宅蝉联，甲于扬郡"，虽不是县城，却胜似县城。清代瓜洲江岸连续坍塌，得到清朝政府的重视，耗费巨资治理。乾隆皇帝南巡时，多次巡视瓜洲江工，还用硃笔在江工图上圈圈画画，拟定意见。今日瓜洲是在清末坍入江中以后重建的瓜洲，现是邗江区的重镇。瓜洲水利枢纽被水利部命名为国家级水利旅游风景区。

瓜洲节制闸　　　　　　　　　　　　　　摄影：杨玉衡

千年兴衰乌塔沟

宋建友

乌塔沟,唐代时与句城塘一起参与接济漕运,成为句城塘的门户,从此声名大震。

今乌塔沟是仪征市与邗江区的界河,随着乌塔沟分洪道工程(即润扬河)的开工建设,这条古老的河道再度引起人们的关注。

据《仪征水利志》记载,乌塔沟在唐前已经自然形成,除了能够灌溉、排洪外,在历史上还发挥过济运等重要作用,可以说是一条著名的河道。但是由于年久失修,到了民国时期河道已经残破不堪。民国14年(1925),淮扬徐海平剖面测量局在仪征进行了一次测量调查,并完成了一份《仪征县调查报告书》,其中留下了乌塔沟实际状况的真实记录:"八汊桥(即八字桥)以下长约六里至为浅狭,宽度仅六公尺左右,山水暴下不及渲泄,于是泛滥成灾。"

新中国建立后,先后于1954年、1956年、1969年和1979年四次进行大规模整治。1976年又开挖了上游河道与之相衔接,这样一条河以牌楼脚为界,出现了一"古"一"新"。由于受时代的影响,虽然是一条河,却有两个不同的名字。古河长7.7公里,继续沿用历史名称——乌塔沟;新河长8.3公里,由于处在仪征和邗江交界处,且是两个县共同实施完成的,所以被认为是邻县间团结治水的成果、友谊的象征,便起了一个在当时十分流行又很时髦的名字,叫做友谊河。然而厚重的历史使当地人对于乌塔沟的感情太过深厚,新河没有延用乌塔沟的河名使人们感到有点遗憾,但是古河段保留了乌塔沟的原名又让人们得到些许庆幸,不过一条河以新旧分两段命名也是常有的事。

相传很早以前,在乌塔沟和仪扬河交汇处附近有一座用黑砖头砌的塔,当地人称做乌塔,乌塔沟因而得名。该塔由何人所建,因何而建,建于何时,由于年代久远,已不可考。但是,当地古时有塔却另有地名可以作为佐证。据说因为塔的影子照在附近一个庄上,人们就将这个庄子称为塔影庄,直到现在朴席镇还有塔影村,位置就在今天乌塔沟和仪扬河连接处的西北面。

据史料记载,大凡古河道随着时代的变更、岁月的流逝,名称往往都有变化。如邻近乌塔沟的大樟沟始名大张沟;小龙涧原名小张沟;龙河最初叫作元龙河,上游又名怀子河,下游又称带子沟;仪扬河原称古邗沟通江水道,亦称欧阳埭,宋时叫真扬运河,明清时叫仪真运河、仪河,民国时叫古运河,解放后才定名仪扬河。但是乌塔沟却不然,古往今来始终未见有其他称谓的记载。

据《新唐书·地理志》记载,唐贞观十八年(644),扬州大都督府长史李袭誉修筑了大型灌溉工程句城塘。据《辞源》释义:"勾,本作句。通钩。"所以历史上句城塘又称勾城塘、勾城湖。句城塘是著名的古代"扬州五塘"之一,规模仅次于陈公塘,大于小新、上雷、下雷三塘,东西宽三百五十丈,南北长一千一百六十余丈,灌溉农田达到八百顷。句城塘的位置就在今天的友谊河上,也就是现在仪征市的刘集镇、新集镇,和邗江区的杨庙镇一带。句城塘建成后,乌塔沟即成为其下游泄洪、排水的骨干河道。

后来由于水源紧张,担负漕运任务的南北大运河时常因为水浅而影响航运,唐、宋时多次整修"扬州五塘",利用五塘之水,注入运河接济漕运。陈公塘水沿龙河、句城塘水沿乌塔沟南流进入仪扬运河,小新、上雷、下雷三塘的水则沿槐子河流入湾头运河。史载,直到明成化九年(1473),都御史王恕、郎中郭昇为了保证引水助漕,还在句城塘增筑堤岸,置石闸一座、石砝两座,并且加强了管理和保护的措施,设塘长1人,塘夫40人。这样,乌塔沟又成为济运通航的著名河流。明嘉靖十六年（1537），因为遭遇连续多日过量的霪雨，塘堤坍塌，句城塘因而湮废，湮废后句城塘佃田为租九千六百亩。此后，乌塔沟仍然是这一地区的主要灌排河道，发挥着灌溉、排洪的重要作用。

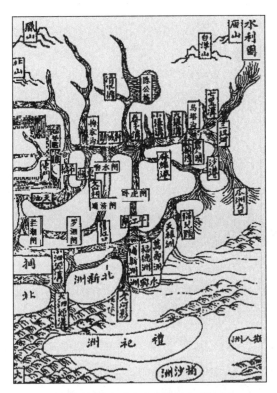

仪征水利图（清道光《重修仪征县志》）。
右上方标有乌塔沟字样。

排洪保漕乌塔沟

王虎华

乌塔沟是一条古老的丘陵地区河流。历史上有许多古老的河流，随着历史尘埃堆积，与人们的记忆一起壅塞干涸了，而乌塔沟却仍在扬州大地上流淌。站在横跨乌塔沟的八字桥上，望着桥下千年不绝的河水，大有抚今追昔、穿越时空之慨。兴奋之余又不免心生几分惆怅，因为如今已经很难弄清这条古河的前世今生了。

前5世纪，吴王夫差开凿了邗沟，在中国大地上画出了人工运河的浓重一笔。这一大手笔不但在吴王北上争霸中发挥了重要作用，而且由后来者越画越长，成为世界上最长的运河，恩泽造福于千秋万代。

大运河是一代代中国人的杰作。时至东晋，邗沟至长江的引水口被淤断了。要使邗沟与长江保持通连，只能从上游重新开凿新河。东晋永和年间，开挖了邗沟西段，从今天仪征的欧阳埭引长江水，向东行至今三汊河，北上广陵。这条长达30公里的新渠，便是后来的仪扬运河。

古人的智慧绝不亚于今人。在如今仪征、邗江交界丘陵地带，从汉唐起，曾经设置过"五塘"，用以灌溉扬州西、北部的大片农田。五塘中面积最大的是陈公塘，"周广九十余里"，为东汉时广陵太守陈登所筑。塘筑成后，周围农田受益甚大，乡民对陈登"爱而敬之"，故此塘又被称作"爱敬陂"。唐贞观年间，长史李袭誉又在陈公塘之东筑勾城塘（即句城塘），面积仅次于陈公塘，可灌溉农田八百余顷。

随着运河漕运功能的日益显现，五塘的作用也随之改变。中唐以后,五塘就成了为保漕利运补给水源的重要水利设施。

五塘补水济运的巨大功劳如今已鲜有人知。从唐代到明代,五塘补水济运的功能一直延续了 800 余年(编者按:清雍正时还用过一次)。一旦运河壅滞,便引五塘水入运河,运河水位抬高,航运遂得以保证。五塘水输入运河有三条河道,一条是东西向的槐子河,将蜀冈上的上雷塘、下雷塘和小新塘三塘水引向东边由湾头注入运河。另两条就是南北向的泰子河(今龙河)、乌塔沟,将陈公塘和勾城塘的水向南注入仪扬运河。

乌塔沟就是这样一条保证运河通航的重要河流。悠悠千年,五塘早已干涸,乌塔沟却依旧流淌着,足见其生命脉动的强劲恒久。乌塔沟的生命力之所以如此强大,一方面因为它与大运河血脉相连,一方面它是排泄山洪的干河。

八字桥是乌塔沟上的桥,它不仅是 328 国道上的重要桥梁,更是乌塔沟上的古桥和名桥。八字桥有着漫长的历史变迁,有着桥梁建筑的科技创造,有着不同版本的奇妙传说,这些都是乌塔沟非物质文化遗产的重要章节。

与千里大运河一样,乌塔沟和八字桥也是活着的历史遗产,有着博大而深厚的历史内涵。它们既是有形资产,更是无形资产。时至今日,很多人都知道文化遗产是核心竞争力的道理了。新集镇和八桥村,坐拥这样的无形资产,早晚会获得巨大效益。只是,乌塔沟和八字桥的历史资料到底现存几何?还能够钩沉挖掘出多少?这应当成为一个值得重视与研究的课题。

新出版的《新集镇志》上,在"河流"一节里,不因为仪征、邗江新开友谊河后而把乌塔沟给忘了,牌楼脚以北为友谊河,以南仍然保留着乌塔沟之名。友谊河在中国大地上比比皆是,乌塔沟在扬州却仅此一条。

李吉甫筑平津堰

廖高明

据《辞海》介绍:"李吉甫(758—814),唐宪宗时大臣,字弘宪,赵郡(今河北赵县)人。德宗时任太常博士,出任忠州等地刺史。宪宗即位,由考功郎中升为中书舍人。元和二年(807)任中书侍郎同平章事。"三年九月,"转任淮南节度使",六年正月,"再任宰相",卒谥忠懿。

从以上介绍可以看出,李吉甫一生中曾两次为相,第一次是元和二年至三年;第二次是元和六年至九年。任职期间,颇有建树。归纳起来,主要有三点:一是削弱藩镇势力,自德宗李适之后,唐王朝姑息藩镇。李吉甫任中书舍人时,曾参与过策划讨平镇海节度使李琦的叛乱,并在元和二年至三年,一年多的时间内,改换了三十六个藩镇,并使魏博节度使田兴(即田弘正)听命于朝廷。二是裁减了 2200 名冗员,其中冗官 800 名,冗使 1400 名,整顿了吏治。三是编撰《元和郡县图志》。李吉甫两次出任宰相,对当时的图籍十分熟悉,所编《元和郡县图志》计 40 卷,目录 2 卷,以当时 10 道 47 节镇为分篇,每镇篇首有图,分镇记载府、州、县的沿革、城邑、道里、户数、物产、山川、古迹、贡赋等项,记载详尽。本书所载,皆有所本,较为可据,反映了唐代强盛的具体情节,其史料价值超过新、旧《唐书》的《地理志》。隋唐以来图志之传于后者,以此书为最古,体例亦最善。历代全国性或地方性的方志,基本上都继承了它的编撰方法。

从以上介绍还可以看出,元和三年九月,李吉甫充任淮南节度使

（驻今扬州），六年正月，离开扬州去长安为相，时间虽只有二年多，但在这短短的时间内，李吉甫却为扬州做了有益的工作：修筑富仁、固本二塘和平津堰。

《新唐书·宰相表·李吉甫传》云，李吉甫因"漕渠庳下，不能居水，乃筑堤阏，以防不足、泄有余，名曰平津堰"。《新唐书·食货志》亦云："节度使李吉甫筑平津堰，以泄有余，防不足，漕流遂通。"

由于《新唐书》的记载过于简略，只说了什么人因什么原因修筑了平津堰，但却没有说平津堰是什么工程，多大规模，建在什么地方，因而使后人对平津堰产生了许多不同的解释。

《新唐书》成书于宋嘉祐五年（1060），时隔一百多年之后，南宋人认为平津堰修在高邮境内，是李吉甫筑以溉田之用。如成书于南宋宝庆三年（1227）王象之的《舆地纪胜》和成书于宋理宗时（1225~1264）祝穆的《方舆胜览》均有此类说法。这种说法并非从南宋始，而早在《旧唐书》中就已有记载。《旧唐书》卷一四八云："唐宪宗元和年间，李吉甫为淮南节度使，在高邮湖筑堤为塘，灌田数千顷，又修筑富人、固本二塘。"不仅保证了山阳渎水力的充足，又增灌溉万顷之田。《新唐书·地理志》中也云："高邮，有堤塘，溉田数千顷，元和中，节度使李吉甫筑。"

明、清以后，对平津堰的解释说法增多。如明代潘游龙《康济论》，认为平津堰是湖堤。《康济论》云："唐李吉甫为淮南节度使，始于湖之东西，亘南北筑平津堰，以防水患。"

著于明万历二十一年（1593）李春芳的《东堤成碑记》云："运河堤，即唐刺史李吉甫所筑平津堰。"这种说法对后来某些地方志书有较大影响，如清雍正《江都县志》谓平津堰即运河堤，又名漕河堤。清乾隆《高邮州志》云："唐淮南节度使李吉甫虑漕渠庳下，不能居水，乃筑堤，名曰平津堰，即今官河（里运河）堤。"并说："循湖而东有河焉，曰运河，其堤曰平津堰。""堰之在邮境者，南北长九十里，有闸数座。"

成书于清康熙元年（1662）顾炎武的《天下郡国利病书》谓："宝应运河堤自黄浦至界首长八十里，即唐吉甫平津堰。"清嘉庆《宝应县志》主要根据《天下郡国利病书》认为"运河堤在宝应自黄浦至界首，得八十里,即唐李吉甫所筑平津堰是也"。

成书于清康熙三十一年(1692)顾祖禹的《读史方舆纪要》谓高邮运河故址,即唐李吉甫修筑之平津堰。

成书于清乾隆四年(1739)的《明史·河渠志》谓平津堰是高邮之纤堤。

成书于清道光二十五年(1845)刘文淇的《扬州水道记》主要根据《新唐书·食货志》"河益庳,水下走淮,夏则舟不得前,节度使李吉甫筑平津堰,以泄有余,防不足,漕流遂通"的记载,认为平津堰既然针对"水下走淮"而修,应是位于漕渠入淮处的一座拦河堰埭。刘文淇《扬州水道记·卷三》云:"平津堰者,平水堰也。""平水堰施于水中,使上下之水得其平,水不得下走,有余始泄之,故得之平津堰,水平则无流。"刘氏还强调说:"统观唐代扬州水利,唯有筑塘以潴水,开渠以行水,设堰以节水,其时只患水少,不患水多。杜亚所筑之堤专为藉塘济运而设,至高、宝皆由湖运,无事堤防。而志书以扬州运堤始于李吉甫,且谓吉甫之平津堰即江都、高宝之运堤,胥失之矣。"

平津堰并非堤防

徐炳顺

　　唐元和三年到六年（808~811）李吉甫任淮南节度使,他留给扬州人民著名的水利工程是平津堰。自明末、清初,直至当代,对平津堰大体有两种说法:一是认为运河堤;一是认为拦河坝。

　　《旧唐书·李吉甫传》说:"于高邮县（今高邮市）筑堤为塘,溉田数千顷。"《新唐书·地理志》:"高邮堤塘,溉田数千顷,元和中,节度使李吉甫筑。"前书讲"筑堤为塘",后书讲"堤塘",两者有无差别,再看《新唐书·食货志》说:"初,扬州疏太子港、陈登塘凡三十四陂,以益漕河,辄复堙塞。淮南节度使杜亚,乃浚渠蜀冈,疏句城湖、爱敬陂,起堤贯城,以通大舟。河益庳,水下走淮,夏则舟不得前。节度使李吉甫筑平津堰,以泄有余,防不足,漕流遂通。"《新唐书·李吉甫传》说得比较具体:"李吉甫为淮南节度使,筑富人、固本二塘,溉田且万顷。漕渠庳下,不能居水,仍筑堤阏,以防不足,泄有余,名曰平津堰。"在此可见,堤阏就是平津堰,这就是平津堰之名的由来。上文告诉我们筑塘是为灌溉;筑堤阏是"漕渠庳下,不能居水,防不足,泄有余","漕流遂通"。两者从不同角度说及这项水利工程,实质是一个。

　　堤阏和堤防

　　堤阏是什么? 堤阏起源于汉代,并非李吉甫所创。《汉书·召信臣传》云:"开通沟渎,起水门、堤阏,凡数十处。以广溉灌,岁岁增加,多至三万顷,民得其利,畜积有余。"水门是可以启闭的水利工程,堤阏的功能和堰相近,起平衡水位作用。水门、堤阈并列,是因为同是拦河工程。这一点可以参考唐白居易《白孔六帖》,该书卷十五《堰埭》章,全章讲述全国的堰埭,其中有堤阈,并说明"堤阈是以防不足,泄有余"的河道上的水利工程,该处所举就是李吉甫的平津堰:"李吉甫为淮南节度使,奏:'漕渠庳下,不能居水,乃筑堤阈,以防不足,泄有余,名曰平津堰。'"由此可见,埭、堰、堤阈,三者的功能相同,或许建筑形式有些相异。堤阈到宋代仍广为应用,《宋书·河渠志》说:"宣和二年(1120),江淮荆汉间,荒瘠弥望,……其堤阈、水门、沟浍之迹犹存。"

堤阈是拦截于河中及支河口的建筑物,用以节控水的。如同当今水库上的溢洪道,水位超过时泄水,低则蓄之,正所谓"泄有余,防不足"。《古今合璧事类备要》释"埭程"词义说:"上元中,敕江淮堰埭,商贾牵舡过处,船斛斗纳钱。"商旅船只来到堰下,由管理堰的专门人员牵船(盘坝)过堰。这要耗费一定的人力,所以估量船只的大小,缴纳相应的费用。堤则不可泄水。用途各异,弄清堤阈与堤防的作用,对分辨平津堰是不是堤防很有帮助。

误解的源与流

平津堰怎么会被认为是运河堤的呢?将其说法开列如下,与两《唐书》做一对照,再了解用途,即可做出判断。

明万历年间,高邮修成东堤,归田养老的内阁首辅李春芳作《东堤记》说:"东堤者,高邮之东河塘也,其河曰运盐河。而其西则为官河堤,亦曰运河堤,即唐刺使李吉甫所筑平津堰";"又自高邮至兴化则东河塘,实自平津(堰)始焉。"这两段文字与两《唐书》记载不吻合,既误以运河堤为平津堰,又误以李吉甫所筑之塘为东河塘。平津堰被误认为运河堤防由此而始。

明末清初成书的《天下郡国利病书》云:"元和中,李吉甫为淮南节度使,复大修陂塘,筑堰于高邮,泄有余,防不足,以利漕,旁灌田千余顷,今谓之平津堰者。"上文所言两事与两《唐书》合,但把其作用合为一,又把塘、堰统谓之平津堰,则不符两《唐书》记载。另把"筑堤阈"变成了"筑堰"改变了史实。又云:"北神堰吴王夫差筑,在淮安郡城北五里,宋曰平津堰。"还说"运堤自黄河(浦)至界首八十里,即唐吉甫平津堰也。"平津堰之名被滥用了。

康熙中成书的《读史方舆纪要》云:"运河,其故址即唐吉甫所筑平津堰,溉田数千顷者。"显然把塘与平津堰合为一。该书还说:"唐兴元中(应为永和),李吉甫所筑堤以护田,谓之平津堰,自是相继修筑,为运河堤。"李吉甫"筑堤阏"非谓筑堤,漏掉"阏"字,以致后来误导为堤,自不为怪。

嘉庆《高邮州志》云:"淮南节度使李吉甫虑漕渠庳下,不能居水,乃筑堤,名曰平津堰",接着注解曰:"即官河堤。"该志引用原文已清楚"漕渠庳下,不能居水",但是把"仍筑堤阏"变成了"仍筑堤",漏了一个"阏"字,且谓之"即官河堤",显然有误。这里又把平津堰误成了官河堤,即运堤。

《江都县志》把"北径高邮、宝应,西径仪征,南至瓜洲,行回二百里"的漕河堤叫做平津堰,明显与史实不符。

《仪征县志》未把平津堰当成堤防,倒符合"泄有余,防不足",其堰在仪征境运河上。

厘正"平津堰"

自把平津堰说成运河堤后,持不同意见者自然而生。清代宝应学者刘宝楠《宝应图经》云:"平津堰乃拦河蓄水,以济漕运,……非高、宝湖堤也。"另一位名气更大的清代扬州学者刘文淇,在他的《扬州水道记》中,引经据典,确认平津堰不是运河堤。他认为"吉甫始废闸置堰,使漕河之水皆平",是"施于水中","拦河置堰"。他引证李习之《来南录》"自邵伯至(长)江九十里,渠有高下,水皆不流",讲到"渠(运河)既有高下,而水皆不流者,有堰以平之也"。《来南录》记载的就是李吉甫筑堤阏的次年(809)的事,刘文淇断言"平津堰之置在河中(即拦河坝),断无疑义"。他指出推究原致误之由,是对《新唐书·李吉甫传》"未加体会,致有斯误"。他据《新唐书·食货志》云:"于太子港、句城湖、爱敬陂下即叙平津堰,则此堰去句城湖、爱敬陂不远,决非今日之高、宝运堤也。"

　　其他典籍也有记叙平津堰的,不再赘述。不过在这里要补充说的是：在唐代,堤、堰是分得很清楚的。贞元四年(788)节度使杜亚"自江都西循蜀冈之右,疏句城湖,起堤贯城,以通大舟"。这里的所谓起堤就是筑堤防。二十年后李吉甫若是筑堤,史书就不会记载为筑堤阏,也无须后人云平津堰是运河堤。在筑平津堰之前,李白有"河堤绕绿水"诗句,之后刘禹锡有"酒旗相望大堤头,堤下连樯堤上楼"诗句,说明唐代筑堤较为普遍,但那时运河还未设堤防。可见堤、堰是不同类别的水工程。

　　1984年夏,有一运河考察队抵高邮,误认"高邮湖边用石块砌的堤岸"是平津堰。稍后,1987年出版的《高邮》一书,其中"李吉甫筑平津堰"一文对此作了肯定。若对照新旧《唐书》,《高邮》一书中的《李吉甫筑平津堰》所言则缺乏历史依据。该书引用的事例与事实出入很大,例如把柏丛桂是宝应人说成高邮人。洪武九年(1376),柏丛桂"砖砌高家潭(旧载宝应县南15里)等处高宝湖堤六十里",说成是洪武元年。浅铺设置始建于永乐十年(1412),由陈瑄所为,说成是明洪武时柏丛桂所始。明隆庆五年(1571),河臣万恭借用了陈瑄的设浅铺做法。万历元年(1573),始设自仪真至山阳五十一浅,(《天下郡国利病书》载高邮只有十二浅)。而该书对"浅"所说的时间、人物等全不符史实。另邵伯埭由谢安所筑,竟说成了谢玄(谢安的侄子)所为。1988年《扬州古代水利工程探讨》、1996年《界首史话》均认为"把漕渠堤防称为平津堰是没有道理的"。今高邮湖边用石块砌成的老西堤及枯河槽,常称为26公里老西堤,系明代西徙后的康济河旧址,《明史·河渠志》有明确的记载。明代《康济河记》、《老堤记》、《修中堤记》也说得较为详细。

　　综上所说,平津堰是跨河水工设施,而不是沿河堤防。

世界上最早的船闸

徐炳顺

宋雍熙初年,淮南转运使乔惟岳为方便行船和节省水源,于真扬运河第三堰创建了类似于现代船闸的二斗门,史称西河闸。据记载:"二斗门(上下闸首)相距五十步(约 77 米),覆以厦屋(闸室),设悬门(垂直启闭的闸门)积水,候潮(临江引水)平,乃泄之。建横桥(今称交通桥),岸上筑土累石,以牢其址。"自闸建成以后,去除了以往的弊端,极大地方便了来往的船只。这是世界上最早船闸的雏形,是水利科技的一大进步,比欧洲 1373 年荷兰运河出现的复闸要早 380 余年。

对闸址即西河第三堰有过不同的说法,第三堰到底在哪里呢?当时有五堰,楚州只有一堰,其余均在扬州,则第三堰必在扬州境内,所以说世界上最早的船闸产生于扬州。民国时期的武同举,开始也认为第三堰在楚州,后来他细绎记载的文义,确认"仍当属扬州",并言五堰"以次序计之,堰当在江都地"。明清之际思想家、学者顾炎武在他编著的《天下郡国利病书》中,也说:"乔惟岳于建安军(今仪征。宋建隆三年即 962 年,升为建安军)并二斗门、西河第三堰,二门相距逾五十步,设悬门积水,潮平乃泄之,以便漕。"建安军就是今日的仪征。由于江都县原来的范围较大,今仪征的一部分曾属江都。不管怎么说,第三堰当在今日的仪扬河上。

宋天圣中,真州又建成复闸,闸成之后,货船的载重量大增,每船装米由 300 石提高到 400 石,以后官船达 700 石,私船达 1600 石。还省去管理人员500名,杂费250万。这是对二斗门闸的改进。宋代元丰（1078~1085）时,博才多学的学者沈括,经过真州（今仪征）,写有《真州复闸》一文,载入他的《梦溪笔谈》中。

新中国建立后建成的仪征船闸

运河之名始于扬州

徐炳顺

　　今天我们扬州市境内不少河道的名字上有运河二字,大到京杭运河、仪扬运河、瓜洲运河、通扬运河、新通扬运河,小到一些乡村将河道名称命名为小运河。有些外地人到扬州就感到扬州的运河真多,这一点不错,但你可知道,河道的名称上有运河二字是从什么时候开始的呢?

　　据记载,宋初,从今仪征到淮河边,淮扬运道上有五道堰,即北神堰(在今楚州城北五里)、邵伯堰(即邵伯埭,在邵伯)、龙舟堰(在扬子桥南)、茱萸堰(在湾头)和新兴堰(不详所在)。每年漕船由仪真(今仪征市)、扬州进入淮河、汴河,都要经过五堰,粮船要驳卸,上上下下,花费大量的人力、物力、财力,实在烦人,而且容易造成船只损坏。因此,天禧四年(1020)春,发运使贾宗开挖扬州运河(今城南运河),以均水势,拆毁了五堰中的三堰,即龙舟、新兴、茱萸三堰。从此扬州运道不仅有了运河之名,而且被广为应用。《宋史·真宗纪》对此作了记载:"天禧三年(1019)六月,浚淮南漕渠(今里运河),废三堰。四年春,正月丙寅,开扬州运河。"

　　运河之名自1020年起用以来,至今已有千年历史,这一美名还将世世代代相沿下去。

扬州泄五塘水御敌

宋建友

你知道吗？南宋时仪征的陈公塘和北山塘、茆家山塘曾经在防御金兵的战争中发挥过重要的作用。

靖康二年（1127）金兵攻入东京（今开封），颠覆了北宋政权。这年五月，高宗在归德即位，紧接着新成立的南宋政府迁往扬州，并在真州（今仪征）设元帅府。面对金兵的南侵，在扬州只住了一年零三个月，接着又仓皇逃往杭州，在那里建立了都城。这样，真州成了宋、金战争的前线。绍兴三十一年（1161）、庆元二年（1196）和开禧元年（1205）金兵曾三次攻陷真州，但都很快被南宋收复。

开禧二年（1206）金兵南下，又攻真州城。宋军虽来救援，却兵败胥浦桥。守将刘侹、常思敬、萧从德、莫子容被俘，金兵将破真州，10余万士民奔逃渡江。值此危急之际，民兵总辖唐璟亲率子弟及所部，断桥填堰，谋划以陈公塘之水抗拒金兵。那时陈公塘隶属转运司专管，擅自决塘放水为死罪，所以众人有所顾忌，主张先请示主司官。但是当时情况万分紧急，根本容不得有半点迟疑，唐璟当机立断，毅然命令立刻挖开陈公塘堤放水。塘水下泄而来，与句城塘汇合，大水漫至广陵城南，西连真州，南至运河，一片汪洋。金兵登焦家山望水而惊，只得撤军北归，真州城这才暂时免遭生灵涂炭。

为了褒扬唐璟在生死存亡的紧要关头，不顾个人荣辱得失，保护了真州城和百姓安全的英雄事迹和正义之举，嘉定年间（1208~1224），真州郡守方信孺在陈公塘畔为其建造了祠堂,以志纪念。

方信孺本人在真州任上也积极筹划了以水御敌的方略。他性格豪爽,大智大勇,曾经以枢密院参谋官的身份三次出使金国,坚定地驳回了对方提出的无理条件,"以口舌折强敌"。面对威胁,他大义凛然地回答说:"吾将命出国门时,已置生死度外矣。"知真州后,他在城北城子山(今曹山)东侧修筑了北山塘。人们起初不知道筑塘的真正目的,后来金兵来犯,守军决塘放水,借以保证了真州城的安全。嘉定十一年(1218),金兵再次来犯,屯聚在北山。其后任郡守袁申儒又决塘放水,大水浸没了田野和道路,金兵怀疑宋军有埋伏,观望犹疑了两天,终于还是没有敢进兵攻城,悄然退兵了。人们这才弄清方信孺筑塘的意图,无不钦佩他的深谋远虑。

袁申儒随后筑茆家山塘同样是出于以水卫城的考虑。这一想法,他在《两塘水柜议》一文中作了明确的阐述。文章说,金兵来犯真州有五条路,一是胥浦桥,二是铜山港,三是茆家山,四是北山,五是焦家山。而真州城周围平原广阔,四通八达,难以拦截。开禧二年金兵来犯时,守军只在胥浦桥一路置兵设防,金兵却分兵从铜山港和茆家山抄了宋军的后路,以致大败。文章指出,为今之计,唯有以水来拦截金兵的进犯。焦家山一路,有陈公塘水可以流浸。北山塘水可以浸过北山一路,以及茆家山前一带。茆家山后和铜山港、胥浦桥三路水流却有所不及。所以,应该在北山塘以西石碑谈家营一带筑塘,即茆家山塘,会聚这一带三汊一涧之水。这样就能够与北山塘之水相接,流灌浸断铜山港、茆家山和胥浦桥三路。

根据以水当兵的特殊需要,袁申儒又设计了减水石闸,排列了桩木、横板等,人为设置了层层水头差,以保证在放水下泄时能够达到水流汹涌激荡的效果。据袁文分析,经过精心设计,塘水一直可以浸入真州外翼城,则城池可保平安。

由于北山塘和茆家山塘是在特殊时期按照特殊需要建设的,所以两座水塘都配套了水渠直通真州城的城濠,可以向其补充水源,因而两塘又被人们称为"北山水柜"。两塘在当时又都驻扎了军队,北山塘由忠勇军守卫,茆家山塘有游弈军防守。

明朝末年,仪征的水再次与战争相连。但是这一次却事与愿违,不仅无功,而且还打乱和破坏了城区原有的水系,因而不仅没有像唐璟、方信孺、袁申儒那样得到人们的支持和敬重,相反却引起了人们的强烈不满。

崇祯八年(1635),农民起义首领张献忠率军大举东征,攻破凤阳,焚烧了明皇陵,朝野为之震动。十年七月又攻克六合,引起了仪征守军的惊慌。守备程宏达想到了以水设防,于是截断南门的通道,开凿了城南新河。据载,仪征城南门自古没有吊桥,设吊桥就是从这时开始的。同时,又掘西门的哑巴桥为护商河。然而,张献忠没有来,仪征城的河道却因此遭到了破坏,致使该蓄的不能蓄,该泄的不能泄。邑人陈邦桢在《蓄泄水道记》一文中批评说:"掘哑巴桥为护商河而西府坏,掘南门为吊桥而城之关厢坏","仪之水法乃大坏矣"。

可见,水之用于战争,有其两面性。一方面是人为制造水的灾害,轻则对环境和生态造成破坏,重则危害人民生命财产安全,这样的教训在历史上是很多的,恐怕也是程宏达始料不及的。另一方面也有积极的作用。陈公塘用于抗御金兵入侵,虽然一时造成闸堰废、运河浅,但却保护了真州城人民的生命财产安全,其利弊得失不言自明。北山塘"广十二里八十余步",茆家山塘"广三里三百步",筑塘的初始目的虽然是护城,但同时能够灌溉农田五百顷,并且可以补充城濠水源,在很长时期内为农田灌溉和城市供水发挥了重要的作用。

"水能载舟,亦能覆舟。"水既能造福于人,也能给人带来灾难。水之用于战争,纵然利大于弊,以水作为武器带来的危害则是显而易见的。我们真诚地希望远离战争,让水利工程永远造福人类。

治水老人柏丛桂

梁鼎成

　　宝应纵棹园维修扩建时,在竹深荷净堂东边,雕花红木桥东北角的树丛前,临时堆放一批青灰色的大砖头。每块长尺余,宽五寸,厚三寸,大多完好无损。有一块摞在上面的拐弯处,经雨水冲刷,脊背上的铭文分外清晰,大意是"洪武九年×月,泰兴县××乡张××督造"。很明显,这是当年为防止出现"豆腐渣工程"实行责任追究制的物证。这堆大砖头的质量的确没话说。600多年过去了,一点也看不出腐朽的样子。前来游园晨练的人说,在大运河西,有一些人家用这种砖头砌墙基,省工省钱又牢固。还有人问:"外地烧造的大砖头怎么会到宝应来的?这些大砖头到底是做什么用的?"本文将为你解答这个问题。

　　明朝初年,宝应有一位德高望重的老人(编者注:老人,"乡官名,洪武中,命有司择民高年而公正可任者,听其乡词讼,谓之老人")。这位老人名叫柏丛桂。他精通水利,熟悉农情,虽身为平民,却喜欢为公益热情奔走,在百姓中有着极好的口碑。明洪武八年(1375),朝廷广开言路,柏丛桂大胆上书言事,建议从宝应至界首的大运河段造六十里砖堤。一个平民,敢于将个人意见或民众呼声直达帝王,是不可思议的事情。特别是在等级森严的封建社会,没有准备舍命的勇气,是不敢作出如此"胆大妄为"的举动的。

　　明朝开国皇帝朱元璋,是一位很有个性的君主。建立大明王朝之后,他通令各地方官,凡是老百姓有关水利的建议,必须及时呈奏。并颁旨："命扬州府所属州县烧运砖,包砌高邮、宝应湖堤六十里,以捍风浪。""发淮扬丁夫五万六千人","令知县赵原用砖督甃高家潭等处高宝湖堤六十里,以捍风浪。"随着朱元璋一声令下,各地制砖以最快的速度、最高的质量,源源不断地送到高宝湖堤。六十里湖堤上,人潮似水,挑担推车,来往穿梭,护砌了高质量的湖堤。柏丛桂也赢得了很高的声望。

洪武二十八年(1395),柏丛桂再次提出建议:从槐楼至界首开一道直渠,两面筑堤,河湖分开,以保航船安全。朱元璋接到奏章,想起18年前的往事,再次批准他的方案,诏发淮扬丁夫五万五千,令他负责督造此项工程,并限期完成任务。

柏丛桂作为一名平民百姓,被当朝皇上直接委任为重大工程的负责人,既是至高无上的荣耀,也是一件空前绝后的大事。他不辱使命,不负众望,栉风沐雨,披星戴月,集众举役,奔走于槐楼至界首一线。大堤顶宽一丈,长四十里,仅用月余即告竣工。堤成之日,引水流入直渠,于内行舟,于外御浪,好似一道坚不可摧的水上长城。百姓纷纷上堤观看,更有人登船沿途欣赏,后称湖堤为"柏氏堰"。一个响当当的名字,一直流传到二十世纪中叶。

历史上,给帝王上书的很多,但在平民百姓中,除了柏丛桂之外,不知道还有何人?两次上书又两次及时获准,可谓凤毛麟角。鉴于此,我们就应当牢牢记住,明朝初年宝应有一位治水老人,他的名字叫柏丛桂。

陈瑄治漕三十年

徐炳顺

陈瑄（1365—1433），字彦纯。今安徽合肥人。朱洪武时以战功授四川行都司都指挥同知。明惠帝时，升右军都督佥事。靖难之役时，投降明成祖，使之顺利渡江，被明成祖封为平江伯、总兵官，世袭指挥使，负责从长江口至辽东地区的运输。永乐九年（1411），会通河开通后，南北航运转往内陆运河，他负责整个运河的整理、船只的更新以及人力的调度等，是明清漕运制度的确立者。陈瑄经理河漕三十年，成就卓著。《明史·陈瑄传》盛赞他"凡有所画，精密宏远，身理漕河者三十年，举无遗策"。漕运畅通，是陈瑄的贡献所在。本文主要介绍他在扬州境内的治河功绩。

一、筑坝浚河，确保漕船过江达淮

1368 年，朱元璋在南京称帝，建立了明朝。当时粮饷都由南方供给，上江和浙江的漕粮运到南京非常便利。朱元璋为了统一北方，在北平元代都城和辽东驻有重兵，然而东北地区仰望内地供给，需要大量的军饷，于是恢复海运，将粮食储在苏州，以海运送往辽东。洪武六年（1373），海陆兼运，以达北平。海运由于气候千变万化，航道生疏，时有船只沉没；陆运耗费很大，还不能保证如数运到。随着明王朝的迁都和漕运量的增加，改由运河漕运也势在必行。但是淮扬运河还有大量的治理任务。只有解决好漕船过长江，过邵伯、高邮、宝应等湖及穿过淮河，才能使全线通畅。陈瑄虽出身行伍，但为官有道，重视民生，他驻扎在淮安(今楚州),开展了淮扬运河的一系列治理工作,扬州运河因此也获得生机。

仪征、瓜洲运口都是老运口,明初为保证运道畅通,首先进行治理。

仪征运口开挖于南北朝时期,晋永和年间(345~356),建起了过船的欧阳埭。北宋天圣四年(1026),改堰为双重木闸,即兼有引长江潮水功能的船闸。宋嘉泰元年(1201)改已损坏的两座木闸为石闸。明洪武十六年(1383),兵部尚书单安仁在石闸旧址建清江闸,又建广惠闸、南门潮闸,同时新筑五座软坝,做到坝闸联合运用,确保漕船畅通。永乐五年(1407),陈瑄主持疏浚真扬运河(即今仪扬河),使仪征运口更趋完善。

瓜洲运口在唐宋时皆有堰、闸,至明时都已废弃。洪武三年(1370)在瓜洲建软坝10座以通船。这时运河到此分为三支,形如"瓜"字,中间一支有堤坝相隔不通江;东面一支叫东江,与江相通;西面一支叫西港,也与江通。由中支分出两条支河入东港,第一支入东港处筑坝二座,称八坝、九坝。第二支入东港处筑坝一座,称十坝。由中支分出四条入支河入西港。第一支入西港处筑坝三座,称七坝、六坝、五坝;第二支入西港处筑坝两座,称四坝、三坝;第三支入西港处筑坝两座,称二坝、一坝;第四支入西港处筑坝一座,叫盐坝。按这样的布置有十一座,后来也有人说是十五座,说明使用过程中有变化。永乐元年(1403),由于明王朝决定迁都北京,漕运量激增,陈瑄督漕运,又对瓜洲各坝、河道进行全面整治,于瓜洲运河临长江口处建了两座减水闸,以运河水位为限,不使河水流入长江,使运河里的水少时有蓄,多时有泄,做到蓄泄调节运河水位。陈瑄于永乐元年、永乐五年、永乐九年、永乐十三年疏浚瓜洲河道,确保了运口的通畅。

洪熙元年(1425),他又带领镇江、扬州、常州三府两万多军民大规模疏浚仪征、瓜洲坝下河道,并规定以后三年一浚。陈瑄不遗余力治理瓜洲、仪扬运河,为保证漕船过江,由长江进入运河,穿过湖泊到达淮河,立下了汗马功劳。

二、筑堤防浪、蓄水,确保漕船过湖达淮

为保证漕船顺利过湖,既要解决好漕运水源,又要解决好船只抵御风浪安全,永乐二年(1404),陈瑄重新开始修理两京要路、每年修复、旋修旋坏的高邮州北门至张家沟一段堤防。

永乐五年(1407),陈瑄全面督浚真扬运河。以后又增筑诸湖长堤堤顶作纤道。永乐七年(1409),陈瑄为蓄水增加水源,又"筑高邮湖堤"并在堤上作纤道,还沿堤设置涵洞,蓄泄有度。永乐九年(1411),为抵御樊社(即今高邮湖)等湖的风浪,加修高邮城北至张家沟堤三十里,又对北至宝应,南至江都的堤防全面进行加修。永乐十九年(1421),再修高邮新开湖(今名高邮湖)堤岸。

宣德七年(1432)陈瑄大筑高邮湖堤向北延伸,增筑宝应、氾光、白马各湖长堤,做纤道,建涵洞,做到水多了则排,水少就蓄。又规定"只许深湖,不许高堤"。陈瑄还于高邮筑高邮湖堤,堤内开河四十里(不久即废),"障以木桩,固以砖石,决而修复"。经过陈瑄大规模增筑堤岸,运输能力大为增强。但这是陈瑄最后一次修筑高、宝湖堤,次年他在任上离开了人世。陈瑄在任期间大力整修高、宝湖堤,为保证漕船安全通过诸湖,做了不懈的努力。

三、新开河道建闸,减少盘驳,缩短航程

宣德四年(1429),御史陈祚说:白塔河上通邵伯,下通大江,凡是苏州、松江、常州及浙江公私船只经瓜洲入运,风涛险恶;若经白塔河往来,河道浅狭,遇有水少,船只难行,如果派员加强管理,对河道加以疏浚,建闸蓄水,则对江、浙船只极为方便。于是陈瑄于宣德六年(1431年,有的记载为七年)又重开白塔河,新建新开、大桥、潘家、江口四闸。自此漕船从常州孟渎河过长江,进入白塔河,至扬州湾头达运道,不仅增加江北运口,还省去了瓜洲的盘坝之费。

在白塔河重开了以后,常州武进县又进言:"漕运及官民船由本县孟渎河出,溯水行三百里始达瓜洲坝,往往为风浪飘没。县旧有新河四十里出江,正对泰兴县新河,入至泰州坝,一百二十余里至扬子湾(即湾头)出运河,比今白塔河尤为便利,第岁久泥淤,乞加修浚。"陈瑄接纳了这一意见,于宣德八年(1433)又开成泰兴新河(约今泰州南官河),既减少漕船航程,又再增一个江北运口。

四、改革漕运制度,提高效率,确保畅通

明成祖永乐十三年(1415),征调漕粮,改海运为河运。陈瑄在漕运方面实行支运,就是在淮安、徐州、临清等地设仓收囤,由官军分成淮安到徐州、徐州到德州、德州到通州(今北京市通县)等段,节节接运,名为支运。每年四次,运粮三百余万石。宣德六年(1431),陈瑄鉴于支运仍以民运为主,粮户运粮,往返几乎需要一年左右,对农业生产影响很大,于是他改支运为兑运,将漕粮民运至淮安、瓜洲,兑于卫所,人民贴米耗和路费,由官军运往京师,军民两便。瓜洲自此建起粮仓,成为兑运点之一,极大地方便了江南运粮民户。而且比较灵活,不愿兑运的民户可自运,还可顺带其他物资,调动了运粮农户的积极性。

陈瑄不仅是杰出的治理运道的水利工程专家,也是一位出色的水利工程管理专家。陈瑄的做法是抓关键管理,制定相关的制度,保证漕运必须要有良好的运道。他在多次疏浚瓜洲、仪扬河后,规定"三年一浚",使其有足够的水深,确保漕船通过。陈瑄沿湖堤还大建数十座减水闸,"湖水溢则泻以利堤,落则不闭以利漕",后人称此"最为完计"。减水闸、减水洞在运用上规定"限水位七尺以下,蓄以济漕;七尺以上排往堤东各湖,会于射阳湖以入海"。这不仅有利漕运,也有利于堤东农田灌溉。身为负责漕运的官员,他不只是对漕运负责,也对老百姓负责,体现了他重视民生的一面。

陈瑄建立了一支庞大而有力的管理队伍。永乐十年(1412),议罢海运,平江伯陈瑄管理漕运,造浅船2000余艘,江南漕船至淮安渡淮北上。并在沿河一带建立管理队伍,即设浅铺(基层管理组织),每浅铺设老人一人,浅夫数十人,浅船四只,每日清淤捞浅,最初运量只有二万石,之后迅速增至五百万石。

1433年,因积劳成疾,陈瑄病死于任上。虽然他的所有作为皆服务于明王朝,但多有利民之善举,是一位值得敬仰的治水、治漕先贤。

经理河漕名臣——陈瑄

廖高明

陈瑄(1365—1433),字彦纯,号乐善,庐州府合肥县人。父陈友闻以"义军千户归太祖",任成都右卫指挥同知。陈瑄年轻时武艺高强,"以射雁见称"。起初,代替父职,曾修理过都江堰,后来,"从大将军幕"。因征西南有功,迁四川行都司都指挥同知,擢右军都督府都督佥事,驻守南京的江防。

朱元璋死后,皇位传给了孙子朱允炆,朱元璋的第四个儿子燕王朱棣不服气,发动"靖难之役",从北京起兵,一直打到南京。燕兵攻至浦口,陈瑄率舟师迎降,并帮助燕兵渡江南下,打败建文帝。朱棣渡江即位(即明成祖)后,改年号为永乐,并把都城从南京迁到北京。以陈瑄助其夺国有功,封平江伯,食禄一千石,赐诰卷,世袭指挥使。全国的政治中心北移,但仍然要仰食于江南,每年需从南方运输大量的粮食和物资到北京,以维持中央庞大的官僚机构和军队的生存,这样南北运输通道就提到议事日程上来了。此时的京杭运河已不能全线通航,永乐元年(1403),任命陈瑄为漕运总兵官,总督海运。陈瑄从海上运粮49万石到北京及辽东,并筑天津卫城,建百万仓于直沽。永乐九年(1411),因海啸冲坏南起海门北至盐城共130里的防海堤,陈瑄率领40万士兵修筑坍毁的海堤18000余丈,保护了海门至盐城一线数十万民众的生命财产安全。永乐十年(1412)春,又于青浦东北沿海筑土山,方圆100丈,高30余丈,设立航海标志,被明成祖朱棣赐名为"宝山",并亲自撰文为记,这就是今天上海市宝山区名称的由来。

由于海上风大浪涌,经常漂没船只。永乐九年,明成祖采用济宁州同知潘叔正的建议,永乐十三年(1415)以工部尚书宋礼为总负责人恢复重建了今山东境内的会通河,使京杭大运河全线贯通,遂罢海运、用河运,陈瑄又负责运河漕运,于湖广、江西造平底浅船3000余艘,每年运粮200万石北上,以后又增至500万石。当时的大运河虽已全线贯通,但两岸残破不堪,还有大量的治理工程要做。自永乐至宣德前后30年,陈瑄治河、督运,建立运河维修、漕运管理等各项制度,作出了巨大贡献。所做的事归纳起来有二点:

一、疏浚瓜、仪运口,在扬州境内新开白塔河

明成祖迁都北京后,江浙、湖广各处的漕粮和其他物资都要过江入淮扬运河北运,所以运河过江一直是个大问题。当时长江北岸有3个运河口:瓜洲运口、仪真运口和白塔河口。陈瑄治运时对这三个运口都曾大力疏浚过。

瓜洲运口从唐开元年间开凿以来至明初,已历经600余年,一直是运河过江的主要通道,主要是江浙一带的漕船由江南运河口出,可以便捷地到此入运河。永乐元年,陈瑄在河道临江处设置了2座减水闸,使运河来水有所蓄泄,这在当时的技术条件下,是一个比较完善的通航枢纽。永乐十三年和洪熙元年(1425),陈瑄又动员了镇江、扬州、常州、仪征等地2万余人对瓜洲坝河道进行了浚治。

仪真运口也有较长的历史,它是仪扬运河的入江口,开凿于晋永和年间(345~356),尽管瓜洲运口开辟了一条自江南来船过江的捷径,但湖广、江西及上游其他地区的漕船沿长江东下,入仪真运口要比瓜洲运口近得多,所以一直被保留着,而且多次改建。永乐年间,陈瑄也对仪真河道和工程进行了疏浚和维修。

新开白塔河。白塔河南出长江,北可通湾头。明初,江南苏、松、常诸州及浙江诸处公私船舶从孟渎河出江,再沿江溯流行300里始达瓜洲,航程绕远,而且江涛险恶,航行很不安全。而白塔河与江南孟渎河参差相对,漕船从孟渎河过江半日可达。但白塔河浅狭,如遇枯水,行船不便。宣德六年（1431），陈瑄发扬州、淮安军夫开白塔河通江，宣德七年设置新开、潘家、大桥、江口四闸。这样，从江南孟渎河过江的漕船可以入白塔河到湾头入运河，既缩短了漕船在长江里的航程，又避免了在瓜洲运口盘坝的劳费。

二、解决漕运过湖问题

淮扬运河以西有大片的湖泊洼地，到明代已扩展到 24 个小湖，如邵伯湖、武安湖、新开湖、樊梁湖、津湖、氾光湖、白马湖等，从宋代起即开始在湖上行舟，但因湖面广大，风涛险恶，威胁漕船的安全。永乐五年（1407），陈瑄开始全面督浚淮扬运河。永乐十九年（1421），又增筑高邮新开湖堤岸，堤顶修纤道。宣德七年（1432），陈瑄大筑宝应、氾光、白马诸湖长堤，仍在堤顶修纤道。并在高邮湖堤内凿渠 40 里，以避风涛之险。这几次工程的修建，使运河过湖运输条件大为改善，运输能力大为增强。

京杭运河全线通航以后，身为漕运总兵官的陈瑄，在抓"治水"的同时还强化了"管理"。沿运河在转运枢纽如淮安、徐州、济宁、临清、德州、通州等地建立粮食仓库 50 处，称为常盈仓。有这些仓库的存储转运，使运河上的漕船分段运输，适应不同河段季节水情的变化，避免一船一航到底误时费力，提高了运输效率。他还建立专职的管理队伍。沿运河一线置舍 568 所，每处有士兵引导船只，以免搁浅，并沿河堤凿井种树以便行人。《漕河图志》记载，从通州至仪真、瓜洲，共 47400 人，有闸夫、溜夫、坝夫、浅夫、湖夫、泉夫、塘夫、捞沙夫、挑港夫等。在他主持下，自淮安至临清依水势高下增建节制闸 47 座，自淮安至扬州置平水闸数十座，使上河之水蓄泄有常，下河之水涨落以渐，水年不至于淹漫，旱年不至于干涸。并沿淮扬运河十里置一浅铺，额造浅船，编设浅夫，责令浅夫常年捞浅。这种制度后来被沿用下来，到清代，高邮境内仍设有浅铺 23 所。

陈瑄继承了历史上运河工程技术和管理的所有重大发明和经验，为后代治理京杭运河打下了良好的基础。《明史·陈瑄传》赞扬他"凡所规画，精密宏远，身理漕河者三十年，举无遗策"。

朝鲜人崔溥笔下的扬州运河

傅桂明

明朝弘治元年,即 1488 年(朝鲜成宗十九年),朝鲜弘文馆副校理(五品官员)、济州三邑推刷敬差官崔溥,渡海返里奔父丧,遭遇风暴袭击,在海上漂流 14 天后,终达中国浙江台州府临海县的海边。上岸后先被疑为倭寇,澄清身份后,崔溥在中国官员的护送下,自台州走陆路至杭州,再沿运河从水路至北京,然后走陆路至鸭绿江,返回朝鲜。崔溥回国后,采取日记体形式,记载所见所闻,写成《漂海录》一书,全书5.4 万余字,是研究中国明朝海防、政制、司法、运河、城市、地志、民俗的重要文献。

崔溥在中国停留 4 个多月,行程 4000 余公里,其中 2 月 22 日至 26 日间,在短短的 5 天时间内,沿运河从水上行经扬州,沿着驿站行止食宿,较为详细地记录了扬州运河的交通状况。具体行程为: 22 日,从镇江西津渡过扬子江,入瓜洲运河,过扬子桥,宿广陵驿; 23 日,发广陵驿,过扬州府城,沿运河向东向北,过湾头,过邵伯上、下闸,过邵伯驿,宿邵伯递运所; 24 日,发邵伯递运所,沿邵伯湖、新开湖北行,宿盂城驿; 25 日,发盂城驿,过高邮州,至界首驿,沿界首湖北行,宿氾水铺; 26 日,过氾光湖、宝应湖,至安平驿,过白马湖,夜泊淮阴驿。崔溥记载了多处邮驿机构,如广陵驿、邵伯驿、盂城驿、界首驿、安平驿等 5 座水马驿,七钱铺等 23 座急递铺,还有邵伯、界首 2 座递运所(水马驿、递运所、急递铺,并称为明代邮驿三大机构,水马驿按照朝廷规定的标准供应过往官员的食宿和车马,递运所运递官方物资及军需,急递铺负责公文、信函的传递)。崔溥对运河上的堤坝堰闸等工程设施也作了记述,写到了邵伯上、下二闸(瓜洲应过闸坝,作者可能未直接写出),第伍浅铺、子婴浅(朝廷在经常淤积泥沙的河段设置"浅铺",主要负责河道疏浚和牵挽船只),邵伯湖、新开湖、界首湖、氾光湖、宝应湖、白马湖等,反映了那时运河通行和管理的情况。还提到了扬子湾巡检司、邵伯巡检司、氾水巡检司等3处巡检司(巡检司一般设于关津要地,归当地州县管辖,巡检统领相应数量的弓兵,负责稽查往来行人,打击走私,缉捕盗贼)。还有扬子桥仓。

因崔溥当时急于赶路,所以虽然途经瓜洲镇、扬州府、邵伯镇、高邮州、宝应县治等5座城镇,但并未入城游览观光,所以没有记载城内人物和景观,殊为遗憾和可惜。不过崔溥还是根据自己的了解和观察,尽最大努力进行记录,一定程度上反映了那个时代扬州城镇的风貌。如写扬州府,"即旧隋江都之地,江左大镇,十里珠帘、二十四桥、三十六陂之景为诸郡最";写到了扬州府城南门镇淮楼、夏国公神道庙、观音堂、怀远将军兰公之茔、晏公庙、黄金坝、北来寺、湾头关荒(帝)庙、凤凰桥、邵伯宝公寺、迎恩门、露筋烈女祠、七公庙等诸多景观。有趣的是,作者渡扬子江时,见到了在今天看来简直不敢想象的现象:"金山下,江豚戏浪,若战马群奔然",可见当时生态之良好。崔溥还写到了税课局(掌管税收及税契等事)、收钞厅(似指扬州钞关或分支机构,对过往船只进行收税)。作者除在此处对扬州进行描述外,还在其他地方对运河南北风俗发表总的印象,其中也多次提到扬州,如"江以北,若扬州、淮安,及淮河以北,若徐州、济宁、临清,繁华丰阜,无异江南,临清为尤盛。""江北如扬州等地,起坟茔或于江边或田畔里间之中。"还写了南北民风、服装的差异等等,让我们真实而亲切地了解到当时扬州的风土人情。

以上对扬州运河交通和城镇的描述,只是崔溥对整个京杭运河和沿线描述的一个部分。如此系统而完整地记载运河沿线交通情形,可以说,无论是在崔溥之前还是之后,少有崔溥那样详细具体,因而显得十分珍贵,颇具价值。

由于《漂海录》批评了当时宦官制度,嘲讽皇帝祭孔的虚伪,被明朝政府视为"异化",导致其在中国长期鲜为人知。直到 1992 年,国内才出版了《漂海录》评注本。因为《漂海录》涉及扬州和京杭运河,对于研究扬州运河交通和民俗等很有意义,所以笔者撰文,希望引起大家对崔溥和《漂海录》的重视,并由此开展对相关内容的研究。

今日里运河东堤　　　　　　　　　　　摄影:傅桂明

仪征五坝与四闸

宋建友

明代漕运不再采取唐宋时实行的转般法，而实行直达运输的方法，漕船不再一段一段地转运，而是直达京师。仪征仍然是主要运道。《明太祖实录》载，在长江"其粮运之船皆由仪真而又分数道入运"。特别是定都北京以后，每年都要运送东南省份的粮食供应京师，运输量大，过往船只多，漕运十分繁忙。翰林院检讨庄昶的一段话为当时仪征在南北水运交通大动脉中的重要地位和作用作了精彩的描述："仪真（即今仪征）京师襟喉之地，转输漕运之所必由，朝觐商贾之所必涉。有京师，不能无仪真也。"因此仪征当时兴建了一系列水利和通航工程，最著名的当数四闸与五坝。

五坝

明洪武十六年（1383），兵部尚书单安仁主持在澳河南侧筑土坝五道，分别称作一坝、二坝、三坝、四坝和五坝，并且各自配套了水渠与长江和闸河相通连。四闸没有建成时，南来北往的运输船只全部从五坝通过。四闸建成后，五坝与四闸共同形成了航运交通的系统工程，在水位浅涸时过往船只仍然通过辘轳拖拉过坝，这样就保证了一年四季都能通航。

当时虽然仪征与瓜洲运口并用，但是两地运口却有明确的分工。据《明太祖实录》载，瓜洲只通过运输砖木的船只，湖、广、江西等处运粮船和两淮盐运船都从仪征入运、出江。明人吴兴弼有《泊仪真坝下》

诗：坝上停篙转柁楼，江边解缆别真州。满怀秋思无心写，独看岷峨万古流。

为了方便船只通行，提高航行效率，五坝在运行管理上对过往的船只进行了分类，一坝、二坝专过官船以及官运竹木一类物资，三坝、四坝、五坝则过粮船、民船。五坝管理队伍的规模也是十分可观的，据载，额定的役夫有450人。上下游河道三年一挑，港夫达9200余人。

五坝上游是澳河，旧名叫莲花池。所有过坝的船只无论是从仪真运河（今仪扬河，下同）进入长江，还是从长江进入仪真运河，都要通过澳河。成化二十三年（1487），工部主事夏英将东关浮桥改建为东关闸，使之成为连接仪真运河和澳河的枢纽，通过它控制五坝上游澳河的水位。水多时关闭东关闸，可以保证澳河蓄水，使五坝保持有利于过船的较高水位。水少时打开东关闸，可以向澳河补充水源，在通航中起到应急的作用。

在其下游，一坝、二坝直通长江，三坝、四坝、五坝则与闸河相通。弘治十四年（1501），拦潮闸建成后，三坝、四坝、五坝下游的通河水渠一下子变成了闸内河道，这样水位就受到了拦潮闸的节制，避免了过去春冬季节常常出现的下江无抵坝之潮的尴尬，过船通航的保证率有了较大的提高。

但是，船舶车盘过坝并不轻松，其运行过程非常艰难，人们引挽劳作十分辛苦。运输船只进出长江，必须将船拉上大坝顶，再推入长江或是内河。如果不把船上的货物卸空，民夫们拉船时稍微用力不齐，木船就很容易被搁坏。朝廷的大型运输船队过坝更是十分麻烦，不仅费时费力，还要花费上下货物和存储的费用。这样的基础设施和运输方式与当时繁忙的水运形势显然不相适应，制约着运输的效率和效益。建造通航船闸已是势在必行，于是四闸应运而生。

四闸

明时仪征通江运口闸河上实际有五座闸，自仪征城东，至城南江口依次是里河口闸、响水闸、通济闸、罗泗闸、拦潮闸。这五座闸屡经修建和兴废，所以在当地的史料记载上，有时称为"四闸"，有时称为"五闸"。成化十一年（1475），工部巡河郎中郭昇建成里河口、响水、通济、罗泗闸，此时有"四闸"。弘治十四年（1501）拦潮闸建成，但响水闸在弘治四年（1491）已废，所以仍然称"四闸"。正德十三年（1518）复修响水闸，这时又为"五闸"。后来人们往往又不算上里河口闸，而以响水、通济、罗泗、拦潮为"四闸"。

先是郭昇提出建议，他说：仪真县罗泗桥过去有通江港，港口向上到里河大约有四里多，潮大时内外水势相等。这条港可以建闸四座。建闸后船只进港时，可以乘潮先开临江闸，使船随潮而进，待潮平后再开其他几闸。这样不仅船行便利，而且里河水势疏泄起来也很方便。成化十年（1474），郭昇主持实施了建造船闸的工程。在罗泗桥开通旧有通江港河，在东关至通江河港上建成了里河口、响水、通济和罗泗四座闸。里河口闸长十二丈，通济闸长十八丈，响水闸和罗泗闸均长二十二丈，高度都是一丈三尺。每座闸的闸底全部用油灰麻丝舱缝，工程建造得十分牢固。工程于是年二月开工，次年六月完工。工程一完工，当月即选择吉日开闸通航了。只见过往船只秩序井然，轻松过闸，完全没有了车盘过坝时惟恐船只被损坏的顾虑。

后来，由于四闸距离长江口比较远，潮水不能拦蓄，上面的闸门一开，河水注入长江便无可挽回。为了及时便捷地拦蓄潮水，以便益粮运，漕运总督、都察院都御史张敷华又主持兴建了拦潮闸。拦潮闸距离长江口只有二百丈，这里的河面宽达十二丈，所以拦潮闸更具规模，高一丈八尺，中宽二丈零八寸，前宽三丈，因此被称为"江北第一闸"。

这些闸、坝形成了水利和航运交通的系统工程，闸通航便捷，坝能够防止泄水。过往船只夏秋过闸，冬春过坝。这种水工建筑物构造技术和运用方式已经相当先进，给水上交通运输带来了极大的便利。

闸坝之争

但是，这样一件大好的事情，却因为妨碍了那些昔日借坝谋利者的既得利益，因而遭到了他们的诋毁和反对。

长期以来，由于船只翻越大坝费时费力，大坝上下积压停泊的船只非常多。于是有奸豪乘机侵占纤路，沿河盖起铺面经营，各类商贩的叫卖声喧闹异常,生意十分红火。他们知道船闸正常通航必然影响自身的利益,便到处谣言蛊惑,以河水容易下泄为由竭力阻挠开闸通航。还有为过坝船只存放货物提供仓储服务的商家,以及靠出卖力气上下货物的民夫,全都依赖于拦河坝,在奸豪的煽动下也一起附和。

一时间,反对开闸竟闹得沸沸扬扬,似乎建闸是一件错事、坏事。可悲的是,负责漕运的官员却误信宵小的非议,已经造好的四座闸不久竟至常年关闭,闲置不用。至此,闹事的人更以为得计。接着,他们又在临河纤路上盖起了文天祥祠宇。文天祥曾经两次来到真州,在这里留下了为复兴宋朝而奔走呼号的足迹,留下了二十多首激荡人心的诗篇,深受人们的尊敬和怀念。这些人的用心十分清楚,就是要利用人们对民族英雄的崇敬之情,企图使人们今后不敢轻易改拆,从而长久满足个人的私利。担任守备和指挥的官员居然也乘机擅自盖亭,向过往船只索取财物。

针对这些人的蛊惑之词,主持建闸的郭昇据理力争,向朝廷陈述了置闸有五利:其一,过去船到坝前,即使上下游水位相平,船上的粮食和货物也要雇人挑下来堆囤起来,等过坝后再挑上船,挑上挑下都要费用,而置闸后只要乘潮平时过闸,不需要花费上下费用;其二,过去想方设法尽到最大努力,过坝的船只一天也不超过百条,遇到风雨天气过船的数量又不及平时的一半,现在开闸即过,一天可以过船不下千条;其三,过去船只过坝容易损坏,正常要准备油灰麻丝为船舱缝,现在过闸安然无虑;其四,过去干旱时往往要挖开大坝引进江潮,为运河的粮食运输救急,现在只要开闸就能引进潮水;其五,往年内河一旦发生洪水,就会淹没庄稼,甚至冲决堤岸冲垮大坝,现在只要开闸泄洪,不会毁坏农田和庄稼。

郭昇陈述的五利可谓是有理有据,但是他却没有回答如何处理好开闸过船所带来的泄水问题。唐宋以来,水少一直是漕运中的突出问题,历代历任漕运官员都在寻求解决这个问题的途径。现在反对开闸的人就是利用了这一点大做文章。在闸的运行中也确实存在着启闭无节、走泄水流的现象,给反对者提供了口实。

　　弘治元年（1488）八月，南京守备司礼监太监蒋琮乘船经过仪真，了解了闸坝之争的原委，亦随即上书朝廷，痛斥借坝谋私者的行径，请求恢复闸制。

　　朝廷久议难决，决定派内宫监少监党恕、御用监监丞李景和屯田司郎中施恕到仪真实地调查。通过向年长的老者请教，参考众人的意见，最后得出了这样的结论：建闸并非个人的随意想法，确实是因为船只车盘过坝麻烦害民。要求废闸也不是有什么偏见，主要是担心运河的水在过船时下泄而影响漕运。两种意见虽然是完全相反的，但是各自都有自己的见地。解决这个问题，只有在夏秋季节江潮上涨时开闸启用，以借潮水来通航。冬春水少时关闭闸门拦水，不让河水下泄，船只则车盘过坝。这样，闸坝并用而发挥各自的长处，就没有什么不利了。

　　结论既出，诸闸一时也就正常运行起来了。但是，问题还是没有真正解决。经过一段时间的运行，老矛盾又暴露出来。达官要人频繁干预，无谓杂事都要由闸进出，管理人员惧怕权势，管理不严，闸门随意启闭，没有节制，造成河水大量走泄，以致运河常常水浅。在这种情况下，

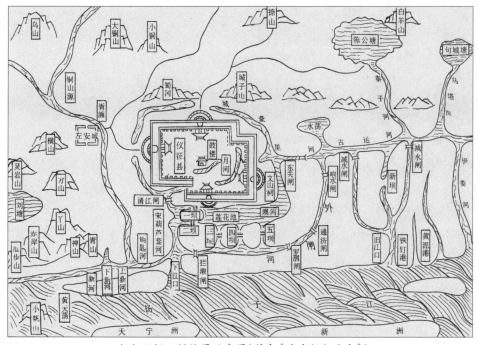

仪征五坝四闸位置示意图（引自《隆庆仪征县志》）

只好让过往船只改从坝上经过。如此反复多次,闸也渐渐不用了。时间一长,船闸又是形同虚设。

漕运因此受到严重影响,朝廷不断派员督促,局面十分被动。正德十三年(1518),工部主事杨廷用受命分管仪真。他一到仪真马上实地考察闸坝,召集地方父老,详细调查了解,查明了诸闸废置的原因,分析其利弊得失,审时度势,迅速修复各闸,并且在闸的旁边建造亭阁,方便船工休息。杨廷用抓住运河保水这个主要矛盾,重点加强了闸的运行管理,闸的启闭根据潮水的涨落来控制。考虑到内河水源容易泄耗,在江潮上涨时,及时打开诸闸闸门,接受潮水灌注,待潮平时立即关闭闸门,用引进的潮水来补充泄耗,使内河保持一定的水位,做到通航和保水两不误。这样,夏秋时一天可以通过千艘船只,运道终于畅通了。四闸运行正常,效率和效益日益显现,五坝也就渐渐地废弃不用了。

"湖漕"变"河漕"

徐炳顺

明初,淮扬之间漕运的运道一直在管家、射阳、白马、氾光、石臼、新开、氂社、武安、邵伯诸湖中行走,所以称为湖漕。船只行走在诸湖之中极不安全。为使船只航行安全,摆脱湖中风涛影响,依湖开河,将河湖分隔,成了当时治河人员的最大愿望。自洪武二十八年(1395),至万历二十八年(1600)前后经历 205 年,先后开挖了康济、弘济等月河,终于达到河湖分隔这一目的。它使扬州运河自宝应至邵伯发生了根本性的巨大变化,这是明代治河人员作出的最大贡献。现在让我们作一番回顾。

运河渠化第一人

扬州运道自宋光宗绍熙五年(1194),淮东提举陈损之认为:"高邮、楚州之间,波湖渺漫,菱蔓弥满,宜并立堤堰,以为潴泄,庶几水不至泛滥,旱不至于干涸。""自扬州江都至楚州淮阴筑堤三百六十里"。于是扬州运道有了长长的湖堤。

洪武二十八年(1395),明朝廷接受宝应老人柏丛桂的建议,动员淮扬 5.6 万人,自宝应槐楼抵界首穿直渠 40 里,在湖堤之东又筑一堤(即河堤),在湖堤与河堤之间形成河道,将湖、河分隔,船只由以往的湖中行走改为河中航行,"引水于内行舟,自是堤无溃决之虞,民亦休息,而舟行称便。"这是扬州运河有东堤之始,实现了渠化。创始人是柏丛桂,他是实施渠化的第一人。后人称为"柏氏堰",但不久废了。尽管堤废了,至今仍传为美谈。

柏丛桂何许人?江苏宝应人,生于元代大德年间,至明代时,柏已年逾六旬。关于他的生平没有过多的记载,常见的是在他的名字后面有老人二字。何谓老人?《御制历代通鉴辑览》介绍:老人,"乡官名。洪武中,命有司择民高年而公正可任者,听其乡词讼,谓之老人。事重者始白于官,余皆老人理之。"可见柏丛桂正是明朝廷在民间所选的一介平民老人。柏丛桂之所以被后人称颂,因他的两次为船只捍风浪的建言均被朝廷采纳,并付诸实施,故而成为明初著名的治水人物。

康济河

明成化时,白马、宝应、高邮、邵伯等湖,每遇西风狂作,运粮的官民船只经常遭到飘损,又提出了筑重堤的想法。所谓重堤就是在原有湖堤之东再筑一道堤,形成两道堤,成为河道,再次实施河湖分开,船在河中走,避开风浪。但只是说说而已,并未实行。12年后,即弘治三年(1490),当时任高邮知州的毛宪到任后,他以除湖险为要务,与户部侍郎白昂联合,在湖堤之东三里,筑成"自城北三里杭家咀至张家沟,长竟湖,广10丈,深1丈有奇,两岸拥土为堤"的河道,实现了河、湖分开。因湖、河分开,人获康济,孝宗皇帝赐名为康济河。因为白昂比毛宪的官大,后来人思念白昂公德时,称堤为白公堤,而不提毛宪了。

白昂(1435—1503),常州人。明代刑部尚书。弘治二年(1489)为户部侍郎,负责修治河道。

毛宪,字世诚,浙江余姚人。由进士授高邮知州,他以除湖险为首要的责任感,令人称道。

康济河西徙

弘治三年(1490),康济河开成后,自高邮城北三里杭家咀至张家沟,出现了三道堤:西为老堤;中为土堤;中堤之东,谓之东堤。漕船行走在中堤与东堤之间。康济河最大的弱点是西侧的老堤与康济河的西堤(时称中堤)之间距离太大,有3里之遥,中间有农田1.8万亩,称为圈子田。万历三年(1575),黄、淮并涨,冲决高家堰,穿越康济河下面冲向东排泄湖水的3座年久腐坏的木涵洞,洪水进入圈子田,成了

"田湖",运行时间不足七十年的康济河不复存在。

面对康济河的废弃,漕船再次由湖中行走,漕运侍郎吴桂芳原在扬州当过知府,负责过河工,情况熟悉,且有旨委任,万历四年(1576),他命郎中陈诏、高邮州知州吴显等,在老堤之东重开月河(即越河,时又称复河),将康济河西徙,改筑白昂所筑中堤为东堤(后又称之为新中堤),万历五年(1577)完成,原东堤因运河西徙而废,形成了新的康济河。这一段运河一直延续至新中国建立以后,即今高邮市界首镇南四里铺至高邮城一段运河西侧的老运河,如今已是历史遗存。

下令康济河西迁的督漕运侍郎是吴桂芳,嘉靖二十三年(1544)进士。历扬州知府,御倭有功,迁俸一级。扬州有新旧二城,自吴桂芳而始。屡迁兵部右侍郎。万历四年(1576)二月,总督漕运。

具体负责康济河西迁的中央官员是陈诏(1570—1571),字子宣,号紫云,晋江人。他精研《禹贡》等地理专著。万历四年,任都水司郎中,他亲临水患严重的高邮湖区视察,地方上按陈诏的主意加修堤岸。

具体实施的地方官员是高邮知州吴显,字景猷,福建漳浦县人,由进士知六安州。万历初年,高宝湖堤,总河难守,吴显调往高邮,负责康济河的西迁工作。

弘济河

高邮康济河开成以后,宝应氾光湖即宝应湖成了扬州运道的第一险。

东南财赋经宝应氾光湖转输,乃明朝廷的命脉所系。每年军国之需的400多万石漕粮要由此通过,千里运道岂容在此梗阻?但是,从地方到中央,众多官员都深谙氾光湖风涛之患。自明正德十六年(1521),工部主事杨最提出按照高邮开挖康济河(弘治时)的模式开河之后,到万历十二年(1584)开挖弘济河时止,其间提议请开月河者连连不断,但屡议屡停,又缺少奋膂决策者,前前后后竟拖延了60多年。一是漕运、河道由两人分管,意见相左,漕运抚臣经常换人,决策难;二是前人定下的方案,后人推翻;三是工程艰巨,经费筹集难;四是重臣数易,在职者只想升迁,不想办事;五是地势低下取土很难。直到万历十二年,总漕都御史李世达提出开月河,以避其险,得到批准。后漕抚王廷瞻继任,他说:"东南财赋转输以充军国之需,命脉所系,岂容哽噎!"于是在王廷瞻的主持下,万历十二年九月开工,万历十三年四月即完工,历时八个月。自宝应南门外至新钲三官庙,开月河长三十六里。神宗皇帝嘉奖,赐名"弘济河"。从此扬州运道脱离了氾光湖,不再受氾光湖风涛的影响。

弘济河开成后,"槐角镇前,危楼拂斗,飞阁入云,金银色界,昭映湖天,旧称险恶拟罗刹者,而一旦变为方洲圆峤,琳宫璇洞,璀璨壮丽,最为江淮奇观。""而氾水诸镇,则开廛列肆,通阛带阓,商贾褶至而辐辏。诸方之货,鸟集鳞萃,尤足以聚百族而兴八宝之利。"王廷瞻功不可没。

呼喊开挖弘济河的 60 多年中,有正德时工部主事杨最;嘉靖时工部郎中陈毓贤、御史王鼎、闻人诠(曾任过宝应知县)、户部员外郎范韶(宝应人)、陕西按察使仲本(宝应县人)、总河刘天和、运粮千户李显云;隆庆时的御史蒙诏、总理河道翁大立议筑宝应月河;万历时总河侍郎万恭、御史陈世宝,总河都御史潘季驯、总漕都御史李世宝等等。

王廷瞻(1521—1592),字稚表,黄冈人(今湖北黄冈市黄冈区)。嘉靖三十八年(1559)进士,以都御史出督漕运。正因为他开成弘济河升户部尚书,后改调南京刑部尚书,未任,致仕归。万历二十年(1592)六月十八日卒,年七十二,赠太子少保。

潘季驯督造宝应月河

明万历十六年(1588),总督河漕潘季驯以原来湖堤为东堤,从宝应南门外至黄浦又筑西堤二十里,截湖为河,北接通济河(位于淮安),宝应月河形成,实施河湖分开,从此运道不再经白马湖。

潘季驯(1521—1595),字时良,号印川,浙江乌程(今湖州市)人。是 16 世纪中国明代杰出的治河专家。他一生中曾四次主持治理黄河和运河,前后持续 27 年。万历六年(1578),潘季驯第三任期内,反复查勘扬州五塘,"锐意求复",但"查得句城、陈公二塘地形,高阜水俱无源,惟藉雨积。小新、上下雷三塘受观音阁后及上方寺后并本地高田所

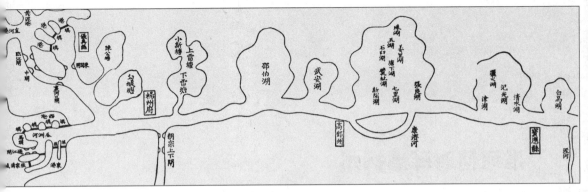

明弘治时扬州运道图

下之水,而局面狭小,蓄水无多",认为"五塘不可卒复。年远故迹久湮,民田占种,转相授受,故有难复之势"。同年,在他主持下,堵塞宝应黄浦八浅决口,添筑西堤,黄浦始有复堤。

刘东星开邵伯、界首月河,河湖贯通

万历二十八年(1600),总督刘东星命郎中顾云凤、扬州知府杨洵督民夫挑邵伯月河,长18里,至此邵伯以北船只不复由湖。又开界首月河,长1800余丈,使运道离开界首湖。至此扬州湖漕全部由河中行走,奠定了以后宝应至邵伯运河的基础。

刘东星,字子明,别号晋川。山西沁水县人。明隆庆二年进士。后任漕运总督、工部尚书。

明代,扬州从邵伯至宝应运河的形成经历200余年,今天当我们看到宽阔的运河水面上南来北往的船只,看到运输车辆风驰电掣,绵延百里绿树成荫,不要忘记先人对湖漕渠化成为河漕作出的巨大贡献。

淮河何时肆虐扬州

徐炳顺

　　现在扬州有关的文献资料上，谈到黄河夺淮对扬州影响的时间，都认为从 1194 年开始，其实并非如此。有支《凤阳花鼓》唱得好：

> 说凤阳，道凤阳，凤阳本是好地方。
> 自从出了朱皇帝，十年倒有九年荒。
> 咚咚呛、咚咚呛、咚咚咚呛咚咚呛。
> 大户人家卖牛马，小户人家卖儿郎。
> 奴家没有儿郎卖，身背花鼓走四方。

　　为什么"自从出了朱皇帝，十年倒有九年荒"呢？这是本文要回答的问题。

黄河夺淮

　　黄河和淮河在历史上都是直接入海的河道，相互之间风马牛不相及。但是，黄河是一条多变的河道。金章宗明昌五年，即南宋光宗绍熙五年（1194），黄河于河南阳武决口东流，黄河的水分为两道，一路由北清河即大清河（济水故道）经山东入海；一路由南清河即泗水（邗沟过淮河以后的运道）夺淮入海。这是黄河夺淮的开始。虽然黄河的水大半入淮，但还未全部入淮。金人控制下的区域，黄河决口不堵，纵黄河南下，南宋与金国以淮河为界，黄淮漫流，阻止金兵铁骑南下，有利他偏安江南,黄河夺淮于是成为定局。因为黄淮泛流区域是宋金的瓯脱之地,人烟稀少,于是无人感觉这里有灾害。

1194年,就是黄河于河南阳武决口的这一年,淮东提举陈损之大筑淮扬之间的湖堤,建石硪、斗门,"水不至于泛滥,旱不至于干涸",做到蓄泄两利,淮扬之间平安无事。

黄淮肆虐

到了元代,黄河北流入海的水已很少。明洪武二十四年(1391),黄河水全部流入淮河,淮河故道(即今废黄河)开始淤积。明正统元年(1436),黄河的水开始倒灌清口。

据《明史稿·五行志》记载:"正统二年(1437),扬州府四五月连雨,(黄)河、淮(河)泛涨,飘居民禾稼。"又据《江苏省2000年水旱灾害表》云:正统二年,"黄河、淮河发大水,淮北、淮南大水,房屋、牲畜受淹严重,邗沟湖堤、涵闸有损毁,里下河始见淮河洪患。"可见黄河夺淮对扬州的影响,是从明正统二年开始的。

景泰六年(1455),黄河的泥沙使清江浦运道淤积长达30里。

成化七年(1471),黄河发大水,新庄闸[位于昔淮安府(今楚州)城西三十里入淮口处,永乐十三年(1415)建,南达扬州运道]淤塞。此后不断发生淤积,淮安因此而遭受水灾。水小时,黄河河水中夹带着大量泥沙,流入运河,直向邗沟宝应以南,使运道淤积日趋严重;水大时则冲决高家堰,流入高、宝诸湖,进而冲决漕堤(湖堤)。

弘治七年(1494),河臣刘大夏堵塞黄河决口,大筑堤防360里,遏制黄河北流,北流断绝,全面夺淮,经徐州、宿迁到淮阴的清口合并于淮河东流,至云梯关入海。淮河南徙已成定局。

嘉靖三十年(1551),黄河、淮河汇流南下,宝应以南,运道湖堤溃决,里下河成灾。其后灾害不断。

万历元年(1573),河道侍郎万恭在他的《治水筌蹄》中写到:"淮水昔不病淮安,今病淮扬。"弘治间,于运河设平水闸,"蓄水三尺五寸,候其水涨,听其自泄,纵有大水,也无大患"。"扬之上流在(黄)河、淮(河),下流在江海,昔日河渠(运河)距江、淮之上,忧常在旱",至万历时,"河渠伏(黄)河、淮(河)之下,忧常在水。"

万历六年(1578),河臣潘季驯为护明祖陵、保漕运、治水,采取"蓄清刷黄"的河策,济运的水进入扬州运道,运道难以承受,西灌运道以西湖泊,东决湖堤。不仅如此,济运的水中含有大量的泥沙,使运道不断淤积。

万历二十四年(1596),为解决淮河洪水的出路,总理河督杨一魁大举"分黄导淮",在高家堰建了武家墩、高良涧、周家桥三座泄水闸,自此,高家堰有了正式的排泄淮水流入扬州的口门,东经今宝应泾河、高邮子婴沟(后名子婴河),经射阳湖、广洋湖入海;南下高邮湖,经邵伯湖、金湾河,注芒稻河入江,淮、扬之间的淮河洪水之患连年不断。

综上所述,扬州受黄河夺淮的影响不在南宋,而是明朝。具体一点说,从正统二年(1437)开始,到弘治七年(1494)黄河全面夺淮以后,这要比以往说的1194年黄河夺淮对扬州的影响推迟300余年。

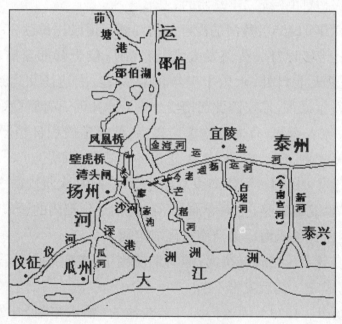

明末淮水入江口示意图

被遗忘的扬州亘古奇灾

徐炳顺

360 年前,清顺治六（1649）至十年（1653）扬州发生了一场亘古奇灾,大水民宅漂浮,亢旱寸土无青,人行鱼路,人畜饮水皆无,灾民们鸠形鹄面,瘟疫流行。由于史载不详就被遗忘了。《清宫扬州御档》"题为江淮被灾特甚仰恳圣慈救民万死一生事"找回了历史的记忆。

《清宫扬州御档》里有一篇奏文,说的是江淮之间发生水旱灾害,"仰恳圣慈救民万死一生"的事（含今镇江、徐州、盐城等地,本文略）。这虽然是一篇为民请命的奏文,但它完整地记载了清顺治六至十年扬州发生的自古以来未有过的水旱奇灾。

顺治六（1649）、七、八年来,地处江淮滨临江河湖海之间的扬州地区,迭遭大水,洪水狂射溃堤,民宅漂浮。九年亢旱,平日汇为巨浸的湖荡,竟成了车马坦道。十年四月,麦子将要收割,稍苏疲困,但是丝雨全无,苗同枯草。泰州里粮（负责征收、解运粮食的基层官员）乔许陆等、宝应绅民乔可聘等、泰兴里长（相当于今村级负责人）翟弘润等、高邮绅耆孙宗彝等、江都里粮奚茆等、兴化乡农朱孙等纷纷具呈向巡按江南苏松等处试监察御史李成纪报告。扬州道负责人刘兴汉详细写道:泰州四乡的饥民相聚,不少人因无粮渐渐死去。刘兴汉一面安抚,一面踏勘,当他走到宜陵河（即通扬运河）时,河水俱断,他舍舟登陆,灾民们哀号声连百里。河湖干涸成了陆地,而且飞蝗播虐,排云布空,瘟疫流行,炊烟俱断,黄沙触目,惨日昏天。泰州有田 9290 余顷,寸土无青,人行鱼路,人畜饮水皆无。高邮有田 25820 余顷,一望赤地,禾苗无踪。兴化有田 24200 余顷,稍有生息者不过 400 余顷,其余全无秧水,均未布插。巡按江南苏松等处试监察御史李成纪感叹道:"天地变迁亦常有之,然未有若江淮今日之甚者,扬(州)则数年之水,加两载之旱,民真皮穿肉罄,今数月以来,南北寸草俱枯。"受灾程度泰州、高邮、兴化皆极灾,十分。宝应计灾九分。泰兴、江都计灾八分。仪真计灾七分。"灾民们鸠形鹄面,菜色鹑衣,疾病频连,愁苦万状,不能不为之涕者","无人不道为亘古奇灾"。为此,他陈奏皇上,仰恳圣慈救民万死一生。

经查扬州境内水旱灾害,自明代嘉靖、隆庆、万历初年及后期,水灾已相当严重,干旱也时有发生,但是像这样先旱后洪,旱灾连水灾延续五年,时间之长,灾情之重,范围之广,不仅顺治前没有,就是后来也未发生过,这在扬州历史上确是亘古奇灾。但是由于史书、地方府、州、县志记载较略,而被遗忘。乾隆元年成书的《江南通志》在"機祥"中,对顺治六至十年的灾害只字未提。《乾隆高邮州志》同样记载不多,云:顺治六年,"北水大涨,南北堤决数百丈,民大饥。"又云顺治十年"高邮大旱,民饥。"清嘉庆《重修扬州府志·事略·附祥异》援引了《雍正志》顺治七年"扬州旱"(有误)和《高邮州志》顺治十年"大旱,饥"。《道光重修宝应县志》记载也很简单,云顺治六年"七月决堤,一片汪洋,无分湖海"。该志又云顺治九年(1652)"宝应县大旱"、顺治十年"宝应县大旱,冬,大雪四十余日。"《清史稿》在《河渠志》中只记载了顺治六年(1649)"高邮运堤决数百丈"。所有这些记载均未能反映出亘古奇灾。

穿越历史,360 年后,当我们见到《清宫扬州御档》里的有关奏文方才找回了被遗忘的亘古奇灾的记忆。文中讲到的巡按江南苏松等处试监察御史李成纪,据有关记载,只知是奉天人,顺治十年到任;刘兴汉,辽阳人,顺治七年到任,其余再没有过多的记载了。而他们的奏折成了扬州亘古奇灾,史料鲜有记载的唯一记录。

古往今来小秦淮

傅桂明

南京秦淮河,集古迹、园林、画舫、市街、河房于一体,历史悠久,魅力无限,是闻名遐迩的旅游胜地。同为历史文化名城的古城扬州,也有一条小秦淮河,曾是扬州最繁华的所在。

小秦淮河旧称新城市河,又名城河,是扬州城内南北向的一条内河,北连北城河,南经龙头关流入古运河,全长 1.9 公里。小秦淮河如同一条玉带,串起大东门桥、务本桥、三元路桥、萃园桥、小虹桥、新桥、公园桥、小东门桥、如意桥等十数座著名桥梁,和董子祠、基督堂、惜余春茶社、教场、富春茶社、绿杨旅社、大舞台、亚仙桥、珍园、萃园等或存或湮的名胜,一起见证着扬州数百年的兴衰荣辱。

小秦淮河的由来现已难稽考,可以肯定的是,它在明代就已出现。明代歌谣云:"扬州城,十二门,四水关,六吊桥",其中,有两座吊桥在东城墙下的大东门和小东门。小秦淮河就是大东门和小东门外的护城河。明嘉靖二十四年(1545)后,扬州增筑了新城,它变成了新、旧二城之间的界河和要道,开始繁荣起来。

顺治年间,诗人冒辟疆客居扬州小东门外,著《小秦淮曲》,说小秦淮"三十年前景最佳"。三十年前便是明末了,说明小秦淮河在明后期就已风景宜人,画船如梭。

传说小秦淮一带是风水宝地,它的东岸是一条土龙,南端是"龙头关",中有"龙背",出天宁门向西北蜿蜒而去的是"龙尾"。明代开始,小秦淮一带就聚集着很多的秦楼楚馆。秦楼楚馆门前的街巷,俗称花街柳巷(翠花街即现今的新胜街,柳巷已分截成南、北柳巷)。而每户的后门,均有码头通向小秦淮河,河边停泊着画舫。但那时该河是否已叫小秦淮河,目前尚没有资料证明。

小秦淮名初见于清初王士禛所撰《红桥游记》:"出镇淮门,循小秦淮折而北,陂岸起伏多态,竹木翁郁,清流映带。"再见于胡善麐所著《小秦淮赋》。胡赋序云:"扬州城西而北,有虹桥焉,天下艳称之。其水号'小秦淮',盖与金陵相较,而逊焉者也。名之旧矣,而知者尚少,幽居多暇,因为赋之。"胡氏虽已交代"小秦淮"一名的由来,但未指明"小秦淮"源流所在。惟赵之璧在《平山堂图志》中云:"小秦淮为旧城小东门外夹河。"由是知小秦淮水的源流。

正如南京的秦淮河一样,在有明一代,扬州小秦淮曾经繁华热闹一时。只是后来清军入关、扬州十日,这里又萧条冷落了。

经过清朝初期的稳定发展,加上交通便利和盐业兴盛,扬州经济社会得到迅速恢复。到了乾隆中期,小秦淮成了人间天堂。正如《小秦淮赋》里所说,沿河十里之区,水抱高城,官柳连堤,两岸有别馆,有名园,有杰阁,有华堂,有广榭,有孤亭,有绀宇,有琳宫,有酒肆,有茶馆,有寺院,有宝塔,有风中铃语,也有暮鼓晨钟,还有路畔酒垆,桥边茶灶,有姑苏狎倡者操吴侬细语曰:"何为较秦淮而称小哉!"

彼时扬州城中男女出游,往往从小东门上船,乘画舫,出水关,一边欣赏两岸风光,一边聆听船娘歌声,夜以继日,笙歌不辍。郑板桥说的"画舫乘春破晓烟,满城丝管拂榆钱",描写的正是这种景象。当时南柳巷一带河中有泉,色清味冽,水长则没,水落则出,非常奇特,专用来烹茶酿酒。

然而,好景不长,至道光、咸丰以后,随着扬州盐业的衰败,加之战事频仍,小秦淮河两岸楼台陆续颓毁,花木凋零,河道淤塞,画舫也日渐稀少。清咸丰举人徐兆英《扬州竹枝词》云:"小秦淮畔水迢迢,垂柳荫浓好系桡。可惜画船箫鼓歇,至今卅载不通潮。"民国王振世在《扬州览胜录》中也说:"所谓小秦淮者,昔为繁华胜地,歌楼舞榭,栉比鳞次,名士风流,盛极一时。而后河道淤塞,不通画舫,门巷全非,荒草斜阳,无人过问矣。"

解放前,小秦淮年久失修,无人管理,河道垃圾成堆,河水严重污染,不少地段已成为死水河、瓦砾山。

建国以后,政府虽对小秦淮河多次进行疏浚,但由于管理和保护措施没有跟上,小秦淮河几乎成了一条臭水沟。上世纪 80 年代以后,扬州市对小秦淮河进行综合整治,彻底疏浚从龙头关到北水关的河道,拆除了两岸违章建筑,同时修复河道两侧驳岸护坡,新建仿石栏杆,进行灯光亮化,植以垂柳、桃树等花草树木,建设亭台码头等风景小品,小秦淮河畔白天桃红柳绿映碧水,晚上火树银花不夜天,是扬州城内不可多得的一条景观河。

扬州里运河三潭

徐炳顺

人们都知道杭州西湖有三潭,扬州运河上也有刘家潭、清水潭、蔡家潭三潭,它们的形成各不相同,前者是如花美景,后者却是水灾滥觞。时光荏苒,扬州运河三潭已在人们的视线中渐渐消逝。

明代黄河全面夺淮以后,运河堤决口是经常发生的事,今宝应县刘家潭、高邮市清水潭、江都市蔡家潭,就是当年运河决口留下的深潭。

刘家潭在宝应县以北二十里,黄浦以南,八浅以北。古名越潭,一名龙潭。此为明万历时决口之处。南北长五里,东西宽三里。形似锅底。潭附近东西堤非常险要。传说明隆庆戊辰年(1568),附近老百姓听到潭下隐隐的龙吟,如笛声,说是秋天大水,风雨将要到来,龙决堤而去,留下了鳞,后将此事报告朝廷,赐名龙潭。

清水潭位于高邮市城北二十里。到了马棚湾东看运堤脚下一大片平静的水面,西看运河河面逶迤而又开阔,再越过西堤就是碧波万顷的高邮湖,东堤下的湖潭,就是著名历史险工所在——清水潭。

清水潭先是宋代湖水冲决时留下的深塘,后是明末淮水冲决湖堤留下的深塘,其塘口称之为潭。

说到清水潭的形成与宋代解决邗沟水源有着密切的关系。今日高邮运堤以西,至唐代较为著名的只有樊梁湖、津湖。宋景德中至天禧中,筑堤界水后,蓄水增多,凹地汇而为湖。宋元丰时,发运副使蒋之齐写到:"三十六湖水所潴,其间尤大为五湖。"五湖指的就是樊梁、新开、氍社、平阿、珠湖。水多了,宽阔的水面必然给船只带来风浪之险,所以又广建石砝(即后所说的平水闸),减水。杨万里有《过新开湖》诗,樊梁湖与新开湖合而为一,新开湖由此而出名。清水潭位于新开湖中部,每当雨水季节,西侧山丘之水由西向东汇于新开湖,冲破湖堤汇为潭。潭以东地势低凹,水急奔腾。新开湖是东南漕船由扬达淮的必经之地,湖宽百里,狂风大作,波涛汹涌,船只经过这里,常被风浪飘没,清水潭之险因此而著名。

清水潭之险始于北宋末年。潭的左面,旧有五龙祠,为保船只平安渡过,常有人用牲畜到此祭祀。宋哲宗时,在新开湖中还建了一座耿七公庙,传说很显神灵。历乾道、淳熙、景定年间,救灾除患,累封为康泽侯,后来称为康泽侯庙。

宋室南渡,漕运停息,对堤防不再重视,加之当地商、农利用堤身经商,削弱堤身,潭被冲破,船只到此,要在潭口临时用绳子把船只联结起才能通过。最早记载首次堵塞清水潭的是在南宋嘉泰三年(1203),这年十月,大雨,清水潭决口,坍径达 17 丈(54 米),后来逐渐扩大。高邮郡守吴铸组织人员进行堵塞,他环潭筑堤,堤长大于清水潭直径的 3倍,堤脚宽 6 丈(19 米),工程严细,才获稳固。

明、清时,因有淮水加入,决口的危害程度远远重于宋代。

明宣德间(1426~1435),平江伯陈瑄督漕,因新开湖(后名氍社湖、高邮湖)之险,他奏于朝廷,规定每年的二月、八月,州守必须带领下属祭奠,为往来的船只祈祷。明隆庆、万历以后,高堰决口,黄、淮汇流南下,位于新开湖中部(即高邮湖)的清水潭经常决口,不仅严重影响漕运,还使里下河频频受灾。

如何解决新开湖风浪绝险,明弘治间,于氍社湖旁开成康济河。只是解决船只过湖风浪之险,并未改变清水潭位置之险。万历三年(1575)、万历四年(1576),清水潭连年决口。由于康济河开挖时留有圈田,此时圈田被淹,河湖又连成一片。漕运侍郎吴桂芳为防漕船风浪之险,改挑康济月河,依旧不能改变清水潭位置之险。

清康熙初年,清水潭决口尤烈。康熙八年(1669)、九年、十年、十一年、十二年清水潭连年决口。十三年,清水潭堵口将完工,又决口。十五年,清水潭再次决口,旋澜飞沫,如雷如电,决口宽达300余丈(960米),深达7~8丈(22~25米)。蒲松龄在《清水潭决口》中写道:"波山直压帆樯倾,百万强弩射不息。东南溅溅鱼头生,沧海桑田但顷刻。"

同治五年(1866),清水潭大决,口宽380余丈(1220米),运西湖水茫无天际,倾泻无余,20里范围内的船只无一幸免。运东村庄,三三两两,倒塌在水中,到手的稻谷无法收割。高邮人谈人格在《清水潭决纪事》中写道:"可怜千万村,浊浪迷高低。富家得船去,余劫归犬鸡。贫者不及迁,泪没如凫鹥。"泰州人吴嘉纪在当年清水潭决口时,在《堤决》中写道:"田桑溪柳栖野鸭,洪水西来崩我堤。村村稻苗今安在,川飞湖倒接大海。尽说小船值万钱,谁知楫短不能前,一浪打入水半船。今日随人去筑堤,明日随人去守堤。飓风霆霖无休息,土湿泥流积不得。杖藜登高看水长,东舍西邻白泱泱,虾蟆入门坐萍上。暮年辛苦饲孤孙,黄口命依白头存。饼饵断绝已两日,水中走来抱我膝。鹜鹆天上鸣嗷嗷,叹息汝祖非其曹,不得衔汝出波涛。"其状可见。

今日清水潭什么模样? 1956年到1957年自高邮城到界首新筑了运河东堤,原清水潭位置在今运河中心线偏西,施工时曾发生两次滑坡,因此堤坡加做平台,坡比在1:15,始获稳定。1976年抗震加固时,增做了堤身后戗,堤顶加做了浆砌块石子堰。为确保这一段堤防的安全,1981年拆除了在此新建而尚未建成的高邮县种鸭场,并组织1800人填塘固基,恢复原状。今日清水潭险工长度约3000米,运堤下为淤土层,淤深达30米。该段堤防堤顶高程10米左右,比设计高度低1米左右。堤后有两个深潭,南潭直径200米,北潭宽200米,长100米。两潭相距600米,潭底均在当地地面以下7米左右。经过多年实践,由于管理和防守得力,加之运河、西侧老西堤全力加固,至今一直平安无事。

蔡家潭。位于今江都市东堤东侧,其堤始于明万历年间,开邵伯月河而成。清嘉庆年间,屡决堤成潭,同时还决西堤崇家湾、荷花塘等处。

今由扬州北去,过邵伯以后,蔡、刘二潭仍在,唯被人们常常提起的是高邮市马棚湾的清水潭。

清水潭罗文翰殉职

傅桂明

清水潭位于高邮城北 20 多里,今天看上去碧波荡漾,绿树成荫,水草丰美,过去却是运堤常遭冲决的薄弱地段,且屡堵屡决,"费百万筑之无效",是历史上著名的险工患段,许多治河官员和夫役在此献出生命。高邮州判官罗文翰就是其中一位。

罗文翰是湖广沅江人,明万历三年(1575)被派到高邮州任判官。这年夏天,黄河、淮河并涨,八月间,高家堰(洪泽湖大堤)决口,大水涌入高邮湖,导致清水潭、丁志口(在清水潭北 5 公里处)诸处运河堤防决口,特别是清水潭处决口一百余丈,洪水汹涌而下,里下河地区一片汪洋。这时,罗文翰刚抵达高邮半个月,立刻和高邮兵民一道,投身到紧张的堵口战斗中。

罗文翰吃住在运堤上,废寝忘食,率先垂范,与兵民同甘共苦,指挥抢险战斗。由于清水潭决口太深,水势浩大,投入的抢险材料都被洪水冲走,堵上的部分又被洪水冲决,决口一时难以堵上。罗文翰忧急万分,不顾风狂雨骤,洪水滔天,亲自到决口处指挥军民堵口,不慎滑落急流之中,眨眼间就被洪水吞没,冲得无影无踪。由于清水潭水深流急,军民不仅来不及抢救,连他的尸体也没有找到。

罗文翰为抢险献出了宝贵的生命,高邮州官民悲痛万分,清水潭决口堵上后,专门集资在堤上修建了一座罗公祠,在祠中供奉着他的塑像和牌位,用以表达纪念和哀悼之情。后来,由于年深日久,罗公祠废圮,为了表达对他的缅怀之情,到了清朝,高邮人民在三元阁设立他的木主,供奉纪念。如今祠和阁均已不存,他的事迹在《扬州府志》《高邮州志》中均有记载,《河防志》有他的传。

在明代,高邮州判官只有区区从七品,人微言轻。罗文翰职位虽低,但为保民生,奋不顾身,壮烈捐躯,将为后人永远铭记。

水利历史险工清水潭   摄影:徐炳顺

六十年始成弘济河

胡晓林　张永成

明初，运道依靠界首、新开、氾光诸湖，《明史》称其为"湖漕"。

这段"湖漕"，风浪大，极为险恶，舟行往往覆溺。为了解决运道的安全，洪武九年（1376），明朝廷用宝应老人柏丛桂的建言，"发淮扬丁夫5.6万人，令知县赵原用砖筑高家潭（在县南十五里）等处高宝湖堤六十里，以捍风浪"。洪武二十八年（1395），明朝廷再次发淮5.6万人，"自宝应槐楼抵界首，就东穿直渠四十里，筑堤护之"。此后，永乐、正统、天顺间多次筑高邮、宝应湖堤。成化十四年（1478）三月，太监汪直向朝廷提出在"邵伯、高邮、宝应、白马四湖，请筑重堤于老堤之东，积水行舟，以避风浪"，只是提议而已。弘治三年（1490），侍郎白昂开成高邮康济河，河成后大大降低了甓社湖的风险，多年太平安澜。

为避免氾光湖的风险，不断有官员向朝廷建议在宝应氾光湖东修筑月河。氾光湖西接盱眙，从云山、白水、衡阳而下，势若建瓴，直注氾光，澎湃汹涌，浮云无际；而中间还有槐角楼当湖而出，其形如箕，两翼夹击，不风而波；如遇西风暴起，则惊涛卷雪，怒浪如山，风紧浪急，掀舞簸荡，天日为之无色，万斛巨舰触石立碎，每年都有若干船只经此失事。明万历十年，千舟渡湖，一风而尽，尝一日而毙千人，浮尸无算，惨不忍言；万历十二年，漕船破败者数十，令行船者谈湖色变，只好派人长时间驻扎在码头观候风色。因此濒河而建的宝应泰山殿便香火极盛，向北已过湖的感谢神佑，向南等候过湖的则祈求神佑。氾光湖之险，不

119

仅有碍漕运,每遇洪汛,往往湖堤塌崩,一片汪洋,东乡均被淹没,田庐飘荡无遗,人畜死者无数。

为此,不断有官员向朝廷建议在宝应氾光湖东修筑月河。正德十六年(1521),都水郎中杨最首次提请于宝应氾光湖如昔年白昂开高邮康济河例,加修内河。仍将旧堤增石积土,以为外堤,可保百年无患。嘉靖五年(1526),工部郎中陈毓贤请修筑月河。嘉靖十九年(1540),运粮千户李显疏请氾光湖东开筑月河。隆庆二年(1568),御史蒙诏请如高邮康济河之例别凿一河。万历五年(1577),御史陈世宝旧事重提,请于湖堤补石堤,以固其外,而于石堤之东复筑一堤,以通月河。但因抚按诸臣迁代不常,守土之官侥幸无事,遂因循废搁,久而无成。

时至万历九年(1581),朝廷批准了在淮安城南从窑湾杨家涧至武家墩开筑全长45里的永济河。这极大地鼓舞了宝应人,坚定了要求开筑月河的决心。曾任宝应知县的御史闻人诠,在宝应任内曾亲历延袤三百里湖水的风浪险恶,亲睹军民船舟覆溺的惨状,亲临堤崩岸塌田地淹没的水灾现场,亲耳听到宝应人民要求根治水患的迫切呼声,深感开筑月河的必要。为取得工程的第一手资料,亲自带民工试筑一方河堤,将人工、桩木、砖石、灰料等积算引伸,又测量了宝应月河计划挖筑的长度,经过计算,得出工程的最基本资金数需银4.33万两。万历十二年(1584),御史闻人诠请开月河,时任户部员外的宝应人范韶及罢职家居的仲本,皆具疏请。或许因氾光湖风险确碍漕运大计,或许以闻人诠为首的多名官员反复请开月河,朝廷不得不认真考虑其必要性。是年根据工部郎中许应逵建议,总漕都御史李世达奏请,决定开宝应月河。朝廷从户部、盐务及地方筹集资金25万两,调总漕都御史李世达、工部郎中许应逵、巡按御史马允登、巡盐御史蔡时鼎、给事中陈大科、刑部主事罗用敬、中河郎中陈英、海防副使舒大猷、徐州副史莫与齐、漕储参政冯敏功等一班能臣负责工程的实施。不久李世达擢南京兵部侍郎,由都御史巡抚王廷瞻接任,宝应月河开筑工程终于正式启动。官员们征集民工,调运物资,抓进度,保质量,忙得人不离堤,一律留宿河堤。将西旧堤培土加固,在旧堤东又筑一新堤。河的南北两端和中间各建一石闸，以通舟船出入，南闸外筑拦河坝，北闸外筑束水坝，其中又建滚水石坝，以疏泄水势。坝东开浚支河，让多余的水从射阳湖、广洋湖向东入海。为了护卫堤坡，在月河边夹植茭苇，堤上遍植杨柳以荫纤夫。工程规模弘大，配套齐全。自万历十二年（1584）九月二十一日开工，至万历十三年（1585）四月二十六日竣工，凿渠1776丈，石堤3036丈，子堤5390丈，为堤9240丈，北起宝应南门外，南至新镇（范水）三官庙，全长36里的月河大功告成。万历皇帝朱翊钧赐名"弘济河"，大学士沈一贯、李廷机共同为碑记。后又于万历十七年（1589）增筑黄浦20里运河和界首月河，从此康济、弘济河相连，运河航道再无高宝湖恶浪风险之忧了。

为纪念在开筑弘济河作出贡献的有功之臣，饮水必思源的宝应民众集资在弘济河堤上建崇报祠，按时供祀。被称为"江淮大手笔"的著名宝应文人吴敏道亲历弘济河竣工庆典，即兴赋诗《新开弘济河》，诗中将弘济河工程鉴比汉武帝元封三年（前108）亲修的瓠子河，功德利于当代，福泽润于后世。并以豪迈之情写了《新开弘济河诸公生祠记》。文中总结了弘济河成后的四大作用：首先，保证了漕运安全。河成之后，"狂风退鹢，水波不兴，漕舻运舳，官舫商舶，扬帆而渡，酾酒而庆，若坐天上，若行镜中，畴昔风凄雨迷，樯沉舻折之景，不复刺眼，岁所全活生命不可数计。"其次，节约了大量防汛资金。弘济河的开筑，虽一次动用了20余万，但比起康济河来，不足三分之一。同时重堤增强了抗洪能力，省却年年湖堤屡溃屡塞的资金和物资、人力。第三，减少了宝应及里下河地区的洪水灾害。每次溃堤，不仅仅是直接灾害宝应，就是兴化、盐城、高邮、泰州等地也要被淹。现在，堤成水退，原来被淹田地重新可以耕种，外流的农民重新归乡务农，原来荒芜的田地上，现在到处可看到农民在辛勤耕作，每到秋天，漫漫数百里的稻谷一片金黄，人民安居乐业，一番丰收景象。据《宝应历代县志类编·灾害》载，自明正统二年（1437）至万历十年（1582），氾光湖段共决堤30次之多，而弘济河成之后，宝应境内再未决堤。第四，促进了沿河两岸的经济发展。昔日险恶之湖滨，今成景观胜地和商贾云集之地。吴敏道写道："吕泗潭上,槐角镇前,危楼拂斗,飞阁入云,金银色界,昭映湖天;旧称险恶拟罗刹者,而一旦变为方洲圆峤,琳宫璇洞,璀璨壮丽,最为江淮奇观;而范水诸镇,则开廛列肆,通阛带阓,商贾缥至而辐辏。诸方之货,鸟集鳞萃,尤足以聚百族而兴八宝之利。"作者忆昔比今,感慨万千,玑字珠语,给我们留下详实而华丽的篇章,让我们从中了解历史上"湖漕"之险难,开河之不易,和新河建成后发挥的重要作用。此后数百年,弘济河道基本未变。

中流箫波图 选自《康熙宝应县志》

自正德十六年(1521),都水郎中杨最请于宝应泛光湖如昔年白昂开高邮康济河,到万历十三年(1585)弘济河成,前后历时64年。

新中国建立后,党和国家极为重视水利建设,从"一定要把淮河修好"到1959年对里运河大规模整治,在老运河西堤外侧另开新河,1982年继续拓浚、切除中埝等多次工程,使里运河宝应段成为一条集水陆交通、南水北调、农田自流灌溉、排涝防洪等多功能综合利用的河道。

运堤滚水坝的由来

徐炳顺

　　扬州运河东堤，自高邮至邵伯之间旧有南关、中坝、新坝、车逻、昭关五座滚水石坝，建于清康熙四十年至乾隆二十二年。它曾给里下河人民带来巨大的灾难。究竟由谁最先议建的呢？据查《敬筹淮扬水患疏》，康熙六年（1667），由高邮人王明德最先提出。但他没有料想其后酿成的苦果。

　　王明德，字亮士。生卒年不详，曾任刑部郎中。他是明天启年间进士，清初大臣，高邮人王永吉（官至蓟辽总督）的长子。年轻时随父转任各地。因战乱原因，佐其父戎行军中。清入主中原后，曾勉力应举，屡试不第。顺治十六年，王永吉去世，王明德以荫生入国子监，旋受京官。康熙七年，始入刑部，累官至刑部陕西清吏司郎中，以律例关系民命，著《读律佩觽》八卷，书传于世。康熙十二年春，以刑部郎中奉敕督理通惠河道，驻节潞河。康熙十五年夏以后，转任湖广汉阳府知府，旋以平谭洪之乱，督粮入川，陷入困境，不幸为敌所执，授伪官不从，自誓投水未死，削发为僧。康熙二十年谭洪败死后，于回归本土途中，跌深崖间，摔成重伤，回家不久即因伤去世。对王明德的事迹记载比较详细的是《高邮州志》卷十和《重修扬州府志》卷四十九。

　　据《扬州府志》记载，顺治十六年（1659）淮水自洪泽湖下灌运河以西的高宝诸湖，又决运河堤。《高邮州志》又记载康熙元年（1662）打开了明代建在高家堰上的周桥闸，"淮水东下，堤决"。当年，淮水又逆灌清口,东注运河。四年大水,运河堤再决。《高邮州志》讲"自此州境水患不息"。王明德此时看到了水情急剧恶化,黄、淮水分两路进入淮扬之间,即一路由高家堰下灌高宝诸湖,一路由清口下灌运河,下河哀鸿遍野;运河淤积,漕运受阻。康熙六年(1667),他呈上《敬筹淮扬水患疏》。他说:"臣生长其土,受害极深,见闻最确,故其受病根源,知之亦最真","当今第一急务,莫重于水"。

王明德又说到,天下赋税,一半来自东南,由长江到达黄河,全恃漕河转输。以前漕制规定,粮运过淮结束以后,才准许官民船只通过。每年五月,即关闭位于今淮安的天妃闸,不容许黄河的浊水(含泥沙量大)进入运河,以防淤积。沿运河设有浅夫,经常捞浅,只许浚河加深帮堤阔厚,不许加高堤防,使运河存水有地。后法纪松弛,以恤商为名,不问寒暑,昼夜通行,商民船只进出由闸,黄河的浊水进入运河,以致全河尽淤。所有管河官吏,只知加高堤防,不加疏浚,殊不知运堤越加越高,河身越淤越浅。又说,上游高家堰部分土堤,年久失修,致使自周桥闸至白水塘周家坝,25里之内,决口5处,深达丈余,阔达10余丈,淮水尽从高堰流入高邮、宝应各湖,直射运堤,运堤难以抵挡。淮水进了高宝后,不仅清口冲刷黄河浊水的水量有减,反使黄河浊水倒灌逆流入淮,致使清口泥沙淤积,清口以下淮水不能下泄,一遇发水,淮、黄并涨,逐渐加堤,其堤高于民房,一遇飓风,势不敌力,溃堤决口,庐舍田园,鸡犬老幼,随波尽逝。康熙四年七月初三日,龙卷风大作,高、宝之民,男妇淹没,不可胜计。遇到干旱,又因运河淤积,存水无几。又以漕运为重,闭闸蓄水,不容老百姓放水灌溉。顺治九年、十年,江南全省大旱,王明德目睹高、宝、兴、盐各州县,运堤下田苗尽枯,看到有百姓因渴而立毙。他分析到为何有如此情况,主要是淮扬沿河州县,地处卑下,水出无源,更兼蓄泄无方,遇雨即涝,遇旱滴水不流。于是他提出治淮规则,应当疏浚河道,帮宽堤防,不应堤上加高,只顾当前,不管长远。另每当漕船过淮以后,每年五月就要立即关闭通往运河的天妃闸(位于今淮安,甘罗城南,即万历通济闸,亦称新庄闸),即使黄河浊水流入运河,要旋淤旋浚,保持运河水深;在高邮、宝应、山阳、江都各漕堤薄弱的地方,建造滚水石坝,水大提前宣泄,水小则加固漕堤,力保漕运。他还说建造漕堤滚水石坝,堵闭高堰决冲各口,不免要动用国库、雇募民夫,然而利在军国大计,又实为下河民众永除疾苦。他认为与其年年冲溃,岁岁动员人力修筑,困苦难堪,不如实力修筑,共襄大计,以图一劳永逸。就这样,王明德提出在运河东堤建造滚水石坝,但并未及时付诸实施。

康熙十七年,河臣靳辅堵塞清水潭决口后,于十九年将高堰明代建的泄洪闸改为减水坝,同时又在运河堤上建了6座减水坝(包括修理的计8座)。康熙四十年又改减水坝为滚水石坝(即后来俗称的归海坝),自此运河上有了滚水石坝。但它的性质虽然与王明德最初的想法有相同之处,但由于治河的方略、工情、水情的变化,已超出当初的设想,成为鸩毒下河人民的虎口。

180多年以后,又一个高邮人名叫夏实晋,给修筑归海坝的恶果作了实录:"一夜飞符开五坝,朝来屋上已牵船。田舍飘沉已可哀,中流往往见残骸",这是王明德始料未及的。

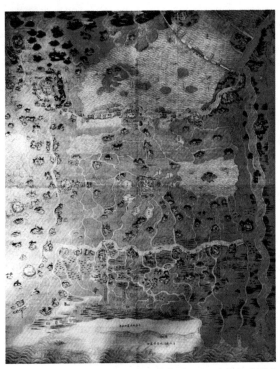

江苏扬州高宝七邑水利图(图片来源于扬州市档案局)

《江苏淮扬高宝七邑水利图》解读

徐炳顺　王建平

据扬州市档案局从中国第一历史档案馆征集的《江苏淮扬高宝七邑水利图》,现作如下解读。

江苏淮扬七邑史载为山阳县(今楚州区)、宝应县、高邮州、江都县、泰州、兴化县和盐城县。这七个州县自明末以后经常遭受水灾。

该图所示范围,北起黄河(今名废黄河,淮河故道。今苏北灌溉总渠以南),南至大江(长江),最西到洪泽湖,东达大海(黄海)。上述七邑位于黄河以南,盐河(今通扬运河)以北,运河以东,大海之西。该范围四周高,中间低,兴化是釜底,被称为里下河。这一范围为有清一代为解决淮河洪水出路,兴建入海、入江工程所涉及到的地域。

成图时间

我们从图上可以看到,洪泽湖高家堰有未写名称的滚水坝,史上有据可查建于康熙四十年(1701)。同时从运河堤上高邮、江都境内也看到未写名称的滚水坝,与高家堰滚水坝是同一时期建的。高邮滚水坝与高家堰滚水坝文字注法不同之处是有"新造"二字,说明《江苏淮扬高宝七邑水利图》是康熙朝成图的。

另从所注坝的宽度分析,高堰有三座大坝,按文字记载为北、中、南三坝(乾隆时改名为仁、义、礼坝),高邮也有三座大坝,即南关坝、五里中坝、车逻坝。雍正时没有建坝的记载,乾隆二十二年(1757)于高堰增建智、信二坝,连同仁、义、礼三坝共五座。高邮增建新坝一座,计四座,扩建江都昭关坝,使运河亦有坝五座,俗称归海五坝。高堰五坝称上五坝,运河五坝称下五坝,上下对应。因此从图中的坝数来看,《江苏淮扬七邑高宝水利图》成图于康熙四十年左右。

图上所注坝的宽度与文字记载不尽一致,可能有图在先,建坝在后,建坝时有所调整。

雍正以后县数有所增加,加上甘泉、阜宁,已非七县,也说明《江苏淮扬七邑水利图》产生于康熙年间。

历史背景

淮河自古是从今淮安废黄河经云梯关独立入海的河流。

明万历初年,受黄河全面夺淮的影响,淮河河床淤高,所容无多,淮河的入海口遂被黄河夺去。万历五年(1577),黄河决口入淮,致洪泽湖湖底淤高,湖面扩大,当年不仅溃决高堰,还使泗洲明祖陵遭到水淹。为此引起万历皇帝朱翊钧的震怒,谴罢督河大臣。河臣潘季驯采取“蓄清刷黄”的治水策略,于是加高高家堰,蓄高淮水,利用洪泽湖的水高于黄河,放出清水即洪泽湖的水,出清口,用来冲刷黄河新河道及入海口,保持运道的畅通。高家堰加高以后,洪泽湖水位抬高了,也收到束水攻沙的效果,但没有解决明祖陵(位于泗洲东北十二里)被淹的问题,潘季驯为此而丢官。

明祖陵的安危,令皇帝不安。万历十九年(1591)泗洲大水,城中居民被淹,又淹明祖陵;万历二十年(1592),泗洲城中水深3尺,再淹灌明祖陵,皇帝再次震怒。万历二十一年(1593)洪泽湖水位上涨,为救祖陵,于是派给事中张企程勘淮,他提出分黄导淮的主张:开周桥注草字河,疏通高邮湖入邵伯湖,开金湾河达芒稻河入江;由子婴沟入广洋湖达海;开武家墩入济河,由窑湾闸出泾河,从射阳湖入海。万历皇帝见此“大悦”,于万历二十四年实施。淮水无论入江还是入海,都要穿过运河,从此邗沟一线再无宁日。

清初,为保漕运,河臣继续沿用“蓄清刷黄”,再次加高高家堰。“蓄清刷黄”虽一度保持了运河的畅通,但事与愿违,不能扭转河床的淤积,结果洪泽湖底淤高8米左右,其他的河道也跟着淤积,只是淤积的速度远没有洪泽湖那么快。大水年份,洪泽湖的水位高于高、宝湖7米,高于里下河13米,对淮扬的威胁越来越大。黄病淮,淮病运,运道受阻,一旦决口,冲决运河,运堤决口,里下河哀鸿遍野。

清康熙六年到十五年(1667~1676),这十年里下河连年有灾。江都西堤崇家湾等处决口;高邮清水潭就决口五次。"高邮田庐几尽没,民多流亡……。"康熙九年五月,黄、淮大涨,洪水直泻高宝湖,运堤崩决,其声如雷,里下河一片汪洋。康熙十五年,灾情最重,运堤东"水及民檐,民系舟屋,穿瓦为穴,出入其中,耕牛无托足之地,浩浩乎茫茫无际涯"。兴化水位骤涨以丈计,"舟行市中,漂溺庐舍、人畜无数"。

清水潭累决,数河臣累堵,劳而无效。康熙皇帝面对清水潭频频决口的困境,罢去河道总督王光裕的官。

康熙十七年(1678),调安徽巡抚靳辅为河道总督。靳辅于清水潭避深就浅,绕开原河开河一道,改筑东西堤与旧河相接,堵塞了清水潭,名为永安新河。为解决淮河的出路,采取引鸩自毒的办法,将明代在高家堰修建的三座泄洪闸改为6座减水坝(包括修理的计8座),与此相对应,于运河东堤上自宝应至江都也新建了6座减水坝(包括修理的计8座),排泄淮水漫流里下河入海,里下河遂成洪水滥觞。

治理方略

清康熙皇帝在位61年,六次南巡,到过界首、高邮、邵伯、扬州、瓜洲等处,亲自查询灾情,督办水利。康熙二十三年(1684)开始,康熙皇帝亲自过问里下河水患之事。他对治河、漕运的高度重视不限于一般政策的指导,为解决淮水出路,亲自考察。《河防志》一书多处讲到康熙皇帝"轸念国计民生,不惜数百万帑金修治河工",又讲康熙"轸念民生,指画周详,下河数百万苍生莫不感颂"。

康熙二十四年(1685),康熙以"下河诸州县久被水(淹)",下令疏浚河道,命于成龙分理下河水利,这在当时朝廷任命官员专管一方水利极为少见。

当河道总督靳辅提出高邮车逻十字河方案,即从车逻向东开河筑堤,排淮水经里下河入海,遭到专理里下河水利的于成龙和以宝应乔莱为首的淮、扬在朝官员的强烈反对,康熙皇帝为顺应民心,而罢河臣靳辅的官。

康熙二十五年(1686),命侍郎孙在丰监修下河水利。

康熙二十七年(1688),命侍郎凯音布修理下河。

康熙三十八年(1699),康熙皇帝第三次南巡,自淮安起,沿途细阅河堤。到高邮界首湖边,用水准仪测算运河水比湖水高5尺8寸。到高邮时细查了石堤被水冲坏的情况。在清水潭看不到官员修理,指令查办。到邵伯时见到河、湖水已平流,并登上小船在人字河(为康熙元年所开,约今高水河位置,上段旧称金湾闸河,下接芒稻河)上逐一详查。他指出"高邮以北西堤要修筑坚固,高邮到邵伯的东堤要修筑坚固",邵伯以下"不修堤岸,听其自流,由芒稻河、人字河排泄入江"。他看到了入江近,入海远,沿海地高,通海港口淤积,指出"解除下河(指里下河)水害之要筹,必须疏通入江之道"。于是他确定淮水由芒稻河、人字河引出归江的方略,责令河臣挑挖入江浅涩处。嗣后他批评不力的河臣,狠抓淮水入江工程的实施。因此芒稻河等入江工程进一步迅速扩大,水患得到暂时缓和,里下河老百姓稍安无险。

同时,康熙皇帝看到里下河灾情惨重是由于开高家堰和高邮、江都运堤上的六座减水坝,于是谕旨"上、下六坝全行堵闭,疏通海口,广辟清口,大举增筑高堰"。下令全部关闭减水坝和堤防上的涵洞,将高邮等湖的水由人字河、芒稻河排出归江。他认为水不入里下河,里下河不必开挖河道。"全行堵闭"的旨令下达以后,河道总督于成龙出于无奈,上奏康熙:"臣往来查看,再四思维,惟将泄水减坝尽改为滚水石坝。水涨听其自漫而保堤,水小听其涵蓄而济运,则运道、民生两有裨益。"又说:"开坝有害农田,闭坝有伤堤岸,两相保护,难已。"于成龙的意见是从保堤、保漕运出发的,当年九月,康熙皇帝改变"全行堵闭"的决定,指授方略,将高家堰8座减水坝改为3座滚水坝。

康熙三十九年(1700)张鹏翮接任河道总督,次年将高家堰和运堤上的减水坝改为滚水石坝,运河归海坝便由此而始。康熙皇帝当面对河臣张鹏翮训谕:"引(邵伯)湖水,使之由人字河、芒稻河入江,朕所见最真,尔必须要行。"当年张鹏翮开始挑浚归江河道和修建归江闸坝。从康熙皇帝的谆谆面谕,可见他已定下淮水归江之策。康熙皇帝在他六次南巡中,多次专门阅视河工,深思熟虑,遂决策淮河入江。可见,《江苏淮扬高宝七邑水利图》是实践过程的精华,是康熙治水方略的结晶。史赞康熙皇帝圣明,轸念民生,确不为过。

今日水利

看了清代水利图后,有人要问,如今情况如何?肯定地说:换了人间,地覆天翻!新中国建立后,进入了根治水患的时代,党和政府以一定的人力、物力、财力,开展大规模水利建设。1951年开挖苏北灌溉总渠。1952年兴建三河闸。1958年开挖新通扬运河。1963年至1975年分别建成远东最大、世界闻名的江都抽水机站。1973年开挖三阳河。里下河地区20世纪60年代初发展沿运自流灌溉,60年代末完成沤改旱、联圩并圩,70年代广建圩口闸,同时开挖疏浚河道和新建灌排站等一系列工程,对沟渠路林统一安排,现已建成防洪、防涝、防潮、防旱、防渍水利工程体系,农田稳产高产,里下河地区成为江苏省的重要粮食基地。1962年起,归江河道开始废坝建闸,取代昔日的"归江十坝",至1973年,先后建成万福闸、太平闸、金湾闸。1969年对淮河入江水道进行全面整治,同时提高沿湖圩区的防洪能力,现设计淮河泄洪流量达12000立方米每秒。京杭运河经过1956年、1958~1961年、1982~1988年三次大规模整治后,已达二级航道标准,是南水北调的重要输水干线,运河大堤固若金汤,归海坝已成历史记忆。2002年12月28日,举世瞩目的中国南水北调工程开工,于2004年建成三阳河、潼河、宝应站抽水站工程,而江都抽水站就是南水北调的源头。

靳辅堵清水潭决口

徐炳顺

靳辅（1633—1692），字紫垣，汉军镶黄旗人，祖籍辽阳（今属辽宁）。清顺治时为内中书，康熙初自郎中迁内阁学士。康熙十年（1671）授安徽巡抚。

靳辅是个知人善任的官员。康熙初年，黄淮汇流，高邮境内的清水潭决口尤烈。康熙八年（1669）、九年（1670）、十年（1671）、十一年（1672）、十二年（1673）清水潭连年决口。十三年（1674），清水潭堵口将完工，又决口。东西一片汪洋，茫茫无边，风起则恶浪掀天，寒至则坚凌冻结。淮安府山阳、盐城，扬州府高邮、宝应、江都、泰州、兴化等七州县农田尽沉水底，民房漂荡，男男女女流亡十余年，商民船只经此者沉舟殒命者不计其数。蒲松龄在《清水潭决口》中写道："波山直压帆樯倾，百万强弩射不息。东南溅溅鱼头生，沧海桑田但顷刻。"前后十余年间，清水潭决口 8 次，频率之繁，历史罕见。十五年（1676），清水潭再次决口，旋澜飞沫，如雷如电。当时康熙皇帝为了治理黄、运，于康熙十五年三月，特命安徽巡抚靳辅为河道总督，提督军务兵部尚书兼都察院右副都御史，驻扎济宁。靳辅在河道治理万难的时刻担起了治河重任。

靳辅于康熙十六年（1677）四月初六日到任后，用了两个多月进行调查研究。沿途广谘博询，访问熟悉河工的老人，不管绅士、兵民以及工匠、夫役人等，凡有一言可取、一事可行者，他都虚心采纳。他认为治河要从全局考虑，将河道、运道统为一体，进行全面治理。经过认真调查,他发现堵清水潭是保证漕运畅通的关键,而要堵清水潭决口必先切断高家堰来水。于是他堵塞高家堰决口34处,令淮水由清口流出。但是清水潭决口宽达300余丈(960米),深达7~8丈(22~25米),既宽且深,在决口处用土填塞,会随填随淌,用大量的银子去填无底之洞,将重蹈前人之辙。于是他与幕僚陈潢反复勘查,反复研究。陈潢察看周围地势和水情,认为"清水潭之决,深洞异常,下埽(埽工,护岸和堵口时常用的工事)填土、随下随溜(淌)",认为"决口不患其阔,而患其深。决口虽深,而口之上下,五六十丈未必加深","只要10万两银子就够了"。靳辅接受陈潢的意见,他作出"弃深就浅"之计,采取"避深就浅,于决口上下,退离五六十丈,为偃月形,抱决口两端"的施工方法。可是没有人敢承担这项工程,他决定由陈潢亲自负责施工。靳辅命令回空漕船,从梁王城(今邳州)运来胶土(粘性土)进行堵塞。

为确保工程质量,靳辅先委任扬州府同知王兴元、管河通判聂文魁为监理官,后因东西两堤同时兴筑,又加开新河,监理力量不足,又委原任高邮州丁忧知州马云阶、候补知县牟铨元、扬州府管粮通判卞永吉共计5人为监理官员,令扬州河营守备李有功分管。由高邮州州判刘培初、宝应县县丞郑光启、主簿王泽民等以及有关人员60余人组成施工班子,并命令淮扬道刘国靖严加督办。工程得到附近州县的协助,如江宁府知府孙芳送来往来运土的船只160只,又捐资3000多两,还派水手600多名参与施工,扬州府知府高得贵送来船只100只。

清水潭决口堵闭自康熙十七年(1678)九月初八日开工,十八年三月十六日完成西堤,长921.5丈;十八年三月二十日完成东堤,计长605丈。加挑新河一道,长840丈。前后耗费时间不足7个月(实用185天),费银不过9万余两,比原先南河分司蔡音达礼、淮扬道佟康年等所估57万两省银48万余两,而且原先摊派民间的物料、民夫费用均付给银两。清水潭决口因沉船过多,废弃旧名,改名永安新河(因该处河道形成了大弯子,后常称此处为马棚湾)。当完工消息向康熙皇帝奏报后,康熙皇帝高兴地说:"修筑清水潭东西堤决口闭合龙门,节省钱粮甚多,具见殚心料理,深为可嘉,知道了。"堵闭清水潭的参与者功不可泯,靳辅、陈潢也因此名声大振。

细陈"归海坝"利弊

廖高明

清代初年,淮河水害日趋严重。康熙十六年(1677),清政府起用靳辅治河。康熙十九年(1680),靳辅为了解决淮河洪水的出路,改建了明代运河堤上的五里闸和车逻港闸为减水坝,并增建了南关旧大坝、柏家墩坝、八里铺坝、永平港坝、宝应子婴沟坝、江都鳅鱼口坝等6座减水坝,排水经里下河入海,从而奠定了归海坝的基础。这些归海坝以后经过多次改建,至乾隆二十二年(1757)时归并成南关坝、新坝、中坝、车逻坝、昭关坝等五坝,淮水盛涨时,由此排泄归海,俗称"归海坝"。

归海坝的设置,并非将淮河洪水通过这五座坝送到大海里去,而是为了保护运堤的安全和漕运的畅通,把洪水倾注到里下河地区。里下河地区的地势是个锅底洼,归海坝距海口遥遥二三百里,下游并没有开挖深沟大河导洪归海。每遇开坝,里下河地区顿成泽国,运堤以东的村庄里立刻响起了惊心动魄的锣声,来不及逃避的农民就拼命往树上爬,往屋顶上爬。霎时间,洪水冲倒了房屋,淹没了已经快要到手的庄稼,使里下河地区的广大人民群众陷入灾难的深渊。康熙朝吏部尚书伊桑阿就曾在奏章中写道:"每逢开放归海坝,里下河地区一片汪洋,民田庐舍俱遭淹没。"

清代初年,对归海坝的治理尚有成效。康熙三十八年(1699),康熙皇帝第三次南巡。二月初五日,巡行至高邮时,他驻跸界首,用水平仪测得运河水位比高邮湖水位高4尺8寸。初六日,到清水潭、九里等处,测得运河水位比高邮湖水位高 2 尺 3 寸 9 分。至高邮等处见河水向湖而流,河水似高 1 尺,于是谕令将高邮以北减水坝闸尽行堵塞,子婴沟坝、永平港坝遂被堵闭。康熙四十二年(1703),康熙皇帝第四次南巡时,途经洪泽湖,看到洪泽湖水下泄量较大,担心里运河不堪重负,谕令将洪泽湖大堤上的六坝改为仁、义、礼三坝,并将坝底比以前提高 3 尺,不许轻易开坝。

乾隆年间,为保全里下河地区起见,视开坝为万不得已之策。乾隆十一、十二等年间,河臣高斌封固高邮归海诸坝束水归江。淮河入江水道最早始于明万历二十四年(1596),杨一魁开通高邮湖的茅塘港通邵伯湖,开金湾河下芒稻河入江。但是由于这条入江水道泄水量较少,一般洪水年份还可以维持,遇到特大洪水年份就无法应对。所以封固归海坝开始几年还有点效果,里下河地区这几年获得丰收。乾隆十六年(1751)洪泽湖大堤添建了智、信两坝,变仁、义、礼三坝为仁、义、礼、智、信五坝,洪泽湖的来水量加大。乾隆十八年(1753)大水,高邮湖水位日涨数寸,河臣高斌乃囿于成见,力持封守邮坝,按前数年的惯例,希望保住下河地区的秋熟庄稼。结果水势猛涨,高邮湖水日涨数寸,高宝运河临湖石工塌陷 1400 余丈,高邮六漫闸、界首西堤居民被冲 200 余户,启放邵伯以北二闸,遂至冲溃,并决开车逻坝封土,前后计决开 60 余丈,嗣是诸坝齐开,上下河田尽淹,屋庐漂没无数。乾隆皇帝对这件事非常震怒,下旨严加追查,高斌被革职留工效力赎罪。正好这时又查到了治河官员有贪污工程经费的行为,治河官员得到严惩,淮徐道管河同知李墪、守备张宾著立即正法,并将河臣高斌、江苏巡抚协办河务张师载缚赴行刑处陪斩。从乾隆十九年(1754)起,清政府对归海坝开始制订开启制度,轻易不许开放,但到了规定水位则须开放,以防运堤溃决。乾隆二十二年(1757),于里运河东堤添建了南关新坝,并改建了昭关坝,前后为五坝,与上游高堰五坝校准尺寸。归海坝的开启制度作了调整,规定若车逻、南关二坝过水 3 尺 5 寸,开启中坝,若超过 5 尺开新坝,并于南关坝南建碑亭一座,恭勒酌定水则上谕一道。由于归海坝有了开启制度,高邮水位站便应运而生,在里运河西堤的万家塘和东堤的南关坝设立志桩（水则），作为开启归海坝的依据。这是我国淮河流域最早由国家设置的正规水位站。

乾隆以后，清朝国势日衰，河政日益腐败，归海坝的开启次数开始增多。据不完全统计，从清康熙三十六年到民国 27 年（1697~1938）的 241 年当中，就有 64 年开坝，计开 188 坝次。

其时里下河地区的水利形势也发生了较大变化。一是海口去远，排水入海线路延长。由于黄河长期夺淮，苏北海岸冲积平原扩大。民国《续修盐城县志》云："唐宋之世范堤本为海岸（王象之《舆地纪胜》大海在盐城东一里），至明宣宗时逾堤东已三十里，明末更五十里，迄清中叶（清乾隆以后）遂在百里外。"形成了沿海高地，这就等于在里下河地区以东堆砌了一道土塬，使里下河地区成为碟形洼地，给里下河地区的排水入海更增加了困难。二是由于缺乏疏浚，里下河排水入海的河道淤塞，水系紊乱，失去行水作用。正如道光三十年（1850）高邮贡士孙应科所说："运河自黄水倒灌，河身日高，水入下河，河身亦无不高者。偶逢异涨，各坝齐开，下河并无河可行，非无河也，河淤浅矣，于是四散漫溢，滔天遍地，经旬累月，停蓄于百姓田庐之内。"（见《下河水利新编》）里下河地区的蓄泄矛盾终致走向尖锐，萌发了清末民初旷日持久的开保坝之争。里下河地区的广大农民，为了不让开坝，聚钱送到高邮城里请愿，并成群结队地赶到堤上保坝，来的人把坝上都睡满了，可是官吏虽然收了钱，还是照样在夜里派人偷偷地把坝挖开。道光二十八（1848）六月，里下河农民忍无可忍，聚众数千人愤怒登上大堤与当局展开了保坝斗争。官吏竟悍然下令向手无寸铁的农民开枪射击，大批农民惨遭杀害，最后还是各坝齐开。

同治元年（1862），两江总督曾国藩明文规定，每年立秋后三天就准予开坝。里下河农民为了和洪水抢时间，就拼命地改种早稻，种得最多的要算"三十子"、"吓一跳"。这些品种收获期早，稻杆高，但产量极低，每亩收得好的只有二三百斤，从而严重束缚了里下河地区农业生产的发展。所以说，从清康熙十九年（1680）开始，盛涨的淮水由里运河东堤上的归海坝向里下河渲泄以后，直到新中国建立前的 270 年间，是里下河地区历史上最黑暗、灾难最深重的时期。

新中国建立后，党和政府对里下河人民的疾苦十分关心，多次组织群众加固里运河堤防，并在西堤砌筑块石护坡，开挖了苏北灌溉总渠和入海水道，使淮水有了入海的通道，扩大了入江出路，增加了排泄量。1953 年进行中坝帮坡，1960 年又平除中坝旧有坝基进行复堤，目前中坝已和运堤浑然一体，不复存在了。1985 年，因下游高邮运东船闸建成，南关坝位处船闸上游引河口，被挖除通航。目前仅存的车逻坝和新坝也已在 1973 年和 1975 年分别进行除险加固，拆石还土（把下游坝舌的条石挖去，还成泥土），至此归海坝仅存遗迹。

2007 年 7 月 15 日，省、市防汛指挥部组织人员在运河东堤车逻坝原址抛石抢险

扬州河营半里一兵

徐炳顺

清康熙十六（1677）年，靳辅接任河道总督以后，向康熙皇帝奏道：河道、堤防要有人防险保堤才不致决口河废。自古以来，设立河夫看管，隶属于州、县，没有专官负责，有名无实。他又讲黄河、运河工程，"淮、扬、徐、邳间，其险工最多，又地方辽远"，为了使河道长治久安，他提议裁去河夫改为河兵，题请设江南河兵八营。次年，康熙皇帝批准这一提议，裁去江南凤（阳）、淮（安）、徐（州）、扬（州）四府的浅夫、溜夫，设立江南河兵八营，总兵数5860名（见《钦定大清会典则例》。《行水金鉴》云，江南河兵八个营是7200名，稍有不同）。

靳辅在奏疏中特别说到运河自"清口（位于今淮安）至邵伯镇南，约长三百三十里，每里设兵二名"，于是在扬州境内自宝应县黄浦至江都县邵伯镇南，沿运河按每里设兵2名，成立扬州河营。扬州河营额守备1员，驻扎高邮州（今高邮市）。守备以下设千总（从六品）2员，把总（秩正七品，又称百总）3员，步战兵11名，守兵602名，配备官坐马14匹，浚船78只，柳船4只。堤兵的管理范围为两岸堤防各长90丈。并规定在运河西堤上每隔5里建一座墩子，每座墩子上驻堤兵10名。河营的任务是在堤脚栽植密柳，堤坡上栽茂草，堤脚以外20丈密种茭、荷、蒲、苇、菱、芡以保护堤防。扬州运河自此开创河兵管理。河营的官兵，悉数归河道总督统领。

扬州河营下设5汛，即宝应县宝应汛，把总1员，驻扎县城，修防运

137

河汛地上自山阳县界起，下至刘家堡止；宝应县氾水汛，千总1员，驻扎氾水镇，修防运河汛地上自刘家堡起，下至高邮州界止；高邮州永安汛，千总1员，驻扎永安河，修防运河汛地上自宝应县界起，下至永安河尾止；高邮州高邮汛，把总1员，驻扎州城，修防运河汛地上自永安河尾，下至江都县界止；江都县江都汛，把总1员，驻扎邵伯镇，修防运河汛地上自高邮州界起，下至湾头闸止。

靳辅考虑到"钱粮出入、稽查、商榷"，"非文职不可"，所以他规定每一河营及下辖的汛，设有文职人员（通判、州同、县丞、主簿等）监察，做到"文武相资"。扬州运河自此有文职、武职两个系统管理运河，一直延续至清末。

为使河营切实履行职责，靳辅对河营作严格的奖惩制度，凡河营所管的地方，必需堤坡坚实，日渐帮宽，没有浪窝残缺，柳密草茂；内湖堤坡之外，菱、荷、蒲盛长。三年显见成绩，管守兵可提拔为战兵，战兵可提拔为把总，把总可提拔为千总，千总可提拔为守备，有缺即题升无缺。达不到上述要求的，兵责40板，枷号1个月，穿耳遍游示众，革去粮饷，另行遴补；千总、把总革职；守备降二级，调用。对所管的地段若发生堤岸溃决，官要革职拿问，兵要从重处以死刑。河道总督还不时地委派官差严查密访，务使各弁兵人人警畏，不敢稍弛。

雍正七年（1729），改河道总督一分为三，设立南河、东河、北河三个河道总督，其中南河总督即江南河道总督，驻扎淮安，扬州运河属江南河道总督管理。本年又将扬州河营分为上、下二营。扬州上营即扬州本营，守备1员，驻防高邮州。千总2员，一驻防宝应县瓦甸桥；一驻防高邮州清水潭。步战兵9名，配有守兵560名，官坐马12匹，浚船65只，大柳船3只。岁需俸薪饷干米折连闰银九千一百七两。负责营修宝应县、高邮州运河堤工。扬州下营的人员、设备部分来自扬州本营，守备1员，驻防江都县邵伯，把总1员，驻防瓜洲。配有步战兵2名，守兵189名，官坐马6匹，浚船13只，柳船1只。岁需俸薪饷干米折连闰银三千一百六两。负责营修高邮州、江都县运河堤工、瓜洲江工。

雍正九年（1731），江防同知改为扬河江防同知，驻扎瓜洲，管理江口至三汉河,及三汉河至江高交界处(原属扬河厅)河道。

乾隆时,扬州河务作调整,实行道、厅、汛三级分段管理,继续实行文职、武职两个系统管理运河。文职中淮扬道专管河务;厅与地方的府、州同级,官为同知、通判等;汛为县级,官为县丞、主簿等。武职则由河标副将、参将等统率;厅则设守备以下等职,汛则设千总以下各职。扬州运河所设的三厅,即扬河厅、扬粮厅、江防厅。扬河厅,额守备1员,驻扎高邮州城,管理宝应、氾水、永安、高邮4汛及堤防、河道工程。其管理范围:北至淮安府里河厅,南至高邮、甘泉县交界。扬河厅下辖4汛:宝应汛,把总1名,驻扎宝应县,管理北至里河厅平桥,南至氾水;氾水汛:千总1名,驻扎宝应县界首(今属高邮),管理北至氾水,南至永安汛;永安汛:千总1员,驻扎高邮州清水潭,管理河道北至氾水汛界,南至高邮汛界止;高邮汛:把总1名,驻扎高邮州,管理北至永安汛,南至扬粮厅甘江(又称甘泉)汛。扬粮厅,通判1名,驻扎邵伯镇。管辖甘江汛。守备1名,驻扎瓜洲,兼管江防、扬粮两厅汛地堤防河道工程。管理范围上接扬河厅,下接江防厅交界。所辖甘江汛主簿1员、把总1名,驻扎邵伯镇,分管河道北起扬河厅界,至江防厅界止。扬粮厅下辖1汛:甘江汛。把总1名。驻扎邵伯镇。道光二十年(1840),改扬粮厅为扬运厅,专司河务。江防厅,主管官为同知(雍正九年改为扬河江防河务同知,驻扎瓜洲镇。嘉庆九年(1804),也有记载为嘉庆七年(1802),认为淮扬道管理的河道太长,划归常镇道管理。其管理河道工程,上至扬粮厅交界湾头闸南墙,下至瓜洲江口。下辖江都县管河县丞1员,驻扎扬州,专管江仪运河,自湾头闸南墙起至三汊河止,向西至东石人头;仪征县管河县丞1员,驻扎仪征,管辖运河自江仪交界东石人头,至响水闸止;仪征县清江闸闸官1员,驻仪征,管理响水、通济、罗泗、拦潮四闸;瓜洲巡检司1员,驻扎瓜洲,兼管河务,把总1员,管江工兵30名,管理运河自三汊河起,至瓜洲花园港一带江工。

道光二十九年(1849),扬运厅与江防厅合并,改为江运厅,主管官为江运同知,驻邵伯镇。管理范围上与扬河厅交界,下至瓜洲江口。原江防厅所辖范围也归江运厅管理。下辖甘江汛,主簿1员、把总1员、协防 2 员,驻邵伯;江防汛,把总 1 员、协防 1 员,俱驻瓜洲;京口汛,千总 1 员、协防 1 员,驻京口(今镇江),实行江运厅与江防营守备共同管理。

咸丰五年(1855)黄河北徙,至山东境内入海,运河航道受阻,内河漕运已失去意义,先后裁撤管河机构,逐步将河务改由地方管理。咸丰十一年(1861),大减河员,裁撤南河总督、裁汰各厅,以漕运总督管理河务。将扬河厅、江运厅合并为一,改隶于扬州河务同知,所辖各汛。扬河厅、江运厅守备奉命裁减。

同治四年(1865),将宝应、氾水二汛改隶淮安军捕通判,其余属扬河同知。宝应汛县丞改并宝应县典史兼管;氾水汛主簿改并槐楼司巡检兼管;永安汛州判改并界首司巡检兼管;高邮州汛改并高邮州吏目兼管;甘泉汛主簿改并邵伯巡检司兼管;江防汛县丞改并万寿巡检司兼管;仪征县丞改并旧江巡检司兼管;清江闸官裁撤;瓜洲巡检改为差缺。永安、高邮二汛千总并为一员兼辖。甘泉汛把总,由江防汛把总兼辖。此后,一支历时 180 年的扬州河营便消失在历史的长河之中。

归海、归江坝始末记

徐炳顺

扬州市境内清代早期有了归海坝之后,晚期出现了归江坝,他们都是解决淮河洪水出路的产物,两者有交互关系。其演变历史如何？这要从明代说起。

归海坝、归江坝形成的历史背景

淮河原来是经云梯关独自入海的河道,明代万历初年,淮河受黄河夺淮的影响,不仅溃决高家堰(今洪泽湖大堤),进入高、宝湖,冲破运堤使里下河受淹,还淹了位于泗州的明祖陵,因此朝廷提出"导淮入江"。万历六年(1578),河臣潘季驯复任,他主张"蓄清刷黄",大筑高堰,清口(黄河、淮河、运河的交叉口,是淮水流出的口门)畅流,确实收到了蓄清刷黄的效果,但不能解决黄河泥沙淤积清口使淮水阻滞的问题。万历十一年前后,明祖陵连续被淹,引起了万历皇帝朱翊钧的震怒。为了明祖陵不被水淹,必须解决淮河洪水的出路。万历二十三年(1595),万历皇帝批准大举"分黄导淮",在高家堰建成三座泄洪闸,淮水一部分由高家堰抵今宝应泾河、高邮子婴沟经里下河入海,一部分经高邮湖、邵伯湖,经金湾河下芒稻河入江。淮水经扬州入海、入江的出路由此开始,从此也向淮、扬二府张开泄洪的创口。在高家堰建泄洪闸的同时,为保漕运蓄水,于泾河、子婴河、芒稻河建闸控制,这在当时来说,做法虽完备,但远远不足以泄全淮之水。

清代早期形成归海坝

清康熙初年,出现了如同明万历时的水情,高邮清水潭连续决口,里下河屡遭灭顶之灾。数位河臣堵塞清水潭劳而寡效,康熙皇帝罢去了他们的官职,调安徽巡抚靳辅任河道总督。靳辅上任后堵塞清水潭。为解决淮水出路,他以牺牲里下河为代价,将明代在高家堰建的3座泄洪闸改为6座减水坝(加上修理的2座,计8座),在高邮、江都运河东堤上建6座减水坝(加上修理的2座,计8座),排放淮水经里下河入海,这就是归海坝的前身。

康熙三十八年(1699),康熙皇帝南巡,沿运河查勘水情,发现里下河受灾的原因是减水坝所致,于是他下令关闭减水坝。河道总督于成龙出于无奈,向康熙上奏:开坝要淹里下河,闭坝有损运河堤岸,影响漕运。他建议将减水坝改为滚水石坝,水涨听其自溢而保堤,水小听其涵蓄而济运,一举两得。保运堤就是保漕运,漕运是清王朝的命根子,康熙皇帝接受了他的意见。康熙四十年(1701),河道总督张鹏翮上任后,废除了高家堰的减水坝,改为滚水石坝(前后计5座),又将运河堤上的6座减水坝改建为高邮南关坝、车逻坝和江都昭关3座滚水石坝。

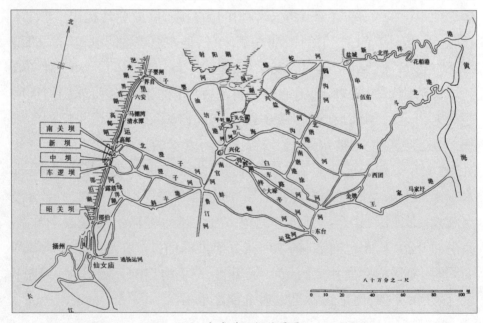

里运河归海五坝位置图

142

运河归海坝由此而始。以后,在康熙至乾隆朝,虽然大兴淮水归江工程,但并未放弃淮水入海工程,康熙四十七年(1708)建成五里中坝,乾隆二十二年建成新坝,复建甘泉县(雍正时设置)昭关坝(原鳅鱼口减水坝北)。至此,扬州运河有归海五坝,即南关坝、中坝、车逻坝、新坝、昭关坝,其中昭关坝、中坝分别于道光、咸丰时废除、堵闭。所以后来又称为运河归海三坝。

归海五坝与高堰五坝,相为表里。淮水经里下河入海,俗称归海坝;相对于高堰五坝,位于下游,称其为下五坝。当权者只知归海坝为法之便,而罔顾其为害之酷。归海坝名为归海,实为归田,鸩毒下河,连年波高于屋。

归海坝的结构

归海坝全部用石工,两侧裹头采用巨大的条石砌筑,条石之间用铁锭连接,石灰糯米汁灌缝;滚水坝顶用石板铺面,形成流线型溢流面;下游用梅花桩和三合土做护坦;滚水坝下全部用7~8米长的木桩做基础。工程量大,坚固耐久。

归江河道布局与归江坝的形成

康熙皇帝南巡过程中,不止一次地要求关闭减水坝。他看到"解除下河水害之要筹,必须疏通入江之道",要让里下河的老百姓安居乐业,必须打通淮水入江的去路。于是康熙皇帝确定淮水由芒稻河、人字河引出归江的方略,责令河臣挑挖入江河道的浅涩处,亲自抓淮水入江工程的实施。在康熙皇帝的重视下,完成开挖月河、建滚水坝、加宽芒稻西闸、建凤凰二桥、修砌董家沟三合土滚水坝等淮水入江工程。康熙末年入江口门宽度超过明末一倍以上,达57丈(182米)。

乾隆朝一开始就重视"十年九涝"的里下河地区水患。乾隆元年(1736)令淮扬在京任职官员据实陈奏治水意见,以备采择。当时七十高龄的扬州府高邮人孙濩孙提出了事先预防要有"筹划万全"的意见。乾隆朱批:"总理事务王大臣速议具奏",可见乾隆刚继位就注重河工。乾隆先后六次南巡江、浙,视察河工,他在第六次南巡结束时写的《南巡记》(今扬州市天宁寺内有此御碑)中写到,他临御五十年来一共做了两件大事：一件大事是"西师"，另一件大事是"南巡"。而"南巡"之事，"莫大于河工"，"河工关系民命"。经过扬州时，眼见里下河的灾害，乾隆同他的祖父一样，看到淮水入江近、入海远，则大力兴修淮水入江工程。在乾隆皇帝的关心下，扬州境内的淮河归江工程进入鼎盛时期。乾隆二十二年（1757）起，以归江工程为急工。当时河工兴修规模之大，投入财力之多，确是史无前例。后来乾隆听说淮扬运河好久没有挑浚，河床逐渐淤高，传谕两江总督高晋、总河萨载逐段查看测量，要他们一面组织开挖，一面上报，"不可有惜费之见，致有贻误"。乾隆朝所做的工程有董家沟、东西湾三合土滚水坝、开挖金湾河、太平河、建壁虎二桥、金湾新坝、降低各坝闸闸底、加宽河道等等。经加挑归江河道和扩展原河，归江口门已达 107 丈（342 米），具备淮水归江的使用价值。

道光八年（1828），为增加排洪量，深挖新河，也是清政府在扬州最后开挖的一条归江河道，归江河道的布局至此也就完成。

清代后期无力修复水毁工程，出现草坝代替滚水坝。自乾隆五十年（1785）起，连续两年大旱，黄河泥沙使清口淤高，漕船搁浅，不得不引黄河水入洪泽湖，出清口济运。

嘉庆年间，海口淤积严重，淮河入海口更加不畅；清口淤塞，洪泽湖淤垫更为严重，决口已为常事，河臣只好为堵口抢险东奔西忙。高堰五坝大都被冲毁，归江河道上的原有滚水坝也难幸免，同时河道泥沙淤积严重，水系混乱，黄、淮汇流，排水量增大，由以往的"蓄泄兼筹"，转向以排水为主，归江口门上的原有坝、闸已不适应调控，相继被冲毁。为蓄水济运（含盐运），嘉庆十一年（1806），大挑归江河道，筑草土坝 8 道，始有归江草坝的出现。

道光初年，清口淤成平陆，淮水已不能由清口流出刷黄，黄、淮隔绝，"蓄清刷黄"之策彻底破产，淮河入江的局面已不可阻挡。河水经宝应湖、高邮湖南下，流入运河入江，三河入江也成了淮河的最大尾闾，出现了淮水由归江河道入江、由归海坝入海并行的局面。但由于归海坝有不轻启的规定，归江坝成了控制排泄淮水入江的关键启闭工程。

咸丰五年（1855）黄河北徙，十一年（1861）裁减河督，行水听其自然,原有滚水坝水毁后无力修复,全部改用柴土坝。

归江坝的起止时间

"归江十坝"之名,《清史稿·河渠志》中没有这样的提法,其名始于民国5年(1916)八月武同举《会勘江北运河日记》。该日记中有这样一段话:八月二十五日,船过金湾、东湾、西湾口,又过凤凰及新河口、壁虎桥,南端湾头镇有老坝,再南至扬州城东有沙河坝。又云六闸金湾闸下游有拦江、褚山坝,"计共十坝,有归江十坝之名"。归江十坝之名自此而始。这里说的归江十坝是指柴土坝,而不含归江河道上原有的滚水坝。

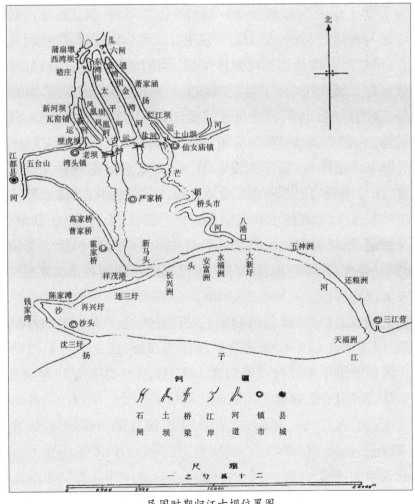

民国时期归江十坝位置图

归江十坝并不是淮水初入江时就有,也并非刚好 10 座,有河官筑的,也有盐官筑的。在归江河道上数得出坝名的远远超过 10 座。乾隆年代以前,淮水归江工程是沿明末的做法,利用老河、开挖新河、筑三合土滚水坝、改建旧闸等,还是比较完善的,每开一条河,两头都有建筑物控制,非闸即滚水坝。乾隆时为避开芒稻闸水流,筑褚山坝隔断盐船由仙女庙直达湾头。后来商人不愿绕道,于运盐河增筑拦江坝;为恢复盐船由仙女庙直达湾头,后来又于芒稻闸下筑芒稻河坝,以拦阻淮水由运盐河经芒稻闸归江。故此才有拦江坝之名,就是说这两座坝最初不是用于淮水归江的。

为了蓄水保证漕运和盐运,最初在金湾、太平、凤凰、壁虎等河穿过里运河与古运盐河时,交叉处都筑有坝(闸),形成两道控制(后来水毁,成一道控制):即沿里运河除沙河坝(利用老河)口外,有壁虎桥(桥下设滚水坝)、凤凰桥(桥下设滚水坝)、新河滚水坝、西湾滚水坝、东湾滚水坝、金湾三闸;沙河以南里运河至江口还有坝:沿古运盐河(今老通扬运河)南侧有湾头闸(今还在,为什么有闸不用,非得筑老坝,尚待研究)、廖家沟滚水坝、石羊沟滚水坝、董家沟滚水坝、芒稻闸。古运盐河向东,南岸秦塘、白塔等河入江又有坝,东至泰州还有滕家坝。据道光十二年(1832)《淮扬水利全图》,上标有湾头闸、壁虎桥、新河、凤凰桥。又据记载,道光时淮水归江临运河的泄水口门有 14 个。盐官要运盐,河官要排水,其坝之多,实属罕见,可见归江十坝只是清末民初水工典籍中的泛称而已。

据记载,归江坝用草坝最初形成时间始为嘉庆十一年(1806)。又据记载,咸丰四年(1854)废壁虎三桥改为草坝,咸丰十一年(1861)东湾坝水毁后改为草坝。这说明归江十坝形成柴土坝的最后时间是在咸丰十一年,前后历经 55 年。

柴土坝自嘉庆十一年起,一直沿用至 1972 年金湾闸建成、废坝建闸结束时止,长达 155 年。

归江坝的规模

归江河道口门大小不一,因此坝的长短也不一。随着时间的推移,有的口门被水流冲开变得更阔,有的稍有缩狭。不同时期被水冲宽也不一样。至民国时归江口门总宽已达970米,是明末淮水入江口门23.66丈(76米)的13倍。20世纪60年代初,归江口门总宽达1125米,是民国时的1.15倍。

归江坝的施工方法

归江坝的施工并非扬州独有,嘉庆十二年(1807),江南河道总督副总河徐端著有《回澜纪要》一书,称筑草坝为"兜缆软厢"法,叙述筑坝施工过程,说明其时草坝已广为应用。

归江坝堵筑的材料主要是柴草和土,做成埽,利用土的重量,用绳、桩木联系,沉于水中,以柔克刚,与河底密实断流。徐端将其施工程序分为提脑揪艄、捆厢船、出占、上水边艄、掩下大艄、预定合龙口门丈尺、出船、合龙、关门艄、二坝同时合龙等几步,并对筑坝的现场管理、人员配备、材料选用等做了详细的说明。归江坝堵筑方法基本照此施行。

归江坝的排洪能力

据1921年大水时测量,淮河在洪泽湖以上,洪峰流量15000立方米每秒时,八坝全开,壁虎坝泄洪1766立方米每秒;金湾坝1739立方米每秒;新河坝1670立方米每秒;凤凰坝1268立方米每秒;其次为东、西湾坝及拦江坝,土山坝最小,只有95立方米每秒。总计淮水入江泄量8400立方米每秒,占淮河洪水的55%。

归江坝与归海坝的交互关系

归海坝建设在先,淮水由归海坝排往大海。归江河道形成以后,淮水逐步由归海转向归江。开归海坝要淹里下河,乾隆以后尽可能由归江河道上的滚水坝及芒稻闸排水入江,水大排不了,还是要开归海坝,因此归海坝、归江坝常常并用。一般年份尽可能不开归海坝,不得已时照开归海坝。由于归江泄量不足,归海坝作为辅助。民国20年(1931),开了归江坝,又开归海坝。

归海坝最后一次运用是民国27年(1938),其使用时间达237年。归江坝最后一次运用是1972年,使用期比归海坝短18年。

归海坝的消失

归海坝建成以后,计开 188 坝次,给里下河人民带来深重的灾难。它的消失随着时代的前进,也势在必然。

南关坝(又名五里坝),1984 年高邮运东船闸建成时拆除。五里中坝,咸丰三年(1853)废。1955 年翻筑,拆除坝身,目前已和运堤浑然一体。车逻坝,1973 年挖去下舌条石(现尚存遗迹),1992 年加固西侧堤脚。新坝,建国后被废,1975 年 11 月挖去下舌条石(尚存遗迹)。昭关坝,道光十一年(1831)停闭,道光二十九年坝废。

归江坝的消失

前人在堵塞河道口门(决口)方面所用的办法是比较多的,草坝则是其中之一,在扬州筑草坝之前,已应用很广。归江十坝是柴土坝,是一项落后的过渡性的工程措施。为了减轻里下河的水害,将淮水由入海转向入江,淮水入江过程中出现了归江坝,归江坝成了扬州遭受水灾的符号。明末"分黄导淮"时没有用草坝。康、乾时也没有用草坝,说明财力尚可。清代后期滚水坝、闸发生水毁,无力修复,才改用草坝。清嘉庆十七年(1812),两江总督百龄、江南河道总督陈凤翔就有"为节省草坝启闭工料"建闸的意见。明知堵拆坝劳民伤财,可是又莫奈何。民国时有人感叹,论工程性质是落后的,因无巨款建闸,不得以"暂保其旧耳"(即堵拆坝)。随着经济实力的增长和水利技术的进步,归江十坝的消失是很自然的趋势。其消失过程为桥(桥下设滚水坝)——滚水坝——闸——水毁——草坝——建排洪闸。

新中国建立后,1962 年土山洞建成代替土山坝。1958 年大运河开挖后,运河以西至古运河之间沙河废,坝也废。1962 年万福闸建成,统控壁虎、新河、凤凰三河,代替凤凰、新河、壁虎三坝。1963 年春,开挖高水河时废除拦江坝。老坝久堵不开,早废。1967 年高水河以西至湾头段因高水河开挖横河也废,老坝旧址今可寻。1973 年建成太平闸代替东湾、西湾坝。1974 年,金湾闸建成,代替金湾坝。

归江河道的历史价值

归江河道布局长期保持稳定,主要是上下游河道支配适宜。邵伯湖口以下,有 7 条引河,自北而南,通过东西向古运盐河(今万福闸北横河)南岸的廖家沟、石羊沟、董家沟、芒稻河,南流汇入廖家沟、芒稻河,至八江口同入夹江,转向东南至三江营入长江。河道由七而四,由四而二,由二而一,就是水流由宽到窄,由分到合再到宽。河身由高到低,向前推进,显见前人的治水之功。而这些河道穿过蜀冈,土质坚硬,今河道两岸土堆高耸,可见当年开挖之不易。昔日的归江河道为今日淮水入江奠定了基础,其历史价值、现实价值要远远超过归江坝。今日淮河入江就继续利用了昔日的归江河道。今人又巧妙地利用当年开河留下的土墩、河与河之间的岛屿兴建凤凰岛生态公园、茱萸湾公园。近年来,有人提议要为归江坝立碑解读,笔者认为更应为归江河道立碑解读。归江草坝在特定的年代,确起到了过渡作用,为此我们也不能苛求于前人。

新中国建立后,百废待举,淮河作为治理的首条大河,提上了议事日程。毛泽东主席在 1950 年 7 月 4 日就根治淮河作了四次批复,又发出"一定要把淮河修好"的号召,显示了他对治理淮河的关切程度。扬州人民在毛主席的号召下,大力整治淮河入江水道、整治大运河,废除归海五坝,废坝建闸,用 10 余年时间建成万福、太平、金湾、芒稻、运盐及扬州、泗源沟、瓜洲、大桥等闸,建国后经 50 多年治理,淮河上中游来水由淮沭新河、废黄河、新入海水道、苏北灌溉总渠四路入海,排水量占淮河洪水三成左右。从此结束了淮水由里下河入海的历史,确定了淮水七分入江的格局,也不再分道古运盐河、白塔河、瓜仪等河入江,归海五坝、归江十坝也成为历史遗踪。

万家塘石港、"水则"和船坞

廖高明

万家塘位于高邮御码头运河西岸的高邮湖畔,原为高邮湖边的一个大水塘。万家塘这个名称最早在清康熙以前就有。明末清初,由于社会动荡,运河堤防疏于管理,往往被私人圈占,修建一些港桥,并以修建者姓氏名之。如从万家塘向南至今高邮老船闸之间,约3000米距离,即有万家塘、杭家嘴、夏家桥、姚港口等名称存在。

康熙时开挖通湖石港

清康熙十九年(1680)洪泽湖水大涨,由高家堰漫入高宝湖,高邮城内水深四五尺,河道总督靳辅于高家堰一带设置滚水坝6座,以泄洪泽湖之水;又于高邮里运河东堤设置减海坝8座,以泄高宝湖之水。为沟通湖河水路,又在里运河西堤上开挖了22座通湖港口,其中有5座建成石港,即万家塘石港、杭家嘴石港、通湖闸石港、夏家桥石港、姚港口石港;17座土港,即月河头港、施家港、思贤港、柳园港、贾家港、陈家港、何家港、四汊港、孙家港、车逻港、旧月河港、新月河港、水庙子港、南陈家港、南孙家港、薛家港、秋子港。5座石港在万家塘以南至今老船闸之间,17座土港在今老船闸以南至江高交界之间。康熙四十年(1701),这些通湖港口为河道总督张鹏翮所堵闭。

乾隆时设置万家塘"水则"

从乾隆十九年(1754)起,清政府开始对归海坝制订开启制度,轻易不许开放,但到了规定水位则必须开放,以防运堤溃决。规定运河水位超过车逻坝坝脊3尺,开启车逻坝;3尺以上再将南关等坝依次开放。乾隆二十二年(1757),河道总督白钟山复开里运河西堤的22座通湖港口,此后每年桃花汛时都要将这些港口预为酌放,俾湖水日夜渲泄,由运入江,腾空湖面,以待容纳盛涨之水。并在里运河西堤的万家塘和东堤的五里坝(即南关坝)各设置了一座"水则",进行经常性的水位观测,为防洪和开启归海坝提供水位依据。万家塘水则开始为一块长方形的石块,被嵌在万家塘石港石坡之内,俗称"海漫石"。嘉庆十八年(1813)又改为高1丈8尺5寸有尺寸刻度的方形石柱,称为"老桩",万家塘水则开始有水位数据记载。道光八年(1828),水则老桩改设于运河东堤的御码头。韩国钧在《运工专刊》云:"(高)邮南四坝启放水志,道光八年以前以万家塘及五里坝海漫石为准,道光八年以后以高邮城北御码头老桩为准。"御码头老桩的高度,按史料记载,将老桩读数(以建站起至建国前均使用丈、尺、寸)换算成米,再加上3.17米(老桩零头高度),即为御码头水位(废黄河零点高程)。这是我国淮河流域最早设置的一座正规水位站。

光绪时兴筑靠船坞

高邮里运河西堤即高邮湖东堤,长近30公里,沿途船舶没有停靠处所,遇有风暴,经常撞沉漂没船只。清咸丰元年(1851)九月,魏源得补授高邮知州。据光绪《再续高邮州志·卷七》记载:"咸丰二年,知州魏源以湖面宽阔,红船(见编者注)在湖巡敕,不免顾此失彼,拟照高淳县石臼、固城两湖章程,于湖心挑筑大堆(即救生港堤)栽植榆柳,为湖船避风之所。""以监生陆遐龄董其事。"新筑成的救生港,使船民的生命财产增加了保障,并提出"照以邮邑湖西地势,宜在界首地方仇庄及本地附近杨家坞、万家塘、新沟等处,挑浚疏通,以便船只收口避风。"清光绪五年(1879)高邮知州金元烺开始兴筑万家塘及界首两座靠船坞,以济湖险。公款不足悉捐廉(自己的俸禄)以补助之。以后又陆续兴建了马棚湾及杨家坞两座靠船坞,这样前后就建成了四座。

1958年10月,高邮县移建界首二里铺至子婴闸运河西堤,在老运河西堤以西的高邮湖内另筑了运河新西堤,原有老运河西堤和界首靠船坞均被隔入大运河中,后被挖除。

界首靠船坞被挖除后,尚余有马棚湾、万家塘、杨家坞等三座靠船坞。1970 年 4 月,高邮县砌筑高邮至界首运河西堤石坡石堰,万家塘等三座船坞均在此范围内。为了增强船坞抗风浪冲刷的能力,都同时在船坞的迎湖坡砌筑了浆砌块石护坡,使船坞安全得到了巩固。

1978 年,高邮县还利用当年大旱高邮湖干涸的机遇,动员民工 3500 人,在万家塘向北至磨盘坝老西堤长 1100 米重要险段上,取湖滩土筑做防浪林台。防浪林台顶真高 8 米,宽 50 米,外筑浆砌石坡。如今这一带绿树成荫,芳草萋萋,凉风习习,可远眺开阔的湖面,成为人们游览的好去处。

编者注:红船,清代设高邮救生局,有永、保、全、生四红船,即高邮湖上救生船,分在邮城、界首、水北,后又设官义渡船。魏源《叹救生船》诗云:"利舵名帆日夜牵,水行争似陆行便。虽然生死由天定,毕竟多翻浪里船。"

乔莱廷谏《束水注海四不可议》

杨贵时

乔莱(1642—1694),字子静,号石林,出身于宝应名宦之家,幼年聪颖好学。清康熙六年(1667)进士,授内阁中书舍人,十一年任顺天乡试同修官,十八年应博学宏词科考,以一等录取,改授翰林院编修,参与纂修《明史》,并充任《实录》纂修,将满文译成汉文。他的译文简练流畅,曲尽原意,康熙皇帝深为赞赏,说乔莱"学问优长,文章古雅"。亲命乔莱任日讲官,负责宫廷起居记载。稍后升任翰林院侍讲,转侍读,"乾清宫南书房行走"。乔莱春风得意,一路青云直上,这是诸多同僚十分眼红的事。然而后来,他却因"竭力奉公,直言无隐",卷入一场是非之争,终于遭到了革职回家的厄运。虽然这是他始料未及的,但却成就了他一生中浓墨重彩的一笔。

"湖水灌河河水怒,堤头过水如瀑布。堤根一决百丈强,又如万马齐奔赴。"(清人刘中柱诗《决堤叹》)。康熙初年,高邮清水潭连连决口,泛滥成灾,淮扬民众饥寒交迫,流离失所,惨不忍睹。这不仅引起一些有识之士的关注和哀叹,而且也成了康熙皇帝的一块心病。他南巡中,多次亲临灾区巡视,表明根治水患的信心和决心。传说康熙在几次南巡中,曾舟泊宝应县城老西门外,视察地方灾情,与地方官员一起谋划治水方略;又曾经山阳(现淮安楚州)乘舟至射阳湖,视察湖底淤积的情况。

康熙二十四年(1685),为解决淮河洪水出路,河道总督靳辅提出自高邮车逻筑重堤,东至兴化白驹,束水归海。这一意见提出以后,谤议蜂起。当时于成龙督理下河水利,听河道总督靳辅节制。当靳辅上疏筑堤束水,他建议疏海口,浚下河水道,与靳辅意见不合。

是日天子临朝,文武百官分列左右,于成龙与靳辅当廷辩论,言词激烈,争执不下。众大臣面面相觑,竟无言以对。康熙也一时难以断决,拟听取在京为官的淮扬人士的意见以后再作决定。是时乔莱闻言大惊。他扪心自问,如果于成龙的疏海口、浚下河水道的奏议被否定,靳辅的奏议获准,那宝应、高邮、兴化、盐城、泰州、江都、山阳(今楚州)等七州县将成为洪水走廊,人为鱼鳖,数百万人民的生命财产将何以保全啊?

他忧心忡忡地回到官邸,当夜将在京供职的刘国黻、刘中柱等11名同乡召集起来商议。在经过"申明大义、晓以利害"的一番议论以后,乔莱不无激动地说道:"功名不足顾,身家不足惜。今日之事,我等当以死争之!"在诸位同乡的支持下,乔莱激情飞扬,当即愤笔急书奏章《束水注海四不可议》。未及黎明,奏章告成,乔莱匆匆赶往早朝议事。

康熙因淮扬大水成灾,彻夜难眠,翌日于南暖阁问乔莱如何导水入海。乔莱面对皇上坦然自若,言词恳切,语语中的。康熙欣喜道:"这还是爱卿的一家之言。朕问你,还有其他人赞同你的意见吗?"乔莱答道:"同乡淮扬人的意见不但皆与臣同,而且还有公议在此,叩请皇上御览。"言毕,从马蹄袖内抽出奏章奉上。

不日,九卿诸司聚会于左掖门。乔莱冠宝石顶戴,身穿绣雁朝服,仪表堂堂,在康熙与众大臣面前慷慨直言道:对于靳大人的奏议,微臣以为有四个"不可":

一不可:从车逻至高邮南门外开挖大河,构筑长堤,这将会使东西数百里之内的村落毁弃,圩亩废耕,坟墓被掘。这对广大灾民来说,无异于雪上加霜。果要如此作为,岂不有负于皇上救民之意?

二不可:先筑圩埂,后取土筑堤。微臣家乡所在的里下河地区,土松地薄,三尺之下便无干土,更何况积水多年,早已成了沤田烂泥,提不上手。若是从中取土,实如竹篮提水,其工程断难成功。即使暂时成功,勉强筑成大堤,亦必将迅速崩溃,水溢百里,造成灭顶之灾。这不是危言耸听,而是妇孺皆知的一般常识。

三不可:堤高1丈6尺,束水1丈。如此则堤内之水将会高过民间屋顶。如遇暴雨骤至,河水波涌浪激,其大堤必溃。无论向南溃堤,向北溃堤,则邵伯以南高邮以北的百万无辜生灵溺亡。即使尚未溃堤,广大的黎民百姓又怎能不终日提心吊胆呢?

四不可:河内之水高于农亩桑田,河水可以下流而入于田。如遇汛期,大水猛涨,则田内积水又怎能上流而入于河?

诸位大人,靳大人所奏议的开河之处,微臣没有一处田庐或祖坟在其内。今天我若徇私畏祸,昧着良心不说实话,就是上负皇上,下负苍生,这不但难逃皇家的斧钺,亦为情义所不容,家乡父老所共弃!

乔莱声若洪钟,博得了一片赞许之声。朝堂之上,梁清标、宋德宣、张可前等都表示赞同和支持,他们异口同声说,"江淮间可谓有人"。大司农科尔坤竟然一把握住乔莱的手说道:"乔公说的是。你是淮扬地方人氏,见之真,言之确,我等何从知之呀!"吏部尚书李之芳更进一步,向乔莱揖让道:"智仁勇,先生兼之矣。"于是河臣靳辅的奏议终被束之高阁。

自此以后,康熙对乔莱更加器重,经常听他说古论今,完善治国方略。然而却也使一些佞臣小人怀恨在心,更加不遗余力地诬谄他,攻讦他,散布流言蜚语。康熙二十六年,他终于被罢官回家。

乔莱回到家乡宝应后,住在县城乔家辕门老宅内,过着淡泊宁静的生活。后来,在一些亲友的建议和支持下,在县城东门附近购得一块荒地,辟为园林,名曰"纵棹园"。园中多水,水中广植莲藕。垒土为山,山上遍植松柏、梅花等林木花果。如遇挚友,则在翦松阁内设置几榻,或操琴,或弈棋,或畅饮,或吟咏。平时则手不释卷,读《易》或著书其中。他虽人届中年即息影官场,但桑梓情深,如修筑子婴河堤、启闭涵洞、募派使役等无不关心,乡间多蒙其利。

乔莱息影在家乡的几年里,不问政事,淡泊人生。然而一些权贵却死死纠缠他,造谣诬陷他,说他"居乡不法",欲置其死地而后快。时值康熙三十三年春天,乔莱突然被奉旨"进京居住"。祸福难料,诸亲友为他担心,捏一把汗。那天在与父老乡亲的最后道别中,他神态自若,进京后,和往日一样,住在京城宣武门西首的一峰草堂内,读《易》著书如故。未及半载,他旧病复发,医治无效去世,时年53岁。

编者按:乔莱虽以"四不可"言败靳辅,但也没有拿出治理下河水患的方案,即使按于成龙的疏海口,浚下河水道的意见实施,大水年份,同样要开里运河东堤设置的排泄高宝湖水的8座减水坝,依然不能保全宝应、高邮、兴化、盐城、泰州、江都、山阳七州县数百万人民的生命财产。乔莱敢于直言,精神可佳,但不解决实质问题。道光初,东台人冯道立力主靳辅的奏议,著有《淮扬水利图说》,言之颇详,有兴趣的读者不妨一览。

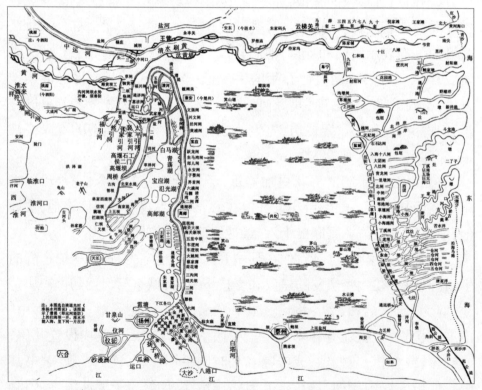

漕堤(即运河堤)放坝水不归海汪洋一片图(引自《淮扬水利图说》)

康熙三十八年邵伯遭灭顶之灾

徐炳顺

明末,今江都区邵伯镇已处在淮河、邵伯湖的洪水之下,一遇洪水常有决堤。

万历十五年(1587),洪水冲决邵伯镇南小坝。

康熙十四年(1675)、十五年邵伯又决堤。

康熙三十八年(1699),康熙皇帝南巡视察里下河水利,可这一年老天爷不帮忙,没有给康熙皇帝的面子。六月,"黄、淮交涨,邵伯更楼决口(即今南塘),陆地成渊,尸盈满河"。冲开的口子长达 56.5 丈(约180 米),水深 4 丈(13 米),阔近 1 里。邵伯更楼是居民稠密、商业繁华之地,损失惨重。不仅如此,向北的重载漕船,到决口附近,多被冲毁沉没。七月初三,康熙皇帝传谕河道总督于成龙,说他在南方时曾口谕于成龙紧急挑挖芒稻河、人字河,可还不动工,为此专谕于成龙:"大有所失,似此迟误,不但运河东堤难保,关系民生最重。"下令于成龙"紧急挑宽(芒稻河、人字河)五六十丈"。康熙皇帝虽怪罪于成龙,事已至此,只好作罢。

事后,河道总督于成龙决定在更楼决口两岸,开月河一道,让漕船绕行。但决口水流湍急,不得已架木桥,挂铁链索,数百人拉一艘船,每天只能通过 3~5 艘,大大超过规定的通过淮河的期限(江北各州县 12月以内)。漕船阻塞在京口(镇江)、瓜洲、仪征达 4 千余艘。决口后,10 个月未堵塞堤坝,延误漕运,关系重大。康熙皇帝特派遣部臣寿鼎,传谕河臣于成龙,催办堵塞,依然没有结果。后于成龙卒于任上。张鹏翮接任河道总督后,阅视河工,抵达邵伯时,劫后余生的成千上百的邵伯男女老少围着张鹏翮哭泣,控诉有人私卖工程材料,造成决口,致使不少人家被水淹没。张鹏翮一面令人将私卖工程材料者送往扬州关押,又追悼死者,老百姓感激涕零;一面亲自督工,终于堵塞决口,使漕船通过。

这场大水已过去300多年,但今天的邵伯人没有也不会忘记这场大灾难,因为张鹏翮为邵伯人留下了长远的标记——镇水铁犀。

1991年邵伯湖爆破清除阻水障碍　　　　摄影:徐炳顺

高邮城南车逻坝

邵天朗

清代,为解决淮河洪水出路,确保运堤安全,保证漕运畅通,自康熙至乾隆时在高邮以南运河东堤上建了五座归海坝,车逻坝是里运河东岸上的归海五坝之一,位于车逻镇。车逻坝从设置到被废除,见证了黄河夺淮给里下河带来的灾难和新中国治淮工程的巨大成就。

康熙三十九年(1700),张鹏翮接任河道总督,他到高邮查勘,提出将原任河道总督于成龙建的减水坝改建为滚水石坝,康熙皇帝迅速批示"依议速行"。于是车逻坝于次年建成,坝长64丈(实测208米),用银2.2万两。并在坝下开引河一道,长330余丈,至齐家庄,与二沟河相会,经兴化海沟河入海。车逻坝全部采用石工建成,两侧裹头采用巨大的条石砌筑,条石之间用铁锭连接,石灰糯米汁灌缝,滚水坝顶用石板铺面,形成流线型溢流面,滚水坝下全部用7~8米长的木桩做基础,下游用梅花桩和三合土做护坦。工程量大,坚固耐久。为蓄水,后来于坝上又加脊土,水大时自溃过水,自动调节上游水位。乾隆五年(1740),为给车逻坝下游农业提供自灌水源和小水年份不开坝泄水,在车逻坝北侧建耳闸一座,名为车逻闸。

乾隆皇帝六次南巡,多次到过车逻坝,写下《即事》、《车逻坝》、《过车逻坝》、《阅南关车逻坝》等诗,从而成为皇帝亲临视察最多的一座坝。

民国16年(1927)、21年以混凝土修补,坝身表面全部为混凝土,不见原有条石。

车逻坝建成以后,开坝次数最多,列运河五坝之首,至民国 27 年共开 63 次。泄水也最大,民国 10 年 9 月 19 日实测达 963 立方米每秒。最后一次开坝是在民国 27 年(1938)。

新中国建立后,人民政府十分重视治淮和运河大堤的修复工程,1951 年 7 月 25 日,水利部部长傅作义等一行来高邮视察淮河入江水道,认为入江水道与运河大堤存在许多问题,入江水道在黎城(今金湖县)必须改道,走金沟直线,王港要切滩,使淮水顺利入江,以减轻淮水对运堤的压力,运河大堤要加高培厚。

车逻坝虽然废除(不再开启)了,但康熙年间建成的滚水石坝工程还在原址,解放初对运河大堤进行修复,在车逻坝原址上培土加高夯实,使其达到运河东堤的统一标准。1973 年和 1975 年分别进行除险加固,拆石还土(把下游坝舌的条石挖去,还成泥土),当坝下水位低时,背水坡脚可见与坝等长宽约 50 米裸露的梅花桩。

1991 大水,高邮连续几个月大雨,7 月 14 日车逻坝迎水坡肩口滑波,缝口上下错开 54 厘米,长 50 余米,因车逻坝是历史上的险工患段,省市领导十分重视,时任扬州市水利局副局长、水利专家徐炳顺坐阵指挥抢险,在滑波现场架起测量仪器,时刻观察滑波变化,派员昼夜防守,经省市水利专家会商,最终用块石压脚控制了险情。汛后,经江苏省水利厅批准,由高邮县水利局京

1991 年大水过后车逻坝除险加固　摄影:徐炳顺

杭运河管理处除险加固,在滑波处的坡脚下建块石平台稳坡。1992年10月,高邮县水利局为纪念1991年车逻坝抢险,在滑波处立碑纪念,碑名《车逻坝除险碑记》,由徐炳顺撰书。2010年8月地处车逻镇南闸河村运河东堤的车逻坝旧址,被江苏省人民政府公布为省级文物保护单位。

高邮湖挡浪墙　摄影:徐炳顺

铁犀镇水的传说

徐炳顺

当我们看到水利工程在抵御洪水中发挥作用的时候,回顾一下前人与洪水作斗争时祈求神灵保护就会感到颇有意思。其中用石(铁)犀镇水已相沿 2000 多年,似乎已成了古人的传统"法宝"。不管是浩瀚万里的长江,奔腾咆哮的黄河,还是多灾多难的淮河,或是闻名于世的大运河,都曾有用铁犀镇水的记载。如今这些铁犀大都登上历史文物的大堂,有的是国宝,有的被列为省级文物,有的是市、县级文物,有的地方还为犀建亭,成为旅游佳处。研究古代冶炼技术的专家,还经常围绕铁犀作细致的金相理论分析研究。

据记载,战国时秦国的李冰修建都江堰"作石犀五头以压水精",还以犀牛命名地名,叫做犀牛里。李冰作石犀距今已 2000 多年,或许那时冶炼技术不发达,才作石犀。这是以石犀镇水的最早记载。后来"蛟龙畏铁"的传说盛起,把犀与铁结合起来铸成铁犀镇水,开始盛行。宋代,湖南茶陵县令"因江水(洣江,湘江支流。编者)荡决城南,铸铁犀,数千斤,置岸侧压之",今已成旅游胜地。明正统十一年(1446),铸铁犀于河南开封城黄河堤上。明隆庆四年(1570),又铸铁犀两具于汉水堤上。清代用铁犀镇水的地方就更多了。康熙四十年(1701),一下子就铸了十六具,分布在淮河高家堰、高良涧,大运河高邮、邵伯等处。雍正八年(1730),铸铁犀五具置于浙江钱塘江北侧沿岸。乾隆五年(1740),再铸四具铁犀置于钱塘江北侧沿岸。乾隆十三年(1748)

九月,铸铁犀二具于河南荥阳广武镇黄河孤柏嘴渡口。乾隆三十四年(1769),在四川阆中县置铁犀于阆江边。乾隆四十四年(1779),铸铁犀一具于今河南兰考县红庙村。乾隆五十四年(1789),在今湖北沙市长江岸边等九处各置铁犀一具。乾隆五十六年,又在长江荆城、万城堤、中方城等九处各置铁犀一具。嘉庆四年(1799),在徐州黄河堤上又铸铁犀一具。道光二十五年(1845),加固长江荆江大堤时又铸铁犀一具。咸丰九年(1859),又铸铁犀于荆江大堤最险处郝穴。浙江省钱塘江镇海铁犀和徐州铁犀毁于"文革"。1985年,徐州市又重铸,仍置旧址。1986年6月,浙江又恢复了镇海铁犀这一景观。两地新铸的铁犀均保留了原铁犀铭文。1987年徐州市又在黄河迎春桥头竖起一具8吨重的铜牛。

也有的铁牛是不用来镇水的。唐开元十二年(724),于山西永济市蒲州所铸的铁牛是作为黄河大桥的桥墩,但习称"镇河铁牛"。铁犀镇水其他地方还有,不再列举。

不同年代铸的铁犀,它们的铭文是不一样的,但祈求神灵保佑是一致的。

淮河高家堰、扬州运河高邮、邵伯铁犀铭文是:"惟金克木蛟龙藏,惟土制水龟蛇降。铸犀作镇奠淮扬,永除昏垫报吾皇。"另一套铁犀铭文是:"维金克木,蛟龙永藏。土能制水,永镇此邦。"

河南开封黄河铁犀(形同黄河花园口铁牛)铭文:"百炼玄金,溶为真液。变幻灵犀,雄威赫奕。填御堤防,波涛永息。安然泰山,固若磐石。水怪潜形,冯夷敛迹。城府坚完,民无垫溺。雨顺风调,男耕女织。四时循序,百神效职。亿万闾阎,施之衽席。惟天之俯,惟帝之力。尔亦有庸,传之无极。"

黄河花园口铁犀　摄影:徐炳顺

康熙三十年（1691）重修庙宇，改建黄河铁犀镇河庙碑和铁犀铭碑。其《铁犀铭》全文是："昔明中叶，河悍未戢。维于中丞，铸犀镇压。冯夷效顺，水怪潜蛰。越二百年，莫绳旧业。庙背而倾，犀残而溺。我来豫土，黄流宄翕。天子圣神，百灵环集。尔宅尔田，不氾不啮。既厘庙貌，作亭树碣。嶷嶷者犀，铮铮者铁。以卫金堤，以丰玉粒。爰勒兹铭，用绍前哲。"

河南荥阳广武镇黄河孤柏嘴渡口铁犀铭文："金牛金牛，蛇尾龙头，镇值芒山，河不南流。"

徐州黄河铁犀铭文："太岁在巳土得盛，月唯庚午金作镇。铸犀利水乘吉命，蛟龙虬伏水波静。天所照惟顺兮，安流永宝。"

长江湖北荆江大堤李埠铁犀铭文："沮漳息浪，禾稼盈畴。金堤巩固，永镇千秋。"

长江湖北荆江大堤郝穴铁犀铭文："嶙嶙峋峋，与德贞纯。吐秘孕宝，守捍江滨。骇浪不作，怪族胥驯。翳！千秋万世兮，福我下民。"

荆江大堤铁犀　　　摄影：李章林

浙江钱塘江镇海铁犀铭文："唯金克木蛟龙藏，唯土制水龟蛇降，铸犀作镇奠宁塘，安澜永庆报圣恩。"

前人的苦心，并未感动上苍或感化异类，但留给后人不少铁犀。镇水铁犀其实铸就了我国古代治水神灵感应的文化基因。

"九牛二虎一只鸡"

——以讹传讹"拉郎配"

徐炳顺

"九牛二虎一只鸡"镇水的说法现在广为流传,根源于清康熙四十年(1701)铸铁犀镇水,这到底是怎么一回事呢?

康熙时铸铁犀镇水的由来

康熙三十八年(1699)年夏秋,黄河、淮河发大水,高堰(今洪泽湖大堤)失守,高邮以北九里和邵伯更楼(今南塘)被洪水冲决,顿时汪洋一片。据《河防志》一书在《铁犀》一文中介绍,康熙四十年,河道总督张鹏翮认为"物可以小制大,蛟龙怕铁",淮扬之间河湖全靠一线堤防保障人民、城镇、漕运,"蛟龙鼓浪漂山,瞬息百变,宜有制止也"。于是张鹏翮采纳他人的建议,于洪泽湖高良涧用铁铸犀镇水。五月五日(端午节)这一天开铸,至重阳结束。初拟铸铁犀

高邮文游台铁犀

九具,因材料有余,共铸16具,每具约四五千斤。监造官为王国用。可见康熙四十年铸犀不只9具,它们的孪生兄弟有16具。康熙时专管淮扬运河的淮扬道傅泽洪(曾任过扬州知府),在他编纂的《行水金鉴》中对15具铁犀分典各险工地段一一作了记载,分别在黄河(今废黄河)徐州郭家堡、邳州戚家堡、清口(今淮安附近)谈家庄、老坝口至洪福庄、马家桥、安东(今涟水)便益门、郭家㟖、戚家堡、卞家汪、运河邵伯更楼、高家堰高良涧、龙门大坝、茆家圆、夏家桥等处有15座。《高邮州志》也记载有一具在运河马棚湾(后移至文游台)。这就是康熙时铸铁犀镇水的由来。

铸造铁犀有两套模具

从现存铁犀的铭文来看,当时铸造铁犀的模具有两套。由于时间久了,有的铭文已残缺。犀背铭文采用的是阳文。犀背上较为清晰的要算三河闸管理处内的两具。其中一具铭文为"惟金克木蛟龙藏,惟土制水龟蛇降。铸犀作镇奠淮扬,永除昏垫报吾皇","康熙辛巳年端午日铸";另一具铭文有"土能制水,永镇此邦。康熙辛巳年端阳日铸,监造官王国用"。说明铸犀时有两套模具。高邮文游台犀背铭文"监造官王国用"六个字十分清晰。1990年笔者曾去当时存放在邵伯文化馆的铁犀作了调研,发现犀背有"金剋木"三字尚可隐约辨别,其余已无痕迹,稍不注意,就会认为没有犀铭。难怪咸丰时负责漕运的邵伯人董恂补

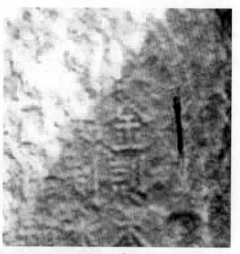

邵伯铁犀残铭

邵伯铁犀　　　　　摄影:徐炳顺

了犀铭:"淮水北来何泱泱,长堤如虹巩金汤。冶铁作犀镇甘堂,以坤制坎柔克刚。容民畜众保无疆,亿万千年颂平康。"

何以用铁铸犀镇水

这里首先要说一下犀与牛有什么不同?《康熙字典》讲,"犀是怪异兽,像水牛,猪头大腹,脚有三蹄,独角或两角的,能通天,常饮浊水,望星入角,可以破水,蛟龙又怕铁",因为犀很像牛,所以被说成牛。再说为什么用铁铸犀? 有的说"犀为神牛,牛能耕田,属坤兽,坤在五行中为土,土能克水"。还有的说"铁者金也,为水之母,子不敢与母斗,故蛟龙畏之",因此前人把"犀能破水","蛟龙又怕铁"两者结合在一起,所以用铁铸犀镇水。上文说到"物可以小制大,蛟龙怕铁",就是河臣张鹏翮用铁铸犀镇水的道理所在。

"九牛二虎一只鸡",以讹传讹"拉郎配"

"九牛二虎一只鸡"镇水的说法现在广为流传,它的组成主要是康熙时铁犀、壁虎坝的虎、嵇家闸的鸡。前面已介绍康熙四十年(1701)所铸的铁犀是16具,9牛(应为犀)的说法已不存在。这一传说中的虎的说法是依据湾头壁虎坝。早在明末分黄导淮时就有壁虎之名,清初叫壁虎桥,晚清时才有壁虎坝之名,何时设置石质壁虎尚不清楚,但绝不是张鹏翮所为,也没有任何记载。这一传说中鸡的说法是依据嵇家闸石壁上的鸡。明末,有一位姓裔的,家中比较富有,其时水患无钱治理,姓裔的为通水利,于邵伯建闸一座,百姓得利,因名裔家闸,后来改称嵇家闸(见《甘棠小志》)。以上可见,犀、虎、鸡的产生都不是一个时段的,把明末的和清代的事掺和在一起,组装了"九牛二虎一只鸡",显然是一个拉郎配式的传说。

曹寅重修仪征东关闸

宋建友

曹寅是我国古典名著《红楼梦》作者曹雪芹的祖父,字子清,号荔轩,又号棟亭,生于清顺治十五年(1658),殁于康熙五十一年(1712)。其先世为汉族,原籍丰润(今属河北),自其祖父起为满洲贵族的包衣(仆从),隶属于正白旗。他曾任苏州织造,后升任江宁织造,并连续在任二十年,后期又兼任两淮巡盐御使。曹寅不仅精通诗、词、曲、赋,而且在藏书和校勘方面也是一大家。著名的《全唐诗》就是他于康熙四十四年(1705)奉命在扬州主持校勘刊刻而成的。

曹寅及其家族与皇家特别是康熙皇帝有着特殊的关系。他的母亲孙氏是康熙的乳母,他自己幼时又做过康熙的伴读,故深得康熙的宠信。他虽然只有通政使的官衔,康熙皇帝对他的信任和重用却超过对江南督抚一类大员。康熙六次南巡,曹寅在织造任上就接驾了四次。

曹寅是在康熙四十三年(1704)春奉旨巡视淮盐的,从那时起直到他逝世前的八年中,他和妻兄李煦轮流担任这个职务,每隔一年轮值一次。两淮盐政负责管理淮盐的产、运、销和课税收入,职衔为巡盐御使,实际上是掌管国家经济命脉的财政大员。所以,曹寅虽然以江宁织造的身份兼理盐政,但是公务重心却放在巡视淮盐方面。因此,他与扬州和仪征有了紧密的联系。两淮巡盐御使的办事机构叫"盐漕察院",就设在扬州。盐漕察院有两个下属机构,一个叫"淮南盐引批验所",设在仪征(当时为"仪真");一个叫"淮北盐引批验所",设在淮安。淮南产销盐的数量一般是淮北盐的四到五倍,所以两个批验所又以淮南为重点。每年盐运旺季,巡盐御使都要亲自到淮南盐引批验所掣验,直接掌握运销情况,并写专门的奏折向皇帝报告。为了便于巡盐御使常驻办公,在仪征建造了大楼、廨宇,称作"仪真察院署"、"真州使院"或"淮南使院"。曹寅四视淮盐,每年都要到这里居住一段时间。除了处理盐务以外,他还常来真州使院休憩、消夏纳凉,在仪征寻古访贤,写于这里的诗文就有几十篇。

真州使院紧靠天池。当时天池是盐船集中停靠的地方,盐船从产地出发,经过二三百里水路的行驶,来到仪真批验过所。那时盐政立法至为缜密,管理十分严格。盐船到了里河口闸以后不能出江,全部从东关闸进入,停泊在天池,待巡盐御使亲自按秤掣验后,方能解捆运行,再由盐商分别载运到江南、江西、河南、湖广等地销售。

所以,东关闸的作用很重要。曹寅在《重修东关石闸记》里作了这样的表述:"是此一闸区淮水而分漕,于平地为岩险,候潮汐盈缩,设版进退。城之内外,轮蹄络绎。"实际上相当于一道便于管理和控制的关卡。由于大批盐船集中在这里,人员往返络绎不绝,所以又是交通咽喉之地。但是闸已经陈旧,"须置浮梁以通往来,计其劳逸,可无坚工实料用垂永久也。"于是,曹寅在康熙四十九年(1710)第四次巡视淮盐时,主持重修了这座闸。

仪征在明代时曾经有两座东关闸。一座是郭昇所建。成化十年(1474),工部巡河郎中郭昇建里河口、响水、通济、罗泗四闸,其中里河口闸又叫东关闸。另一座是夏英主持兴建。这座东关闸位于东翼城外,原来是一座桥,叫作东关浮桥,因为这时有两个东关闸,郭昇所建的里河口闸便不再叫作东关闸了,东关闸就专指夏英将东关浮桥改建而成的闸,曹寅重修的就是这座东关闸。

曹寅为了修好东关闸,特地选拔熟悉河工的仪真县丞负责工程的具体实施。《重修东关石闸记》云:"乃檄委倅计整饬规画,砻巨石以甃其下,筑疆堤以御其冲,凿河开澳,制水立防。"修建工程进行得规范、有序。首先精心规划设计,要求重修后的闸既能够有效地控制调节水位和船只的进出,又要满足行人和车辆来往通行的需要。水下基础部分全部用巨石砌筑。上下游护墙和堤岸修建得十分结实,以防止水流特别是船行波的冲刷。连接段河道也进行了清理疏浚。河堤修筑得非常平整,船夫牵挽很方便。整个修建工程只用了两三个月的时间就完成了,可以说既快又好。

工程结束后,曹寅应当地商民们的请求,撰写了《重修东关石闸记》,并刻成石碑竖立于闸旁。文因闸而撰,闸因文而显,东关闸因此而成为仪征历史上的一座名闸。曹寅署理盐政的成就,赢得了淮南广大民众的赞誉。扬州盐商在他去世后,曾集资为他建立"曹公祠",内供头戴斗笠的曹寅砖刻像一尊。曹寅在仪征重修的东关闸虽已不存,但其事迹和记文已载入地方志,《重修东关石闸记》还被收入新中国建立后编纂的《扬州水利志》和《仪征市志》。

河官泄洪与盐官蓄水之争

徐炳顺

盐运上关国课,河工关系民生。河官注重排水泄洪,盐官注重蓄水济运,明清时围绕芒稻闸的开启运用产生了矛盾。

芒稻闸(非今芒稻闸)是明清时排泄淮水入江的主要口门,建于明代万历年间,自建成以后,就产生了泄洪与盐运的矛盾。排水的方向,由北向南;盐运的线路,由仙女庙至湾头,由东往西,行洪、行船路线十字交叉,芒稻闸下是盐船必经之地,自然要受到洪水的冲击。芒稻闸若下闸板以利盐运,则河工坐误排水机宜;若全开闸门放水,影响盐船通行。河官注重排水,盐官注重盐运,芒稻闸成了排水与盐运的矛盾焦点。明天启六年(1626),为了蓄水运盐,将芒稻西闸闸底抬高。康熙元年(1662),为了泄水,将芒稻西闸底板降低,尽管朝代已经不同,但盐官与河官的矛盾是一样的。

当时河官与盐官的矛盾,可以从康熙五十九年(1720)十二月淮扬道傅泽洪在《详请开芒稻河》上报文中看得很清楚。傅泽洪讲到芒稻河闸及董家沟坝等处乃泄水下江最捷最便之要道,不容一日阻闭。由于以前修建闸座钱粮由商人捐助,虽然由水利人员承修,但委托商人,既不熟谙工程,又有舞弊,以致工程修砌不坚固,不久,闸底冲坏、闸墙崩裂,不能下板启闭。水利人员请照例饬商重修,但商人置若罔闻,还于芒稻闸上口筑坝堵塞,并将董家沟筑坝堵塞不开。每遇水涨漫堤,方始开坝,其势已晚,不能分泄。商人还私设坝头看守,每当河官离开,旋开而旋塞,宣泄之路不通,泛滥之势益甚。康熙五十八年(1719),伏秋水涨,高、宝、江三地工程冲激残缺,而下河七县受灾,主要是因芒稻闸等处筑坝,不能预期排水所致。河官遵旨开挑泄水下江的要道,盐商以盐运上关国课,公然筑坝堵塞。河官以运道、民生相比较,有缓急轻重之分,何况大水开闸,一年当中无多时日,于盐运并无妨碍,盐商却执意阻梗。康熙五十九年,河官看到底水高于去年,必须预为提前宣泄,方可无误。傅泽洪一面向上汇报,一面移催盐运道。高邮、江都绅士吴世焘、谢逢吉等以事关切肤,连名上诉傅泽洪,要求盐官、河官查议,河官讲芒稻闸一日不修,土坝一日不去,则宣泄无门,势必壅积,为害亦蒿。事关紧急,不容商议延缓,傅泽洪请宪台(御史官职的通称。后亦用为地方官吏对知府以上长官的尊称)为运道、民生做主,将芒稻河、董家沟两坝速行开放,其倒坏闸座由河官借资选员修理,不致稽迟,而闸座得以依时启闭,水发则开闸,水落则闭闸。蓄水济运,堤工亦固,盐船、漕艘运行称便。但两者之间的矛盾依然存在。

乾隆二十三年(1758)五月十一日,乾隆皇帝谕旨芒稻河闸"应永远不许再下闸板",江南河道总督副总河嵇璜将此旨勒石闸畔,"俾后来司事者知所遵守"。芒稻闸开启有了新的规定以后,常年开放走水,只在冬春水小时下少量的闸板,蓄水便于运盐。同时重开月河(即康熙时人字河),令盐船走月河向北绕道邵伯以南由金湾北闸入运河,让出明代金湾河(后名人字河、运盐河)作为运盐专道,并筑褚山坝(即土山坝),堵断了原来盐船由运盐河(即今通扬运河)自东向西直抵湾头的通道。盐船运程加长,当然遭到盐商的反对,此后便有了行洪与盐运不两立之势。时间渐久,法纪松弛,盐商拆除褚山坝,移向人字河北端与运盐河交界处另筑拦江坝,还盐船由运盐河自东向西直抵湾头的水道,并在芒稻闸外筑柴草坝。因此拦江坝、褚山坝、芒稻闸的启闭与运盐长期存有矛盾。

为了蓄水运盐,乾隆时拓宽董家沟(今金湾河)、石洋沟(今太平河)、廖家沟,道光时开新河等均设有三合土滚水坝。盐商仅关切盐运,经常执意阻挠开闸泄洪,"堤东、堤西哀号望救之时,正是诸商闭闸蓄水之时"。后来盐商把持三河坝(位于高家堰)及归江各坝的启闭权，当启不启，当闭不闭。堵坝时又偷工减料，常常不肯开坝，而造成坝不开自溃，加重了灾情。

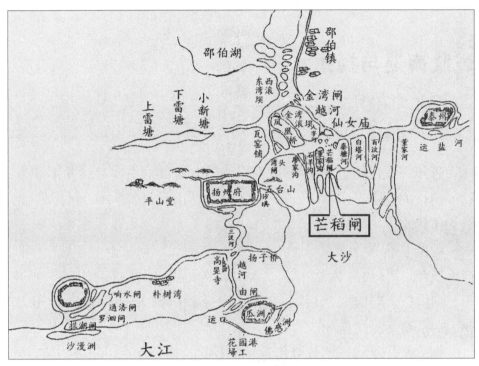

清乾隆时芒稻闸图(选自《南巡盛典》)

乾隆南巡与扬州水利

徐炳顺　傅桂明

近年来戏说历史类影视作品充斥于市,有些对史实表述并不准确。比如清代的乾隆皇帝六下江南,就不全是游山玩水,其中一个重要内容是为了治水。

乾隆皇帝曾于乾隆十六年(1751)、二十二年、二十七年、三十年、四十五年、四十九年六次南巡。六次线路大致为:从直隶、山东一线南下,到达江苏清江浦,然后顺大运河南下,途中经过扬州、镇江、常州、苏州、嘉兴,最后抵达杭州。

据《清史稿》记载,乾隆南巡,巡视河工、治理水患是重要内容。当时,江苏、安徽、浙江经常发生水灾,乾隆七年(1742),黄河、淮河同时涨水,江苏、安徽的海州、徐州等府50余州县"水灾甚重",灾民多达700~800万人。乾隆试图通过亲自查勘,找出治理水患的办法,"临幸江浙,原因厪念河工海塘,亲临阅视"。乾隆南巡经过扬州,考察水情灾情,部署水利工程建设。

第一次南巡,乾隆经过高邮,看到"堤岸高于屋,民居疑地窖",感叹"嗟我水乡民,生计惟罟霖",对人民的苦难深表同情,决心要治理水患。经过实地考察,他决定增加邵伯以南归江河道东西湾入江口门,布置开挖太平河,加大淮水入江水量。

第二次南巡,乾隆看到苏北常年受水患之苦,灾民很多,予以赈济并蠲免赋税,同时实行以工代赈,让灾民通过从事河工养家糊口,河防工程也得到了需要的劳力。他发现高、宝湖水入江不畅,命车逻、南关二坝常年开放,同意增建南关新坝,复建昭关坝,使扬州运河归海坝达到五座。又命加宽金湾引河,将中闸改建成石坝,降低东湾坝高度,以解决淮河洪水出路。定下淮河入江工程为急办工程,要求河臣"动帑兴工,广为疏导",淮水入江工程自此进入盛期。

第三次南巡中,乾隆亲自规定了高家堰的五坝水志,使下游在较长一个时期内免受水淹之患。他还亲临扬州金湾闸视察,下令拓宽金湾引河,将西湾滚水坝降低四尺,进一步扩大淮水入江泄量。

第四次南巡,对瓜洲江岸坍塌特别关心,驾临瓜洲时,详阅江工,对河督高晋谕示:"每年霜降后,到次年前,对原有埽坝进行修补。"回程中,乾隆再次来到扬州金湾闸视察。

第五次南巡时,乾隆已是七十高龄,还再次视察高家堰堤工,布置加固加高大堤。又一次亲临金湾六闸口,研究防治淮水之策。

第六次南巡回程途中,乾隆又一次到金湾巡视,体现了对治淮工程的高度重视。

乾隆在南巡结束后亲自撰写的《南巡记》中说:"南巡之事,莫大于河工,""河工关系民命",既是表露自己的心迹,也是对后人的殷殷嘱托。在扬州佛教文化博物馆(原天宁寺)里,还陈列着清乾隆《南巡记》碑刻。

当然,不可否认的是,乾隆六次南巡,开销巨大,加上沿途各级官员为讨乾隆欢心,大肆铺张浪费,又中饱私囊,给当地百姓带来了沉重负担。乾隆晚年也予以检讨,他曾对军机章京吴熊光说:"朕临御六十年,并无失德。惟六次南巡,劳民伤财,作无益害有益。将来皇帝南巡而汝不阻止,必无以对朕。"

乾隆御旨修复水毁工程

廖高明

乾隆二十六年（1761）淮河流域发生了一场大洪水。高邮、邵伯一带，五六月间（6月30日~7月30日）阴雨连绵，湖河水位骤涨。里下河地区旱稻纷纷抢割。等到后来风转东北，水势更涨。南河总督高晋饬令厅营将车逻等归海四坝次第开放。十九日（8月18日），陡转西北风，大雨如注，彻夜不止。二十日，又转正西风，更加猛烈，两岸房屋倾倒，树木吹折，停泊船只翻淌满河，水势汹涌，平漫西堤，湖河一片，水激风猛，势若排山，全力奔注运河东堤。浪头高过堤顶数尺，堤顶上的抢险人无法站立，致使洪水冲毁6处运河大堤，洪水像猛兽一样吞噬着里下河人民的生命财产。

里运河两堤砖石工冲坏4000余丈。东堤高邮汛之挡军楼石工，约长19.5丈被冲毁，楼亦被冲，漂淌居民庐舍百余家。甘泉汛内昭关以上之腰铺，工长36.5丈，荷花塘工长68丈。邵伯碾子头工长21.2丈。金湾闸北首南庙工长26.3丈。黑鱼塘间断工长69.5丈。这六段堤工俱被冲刷漫溢过水。各处漫过之水，由南关、昭关等坝引河入洋马荡及恒子（即荇丝湖）、渌洋等湖，汇归串场河入海。里下河大水，田禾尽没。

事后，两江总督高晋等上奏说：高邮、甘泉等6处防汛要地出现洪水灾害，臣等没有做到保境安民的职守，请求交部治罪。乾隆帝发下上谕说：风雨暴至，致有漫溢，并非你们有心贻误。朕责成河道总督高晋、两江总督尹继善、江苏巡抚陈宏谋全心全意抢救，不得贻误灾情。三位大员经过一个多月的努力,终于在八月九日(9月7日)将碾子头、黑鱼塘决口堵复;八月十四、十五两日(9月12、13日)将南庙、挡军楼决口堵复;八月二十四日(9月22日)将南庙、腰铺、荷花塘决口堵复。

决口堵上了,乾隆帝又问,今年的水灾比之去年怎样?会不会妨碍明年南巡的供给和办差。高晋等回奏说,今年下河只是小灾,全省丰收,无妨大局。

我们今天的人很难想象,高晋他们的回答是否出于良心,不论大灾小灾,皇帝带着皇太后、皇后、嫔妃、王公大臣、章京、侍卫等多达2500多人,浩浩荡荡南巡,全国各地官员来向皇帝面圣,皇帝的旨意每天有使者分送全国各地,沿路百姓要供应他们吃好、走好,这要耗费多少民脂民膏啊?

归江河道开辟概况

——《江苏扬州兴修水利图》解读

徐炳顺　王建平

清代《江苏扬州兴修水利图》是扬州市档案局从中国第一历史档案馆复制的清代扬州水利档案中的一幅图。该图所示范围北到黄

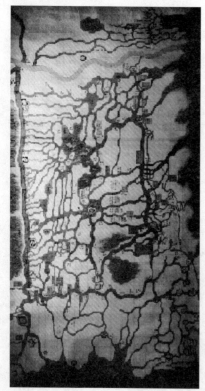

江苏扬州兴修水利图

河（今名废黄河，原淮河故道），南至大江（今长江），西起运河，东至大海（今黄海），是乾隆时期整个里下河地区。

成图时间

从图上来看，高邮境内归海坝中没有新坝。新坝建于乾隆二十二年（1757），说明成图时间在乾隆二十二年以前。从"白塔河估建石涵一座、董家油坊估建木涵一座"、"盐城天妃估建一座"等字样显示，《江苏扬州兴修水利图》是一幅规划图。据史料记载，乾隆五年（1740），建成盐城天妃闸，乾隆七年（1742），秦塘（今江都砖桥河旧址）、白塔（今江都大桥河旧址）、白汉（今江都王家河）各河改土坝为闸，说明成图在乾隆五年之前。图上文字所示主要是归江、归海河道是否挑

浚及提议建涵闸之处。这与乾隆九年（1744）以河督高斌等人呈奏归江归海情形的记载相吻合。由此可见，该图的成图时间应在乾隆初年。

历史背景

据史料分析，《江苏扬州兴修水利图》有重要的历史背景。乾隆元年（1736），高斌任江南河道总督，力主淮水入江。乾隆三年（1738）十一月十三日，他率领淮扬、徐（州）二道官员，聚集扬州，察勘淮扬河道，议挑江都扬子桥、沙坝、董家沟三处，为的是加快淮水入江。

乾隆七年（1742），以河督高斌为首的主张导淮入江的意见得到实施，加挑石羊沟（今太平河下段），接长廖家沟并加宽加深，在河头建滚水闸。还将泰州河（今老通扬运河）南侧的通江之白塔河（今江都大桥河旧址）、秦塘河（今江都砖桥河旧址）、百汊河（今江都王家河）等土坝改石闸多泄水。同时还做了一些淮水归海工程。这时淮水入江的泄量比康熙时大多了。

乾隆十五年（1750），高斌进呈《河工图说》，次年乾隆南巡高堰时，谕准添建石坝二座（即智、信两坝），使高堰增加到五坝，定名为仁、义、礼、智、信坝，后亦称为上五坝。乾隆十八（1753）、十九年下河连年水灾。这时归江口门坝闸宽仅有86丈，过水的只是金湾、湾头闸（建于明末），其余分泄不多。因此，"议归江工程为急工"，加快了淮水入江工程的进程。乾隆二十二年（1757）春，乾隆南巡，根据河臣所奏，看出高、宝湖与运河水势，以"高堰五坝为来源，以江海为去路，归江之路近于海"，指授"车逻、南关二坝常开放，使河水随时减泄"，"开辟归江之路，以达其流，下河遂获丰收"。乾隆要河臣对归江工程"动帑兴工，广为疏导"。

尽管归江工程有了新的进展，但乾隆时的河官未放弃在扬州境内归海的做法。乾隆二十二年在高邮以南运河上增添了新坝和复建江都境内的昭关坝，使归海坝达到五座，与淮水归江成并举之势。

历史功绩

《江苏扬州兴修水利图》不仅是一幅远景规划图，也是一幅已经付诸实施的水利施工图。经过乾隆时期大兴淮水归江工程之后，使归江河道各口门具有了排泄淮水的使用功效。

《江苏扬州兴修水利图》实际也是一幅淮水从扬州入海、入江转而单一入江的最初规划图。随着这一"规划"的持续实施,至清道光八年（1828）,又加挑新河,终使归江河道布局全部形成,其后二三百年间,在排泄淮河洪水入江方面成为主干通道,用之弥久,显见清乾隆时河官治水的战略眼光和辉煌业绩。

归江十坝纪实

周子如

淮水归江坝闸,因拦蓄水源而堵,为排泄洪水而启。明万历二十四年(1596)为导淮入江开金家湾河(上段今名运盐河,下段今名高水河),建金湾、芒稻减水闸,遂成为行水通路,建闸蓄泄,兼利漕运;在凤凰河、壁虎河口建桥,桥下设滚水坝;又在湾头建闸 1 座。三路来水统由古运河流经芒稻河入江。清康熙、乾隆年间,在金湾闸迤南和董家沟、石羊沟、廖家沟建三合土滚水坝。嘉庆十一年(1806)以后,闸坝逐步废弃,在淮水归江河道上改筑土坝 8 道,此后归江十坝渐次形成。

据武同举著《导淮入江入海刍议》一文载:旧时归江各坝共宽 187 丈,民国 2 年(1913)增至 296 丈,民国 20 年(1931)据江苏省水利局《里运河归江十坝概论》一文记载,归江十坝长度增至 311.5 丈。1950 年实测长 949 米,1960 年实测长 1125 米,均不含已久废不启的沙河坝和湾头老坝。民国 5 年大水,是年 8 月测量归江流量 7700 立方米每秒;民国 10 年淮水暴涨,9 月 19 日归江流量 8406 立方米每秒;民国 20 年 8 月 18 日归江流量 10264 立方米每秒;1954 年 8 月 25 日归江流量为 10300 立方米每秒;1991 年 7 月 11 日归江流量最大,为 10415 立方米每秒。

清代,归江各坝启闭无考。据民国 3 年至 37 年部分资料,在此期间,共堵坝 99 次,1949 年至 1973 年共堵坝 89 次。

归江坝启闭制度

道光十二年（1832），盐运使会同淮扬、常镇二道议定归江各坝启闭水则，均以三沟闸存水9尺为度。如存水1丈，酌启金湾旧坝，东、西湾坝；1.1丈，添启凤凰坝、瓦窑铺坝；1.2丈，添启人字河（拦江）坝、褚山坝。据1934年成书的《运工专刊》载，当时启坝水位仍以昭关坝（即三沟闸）水志为准。1.3丈（水面高程5.27米），开东湾坝及新河坝；1.4丈（高程5.59米），开凤凰坝及金湾坝；1.5丈（高程5.9米），开拦江坝；1.6丈（高程6.22米），开壁虎坝。对照1931年各坝启坝水位，基本与这一要求相符。如1931年5月22日，昭关坝水位达1.24丈，开东湾、新河两坝；6月13日水位1.27丈，续开金湾坝；7月5日水位1.42丈，续开凤凰坝；7月9日水位1.49丈，续开拦江、壁虎两坝；7月29日水位2.16丈，最后开褚山坝。其他各坝，视水情开放，西湾坝通常不闭。民国期间，启坝水位，比清代已略有提高，一般2~3尺不等。堵坝水位，主要考虑运河航运，一般以扬州城河（今称古运河）存水5尺为准，迨昭关坝水志降至1丈时（水面真高4.32米），各坝依次堵闭。建国后，无明文规定，视当年雨情、汛情启闭。特殊情况，经省、地区水利主管部门批准，可随时启闭。

归江坝始由盐务机关管理，民国8年（1919）改由河务机关管理，建国后由水利部门管理。

归江十坝

褚山坝（亦名土山坝）位于仙女镇北，东接老通扬运河（运盐河），西通芒稻河。清乾隆二十三年曾堵筑褚山坝，道光六年大水时启坝。民国2年坝长12丈，民国20年坝长仍为12丈，1950年10月坝长31米。民国10年大水，该坝实测流量仅95立方米每秒。自民国5年以后，该坝只堵7次。因泄量小，无足轻重，1951年以后坝废。

拦江坝位于芒稻河上游人字河头，在今泰安镇拦江村境。北通运盐河（原称金家湾河），下达芒稻河。明季开金家湾河时，建金湾减水闸（三闸六门）及芒稻河减水闸（二闸九门）。清康熙十二年（1673）建金湾滚水坝于邵伯之南，十四年于金湾闸以南建三合土滚水坝1座，乾隆二十三年（1758）盐商为船只直出金湾北闸，曾于人字河头筑拦江坝。乾隆二十六年拆除金湾南、中二闸，改建石滚坝 30 丈，名金湾新坝。道光十一年（1831）拆除芒稻西闸矶心、闸底，金门宽 24.8 丈。后废圮，改筑柴土坝。民国 2 年坝长 28 丈，民国 20 年坝长 29.5 丈，1950 年 10 月实测坝长 97 米（39.1 丈），1960 年坝长 110 米（33 丈）。民国 10 年大水，9 月 19 日流量为 593 立方米每秒。金湾北闸（六闸）于 1965 年全部拆除。1965 年、1966 年先后建成芒稻闸、运盐闸，坝废。民国 3 年以后，该坝共堵筑 32 次。

金湾坝位于金湾河口以南约 1 公里处，在今泰安镇金湾村都天庙附近。清乾隆二十六年，开金湾河，展宽金湾坝（三合土坝）至 50 丈，坝下金湾河接董家沟，下通芒稻河入夹江。嘉庆十一年以后滚水坝废圮，改筑柴土坝。民国 2 年坝长 28 丈，20 年坝长 29 丈，1950 年 10 月实测坝长 96 米，1960 年坝长 128 米。民国 10 年 9 月 19 日泄洪流量为 1739 立方米每秒。最后 1 次堵坝是在 1972 年 8 月 20 日，结束了归江河道上筑柴土坝的历史。1973 年金湾闸建成，坝废。民国 3 年以后，该坝共堵 34 次，是堵坝次数最多的一道归江坝。

东湾坝位于太平河之上东湾河口，在今泰安镇金湾村。清乾隆十年（1745），开太平河，长 2635 丈；并建三合土滚水坝 1 座，坝长 24 丈，二十三年展宽至 36 丈。坝下引河与西湾河会合后，经太平河、石羊沟、廖家沟入夹江。嘉庆十一年以后滚水坝废圮，改筑柴土坝。民国 2 年坝长 30 丈，民国 20 年坝长 33 丈，1950 年 10 月实测坝长 115 米（34.5 丈），1960 年为 113 米（33.9 丈）。民国 10 年 9 月 19 日太平河行洪流量 1098 立方米每秒。1970 年冬结合凤凰河上游切滩竣深工程，堵闭东湾河，坝废。民国 3 年以后，该坝共堵 27 次。

西湾坝位于太平河之上西湾河口，在今泰安镇金湾村。清乾隆十年建三合土滚水坝，坝长 24 丈，二十六年落低滚水坝 4 尺。嘉庆十一年以后废圮，改筑柴土坝。民国 2 年坝长 30 丈，20 年坝长仍为 30 丈，1950 年 10 月坝长 89 米，1960 年坝长 84 米。坝下引河与东湾河会合后，行水河道同东湾坝。1972 年太平闸建成，坝废。建国前，为盐船出入，通常水位不闭,无打坝记载;1951年以后,该坝共堵18次。其中1953年至1970年,为提高坝上灌溉水位,先后将东湾坝、西湾坝合并,在太平河陈家桥、石羊沟二道桥堵筑计5次,太平河两岸泰安镇有8个行政村1.3万亩耕地受益。

凤凰坝位于凤凰河口,在今泰安镇凤凰村境。明末此河宽仅1.26丈,河口有砖桥1座,桥下建三合土滚水坝。清康熙三十八年,建凤凰南北木桩滚水坝各1座,坝上有桥(北桥金门宽6丈,南桥金门宽11丈);乾隆二十一年展宽北桥至10丈,四十四年又改建南桥;道光十一年拆除凤凰砖桥(中桥)。后桥坝废圮,改筑柴土坝。清末河口宽23丈,民国2年坝长28丈,民国20年坝长44丈,1950年10月实测坝长159米(47.7丈),1956年凤凰河拓宽后,坝长达305米(71.5丈),为归江十坝之首。民国10年9月19日实测流量为1268立方米每秒。1961年万福闸建成,坝废。民国3年以后,该坝共堵26次。

新河坝位于新河口,在今泰安镇山河村。此河开成于清道光八年三月,河长1339.5丈。河口建木桥1座并筑坝,金门宽40丈。民国2年坝长44丈,民国20年移新址,坝长32丈,1950年10月坝长131米(39.3丈),1960年坝长139米(41.7丈)。民国10年9月19日实测流量为1670立方米每秒。坝下引河通廖家沟。1961年万福闸建成,坝废。民国3年以后,该坝共堵29次。

壁虎坝位于广陵区湾头镇北端、古运河东岸,在今泰安镇山河村。壁虎河口明末建砖桥1座,清乾隆四年建木桥(中桥),金门宽2丈,二十一年展宽至10丈,二十三年又增建木桥(北桥),金门宽20丈,史称壁虎三桥,桥下均筑三合土滚水坝。道光十年北桥展宽至30丈,后被水流冲刷,口门宽展至43丈。咸丰四年(1854)废壁虎三桥。自此,古运河东岸、壁虎河以北,闸坝(三合土)俱废,均改建柴土坝。该坝下游会新河、凤凰、太平诸河之水入廖家沟下注夹江。民国2年坝长60丈,民国20年坝长66丈,1950年10月实测坝长231米(69.3丈),1960年坝长增至246米(73.8丈)。民国10年大水,9月19日实测流量1766立方米每秒,是当时入江中泄量8406立方米每秒的21%,居第一位。

1961 年万福闸建成，坝废。民国 3 年以后，该坝共堵 15 次。

老坝位于湾头镇南首，古运河东岸。宋末建茱萸湾堰及湾头石闸，后毁，明末复建，今犹存。闸下筑坝，名老坝。坝下引河与壁虎河合流入廖家沟。坝长 12 丈。未见有开坝记载。

沙河坝位于扬州市区古运河东岸，今解放桥北侧，跨沙河西端。坝下引河即沙河，下通廖家沟。宋末建石闸 1 座，清乾隆五年（1740）修，金门宽 1.6 丈，嘉庆十一年筑坝于高家桥，重修石闸，金门宽 13 丈。该坝曾定以运河水位涨至东关码头第二石阶，方启坝泄洪。因河道积沙，出水阻滞，且坝底多沙，不易堵合。道光六年（1826）大水，沙河坝曾开坝泄洪，宣统元年（1909）秋汛，沙河坝溃决，次年冬春堵筑，其他即无启闭记载。该坝长 24 丈。1960 年大运河开挖截断沙河，坝废。

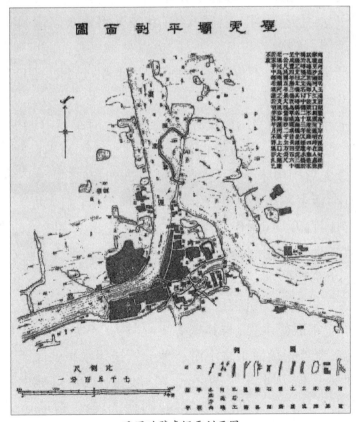

民国时壁虎坝平剖面图

鲍漱芳热心河工

傅桂明

鲍漱芳（约 1763—1807），原名钟芳，字席芬，一字惜分。安徽歙县棠樾村人。自幼随父鲍志道在扬州经营盐业，聚资百万，清嘉庆六年（1801），任两淮盐运总商。嘉庆八年（1803），因集众商输饷有功，被任为两淮盐运使。鲍漱芳与其父一样，也以义举卓著而闻名朝野。当时扬州水患严重，鲍漱芳不仅主动赈济灾民，也积极资助河工建设，为治理水患作出一定贡献。

嘉庆十年（1805）夏，洪泽湖盛涨，冲决运河车逻等归海坝；十一年（1806），淮、黄异涨，漫溢邵伯镇之荷花塘，里下河地区再度一片汪洋。鲍漱芳先后捐出米六万石、麦四万石，同时在各县设厂煮食，以赈济灾民，所存活者不下数十万人。时高家堰（洪泽湖大堤）义坝决堤，他倡捐柴料四百万斤（用作筑柴土坝之用），应高家堰抢险之急。入秋后，黄河溜势改变，改由六塘河、开山河归海，工程浩大，他又倡议公输三百万两，以佐工需。

鲍漱芳不仅捐资赈济灾民，助修河工，对河工也颇有研究。鲍漱芳认为：扬州连年遭受水患，与其坐等决堤救灾，不如先助河工；而欲治河工之上游，莫若先疏河工之下游。他分析扬州水患的原因，在于洪泽湖，洪泽湖潴汇淮、泗七十二湖之水，可导之归江，不可导之归海，因为导之归海必经由子婴沟、昭关坝等闸，则高、宝、兴、泰尽受其害（因入海通道不通，所谓归海实际是把里下河地区作为泄洪区）。而此时淮水归江河道虽有多条，但主要还是通过运河、芒稻河入江，所以鲍漱芳认为必须多浚支流，加大淮水入江泄量，保运河堤防和里下河安全。扬州城东原有沙河连通运河和长江，鲍漱芳看作支流泄水第一捷径，倡议众盐商捐资疏浚，并个人出资五千两，促成了疏浚工程，加大了淮水入江水量。当时芒稻河是宣泄淮水的主要河道，漕运总督铁保筹划予以疏浚，鲍漱芳当即独捐六万两，以助工用。

鲍漱芳还捐资疏浚仪征的天池、鸡心洲、龙门桥等河道。他倡导恢复罱泥船，增设混江龙、铁扫帚（今已失传）等疏浚器材，用以疏浚运河，使之不淤浅；倡议疏浚南通境内广福桥等处运盐河，组织培筑范公堤，以捍海潮，而护民田。

由于鲍漱芳屡次捐输，深得嘉庆皇帝的赞赏，获得清廷从优议叙、加十级的嘉奖，现存歙县棠樾牌坊群之一的"乐善好施"牌坊，就是嘉庆皇帝为旌表鲍漱芳及其子而立的。

嘉庆年间大筑圩堤

徐炳顺

今天扬州境内,无论是里下河,还是沿江地区,或是高邮湖、宝应湖、邵伯湖地区,周边农田周围都有大量的圩堤,用于防御洪水保护农田,但你可知道农田筑圩是从何时开始的呢?

扬州市境内低洼地区原来没有圩子。清代,里下河地区水灾不断,乾隆十六年(1751)河臣高斌提出筑圩的想法,但没有推广开来。时隔十七年后,也就是乾隆二十三年(1758),官方劝老百姓开沟兴筑圩堤,虽然收到一定效果,但没有普及。

清嘉庆七年(1802)至二十五年(1820),河道淤浅阻塞极为严重,遇洪涝排不出,挡不住,几乎连年有水害,农田歉收,逃荒人数过半。针对农田处在低凹之处,当时广泛议起农田筑圩,开挖河道,使外水不得内浸,遇雨积为内水再行排出。于是对扬州府所领宝应县、高邮州、江都县、甘泉县、仪征县等州县作了一番调查,制作了宝应、高邮、江都、甘泉、仪征等州县《沟洫圩围图》,每份图后面都有比较翔实的文字说明,介绍筑圩原委,提出为防患于未然,除了丘陵山区外,从高的地方先筑圩堤,后倚圩筑圩,于是普遍因地制宜开挖河道、筑建圩堤,掀起了筑圩子的高潮。嘉庆二十年,"圩外白浪连天,圩内黄云遍野",筑圩收到明显的效果。

今天我们看到扬州市档案局从中国第一历史档案馆复制到的《沟洫圩围图》时,不仅知道了当时筑圩的决策,还为河道变迁提供了证

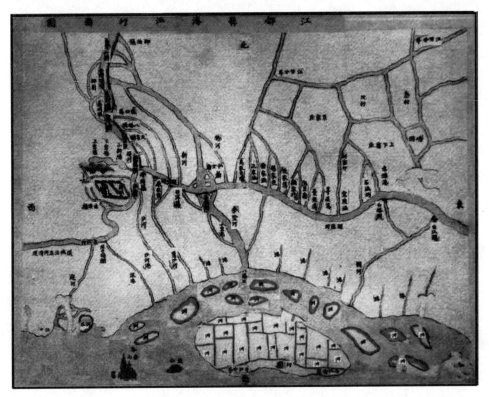

宝应县沟洫围圩图

据,更填补了长期以来水利史研究中圩区筑圩堤起因的空白。《沟洫圩围图》制作精美,标志清晰,文字言简意赅,书法端庄秀气,是一份十分珍贵的水利史料,堪称艺术佳作。

吴王夫差凿邗沟沟通江淮,妇孺皆知,大规模农田筑圩堤却鲜有史载。清嘉庆年间开沟、筑圩惠及民生,荫及后世,两者其功可以媲美。嘉庆时大规模农田筑圩,这是水利建设史上的一大贡献。后人一直利用"沟洫圩围"之术,继续疏理河道,加固扩建圩堤,治理江河湖泊,获得新的经济社会效益。

清代仪征内外运河

宋建友

历史上的仪征,有两条运河——仪真运河,时称内运河;商盐转江洲河道,时称外运河。

清代在仪征集散的淮南盐数量很大,乾嘉时期在 120 万引(每引 125 公斤)左右。但是,运道却淤塞严重,尤其是沿江沙洲遍布,出江受阻。为了保证盐引顺利解捆转运出江,嘉庆二十年(1815)按照两淮盐政下达的指令,南掣厅巴彦岱会同仪征知县黄玙组织挑捞了商盐转江洲河道,上游自沙漫洲盛滩受江水,入境后经一戗港、铁鹞子、捆盐洲、旧港、安庄,至猫儿颈(今土桥一带)出江,实际上是在沿江特定的自然条件下经人工打造形成的夹江河道。由于仪真运河(今仪扬河)自三汉河东北受淮水,由石人头入境,经朴树湾、带子沟、新城、仪征东门抵天池,根据其地理位置,人们便将仪真运河称为内运河,商盐转江洲河道称为外运河。这样仪征境内就有了内外两条运河。

为了保证运道畅通,两条运河维修养护的任务十分艰巨。内运河除了每年捞浅外,每三年还要大挑一次,每次大挑大约需要用银 1.06 万两。外运河淤积尤其严重,据南掣厅档案载,江潮每来一次河道留淤厚一钱,一日两潮淤厚两钱,一年 360 日积厚已有 720 钱之高,接近有 2 尺。因此,到了道光年间几乎年年忙于浚河清淤,代价也是惊人的。自河成一直到道光二十八年(1848)的 33 年中,一共挑浚 13 次,平均两年半大修一次,总共用银 65.6 万余两,每次用银 5 万多两,维修用银平均每年达到近两万两。

外运河捞浚工程费用由过往的水上运销商负担。具体办法是，按照船只所载货物的重量，每引捐银 5 厘。工程由兴办者先借库银，竣工后收银归还。后来，由于河道疏浚工程日益频繁，所需银两日见增多，捐银的标准也相应增加，除了每引 5 厘以外，扬州盐商还要在运库缴纳 1 分。另外，囤船缴纳 5 厘，江船缴纳 1 分，这样每引实际收到 3 分。再后来，捐银的范围扩大到水上各业，包括力资等几乎所有费用一律按照九九折提捐。内运河疏浚费用起初由盐运司库动支，后来也实行"分派捐输"，就是让商、民按照比例分担费用。其间根据疏浚工程的实际情况，还曾经直接采取由盐商分段承包的办法。如道光二十五年（1845），监掣同知谢元淮将内运河分成 12 段，派令扬州盐商钟福盛等人承挑；将外运河分成 9 段，派令仪征盐商江本璐等人承挑。

由于挑河浚河活动频繁，人们在实践中积累了不少经验，监掣同知姚莹还编成一首《挑河歌》："远堆新土方稀罕，近见黄泥始罢休。两岸马槽斜见底，中间一线水长流。"歌词的意思是说，出土要送到规定的位置，绝不能贪图方便和省力气就近乱堆乱倒；河道挖深一定要见到老土，浚河更要尽去淤泥，这样才能达到预期的效果；河道应当口宽底窄，形成一定的比坡，就像马槽的形状一样。河坡要平，不能有凸出来的鼓土，也不能有凹进去的洼塘，上坡一眼要能够斜视到底；中间一线指的是垄沟，挑河必须先在河心抽挖垄沟一道，以便沥干两边积水。除了排水，垄沟还有其他妙用，因为水是平的，如果河底高低不一，垄沟自然就不能成顺轨之势，所以借助垄沟又可以在施工的过程中，包括工程验收时检验河底是否相平。《挑河歌》是当时人们挑河浚河的经验总结，虽然只有 28 个字，却对施工的全过程包括排水、出土和把握标准等作了全面概述，简明扼要，是古代浚河的技术规范。

宝应邗沟十三变

刘世昌

　　自春秋时期,吴王夫差开凿邗沟后,其河线多有变化,至清道光时,宝应有位历史名人叫刘宝楠(1791—1855),道光二十年(1840)中进士,先后任直隶文安县、元氏县和三河县知县。他编著了一本《宝应图经》,经他考证,将宝应境内的邗沟河线变化归结为十三变,称为"邗沟十三变"。

　　至东汉末年,邗沟淤塞,建安二年(197),广陵太守陈登"于白马湖与津湖之间凿濑穿沟为支渠相连",刘宝楠将该支渠亦命名为夹耶,这样出津湖北口经夹耶与白马湖相连,刘宝楠称此为宝应境内邗沟第一变。其河线在原来河线之西,后来被称之为"邗沟西道",而原来的河线被称为"邗沟东道"。《水经注》引蒋济《三州论》曰:"淮湖纤远,水陆异路,山阳不通,陈登穿沟,更凿马濑,百里渡湖",指的就是这件事。

　　东晋永和年间,患湖道多风,陈敏开挖永和沟,贯通樊梁湖(今高邮湖)与津湖(元代改称界首湖),此为邗沟二变。

　　兴宁年间,又因津湖多风,沿津湖东岸,从湖之南口至北口开渠二十里,名为兴宁渠,航船不再入津湖,此为邗沟第三变。

　　南北朝时期,宋谢灵运《西征赋》云:"发津潭而回迈,逗白马以憩舲;贯射阳而望邗沟,济通淮而薄甬城",是因白马湖以北至末口之间淤断,船只重新向东绕行射阳湖达淮,此为邗沟第四变。

　　《隋书·文帝纪》载:"开皇七年(587)夏四月,于扬州开山阳渎,以通漕运。"河道路线从扬州茱萸湾（今湾头）向东达江都宜陵,向北经樊川达高邮三垛,再向北入宝应射阳湖,向西北经山阳末口入淮,此为邗沟第五变。

《通鉴·隋纪》载:"炀帝大业元年（605）,发淮南丁夫十余万,开邗沟,自山阳至扬子入江,渠广四十步,渠旁皆筑御道,树以柳。"则大业邗沟由樊梁湖入津湖出夹耶,逾白马湖入中渎至末口入淮。有如晋永和故道,此为邗沟第六变。

唐代河线与隋大业年间相同。储光羲诗云:"十里次舟楫,二桥通往来。"诗中的二桥即宝应城中的嘉定、广惠两座桥（后称大新桥和小新桥）,跨宋泾河（即市河,津湖、白马二湖间的支渠）。

宋元时,邗沟由白马湖向东经黄浦溪入射阳湖,再北上入淮,与隋唐时已不相同,此为邗沟第七变。刘宝楠在七变之下还特别说到"自吴开邗沟迄于隋唐,虽有河渠之名,实为湖路,诸湖之相隔者,浚渠以通。"

至明初,宝应境内运道由白马湖入清水、氾光诸湖,不再穿城经宋泾河,此为邗沟八变。

洪武二十八年（1395）,从柏丛桂言,自槐楼至界首湖外筑堤开月河40里,运道不再经新开湖,此为邗沟第九变。

万历十二年（1584）,总漕都御史李世达建议,督抚王廷瓒继任,开宝应月河,从宝应南门外向南开36里月河,直达氾水新镇（老镇氾水在运西,已沉氾光湖底、）三官庙,次年河成,万历皇帝赐名"弘济河",自是运道不再经氾光湖,此为邗沟十变。

万历十七年（1589）,河臣潘季驯以原湖堤为东堤,从宝应至黄浦又筑西堤20里截湖为河,北接通济河,自是运道不再经白马湖,此为邗沟十一变。

万历二十六年（1598）,刘东星议开界首月河10余里,自是运道不再经界首湖,此为邗沟十二变。至此,南至界首,北至黄浦,宝应80里运河完全与湖分隔。

万历四十一年（1613）,又于弘济河东开北月河130丈,南月河150

丈,以杀河怒平水溜,此弘济河东二月河之始,此为第十三变。

至此,宝应运河河线为后来的路线奠定了基础。

编者注:邗沟2000多年来变化很大,有河线、水源、堤防、涵闸、流向等等变化,河线的演变只是其中之一。刘宝楠对宝应境内邗沟河线变化归结为十三变。清光绪年间,徐庭曾在《邗沟故道历代变迁图说》中所说的包括宝应、淮安境内的县在内的六个州县只有七变,比宝应一个县还要少,除个别说法与刘氏相同外,其余都不同,这是由于各自划分的标准不一样,以致出现不同的说法。邗沟历史上河线到底有多少变化,有兴趣的读者不妨可以去深入研究。

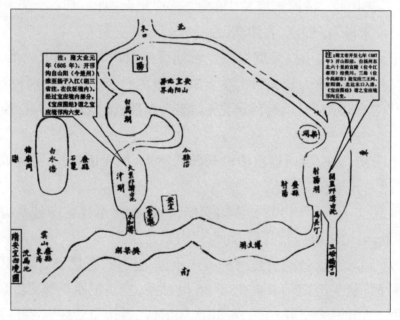

隋宝应四境图(引自《宝应图经》)。图中注为编者所加

《扬州水道记》和《宝应图经》

傅桂明

自公元前 486 年吴王夫差开邗沟以来,随着时代的变迁,扬州境内运河(邗沟)发生了很大的变化,记载考证它变化兴衰的书籍并不多见。《宝应图经》和《扬州水道记》因考证详实、记载准确、特色鲜明,不仅得到古人的极高评价,对今天研究扬州运河依然有着重要参考价值。

《宝应图经》记录了宝应整个地区地理环境的变迁,在该书的"卷三"河渠和水利两大部分,考辨了邗沟在宝应境内一段从春秋鲁哀公九年开始挖筑一直到明万历四十一年总共经历了十三次的变迁,将它称为"邗沟十三变",这个说法得到后人的公认,一直沿用到今天。此外,《宝应图经》卷首所附的十四幅"历代县境图"中,有一幅名为"邗沟全图"。在这幅地图上,清晰地标明了当年邗沟流经的线路。而在其他几幅地图中,作者通过标注"开皇邗沟由此"、"大业邗沟由此"的方法,比较出不同历史时期邗沟流经的不同线路,使人们清楚明白地了解到邗沟的历史演变过程。

《扬州水道记》的作者刘文淇(1789—1854),字孟瞻,寄籍仪征,后迁居扬州东圈门罗总门巷,现存"青溪旧屋"故居。刘文淇为人淳厚笃实,学思渊博,毕生治经,尤致力于《春秋左氏传》。《宝应图经》的作者为刘宝楠(1791—1855),字楚桢,号念楼,宝应人,早年曾在扬州广陵书院主讲经史,与刘文淇相交甚密。二人均系清代著名经学家、扬州学派的知名人物,被合称为"扬州二刘"。刘文淇的代表作《春秋左氏传旧注疏证》、刘宝楠的代表作《论语正义》等,是当时经学研究的典范之作,在全国影响很大。"二刘"除致力于经学之外,在方志学领域也取得重要成就,上述两部研究运河的著作即是其中代表。

《扬州水道记》写成于道光十八年(1838),七年后刊刻,比较完整地记录了扬州一带运河诸水道工程。全书四卷。卷一、卷二为"江都运河",卷三为"高邮运河",卷四为"宝应运河",对整个扬州境内运道的沿革进行了详尽的分析。卷末为古今沿革图十幅,把邗沟自开挖以来一直到明代开康济、弘济河及清道光运河的历史变迁以图示的形式呈现出来。全书共计十一万多字,引书一百七十余种,纠正引书谬误七十多处,对重大历史讹传考辨尤为详细。阮元为《扬州水道记》作序,给予"博览而又有识,故皆精核"的赞誉。

《扬州水道记》和《宝应图经》的作者既从《水经注》等著作中查找、搜寻、利用相关资料,又将各种资料进行认真比对,同时结合实地考察了解,考证详尽,研究深入,纠正了前人著述中的错误,从而取得了较高的成就,给后人研究运河历史提供了很大的帮助。有必要说明的是,《扬州水道记》历来在学术界评价极高,而《宝应图经》却一直默默无闻。其实,《扬州水道记》中的创见,一部分源于《宝应图经》;而刘文淇则尊重刘宝楠,并进一步扩展了刘宝楠的学术成果,他们都对扬州水道变迁史与历史地理学的研究作出重要贡献。

青史永载"魏公稻"

——魏源兴化治水记

夏红卫

　　魏源(1794—1857),原名远达,字默深、墨生,湖南邵阳(今属隆回县)人。道光二年(1822)中举,二十五年中进士。曾任东台知县、兴化知县,官至高邮知州。作为清道光年间经世思想的代表人物之一,他与林则徐、龚自珍等人极力反对封建理学脱离实际的弊病,呼吁除弊兴利,提倡经世致用。他在兴化为官三年,治水是其经世思想的具体体现和实践。

风雨泥潭舍命保五坝

　　魏源自幼家境贫寒,深知民间疾苦,中国儒家传统的民为邦本思想对其影响极深。在东台任知县时,他曾在县衙庭柱题联"上有青天,一片冰心盟上帝;民皆赤子,满腔热血注民瘼"来勉励自己。

　　道光二十九年(1849)六月,魏源任兴化知县。赴任时,适逢连旬暴雨,高邮河湖暴涨,水势险恶,运河东堤归海五坝,险象环生。河督拟开五坝,时值新谷将结实,一旦开坝,则里下河必遭水灾,尤以兴化为重,即可能出现"一夜飞符开五坝,朝来屋上已牵船,四舍漂沉已可哀,中流往往见残骸"的悲惨景象,下河民众纷纷集结运堤保坝。

　　魏源到任后第四天,即赴高邮各坝,一面组织士兵、农民日夜守坝,一面连夜赶往扬州,请求两江总督陆建瀛速开沿邵伯至清口运河东岸二十四闸,分路泄洪。提出:即使开坝,也要等新谷登场之时。陆氏答复：可保则保，毋许擅开。于是魏源亲率民工坚守东堤，护堤保坝。是时，风雨交加，湖浪汹涌，堤将溃决，河员执意要开坝，魏源伏堤上哀告上苍，愿以身殉。屡被巨浪冲漂，双目红肿如桃，百姓劝其休息不应，直至风平浪息。守坝至立秋，启坝迟逾半月，下河七州县新谷幸得丰收。

为颂扬魏源为民保坝的功绩，兴化百姓把秋后登场的早稻称之为"魏公稻"。有人提出拟筹建魏公生祠，魏源知道后，严令禁止，他认为民富社会才安，民强国才昌盛；兴化本穷乡僻壤，灾害连连，大兴土木，必劳民伤财，耗资贱劳，因而建生祠一事万万不可取。

调查分析探究水灾成因

兴化任中，魏源调阅兴化历代治水资料、案卷图说，进行分析研究。据统计，从 1440 至 1630 年的近 200 年间，兴化共发生水灾 29 次，平均每 6 年一次。从 1644 至 1849 年的 200 年间，共发生水灾 55 次，平均每 4 年发生 1 次，其中道光元年到道光二十九年，兴化水灾次数竟达 12 次之多，平均每两年多就有 1 次。魏源对此曾慷慨陈词："无一岁不虞河患，无一岁不筹河费，前代未之闻焉。"

是何种原因造成兴化水灾如此频繁？为探求水灾之成因，他身着素服，徒步涉水考察里下河地区河道水系来龙去脉，走访兴化各地及周边州县，了解河情水势、水患灾情、堤防状况、地形地貌，向沿途有治水实践经验的人咨询请教。他指出"行"才是知识的真正来源，而不是在书本之中，"不行"就得不到有用的知识。经过长达数月实地调查后，他认为兴化水灾的成因主要是：

其一，兴化地处里下河腹部，北临淮河，西靠运河，高宝湖、洪泽湖在其西。每属秋汛，淮水涨，水灾势所必然。黄河全面夺淮之后，淮水逐渐南下，运河东堤时有崩决，里下河遂成为淮河下游滞涝、泄洪区，淮河洪水走廊。

其二，运河东堤上建有"归海坝"5 座（即昭关坝、车逻坝、五里中坝、南关坝、新坝），均用条石砌筑，长 20 余丈至 60 余丈不等，上加封土，常年封闭，泄洪时，按"水志"开坝，水退再堵。但由于大坝年久失修，对于洪水的抵御能力大大减弱。历任河员因害怕大坝被洪水冲决，难辞其咎,往往提前开坝,造成兴化每年都有大片即将登场的早稻被淹。

其三,运河是历代粮食、海盐和各类货物的主要运输渠道,经济的大动脉,对当朝的经济繁荣起着不可估量的作用。黄淮汇流,泥沙俱下,运河河床逐渐淤高,运河壅阻,漕运十分困难。每年汛期,运河水涨,正是漕运的大好时机。为保漕运畅通无阻,漕运官员们往往将运河东岸的二十四闸(原为开坝以前预筹宣泄之地)全部关闭。这样就导致水势渐涨,一旦危及东堤安全,只好开坝泄洪。

其四,兴化地势低平,起伏小,形如侧釜,俗有"锅底洼"之称。境内湖荡密布,沟河纵横。每年汛期,降雨又比较集中,外洪内涝,洼地涨水迅速,兴化入海河道又蜿蜒曲折,障碍重重,下泄缓慢,排水困难。

献计献策治洪水

魏源在进行认真查勘以后,写成《上陆制府论下河水利书》陈述里下河河防意见,提出"人定胜天,造化在我"的口号和一系列务实的主张及措施:

一是加固东堤,以防忧患。东堤是里下河抵挡淮河洪水的屏障。要使里下河在汛期之间,免受洪涝之害,须补修加固东堤,提高东堤的抗洪水能力。于是他提出"今欲为一劳永逸之计,必须完补石工,改用田土","补砌条石,加桩灌汁,方期保固"以解决历代地方官员头痛医头,脚痛医脚,浮于治标的做法。

二是培筑西堤,以水抵水。魏源认为里运河东堤前无外障,后无倚靠,每年防洪东堤是愈筑愈高,而愈高则愈险,何能御风浪之冲。惟在东堤之外培筑西堤,远胜东堤一面空虚,且西堤筑成后两面皆水,以水抵水,即水漫过西堤,其东堤并不吃重。获拨款后,魏源即离开兴化,总督运河西堤工程。

三是西水肥田,按节令开坝。不但东台、盐城、阜宁海卤之地咸,全恃西水泡淡,始便种植,即高邮、泰州、兴化……亦赖西水肥田,始得膏沃。凡西水所过之地,次年必亩收加倍,如年年全不开坝,则下河田日瘠,收入欠。为此魏源建议每年都要开坝,只是要按节令开坝。他认为:"开坝于立秋前,则有害无利;开坝于立秋后处暑前,则利害参半;始开坝于处暑以后,则不惟无害而且有大利。"他把处暑以后开坝的建议奏明道光帝,获允,勒石坝首:以后湖涨,但事筑防,不准辄议宣泄,每年必须等到秋谷登场,方可启坝。

四是先闸后坝,分洪减压。为保漕运,每年汛期,运河水涨,必形成漕运官员封闸与地方官员保坝之间的矛盾。由此魏源建议,开坝前须先启闸,以减轻洪水对里下河的压力。在兴化为官3年中,魏源曾上书两江总督陆建瀛,力主先启闸后开坝,得允,使里下河低田得保无虞。

五是改革票盐,筹资修堤。道光三十年(1850),魏源奉命改任淮北海州分司盐运运判。他鉴于当时南课短缺,主张运北盐以协南课,请裁浮费、减官价、杜私贩,进行票盐改革,致使官盐价低于私盐价,销路大畅,收入大增。即筹银20余万生息,为高宝运河两堤岁修之用,解决了高宝运河岁修资费这一大难题,使两堤得以修筑加固。

魏源的治水方略,在一定程度上提高了里下河抗御淮河洪水的能力,减轻了里下河的灾情,但并没有从根本上解决里下河的水患。对此他曾感慨:上游分泄淮水归江之策,下游筑堤束水归海之策,均属劳费难成,殆同画饼,以全局形势通筹亦多致疑难,难以操券。可见要从根本上治理兴化水灾,必须统筹兼顾,对黄河、淮河、运河全面兼治。对魏源来说,虽有经世之策,却无力回天。政危则百事殆,国衰则河政废,这是历史局限性所决定的,不过,他的治水构想却为后人提供了宝贵的借鉴。

新中国建立后,毛主席发出了"一定要把淮河治好"的号召,中央人民政府制定了"蓄泄兼筹,以达根治之目的"和豫、皖、苏"三省共保,三省一齐动手"的治淮方针。江苏省认真组织实施了洪泽湖大堤的加固,兴建了三河闸,开辟了苏北灌溉总渠,整治运河、淮河入江水道和新开入海水道工程,使里下河洪水从根本上得到了控制。魏源的治水构想和他的治水实践永远留在兴化人民心中。

编者按:今兴化市已隶属泰州市,因文中讲到魏源奋力保归海坝、献计加固漕河东西堤等事,故将此文收入。

"万福"桥沧桑巨变

王葆青　王　浩

　　千里淮水,浩浩荡荡,平静中暗藏湍急,奔涌入长江。从扬州廖家沟开始,万福闸而下,河面渐渐开阔,自入江口至三江营水流舒缓地进入近在咫尺的长江。其实,漫长的与河流、桥梁相关的历史,并非只是水流那样"事如春梦了无痕",在万福闸边至今保存着一块完整的石碑,碑立于清同治六年(1867),碑文《重建万福桥碑记》,至今清晰可读,讲述着这座桥和这条廖家沟的历史。

　　该碑详细记录了廖家沟的变迁:"扬郡之东,众水潴焉。廖家沟故细流。"从这里我们发现,廖家沟本来只是很小的河流。但是"凤凰、壁虎诸闸之水汇此入于江,激荡久之。乾隆中岁,阔及四十丈。"广袤的水面初步形成源于淮水下泻的冲刷,"至道光二十年,浸宽百四十丈"。而为了便利交通,"盐商包赵诸姓出资建巨桥,名曰万福桥,为仙女镇入城必经之途"。这就是最初的"万福"桥,这样的名字,寄托了人民对幸福的美好期待。

　　这座万福桥的损毁则是为了阻挡太平军的东进攻势,"咸丰癸丑春,粤寇猝至,当事恐其东侵通泰之境,急檄去桥以遏其锋。"拆除桥梁的组织者竟然是地方政府! 而拆除桥梁的直接后果就是"居人以舟渡,风暴湍急,溺者多矣"。那么多的人在渡河的过程中溺水而亡,失去万福桥的人民体会到的是深重的灾祸。

　　太平天国被彻底镇压后,历经波折,万福桥重建工作被提到议事日程上。曾国藩亲自过问："丁卯夏,节相毅勇侯曾公使李大令克勤来扬勘估修造,而檄余(碑文作者程恒生)董其成。"具体的重建规模和样式碑文中详细说到："桥长百五十二丈有奇,东西建坊二,中建亭二,两坝首筑埽加厢,外植桑柳,恐风浪之冲刷也。"重建工程"前后凡十阅月,工及竣,共用银二万三千余金"。

万福桥重建成功以后,碑文的作者、主管当地水利工程的官员程恒生很感慨地说:"使当日者,兵食豫足,寇来有备,斯桥固设险守国之要也,毁之何为?"认为如果在太平军东进时,政府的武力和资源充足,这座桥可以成为设置险阻保卫家园的要塞,没有必要毁掉。而"毁于一旦,成之必数年矣",对当时的政府提出婉转的批评。程恒生进一步阐明自己的主张:"行见肩摩毂击所至,康庄遍通乎山陬海澨之遐,无籍乎重关复江之险。遵道遵路,奔走偕采。即于斯桥,征其气象,而不徒以舆梁利涉谞有司之职也。"他的目标非常明确:让人流物流所能到达的地方,哪怕山麓海滨那样遥远,都有平坦宽阔的道路可以到达,也不必再凭借重重关塞道道河流的险要,大家都遵纪守法,安居乐业。对于这座桥来说,也是要创造这样繁荣的景象,而不是简单地把建造一座桥,方便交通,就夸耀为政府尽了职责。

这样的主张,虽然具有积极意义,但对于风雨飘摇中的晚清政府乃至后来战火动乱中的民国政府来说,无法实现社会繁荣,人民安居乐业,更谈不上"万福"。国力积贫积弱,最终导致外敌入侵,一场内战损毁了最初的万福桥,那么程恒生督造的万福桥更承受了民族的危难,日寇的暴行。

1937年年底,日寇入侵扬州。就在这年的12月17日,日寇押解扬州百姓充任挑夫挑运货物前往仙女镇,在回扬州途中,就在这座万福桥上,桥的两头架设机枪,屠戮手无寸铁的扬州百姓,除吉家庄卞长福一人急中生智,跳入河中逃生以外,其余419人全部遇难,制造了震惊苏北的万福桥惨案。扬州著名学者陈含光先生在《芜城陷敌文记》中,忠实记录这一事件后沉痛地说:"上悲华夏,内恸友于,旁惨素友,痛当奈何!痛当奈何!苟生亦复何赖?"本来为了便利百姓的桥梁,却成为日寇屠戮中华儿女的屠场。一座寄予了美好愿望和向往"万福"之桥,在岁月的长河中却承载着如此灾难深重的历史。

1959年,为了整治淮河入江水道,控制水位,开始了新万福闸桥的建设,并于1960年拆除了饱含沉痛历史的老万福桥。新的万福闸桥不仅保证了交通的便利,而且拥有了更多功能:排泄淮河洪水入江;拦蓄邵伯湖灌溉水;引江潮补给湖水之不足,改善邗江、仪征两市(区)的灌溉用水条件,同时保持扬州段大运河的通航水位及改善扬州城市用水。在一个全新的中国,在像万福闸桥这样的水利工程陆续建成后,人民开始真正体会到程恒生所期望和梦想的安居乐业,人民寄予美好愿望的"万福"开始降临这片曾经苦难深重的土地。

随着综合国力的进一步提高,为了延长工程寿命,保证水工建筑物安全运用,1986年,江苏省水利厅组织实施了对万福闸桥的全面加固。加固后的桥梁更加宽广畅通,水工程运用更加安全可靠。在改革开放的中国,"万福"真正成为一种现实而不仅仅是美好的愿望。在今天的万福闸桥旁,拥有详细记载着清代万福桥毁建历史的"重建万福桥碑",耸立着沉痛追忆和悼念万福桥惨案死难同胞的"万福桥惨案纪念碑"。我们也有必要兴建一座反映新中国治水成绩的"千里淮河由此入江"纪念碑,从这三块碑上我们将看到中国历史的缩影。

胡裕燕重建军桥闸公所

张锦昌

清朝咸丰末年,太平军退出扬州地区,扬州又进入一个和平发展的社会恢复期。我们现在看到的许多名胜古迹,都是此后同治、光绪年间重建的,今天的许多学校也是在这时期创办的。这时期也出现很多热心为民的官吏,今天要讲的是浙江建德人、署江都县县令胡裕燕(字式嘉),他于同治十二年(1873),在上元县(民国元年并入江宁县)县令任上时,捐钱200千文,加上官民筹集银300两、钱60千文,在南京城西创建义塾。光绪二年,在清河县县令离任前,出版了由他主编的《光绪丙子清河县志》。他退休后,纂修了二十七卷本的《胡氏家谱》,此家谱现在成为各胡氏家谱的海内珍本。他于光绪二年(1876)八月来扬州任江都县县令,六年三月离任,在3年零7个月的时间里,至今留在扬州人民记忆中的有两件事,一是捐钱筹建积谷仓;二是重建军桥闸管理所,将年久失修的闸西北四间管理用房拆除,在闸东南处建砖木结构九架梁三间瓦房。在管理房客厅正堂墙上嵌有白矾石长方形石碑一方,额长78厘米,宽38厘米,厚12厘米,碑中间刻有"军桥闸公所"5个大字,上款为"光绪四年孟夏月穀旦",下款为"知江都县事胡式嘉公祖率众业重建军桥闸所",正书为篆体,上、下款系楷书。

军桥节制闸位于扬州经济技术开发区朴席镇(区划调整前隶属于仪征市)与邗江区瓜洲镇交界处的军桥港长江江堤上,承担朴席、瓜洲两镇相邻地区近3万亩农田的灌溉、排涝及防洪重任。

依据石碑正文记载,该闸始建于清道光二十五年(1845,依据土桥闸碑文)。地基采用梅花形杉木桩。闸底、闸室墙、闸门槽、翼墙、压顶、护坦均采用糯米汁石灰浆砌条石,条石为青石,条石之间凿燕尾槽,用铁键卯榫连接。

闸室墙设两道门槽,备有两套叠梁式木门,一是调控水位差,二是方便闸门维修养护。木门闸枋采用生花旗松,每块长一丈四尺二寸(两端入门槽各六寸,闸孔宽一丈三尺),高八寸,厚六寸(古时 1 木尺合 0.95 市尺),闸枋上、下之间设有阴阳槽,以防漏水。每年用桐油油漆一次。现还有几块闸枋存放在朴席水务站的仓库内。

1983 年将军桥闸改建为 1.2 × 1.5 米方涵,同时拆除年久失修的管理用房。施工期间,附近一村民将拆下来的石碑抬回家砌于猪圈墙上,后又交出,保存在朴席水务站,今已移往扬州市城市防洪工程管理处保管。

吴筠孙殿试论河策

徐炳顺　杨玉衡

扬州市吴道台宅第内存放着一张清代的殿试卷,不少人都难以看懂。

殿试,就是皇帝在殿廷上亲自策问的考试。扬州人吴筠孙于清光绪二十年(1894)应试,当年殿试的内容有治水、稽古、求贤、裕课等六策,其中河策有二。现在我们就吴筠孙在殿试中关于河策的论述解读如下。

一、畿辅治水重于一切,要把畿辅治水放在首要位置

所谓畿辅,就是京城附近的地方。答卷中说"畿辅重地,实惟冀州",即指今河北中南部、山东西端及河南北端。吴筠孙认为,畿辅重地,治水尤为切要。为什么如此强调畿辅治水的重要性呢?他解释"冀州位居上游,兵食宜取",否则要"徒待食于东南"。他以历史上畿辅大兴水利、发展农业而获得粮食丰收的事实,证明畿辅治水的重要。当时漕运已十分艰难,果能实现在畿辅取到兵食,将是一项重大改变。由此看来,这是一个解决漕运困难的颇有战略意义的建议。所以吴筠孙在回答河策时首先讲"畿辅重地,治之由宜切要"。

如何治水,吴筠孙引证了大禹至明代万历时水利建设的事例,其目的一是引起朝廷对水利建设的重视,二是以资借鉴。他说:治水始于大禹。《周礼》记载周和战国时的治水,遂人(官名)采用"一夫有遂,十夫有沟,百夫有洫,千夫有浍,万夫有川",就是说一百亩田有一条宽

2尺、深2尺的小沟（称为遂），一千亩田有一条宽4尺、深4尺的小沟（称为沟），一万亩田有一条宽8尺、深8尺的沟（称为洫），万亩田有浍，十万亩田有川（今天的河网更密），蓄泄得当，不患水旱。东汉时，张堪被任命为渔洋太守，在任8年，劝农勤耕，兴修水利，种稻田八千顷。三国时，刘靖在北京修建车箱渠，在河北岸开水门把河水引入人工渠道内。山洪来临时，关闭水门，洪水流走；平时则可随时开关水门，把水引入田间灌溉，每年灌田两千顷。唐贞观二十一年（647），刺史朱潭开长丰渠、开元二十五年（737）刺史卢晖开长丰渠，均获得丰收。宋太宗和真宗时，何承矩在白洋淀区筑堤贮水，引水灌溉建立屯田。元代郭守敬建议，引大都西北诸泉水，在金国原来运粮河的基础上重加修凿，开通惠河，使漕粮直达京都。明代万历时，天津巡抚汪应蛟筑堤围田，设坝建闸，利用淡水洗碱，种植水稻；申用懋（官至兵部尚书）实地考察水源，因地制宜，兴修水利。据此，他认为要解决东南地区水的丰枯、漫溢问题，用疏引的办法也不难见效。

二、治河要治本，使河水循道入海，为一劳永逸之计

史籍里讲治河的"河"，就是指的黄河。黄河是一条多变的河道，容易泛滥成灾。吴筠孙说"济运莫如导河"，又说"以河流顺轨，漕艘遄行，而咨夫一劳永逸之计"。就是说，把河道疏通了，不仅漕船通畅，还能使河水循着河槽流入大海，这是一劳永逸之计。

吴筠孙在答卷中回顾了黄河的改道和治理的概况。他说，大禹时代，河道为害的不只是黄河。他赞叹大禹导河的功劳，于山西、陕西之间用神斧劈开龙门，以通水道，把水归入大海。他又说，黄河至汉元光时，注入山东钜野，流入淮泗，武帝筑堤导之北行。他赞扬东汉永平时，王景对黄河实施治理，"修渠筑堤，自荥阳东至千乘海口千里"，扼制黄河南侵，恢复汴渠的漕运，取得了良好的效果，偶合禹功。这是历史上最早的一次黄河治理工程。之后，到唐代都未见黄河为害。五代后晋开运年间黄河大水时，淹没汴、濮、曹、单、郓五州境，河流自北而东。宋元丰中，黄河日趋于南，中牟以下夺汴河，徐州以下夺泗水，清口以下夺淮河，而后注入大海，大禹时的河迹遂不可复。因此，他赞同宋代欧阳修提出的"因水所趋、增堤峻防,疏其下游、纵使入海"治河三策,就是疏河减淤,稳定下游河床。随着黄河泥沙淤积,河槽问题日益突出。河道宣泄不可违抗,治河就要按水流由高处向低处流的自然趋势去治理,不可阻断中流。吴筠孙一方面觉得光靠束清、御黄两坝不能达到刷黄目的,何况要经常启闭两坝,才能使河道深通,维持船只常年南来北往;另一方面,吴筠孙也看到高家堰(今洪泽湖大堤)在蓄清方面起到了扼清、黄要津的作用,而且石堤功费浩繁,又多弯曲,指出要慎加保护。

吴筠孙把治河归结为"疏"、"防",这种观点并不错,但又不是那么简单。前面讲到宋元丰时"清口以下夺淮",现在把清口的情况简单介绍一下,就可以知道当时的困境。

清口位于黄河、淮河、运河的会合处,也是漕船出入运河的咽喉,位于今淮安杨庄附近。

"蓄清刷黄"是明代万历时河臣采用的河策,就是加高高家堰(今洪泽湖大堤),蓄积淮水,通过清口时,利用淮水高于黄河,以七分冲刷黄河泥沙、三分济运(水源),确也收到一定的效果。淮水含沙量少,比黄河水清,蓄清就是蓄淮水。"蓄清刷黄"由此而来。

高家堰始筑于汉代陈登,后经明清多次加修,不仅对蓄清起了重要作用,且已成为淮扬屏障,尽管后来蓄清刷黄失效,但改变不了高家堰防洪屏障的事实,因此就必须慎加保护,否则"倒了高家堰,淮扬两府不见面"。

康熙时,黄强淮弱。为解决因黄河泥沙淤积而使清口出流不畅的问题,清初在洪泽湖口开引河出流。为加大冲刷效果,在引河出口处建东西束水坝,西坝御黄,东坝束清。束水坝,即在两岸建石坝,中间留缩窄的出水口门,加大流速;洪泽湖洪水来临时,又拆掉束水坝,控制湖水水位上涨,保高家堰安全。如此交替拆建束水坝。乾隆时将两坝移动,改名束清、御黄坝,相机启闭,用来通漕,颇为有效,受益匪浅。

清口由于黄河泥沙淤积严重,日益淤高,成了河工治理的难点和重点。康、乾多次到此巡视,因此有清一代"治河、导淮、济运"三策,群萃清口,施工之勤,耗费之巨,未有甚过此者。所有这一切都是为了救济运道,确保漕运。乾隆末期,清口淤高日甚,加之天旱,水源缺乏,利用黄河水高于淮水,开始"借黄济运",将黄河的水用来作为运河水源,加速了清口的淤积。嘉庆时,明知借黄济运是饮鸩止渴,但苦于无水源,仍多次借黄济运,清口继续淤高。道光时,清口淤成平陆,黄淮隔绝,淮水已不能刷黄,"蓄清刷黄"也就此失效。束清、御黄二坝之间形成长长一段引河,为道光年间"倒塘济运"创造了条件。

吴筠孙讲"济运莫如导河"有一定道理,但是面对黄河大量泥沙淤积,实在是无奈。吴筠孙生活的年代,黄河已经北去,淮河古道已淤废,导河已非易事。康熙时著名河臣靳辅提出"治河之道,必当审其全局,将河道、运道为一体,彻首尾而合治之,而后可无弊也"。170多年后的光绪朝,此话仍未能实现,不是前人不为,而是难为也。

清光绪殿试时,黄河已经北徙,淮河出路何去?光绪初年"导淮"之议就已迭起,殿试者如就此说上一两句,不仅显示他对河策有所研究,也显示他对当前问题的重视。可惜他对此没有发表意见,应该说是一个缺憾。

坚筑堤防能灌溉、防洪、通行舟船,能安邦定国,使天下和顺,为世人歌颂,这就是吴筠孙对河策作出的正确答案。作为一介书生对治水研究得如此深刻,值得称道。

瓜洲老运口的坍失

葛扣兵

瓜洲,原为江中流沙所积,晋代始出水面,沙渚状如瓜字,故名瓜洲。民国 12 年(1923)《嘉庆瓜洲志》云:"瓜洲虽江中沙渚,然始于晋,盛于唐宋,屹然称巨镇,为南北扼要之地。瓜洲渡昔为瓜洲村,扬子江之沙碛也。或称,亦称瓜埠洲。沙渐长,接连扬州郡城,自唐开元以后遂为南北襟喉之处。"

唐开元二十六年(738),润州(今镇江市)刺史齐浣从瓜洲向北开凿了一条长达二十五里的运河,名伊娄河,又称新河、瓜洲运河。从此京口到扬州的漕船,不再绕道,既缩短了航程,又免除了江上风浪之灾,而且每年的运费大减。李白在《题瓜洲新河饯族叔舍人贲》诗中写到:"齐公凿新河,万古流不绝。丰功利生人,天地同朽灭。两桥对双阁,芳树有行列。爱此如甘棠,谁云敢攀折。吴关倚此固,天险自兹设。海水落斗门,潮平见沙汭。"不仅称赞齐浣开凿伊娄河,还对伊娄河的口门作了描述。

自唐开元以后,瓜洲是漕运的重要口门,之后,历代对口门运道设施不断修建。

北宋时,瓜洲有过扬州运河上最大的堰埭,后又改堰为闸。

明初,瓜洲运河分为三支,形如"瓜"字,后又由此名为瓜洲。中一支阻堤隔江;东一支通江名为东港;西一支通江名为西港,设立十坝,用于漕运。成化十二年(1476),于瓜洲增建留潮、通江二闸。嘉靖四年（1525），又因为成化时所建的留潮、通江二闸已废，将瓜洲、留潮闸向南移，改名瓜口闸。隆庆六年（1572），总河万恭提请建瓜洲闸。自时家洲至花园港（今瓜洲西），新开河六里多长。是年冬，建成两闸，一为广惠闸，又名头闸；一名通惠闸，又名四闸。自此漕船经瓜洲不再盘坝，免去车盘之苦。

清顺治初年，转漕瓜洲，年漕运量400万石。要维持这样大的漕运量，除设置庞大的漕运机构管理外，运口的稳定十分重要。康熙五十四年（1715）江流主流北移，瓜洲开始坍江，通惠闸坍塌入江中。自康熙五十五年（1716）停泊船只的花园港一部分塌入江中，瓜洲城南门外的息浪庵石码头坍去十分之六。

瓜洲是扬州的南大门，运河与长江的交汇口，清王朝是用最大的努力来保护这个运口要地。《乾隆江都县志》写道："瓜洲虽弹丸，然瞰京口，接建康、际沧海、襟大江，实七省咽喉，全扬保障也。且每岁漕艘数

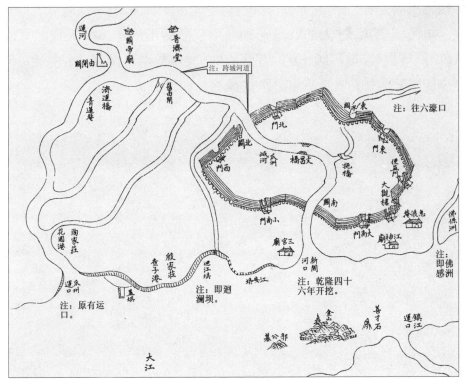

瓜洲城河图（引自《南巡盛典》）

百万,浮江而至,百州贸易迁涉之人,往还络绎,必停泊于是,其为南北之利,讵可忽哉？"

但是,在当时的条件下,不能治理江岸坍塌。乾隆元年（1736）,瓜洲江岸有80丈塌入江中。四十一年（1776）,瓜洲城外殷家庄至回澜坝塌入江中长百余丈,宽40丈,瓜洲城西南角塌入江中40余丈,将城垣向北收缩。四十五年（1780）,瓜洲城西南角塌入江中百余丈,南水关、千佛庵全部陷入水中。五十七年（1792）,瓜洲城南门外的花园港全部塌入江中。

道光七年（1827）,长江江流剧烈地向北岸冲刷,瓜洲城的聚宝门、南门、西门、便门相继塌入江中,城内居民纷纷向城北的四里铺转移。

清政府虽然花费巨资,终未能保住瓜洲运口。光绪八年（1882）,佛感洲有两个圩塌江百余丈。此后瓜洲坍坍停停,停停坍坍。至光绪二十一年（1895）,老瓜洲城全部沉没于大江之中,瓜洲坝闸一股脑儿也就随坍而去。

至民国初年,过去的四里铺逐渐形成新的瓜洲镇。今天我们只能从《南巡盛典》《瓜洲续志》卷首刊载的《大观楼图》《锦春园图》和《瓜洲全境图》等图中一睹当年瓜洲的风貌。

"水利状元"张謇

傅桂明

张謇(1853—1926),字季直,江苏南通人。他是我国科举制度中的最后一位状元,我国近代著名的实业家、教育家,也是水利专家,又是导淮的倡议者和积极推行者。张謇于清光绪二十年(1894)殿试,首先策论的是水利河渠要旨,可称是"水利状元"。

明代黄河全面夺淮以后,淮河水系遭到破坏,入海通道堵死,废黄河的淤高阻断了淮河干流和沂、沭、泗支流。每当夏秋之季,淮河尾闾洪水漫流,给下游人民带来无尽的苦难。面对这样严峻的现实,有感于百姓的深重灾难,张謇从光绪二十九年(1903)51岁时发表《淮水疏通入海议》起,将自己后半生投入到治理淮河之中。其中与扬州有关的事情主要有两件:

一是在高邮创办水利专门学校。张謇认为导淮必先从查勘全流域和测量工作开始。清宣统元年(1909),经议长张謇提议,在江苏省咨议局下设了江淮水利公司。宣统三年(1911)又在江苏清江浦(今淮安)设立江淮水利测量局,调派通州师范测绘科的学生前往,开始对淮、沂、沭、泗诸流、运河、湖泊的河道进行实地测量。后又增加苏州土木工科甲班毕业生,还聘请外国专家开展查勘和测量工作。在实际工作中,张謇深感水利人才之重要,从而倡办水利教育。民国4年(1915),时任农商总长兼导淮督办的张謇,在江苏高邮建立"江苏河海工程测绘养成所",为导淮培养技术人才。这座水利测量方面的专科学校分为本科

（两年制）、速成（一年制）两种。张謇的水利教育思想是超前的、进步的、发展的，他在《河海工程测绘养成所章程》中提出了教育方针：（一）注重学生道德、思想，以养成学生高尚之人格。（二）注重学生身体之健康，以养成勤勉耐劳之习惯。（三）教授河海工程上必需之学理技术，注重实地练习，以养成切实应用之知识。他于职业教育的主张是德、体、智并重。民国8年（1919），学校停办，先后培训126人，为水利事业储备了专门人才。

二是正确处置运河开坝事宜。徐世昌当政时，江苏灌河口之运盐河及清江浦至瓜洲之运河区域年年闹灾，民国9年（1920），已是68岁老人的张謇受任于危难之际，出任苏北运河督办，负责该段运河的治理，奔走操劳，废寝忘食。

第二年8月中旬，连续五天大风大雨，长江、淮河同时涨水，运河堤工告警，张謇率人日夜勘察堤岸，防止出现意外。早在7月下旬，车逻坝、新坝、南关坝已经开启，每秒达四千余立方米的水灌入下游，里下河成为泽国。此时天降大雨，高邮、宝应两城百姓要求将昭关坝打开泄水。但此坝一开，重新筑坝很不容易，上游水势收留不住，易造成来年水枯，而下游本来已经排泄不及，再来新水，受灾势必更为严重。因此下游地区四五千人守在坝上护卫，决心以死抗争。开与不开，一时相争不下。张謇率人前去视察，向下游群众晓以大义，告诉他们要从里下河的全局通盘考虑，通过调查后再作决定。他们一行抵达高邮，沿途要求开坝者将他们团团围住，粗言秽语，乃至推搡，差点动手。张謇等仍不轻易下结论，继续向兴化、东台、海安一带查看。见下游各地，除阜宁较好外，其他各处平均水深六七尺，乃决计打开东台泄水要道王家港，而坚持不开昭关坝。至9月10日前后，水位终于下降了。第二年，适逢大旱，别处只能种黄豆、玉米、高粱等旱作物，高邮、邵伯与淮、扬一带，因宿水未枯，照样栽种水稻，而且长势良好。到了秋天，黄金遍地，产量较往年翻倍。乡民大庆丰收，感谢张謇坚持不开昭关坝带来的好年景。淮、扬两府各县耆老会商，准备集资制作"万民伞"送往南通。此事虽被张謇闻讯制止，但他关心民间疾苦的事迹却不胫而走,流传至今。

张謇为导淮问题奔走 20 余年,限于当时的历史条件,他所主张的水利计划无从实现,但他身上所体现出的敢为人先的开拓精神,百折不挠的坚强意志,泽被乡里的爱民情怀,脚踏实地的务实风范,定将流芳百世。

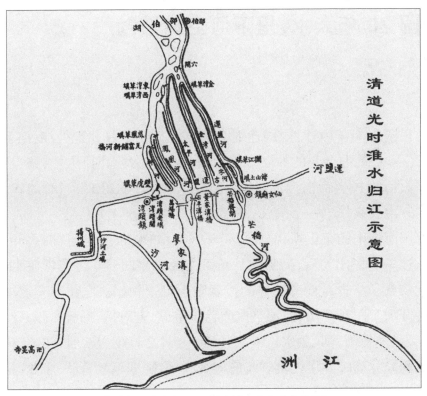

清道光时淮水归江示意图(《淮系年表》附图)

民国 20 年大水，里下河空前浩劫

徐炳顺

　　民国 20 年（1931）霪雨连绵，造成全国洪水。扬州地处江、淮下游，7 月总降水量占全年的 60%。里运河（即京杭大运河）大堤，这个里下河千百万人民生命财产的屏障，危在旦夕。7 月 28 日，当时的省政府第 420 次会议作出一个决议，高邮御码头水位达一丈七尺三寸时，分两次开归海坝中的车逻坝，并规定先开一半，如水位继续上涨时再开另一半。这一决议出笼后，高邮的县长王龙要求立即开车逻等坝放水。而兴化的县长华振及商务团体的代表则亲自率领妇孺吃住在车逻坝上，不许开坝。两县开坝、保坝争执渐趋严重，双方对峙，形势紧张。8 月 1 日，又普降暴雨，河、湖水位继续猛涨。8 月 2 日凌晨 2 时，江苏省建设厅水利局驻高邮办事处接省政府电令开坝，随即率领警队，于 5 时整队前往，里下河五个县的农民，见到警队前来开坝，纷纷跳入运河。当局出于保坝农民的阻止，不得不答应缓开，并将跳入水中的农民救起。水利局即与各县县长、农民代表磋商，商定如今日（8 月 2 日）水位再涨，就开坝。哪知下午 3 时，忽然西南风骤起，河水陡涨，运河危急万分，各县水利局长随同军警前往开坝。保坝农民被迫上岸。正当争执的时候，扬州驻军又派部队前来协助，终于在下午 4 时打开车逻坝。当时数千人以为暂不开坝，回家割稻，保坝的农民只有 300 多人。开坝后，这300 多人莫不挥泪回家。后来水位继续上涨，水利局长茅以升电告危急，要求开南关、新坝。省政府又做了"南关、新坝若水势继续上涨，见

当年灾民栖于树上等待救援

危急时,准予续开坝"的决定。8月4日下午,狂风暴雨,运河西堤多处漫水决口,直逼运河东堤。当日,南关坝坝顶过水,被冲刷成沟槽,抢救无效,不开自溃。自此高邮以南三坝全部打开。坝开后,洪水奔腾,百里声闻,当日洪水就到达兴化,正当瓜熟稻香时的下河地区尽成泽国。

8月20日以后,水势渐落。25日又西风大作,终夜怒吼。26日拂晓,转大西风,浪高数尺,高邮、江都运河东堤多处决口,高邮自挡军楼至江都六闸一带西堤溃决27处(《运工专刊》载26处,后来常称26处),东堤漫水54处,洪水漫流东下,平地水深2~3米,使里下河雪上加霜,到处啼饥号寒。高邮城门紧闭,身强力壮的登上城墙,爬上屋顶,老弱者沉入水中。仅高邮挡军楼就捞尸2000多具。江都县邵伯镇遭灭顶之灾,27日男女浮尸满街飘流,湾头至仙女庙一带运河浮尸盈河。兴化更惨,城内水深数尺,撑船入市,惨状触目皆是。西鲍陆鸭子庄70多户,房屋全被冲毁,有1户7口之家,在洪水中四望无救,求生无路,用绳子把一家人扣在一起,举家为水泽冤魂。逃难者丢男弃女,死于途中的竟无人收敛。

1931年8月洪水浩劫,据当时统计,里下河就有1330万亩耕地受淹,河湖不分,倒塌房屋213万间,350万人受灾,165万人逃荒,死伤7.7万人,单淹死的就有1.93万人,很多人虽然没有被淹死,却被饿死。洪

1931年江北运河决口运东九县沉灾区域图（引自《运工专刊》）

水滞留长达4~5个月之久，不仅秋收绝望，来年也无力耕种，十室九空，田园荒芜。

民国20年大水，天灾耶，人祸耶？

民国10年（1921）也是大水，运河水位超过运河西堤2尺，比东堤堤顶仅低2尺，虽然下河受灾，但没有民国20年损失如此惨重。而1931年8月20日以后运河水位退落，照理形势应有好转，反而灾情更重。水位高、运河堤年久失修、狂风暴雨固然是重要原因，但决策迟缓、不及时抢救、河工人员逃离现场、渎职则是一个致命的原因。

首先是对运堤没有进行春修，按规定运河春修积土、积石、积柴是春修的重要工作。高邮以南积土全无；宝应、淮安一带虽有积土，多半供筑路之用，而且这些积土已达5年，土中的树木已长有二丈多高。水利局账上开支春修费5万元，根本没有积土、备料。二是省政府在千钧一发之际，两次决议没有确定主张，力求诿卸责任，开车逻坝水位原定1丈7尺3寸，7月28日决定开坝时已超过既定水志1寸，竟然拖延6天才开车逻坝，致洪水宣泄不及。而规定开车逻坝时只开一半，此说实在荒谬，坝口一经撕开，必然全部放水，开半坝已为事实不容许。第二次做了"南关、新坝于水势继涨不已，见危急时，准予续开坝"决议，又不果断，延误时间，开新坝后，南关坝坝顶已过水，不开自溃，使上下河皆不能保住。第三，茅以升等又不想方设法抢护，他当时住在邵伯，

8月24日，托故离去。8月25日下午三时，陡起西风，乌云滚滚，风狂雨暴，运堤吃紧万分，当时险象环生，老百姓鸣锣告警，河工人员均不知去向。第四，春修经费不知去向。据当时各县长称：淮安用于加子堰费用3万余元；宝应加子堰费用

2006年，高邮市水务局于当年挡军楼决口处新建祭水坛，以不忘前事和告慰亡灵

0.5万元；淮阴、高邮用的尤少。水利局的夏防费用了33万元。水利局只做了工程的30~40％，其余由县所做。数目相差很大。说它吞没公款没有确证，说它浪费公款，是确实有据。江都公务所所长与高宝段公务所所长于决堤的第二天一起到省里去了。尤为荒谬的是高宝段所长将该所所存公款、账册一概遗失，以致十二万公款无法查考。该人出险之前，已远离任所，账册单据带出，在船上办公，为民众所知，是否蓄意毁灭单据，有重大嫌疑。事后国民政府要求严办水利局长，省政府仅以撤职留任了事。

60年后的1991年，里下河梅雨期降水量在1000毫米以上，兴化达1301毫米，创20世纪之最，远远超过1931年，淮河入江水道行洪10000立方米每秒，长江高潮位接近1931年，而运河堤防安然无恙，里下河虽一度内涝严重，但无一逃荒要饭，没有一个淹死、饿死、病死，涝水很快退去，恢复生产，重建家园，新旧社会真是两重天啊！

1931 年大水中的高邮

廖高明

里下河地区是个"锅底洼",这是众所周知的,原因是洼地周边的河湖多是"地上河",水位总是高于洼地,所以在解放前,里下河发大水一直是个"历史性难题"。

1931 年,淮河流域发生了一场特大的洪水,其范围之广、灾情之重都是历史上罕见的。位处淮河下游低洼的里下河地区,灾情更为严重。高邮位于里下河西侧,面临里运河、高邮湖,首当其冲,受害尤先。

罕见的暴雨洪水

1931 年 6~7 月份,淮河流域连降三次大暴雨,第一次暴雨在 6 月 17~23 日,主要发生在淮河上游的浉河、竹竿河一带,雨量均在 200 毫米以上。第二次暴雨在 7 月 3~12 日,发生在淮南山丘及高邮湖一带,雨量均在 400 毫米以上。第三次暴雨在 7 月 18~25 日,仍发生在淮南山丘区及高邮湖一带,雨量均在 300 毫米以上。高邮梅雨季节以及伏汛期间连续暴雨 50 余天,6 月份降雨量为 209.3 毫米,7 月份降雨量为 607.5 毫米。

由于雨量大,淮水来量多,加上受江潮顶托,高、宝湖水位迭涨不已,浸入里运河,高邮御码头水位一天就上涨十四级石坡,水平东堤堤顶,人坐在堤顶上可以蹚水洗脚,西堤则全被漫掉。

开坝与保坝之争

高邮城以南,有南关、新坝、中坝、车逻四座归海坝,是清代为了保护运堤安全,保持运河水位,保证漕运畅通,解决淮水出路而设置的,它以里下河为壑,一旦开坝,整个洼地就成了泽国。高邮城靠近堤旁,水位几与城齐,万一决口,全城将被淹没,力主开坝。兴化县深知开坝后,受害最深,力主保坝。因此开坝与保坝之争自建归海坝以来屡见不鲜。

1931年7月25日那天,御马头水位达一丈六尺一寸(8.39米),仍猛涨不已。东堤低矮处漫水竟深达一尺多,情况异常危险,高邮人请求开坝,兴化县长及地方代表来邮面求保坝。接着里下河其他各县代表亦陆续来邮,反对开坝。7月28日,经江苏省府委员兼建设厅长孙鸿哲提议,省府第420次会议作出决议:"水位至一丈七尺三寸时车逻坝启土,分两次开放,先开一半,如水仍涨,再开一半。"此事传为一时的笑谈。

车逻坝是个旧式的归海分洪坝,要么就全开,要么就不开,怎么好开半坝呢?这些"整天坐办公室"的官员们还没有弄清楚归海分洪坝是怎么回事呢!当时国民党监察院的调查报告中也写道:"详考《淮系年表》从无开半坝之说,且坝一经启口,无论口之广狭,不久必全部放水,开半坝实为事实所不许。"

开会没能解决问题,上下河人民对归海坝之启闭,争执渐趋严重。高邮县长王龙要求开放归海之车逻等坝以泄水,而兴化县长华振及各团体代表等则亲率妇孺食卧于该坝之上,双方对峙,形势紧张。至7月30日,高邮御码头水位涨至一丈七尺八寸,已超过省府议定开坝水位五寸,省建设厅驻工人员钱家本中午开坝未成,星夜回省报告。8月2日,高邮御码头水位达一丈八尺八寸(9.15米),运堤险段虽经极力抢护,仍岌岌可危。省水利厅驻邮办事处于凌晨5时奉省府电令前往开坝,受到里下河兴化、泰县、东台、盐城、阜宁五县保坝农民的阻拦。后经各县长、各代表与局长磋商,如今日水再增涨,即行开坝。下午3时,忽然西南风骤起,河水陡涨,运堤危险万分,各县、局长即带同军警前往开坝,车逻坝终在下午4时启放。8月4日午后,忽西风猛雨,直扑东堤,形势万急,省水利厅驻邮办事处复遵省府电令于亥时(晚上9~11时)续启新坝。南关坝因被风浪冲击,过水刷成沟槽,抢救无效,无异开放,至是运河归海三坝齐开。

三坝开启以后,湖河水位仍涨如故。三坝完全开放,可行流量4000立方米每秒以上,因当时上游三河来量远大于此,而且还在继续增大,入江水路又不畅,高邮湖河水位依然上涨。8月13日,三河口下泄流量为11120立方米每秒(为该年最大值),8月15日,高邮御码头水位达一丈九尺六寸(9.46米,亦为该年最大值)。高邮曾有数千市民手执白旗向当局示威,要求续启已废之昭关坝进行泄水,呐喊之声如雷。

迷信龟蛇的闹剧

8月20日以后,三河淮水来量减少,高邮湖河水位开始下降,至23日,高邮御码头水位下降至一丈九尺一寸(9.30米),高邮城市民喜庆水落灾轻,特在火星庙、七公殿等处搭台演戏酬神。当时有些人迷信龟蛇,拜水蛇为"龙王",乌龟为"大元帅"。捉了五条活蛇,装入缸中,高台供奉,香火日夜不绝,求龙王保佑。全城到处锣鼓喧天,钟磬齐鸣,香烟缭绕,祈祷之声不绝于耳。当时国民党当局不积极组织民众抢险抗灾,视迫在眉睫、势若悬盆的洪水于不顾,在20世纪30年代,演出了如此一场迷信龟蛇的闹剧,真是可悲可叹。

一场空前浩劫

8月25日,高邮御码头水位9.27米,下午3时,西风陡起,乌云滚滚,风狂雨骤,运堤吃紧万分,灾难即将来临,全城处于极度恐慌之中。傍晚时刻,河工人员均已不知去向。高邮县各界人士雇带民夫分段择要抢险,以蒲包、麻袋装土,抛入危险地段。谁知刚投入水中,即被巨浪卷走。至夜晚11时左右,风势更大,风力达5.5级,继而骤雨肆虐,一日雨量竟达102.3毫米,运河水势陡涨,日间所加子堰完全被风浪卷走。当时一浪冲来,抢险人员已难立足,遂又加雇民夫拼命抢救。26日凌晨2时,忽又转西北风,风势更狂,雨势更骤,风力达6.3级,高邮湖发生湖啸,只见茫茫波涛由西向运堤直冲过来,以致全堤漫水。至晨5时,城北挡军楼、庙巷口、御码头、七公殿等处运堤先后溃决,决口宽度或十数丈,或二三十丈,挡军楼决口最巨,竟至一百六十六丈。顿时波涛汹

■ 25 日，降雨 102.3 毫米，风力 5.5 级；
■ 26 日，风力 6.3 级，晨 5 时，城北挡军楼等处先后决溃。

1931 年大水，高邮城北挡军楼等处先后决口　杨玉衡摄自高邮水鉴馆

涌，直扑城北、城东而来，声似山崩地裂。人们从睡梦中惊醒，扶老携幼，哭声震天。

人烟稠密、商店林立的闹市——挡军楼一瞬间变成白茫茫一片。不及入城者，尽被水淹死。北门大街街西一户秦姓的杂货店，街东一户邵元兴米店，两户共有十多口人都被洪水冲得无影无踪，全镇人被波浪卷没的达数百户。

当时决口洪流湍急，运河内五华里的船只都被巨大的漩吸力卷入决口处冲毁，船民也伤亡不少。泰山庙附近居民纷纷逃往东山之巅，有不少人因奔赴不及而被迅猛洪流卷走。北门外街近城一带居民齐奔城门口，拥上北门吊桥，压断桥梁，溺水者亦为数不少。死人、死牛、船板、屋架、家具等随水漂流，惨不忍睹。据后来统计，仅高邮城北就死亡、失踪了一万多人，在泰山庙附近捞尸两千多具。

人民怨恨难平

对于国民党当局不关心人民疾苦，不积极治水，以致酿成这场千古奇灾，人民群众表示了极大的愤慨。

9 月 4 日，上海《新闻报》刊登了高邮县灾民致国民政府及民众团

体的《通电》，向全国发出呼吁："溯自改革以后，运堤失修，每遇盛涨，坝水不能畅泄"，"加之水利当局，以自便私图，提取新、旧案亩捐，以任意挪用"，"春修更吝费失时，夏防则土料不备"，"逮至湖河泛滥，建设厅长孙鸿哲过邮，地方团体方欲面陈一切，乃竟拒而不见。驻防工员……盲人瞎马，平日夜郎自大，一味捃勒金钱，防护因无常识，抢险不知重轻。其最可痛者，就老堤身后，挖土用加子堰，挖实补虚，修防大忌。凡此皆为促成各处溃决之重大原因也。大孽既作，相率卷款而逃，吾邮何幸，遭此人祸，委为天灾，讵非呓语？"高邮人民的痛彻陈词，得到全国人民的同情。《最近百年来江苏水患考略》一文说："愤激之余，所言或不无过当，然若纯委天灾，无与人事，恐亦未必尽然。"

1931 年，苏北一带已开始有共产党的活动。是年，上海大夏大学地下党员徐平羽以组织员的身份来高邮开展工作。1932 年春，徐平羽组织难民在泰山庙召开水灾中死难者追悼会，向国民党当局提出"是天灾还是人祸"的责问，并组织群众进行示威游行。

新中国建立后，党和政府十分重视里下河水利治理，一方面不断疏浚整治河道，加修圩堤，新增排灌动力；另一方面，从保护的角度开发治理湖荡湿地，开辟滞蓄洪区，经过几十年治理，如今里下河蓄排能力大为提升，难得再见严重涝灾了。

宝应段运河的整治续建

柯敦弘　徐少奎

　　我们现在所见到的宝应大运河是新中国建立以后整治过的大运河。此处,明代弘济河的遗存尚可分辨。

　　宝应县境内运河长 40.5 公里。东堤,北起小涵洞,南迄子婴闸,42.1 公里;西堤,北起北运西闸,南迄子婴闸对岸,38.4 公里。

　　新中国建立前,里运河宝应段,河底高程在 2.5~2.9 米之间,堤距70~90 米,正常水面宽 30 米左右,最窄段约 20 米,能通航 50 吨木船,在枯水期,时常塞档,分单、双日上下行驶。东堤堤顶高程 9.8~10.2 米,顶宽 10 米;西堤堤顶高程 9.5~10 米,顶宽 4~6 米。河道狭窄,河堤卑矮、陡立单薄,泛风迎溜、渗漏窨潮严重,又因遭受战争创伤,留下多处明碉暗堡、弹坑战壕和无数大大小小的缺口,可谓千疮百孔。

　　新中国建立后,党和政府对运河的修建非常重视,国家投入重点资金,除逐年进行除险加固、绿化,兴修涵、闸、洞外,特别是 1959 年和1982 年,组织民力对里运河进行了两次规模较大的续建整治,使河、堤有了很大改观。如今的里运河,河床底宽 70 米,河底高程 2 米;东堤顶宽 23 米,顶高程 11~11.5 米,西堤顶宽 6 米,顶高程 12 米,能挡御大运河水位 9.5 米不出险,已是一条水陆交通、南水北调、防洪、灌溉、综合经营等多功能综合性的河道,它为宝应经济社会的发展提供了可靠的支撑和保障。

除险加固

1950 年春,扬州段进行里运河河堤修筑。宝应县运河东堤全面加高 0.4~0.8 米,做土方约 25 万立方米。1951 年 2 月 15 日 ~4 月 10 日到堤民工 2.85 万人,对运河东堤又进行帮坡加固,完成土方 122 万立方米。

1954 年,大洪水。里运河宝应段东西堤均受威胁,险情相当严重。8 月,宝应站最高水位 9.74 米。全县人民投入抗洪斗争,经两个月奋战,保住东西堤安全渡汛。

1955 年春,对运堤进行全面修复加固,重点是运河东堤的除险加固,完成土方 35 万立方米。

1956 年 2 月起,对东堤东坡渗漏窨潮严重段进行切坡翻筑,历时 3 年结束。

运河东堤堤身内部有埋棺、动物巢穴、树根腐存等隐患,采用大堤打锥探查灌浆的方法,组织人工,用直径 18 毫米,长 7~9 米的钢钎进行锥孔探寻堤内隐患。1957 年 3 月,组织 20 人的锥探队,常年进行,从宝应城向南,在东堤东肩口、堤坡、下脚三条线锥探。经锥探发现,范水向南獐洞、杨洼子一段棺枢形成的窟窿较多,其他零星间断发现树根腐存等隐患洞陷,随之锥孔灌浆,至 1958 年春结束。

1964 年起至 1970 年初,为防御高宝湖的风浪袭击和机动船船行波的冲刷,对新筑西堤西坡及河床两岸陆续建成块石护坡,工长计 47434 米。其中:西堤西坡,高程 6.5~11.5 米,实砌长度 20327 米;西堤东坡,北自山阳闸渡口,南至子婴闸对岸,底坎高程一般为 5.5 米,顶高程为 8.5 米,实砌长度 15853 米;东堤西坡,北至小涵洞,南至丰收洞北,底、顶高程与西堤东坡相同,实砌长度 10900 米;东堤东坡脚,小南门至县麦粉厂,砌石墙 354 米。

1966 年后,在"文革"中,群众私自扒毁块石护坡达 1.7 万多平方米。重点是西堤西坡,搬走块石约 6000 多吨,用于砌猪圈、垫码头、铺门台、筑墙基等。1975 年,经报省、市批准后,与有关社、队配合,进行大清还、大整修,使石坡面基本恢复原状。

1969 年,在郎儿洞别甲墩处,发现堤内有废洞,用锥探探明位置,人工开挖后填土夯实封闭。

1976 年 7~11 月,据测报,宝应处于郯(郯城)溧(溧阳)地震带内,情况紧张。宝应县动员民力 3000 人,驻堤防守,结合加固险段。刘家潭、颜家塘、黄浦闸塘、宝应船闸南等处,在东堤东脚下填塘固基,帮宽下脚做成平台;蒋家湾、槐楼湾两处弯道、帮背水坡培宽堤顶,计完成土方 76.2 万立方米。沿运闸洞皆备足积土、草包等,以备抢险堵闭。

1983 年春,对中埝切除工程遗留问题,进行平整清理,开沟、平整工棚区 75 万平方米。平整东堤西坡、西堤外弃土、筑堤顶、平台肩口挡水子埝,挖顶面纵横排水沟,计做土方 4.8 万立方米,并在东堤西坡每隔 100 米做钢筋混凝土排水槽一道。1990 年后,逐年对里运河宝应段进行防汛岁修和应急除险。对东、西堤进行块石护坡翻砌、灌浆密实、深塘填复、白蚁防治等修复工程。

为巩固堤防,在续建和整治中,拆迁清障、安置方面也做了大量工作。1950 年汛期,水情紧张,东堤临城段需要加固、民房大量拆迁搬让。1959 年,移建西堤,拆迁老西堤上及堆土区范围内的住户 1000 多户,草瓦房 3000 余间。1964 年,临城段改建东堤,拆迁公私房 105 间。1967 年又一次拆除部分后建的公私房。1982 年中埝切除工程中,东西堤拆迁公私房 2367 间,国家补助拆迁费 78.07 万元、附属设施赔偿 128.64 万元,并在中港乡红旗村征用农田 50 亩作拆迁安置。

河道整治

1959 年运河整治工程,宝应县境内的里运河段设计标准:河底高程 3.2 米,底宽 45 米,两岸坡比为 1:3;临城段为扩宽港池、建筑码头,底宽 70 米(包括航道)。通航能力 1000 吨船队,泄水能力 350 立方米每秒,堤防设计最高水位 9.3 米。

这次工程的做法:在老西堤以西开新河筑新西堤,堤顶高程 12.5 米,顶宽 6 米,迎河面堤坡 1:3,在高程 7.5 米处留有平台,宽 10 米。迎湖面,在宝应湖穿运地涵以南,堤坡 1:3,在高程 8 米处加筑防浪林台,宽 50 米,坡度 1:5;以北,除满足筑堤土方外,多余的土筑平台,其高程宽度各段不一。竣工后,老西堤还残留在新老运河之间,称为"中埝"。老东堤为淮扬公路,这次整治时仍保持原状。

宝应县参做这次工程分两段:南段,范水至界首,长度7.3公里;北段,南闸至叶云洞,长度14.5公里,上工人数3.5万人,农闲最高达4.9万人。1958年11月正式开工,1960年5月竣工,计完成土方1044万立方米。宝应县境内还有南闸北至范水一段14公里,土方335.8万立方米,由高邮县出动民力2.1万人同期进行。

由于新开航道,移建了西堤,被废为中埝的老西堤上的8座闸洞(叶云洞、叶云闸、王翯洞、梁淮洞、北闸、南闸、瓦甸闸、七里闸)均随工拆除,同时在新西堤上兴建山阳闸、中港船闸、中港洞、瓦甸洞。在东堤上兴建跃龙洞、新民洞、丰收洞,以改善灌溉和航运。这次工程完成后,使里运河提高了输水能力和通航能力。

时任扬州地区水利局局长的金子平赋诗《里运河整治》:浅湾矮狭变新颜,堤似金汤河凿宽。西御淮洪安九县,南输江水过三潭。千车万楫穿梭过,大闸长渠送水繁。两岸林荫垂绿柳,五湖烟景画中看。

中埝切除

为适应国民经济发展以及北煤南运、江水北调的需要,需扩大航运和输水能力,同时加固运河堤防,培宽淮扬公路,1982年冬,江苏省举办里运河整治工程,按二级航道标准,人工拓浚。

施工工段,由淮安运南闸至宝应县宝应湖穿运地涵,全长51.89公里。民力动员:淮阴、扬州、盐城三区,26个县24万人。于1982年10月15日开工打坝,10月底断航,11月15日全面开工,12月23日竣工,共做土方1093万立方米。宝应县工程团工段在宝应大桥南北,出民力7772人,完成土方31.42万立方米。这次工程,宝应县境内的河床标准:河底宽70米,底高程2米;临城港池段(中港船闸与宝应船闸之间)938米,河底扩宽20米,底高程3.5米。河坡:高程6.5米以下为1:5~1:6.5米以上,电厂向北为1:8;向南为1:2.5。绝大部分的出土填平老运河,扩宽青坎,培厚东堤西坡、扩宽路基达23米宽。

在中埝切除工程中,由宝应城南至南窑镇南段,于河底高程1米处发现以排桩和砖石柜为主的古运堤工程，断续出露，4 次横穿河床，南北蜿蜒达 9.85 公里。究其平面位置，足以说明宝应段明代时的河身与今天的运河线路基本相符。

工程完成后，为防止风浪及机动船行波对两岸的冲刷，在高程 5.5~6.5 米处继续进行块石护坡工程。电厂以南至宝应湖穿运地涵为血吸虫防治区，采用干砌块石混凝土灌缝，两岸计长 42.98 公里；以北至淮安县交界 13.9 公里为干砌块石；大兴洞对岸，青坎陡立段，在高程 6.5~8 米增做一段二级坡，干砌块石 1.34 公里。以上石护坡比均为 1：2.5。由宝应县中埋切除工程施工处负责组织 11 个乡级建筑站 2200 多人，1983 年 3 月开工，1984 年 1 月竣工，出勤总工日 175946 个，完成块石砌体 84745 立方米，卵石垫层 20667 立方米，土方 197249 立方米，投资经费 388.14 万元，在工程施工的同时，为堆放弃土，西堤西坡在水上新村向南防湖浪的块石护坡，被拆除 503 米。

为利用运西南闸维持南北航运，运西南闸向南段，在中埋切除工程中未采用人工开挖，于 1983 年冬，扬州地区指挥部组织挖泥机船，按标准挖足。

这期工程，安排宝应大桥一座，为解决城乡供水，增建八浅洞；开挖沿运部分地区的引水河道，增设了城区自来水厂供水管道。临城沿运河边 38 家企业自建石驳岸 6479 米，码头场面 223500 平方米，使里运河宝应段旧貌换新颜。

原扬州地区水利局副局长、江苏省治淮扬州分指挥部副指挥王家骥赋诗《颂大运河宝应段新貌》：改天换地易春秋，一扫洪旱千古愁。巍巍长堤蛟龙锁，层层绿荫伏飚头。莫道人力胜天假，且看长江水倒流。湖光映月伴渔火，流涛耀日入田畴。更喜虹闸贯上下，车水马龙达九洲。昔日夏种难安寐，红旗底下说兴修。

时至今日，宝应段运河河道达二级航道标准，可以通过 2000 吨级船舶，年单向通过能力可达 2000 万吨，输水能力达 400 立方米每秒。是淮水南下、江水北调的输水干线；也可以调节白马湖、宝应湖的水量。东西堤为里下河和宝应湖、白马湖地区的防洪屏障。东堤顶为淮扬公路,有闸洞 13 座、船闸 1 座。西堤有闸洞 3 座、船闸 2 座、节制闸 1 座、宝应湖穿运地涵 1 座。宝应城有跨里运河大桥两座。里运河千年流淌,历经沧桑,从春秋到民国,从邗沟十三变到运河成功渠化的两千多年间,世世代代劳动人民,特别是建国后宝应人民,为之作出了巨大的贡献和牺牲。

宝应中埂切除施工现场　　　　　　　摄影:吴惇

"沤改旱,必讨饭"吗

廖高明

水乡洼地建国前"十年九淹",从事旱谷作物种植只能"望天收",沤改旱就成了最佳选择。

高邮运东位于里下河地区,是淮河流域最低洼的地方,一般地面真高在2米左右,最低的只有0.8米,正常年景,里下河最低洼的兴化县汛期水位约在1.5~1.7米,高的在3米左右。民国20年(1931)大水,兴化水位曾达到4.6米,低洼地区农田常年围水。同时由于里运河堤经常溃决,淮水多次泄入里下河地区,使之成为一个"水柜子"和"水囤子",耕地长年泡在水里,形成有名的老"沤田"。

建国前,农民种田主要依靠一些小圩堰挡水,这些小圩堰有圩名而无圩形,且渗漏严重,一般年份在2米以下的田面根本无法生产,2米以上的也经常受淹,生产上毫无保障,群众称为"望天田",秧一栽下去,就去江南打短工,做小生意混生活。

建国以后,里下河地区人民在党和政府的领导下,积极开展治水改土斗争,广大群众认识到:"多收少收在于肥,有收无收在于圩。"不修圩堤农业生产就没有保障。从1962年以来,高邮县各乡村每年都要出动近10万人,完成数百万土方,大搞圩堤修复工程,经过连续数年的努力,把2000多个支离破碎的小圩联并成217个大联圩,新筑圩堤2000多公里,使圩堤的御涝能力得到增强。

水利建设事业的发展,还促进了里下河地区土壤的改良和耕作制度的改革。高邮市运东 125.9 万亩耕地中,有各种沤田 78.6 万亩,均以种植早籼稻为主,少数田在早籼稻收割后,栽一季晚水茨菇或荸荠。单产很低,土地利用率不高,碰到好的年景也不过是"老三石"(450 斤)。由于地面低洼,经常发生涝灾,十年九不收。群众说:"一年一熟稻,十年九受涝。"过去种这种老沤田,主要依靠人拉犁进行耕秒。秋春耕秒六交,以加速稻草等有机物的腐烂分解,借以恢复和维持地力。里下河地区过去一直有"犁八升"的说法,就是说一张犁一人扶三人拉,田里淤泥深齐大腿,每天要吃八升米(6 公斤,每人 1.5 公斤),劳动强度很大。贫苦农民成年累月泥里来水里走,沤烂了脚,泡破了手。从旧社会过来的老农民说:"过去拉沤田是人做牛的生活,春天拉田腿上冒血珠,要裂一丈二尺长的口子(指裂了许多小口子),大米饭好吃,四十五天春风难挨。"

多少年来,里下河地区人民渴望着能把沤田改成稻麦两熟的良田,曾经过了多少次尝试,结果都失败了。1950 年,高邮县张轩乡曹正兴将一块 5.6 亩的沤田进行沤改旱,种上了麦子。这块田两边靠水,夹在水的中间,渗漏严重,积水不易排除。麦子长得不好,只好回秒。由于当时还是小农经济,个体生产方式,抗拒自然灾害的能力低,因而使群众对沤改旱产生畏惧心理,其至认为"沤改旱,必讨饭"。以后由于水利建设事业的发展,为里下河人民彻底改良历史上落后的耕作制度创造了条件。为了改革耕作制度,充分利用水、土和热量资源,提高复种指数,挖掘农业增产潜力,在以治水改土为中心大搞农田基本建设的同时,改革农业生产中耕作栽培制度,进行了沤改旱,增加复种指数,提高粮食单产量。经过 20 多年的努力,至 1975 年已基本上将一熟老沤田全部改成稻麦两熟或三熟的良田。

高邮的沤改旱工作,大体上分三个阶段。

第一阶段,从 1950 年到 1965 年,是典型调查、总结经验、试行推广阶段。这 15 年间全县共沤改旱面积 23.7 万亩。1955 年,华东农业科学研究所和江苏省农业综合试验站联合组织苏北里下河地区水稻工作组,对高邮进行沤改旱的调查和研究,总结沤改旱的经验,提出沤改旱的技术措施。重点抓两条:一是降低地下水位,抬高田面;二是增施磷肥,实行水旱轮作。同年 8 月,工作组会同高邮县农业局在张轩乡何庄农业社进行了沤改旱试点。实践证明,只要田间管理好,排水系统好,有足够的肥料,加上改进耕作技术,二熟田产量肯定会比一熟田产量高,因而推动了沤改旱的进程。1956 年冬,全县计沤改旱面积 2.02 万亩。在沤改旱过程中,部分地区由于没有注重成框成圩,没有建立高标准的水系,以致改旱后麦子减产,出现回沤现象。据统计,从 1961 年到 1964 年间计回沤面积 2.72 万亩。在认真总结沤改旱正反两方面经验的基础上,1965 年秋,高邮县政府又在张轩公社唐墩圩的张轩、卞阳、何庄、张庄等四个大队搞 1400 多亩沤改旱的试点工程,动员 1100 多人进行加圩、挖河、开沟、筑渠和建筑物配套,搞好田间灌排水系。通过以点带面,全公社沤改旱运动迅速全面推开。这一年,该公社计沤改旱面积 1.5 万亩。

第二阶段,从 1966 年到 1970 年,是全县沤改旱大发展的阶段。通过张轩公社沤改旱的试点,认识到要搞好沤改旱必须要做好四个方面,一是要成圩口、成片大面积地改。二是要圩堤巩固,能防御一般的洪涝灾害。三是要有三沟配套、能灌能排的水系。四是要有一定的排灌动力,能排田间积水和内涝河水。高邮县政府组织各区、公社干部到现场参观,为全县全面推行沤改旱作好思想上、措施上、物质上的各项准备。1970 年底,全县沤田基本上都已改成稻麦两熟田,这五年间计沤改旱面积 53.35 万亩。

第三阶段,从 1971 年到 1975 年,是巩固和扫尾阶段,一方面巩固提高已经沤改旱的成果,一方面将零星分散的沤田全部改成稻麦两熟田,这一阶段共完成沤改旱面积 1.56 万亩。至此,改变了祖祖辈辈以来人拉犁的历史,并为进一步发展"双季稻"、三熟制和农业机械化创造了条件。

建国后,高邮人民进行的沤改旱工作很有成效。里下河,这个过去被称为"水晶宫"的老灾区,如今已面貌改观,新筑的圩堤像一道道城墙屹立在水面上,新开的河道像一条条玉带伸向远方,闸、站、桥、涵星罗棋布,圩边渠旁绿树成行。这里多灾低产面貌已得到改变,农业连年丰收,现已成为江苏省第二个商品粮基地。

60 年前,扬城半郭都"治淮"

姜 涛

"一定要把淮河修好",这是毛主席 1951 年发出的伟大号召。中国治淮 60 周年纪念大会近日在安徽蚌埠举行。地处淮河入江水道口门的扬州,经年承担着治理淮河的重任,经过 60 年治理,淮河入江水道扬州段特别是里运河段,如今已经成为国家南水北调东线输水通道,南来北往水运要道。除了保障沿线 1500 万亩耕地灌溉外,每年还输送逾千亿立方米的扬州水北上,苏北运河货运量超过 1 亿吨,入江水道又成南水北调"清水走廊"。

东关街:苏北治淮工程指挥中心

据老水利工作者、水利专家陈泽浦回忆:1951 年 5 月毛泽东主席发出"一定要把淮河修好"的伟大号召,同年 11 月成立苏北治淮工程指挥部。次年 1 月更名为苏北治淮总指挥部,6 月从淮安迁驻扬州。总指挥部就设在东关街 282 号大院内。一时间,中外专家云集,街上车水马龙,东关街一跃而成为苏北治淮工程指挥中心的所在地。

在那难忘的年代里,苏北人民为了发展农业生产,医治战争创伤,治淮工程风起云涌,全面展开。仅在 1952 年一年中,就开工九座规模巨大的大型闸坝工程。其中有:全国闻名的三河节制闸工程、高良涧船闸工程、苏北灌溉总渠配套的六垛南、北闸工程、淮安枢纽船闸和节制闸工程、通扬运河出海的小洋口节制闸工程、里运河向通南输水的邵伯节制闸工程和沟通通扬运河与里下河航运交通的泰州船闸工程等。

而这些工程的规划、设计及施工指令，都是从东关街苏北治淮总指挥部发出的。有关这方面的工作内容还有很多很多。从这个意义上说，扬州东关街与苏北治淮从此结下了重要的历史渊源，为苏北治淮作出了巨大的历史贡献。

东关街282号大院，位于东关街北的中段，坐落在安家巷丁字路口的西侧。据当地老人说，大院是扬州一位盐商尚未完全建成的私家院落，南为宅第，北为花园，和个园布局类似。广场迎面，坐北朝南，有一幢五间两厢别墅式的独立庭院，为总指挥室；院东有两座四开间窗明几净的办公楼，前楼为指挥部计划、财务处，后楼为工务处；指挥室后新建一座白色五开间大厅，为总工程师室，苏北治淮工程的大部分规划、设计蓝图，均从这里作出，当时苏联援华水利专家布可夫也曾到过这里；南面临街处，坐南朝北，有一排高堂大屋，为指挥部政治部所在地；总工程师室后，地势略低，原为未建成的后花园旧址，以后被指挥部规划为员工宿舍区，盖起了一大片整齐的房屋。

陈泽浦说，在那火红的年代里，扬州市委市政府为了更好地支持治淮工程，还将安家巷至北城根（现为盐阜东路）方圆约有六十多亩土地，连同准提寺一并划给治淮，作为总指挥部用房和建设基地。指挥部专家进行了全面规划，大量植树绿化，积极美化环境，并开始了第一期工程。院内兴建了当时具有较高标准、并富有民族风格的治淮大礼堂，一段时期扬州机关的许多大的活动，几乎都在那里举行。治淮大院内，还建了两座办公大楼和十几幢有一定规模、面积较大的教室和办公用房。

治淮指挥部在扬机构的驻地，都是以东关街指挥部为中心，分布在"双东"四周街区，其中在治淮大院以北，建有工地医院（后来为市第四人民医院）和勘测总队基地。治淮大院以南，建有治淮招待所和基建工程处东关街职工宿舍大院等。与此同时，指挥部对扬州地方水利、城建、道路、桥梁配套等方面，也均有较大帮助和支持。1956年省治淮指挥部迁往南京，但大部分下属单位仍留在双东地区。这在建国伊始，百废待兴时期，省治淮进驻扬州，对当时"双东"地区的民生、经济和知名度的提高,都是一次很大的推动。

里运河东堤为镇国寺塔让道

84岁的老水利专家陈泽浦此生注定与治淮有一种必然的联系。他的名字叫泽浦,就与水有关;19岁时高中毕业,他读大学,就是国民党办的"导淮委员会高级水利职业学校",当时水利部长沈百先任导淮副委员长,兼该校校长。

陈泽浦一开始工作就参与了修建泰州闸,这也是治淮一个重要工程。他后来被调至扬州市水利局"里运河整治工程指挥部"工作。大运河是淮河入江水道的南干渠,当时一个重要的目的,首先就是要保护里下河人民生命财产的安全。而那时里运河现状是狭窄弯曲,"界首运河最窄处,连狗都可以跳过去",马棚湾、清水潭被说成是"龙王的龙宫",各有2000亩大小,深不见底,险象环生。为了彻底改变里运河汛期"三年两决口"的局面,专家们大胆决定重建新东堤,即里运河北段26.5公里高邮老船闸到界首处,这一工程需要挖掉1/4的高邮城,这是扬州治淮的第一仗,第一个真正意义上的大型工程,当时共耗费资金2000万元,相当于现在的20亿元人民币。

在抽排清水潭积水时,居然潭深至20多米,有10层楼高,当水终于抽干时,几十万民工、家属都跑来看个究竟,看看"龙王"的家到底是怎样的。群众纷纷议论道:共产党真伟大,连龙王也要低头!

大堤要穿越马棚湾、清水潭是非常困难的,因为当土覆盖到淤泥上时,马上就会坍塌下来,土根本站不住脚,这就是所谓的"圆弧滑动"。当时一个叫许洪武的工程师技高胆大,经过上千次运算,决定采用"复式断面"方法,基础宽至200米,按照1:3比例进行层层叠压,土再堆上去时,就再也滑不下来了,第一年就达到了12米标准高度,前面还围上了子堰。

陈泽浦回忆起当年保护高邮镇国寺宝塔时,印象特别深。要拆除宝塔的主要是工农干部,主张要保护的主要是一些具有一定文化知识的领导干部。有人说:"要建设新世界,就要打破旧世界,人定胜天,宝塔是封建迷信。"另一派则认为:"宝塔是珍贵的历史文化遗产,绝不可割断历史。"不知开了多少次会,常常是从天黑一直争论到东方既白,灯油都添了好几次。当时扬州地区专员公署副专员、里运河工程指挥部指挥殷炳山和高邮县委书记夏雨最后拍板,终于保住了宝塔,而壮观的镇国寺却被拆除了。

当时宝塔上长有一棵桑树,本是小鸟衔来的种子,时间长了,就长成了一棵大树,为了保护古塔,将树刨掉了。唐代宝塔终于得到了延续。

讲述中,陈老无意按了一下胃。记者问及这胃病是怎么得的?他说,1958年当时要"放卫星",24小时开工,夜里也要查工程。睡觉就在四面透风的工棚里,外面多冷,里面多冷,被子是发硬的,睡到早上都没有暖和气,而眉毛上却结了一层白霜,吃饭就在风里头,冰冷的饭让胃怎么受得了啊?结果就得了胃病。

老人对此并无怨言,他觉得那是一段激情燃烧的岁月。每当读到毛主席诗词"为有牺牲多壮志,敢教日月换新天。喜看稻菽千重浪,遍地英雄下夕烟",老人都颇多感慨。

百万民工"重新安排山河"

宝应县柳堡镇夏心怀老人已经78岁,头发已经花白,但精神矍铄,回忆起治淮情景,记忆犹新,他们当时被"重新安排山河"的改天换地精神激励着。他说,当年治淮,人们争先恐后,踊跃报名。隔壁左堡村有个二十几岁的青年,才结婚没几天也要去上河工。村里考虑到他新婚期间,开始没有同意。他每天每日缠住干部,非要去不可,拦也拦不住,后来村干部只好同意了。这个青年投入治淮行列,一直干到工程结束,才回家与妻子团聚,这件事在三乡五里传为美谈。

1953年修建三河闸,县里共去11100多人,浩浩荡荡,气势非凡。民工任务主要是挖河筑堤,挑土抬土。天麻麻亮上工,晚上天黑乎乎才收工,披星戴月,扁担头上带霜。住的"滚地龙",下面垫柴席、稻草。寒冬腊月,冰封雪飘,土坚地硬,大锹挖不动,就用镐头一点点地刨。一担土百十多斤,挑到堤上要爬几个坎子,上来下去,气喘吁吁,腰酸腿疼。挑一方土仅几毛钱或斤把米,收入微薄。早晚喝稀饭就咸菜,中午吃干饭,一碗白菜汤,生活相当简单。就这样,没人叫累,无人喊苦,大家虽苦犹荣,有人时不时哼几句家乡戏。

哪来这么大的干劲？他说:"刚解放、才翻身,老百姓特别听党的话,哪个不加紧干、加油干,完成任务早日回家过年呢？三河闸工程原期限三年,结果8个月完成了。"据了解,治淮那些年每个县的常备民工就达到二三万人。

扬州治淮是全流域最艰巨的,这里处于淮水末端,水量最大,水位最高,险段最多,是国务院挂牌的防汛重地。扬州民工的付出是巨大的,永远值得景仰。

每年冬春季节,农村都要有许多青壮劳力上水利。他们长年累月背井离乡,生活艰苦,劳动强度很大。20世纪60年代,国家民政部长谢觉哉曾到扬州来过,他听到汇报后,感慨地说:我们伟大的祖国,正是由于这些农民的肩膀,扛退了洪水,挑来了水源,挑出一片红彤彤的新天地。

沤改旱、旱改水,荒丘变绿野

陈恒铼

"水利是农业的命脉",这是 20 世纪 50 年代以后水利工作者耳熟能详的一句话。我们在搞农田水利建设过程中,也深切感受到农田水利在中低产田改造中发挥的重大作用,为农业增产作出的巨大贡献。根据土壤普查,扬州地区(含现泰州市范围)原有中、低产田面积 436 万亩,占总耕地面积的一半左右。圩区的塘心田,冲地的冷浸田,山区的坡耕地,平原的龟背田、实心地以及盐碱地、砂礓地等,都属于中、低产田。这些田产量很低,中稻亩产只有 300~400 公斤,小麦亩产只有 150 公斤左右,将这部分耕地改造好,增产潜力相当大。

建国后,扬州地区在治水改土方面做了大量工作,也取得了不少经验和教训。我们从农田水利规划入手,每年夏秋深入乡村,跑圩口、跑沟头、跑岗冲,搞调查研究,然后制订规划,冬春发动群众,挑土方,搞配套,逐年实施。农田水利工程主要是建立基本河网,健全田间沟墒网,搞好建筑物配套和沟河边坡植物防护。基本河网在圩区包括分圩河、圩内中心河和生产河。中心河是圩内的纲,生产河分布要均匀,河沟布置都因地制宜,狭长的圩子可布置成"丰"字形,面积方正的圩子可布置成"井"字或双"丰"形河网,排涝能力按日雨 200 毫米两天排出的要求。丘陵区包括冲心河、撇洪沟。撇洪沟要撇开岗塝来水,让高水高排,冲心河使洪水归槽,解放冲田。冲田河网根据冲子的宽度,可布置成"月"字形或"用"字形。砂土实心地要布置好引排大沟、中沟和小沟。田间沟塍网主要包括由隔水沟、导渗沟、田头沟（丘陵区为坎沟）组成的田外一套沟，以及由竖塍、横塍和腰塍组成的田内塍网。同时还要搞好各类配套建筑物，包括控制性建筑物，如圩口闸、节制闸、滚水坝、涵洞等。交叉建筑物，如农桥、涵洞、倒虹吸管道等，以及沟河坡面植物防护，尤其是砂土地区，一般河口以上栽树，常水位上下栽芦柴。河口以下、常水位以上的砂土坡面上，以芦竹、红草、荻柴的植物防护效果为好，不同地区的坡面植被，宜选用适合本地条件的品种合理布局。由于坚持不懈地治水改土搞科研，才确保了沤改旱、旱改水，一熟变两熟，水旱轮作等耕作制度的改革，使绝大部分中低产田得到改造，并取得显著的增产效果。

里下河地区沤改旱

里下河地区实行沤改旱。历史上这个地区洪、涝、旱、渍、碱灾害频繁，遗留下近 300 万亩一熟沤田（含现泰州市部分），每年只种一季稻，一般亩产只有 150 公斤左右。建国后，早在 1955 年就开始了大面积沤改旱，到 1957 年改了近百万亩，发挥了显著的增产效果，一般每亩可增产 50~100 公斤。1958 年后，由于盲目冒进，不顾条件地乱改，农田水利建设跟不上，以致出现了改旱减产，导致大面积回沤。据统计，1955~1964 年共改旱 131 万多亩，而回沤面积却达 90 多万亩。1965 年后，各地开展广泛的调查研究，大量事实证明，沤改旱是里下河地区发展农业生产的必由之路，并提出了沤改旱一系列的关键性措施和实施步骤，大搞农田水利建设，有力地推动了沤改旱的进程。到 1970 年，里下河地区除极少数特别低洼的塘心田外，其余沤田几乎全都改成了稻麦两熟田，从而改变了这一地区的生产面貌，为农业生产的大发展奠定了基础。由于实现了沤改旱，土壤质地有较大的改善，肥力显著提高，大大提高了粮食产量。据统计，这一地区开始改旱的 1956 年产量只有 9.32 亿公斤，基本完成改旱的 1970 年即达 14.1 亿公斤，到 1979 年高达 23.15 亿公斤。若以 1970 年为基数，完成改旱后的前五年，年累计递增率为 5%，后五年为 13.9%，近十年平均每年增产粮食 1 亿公斤左右。

沙土地区旱改水

平原砂土地区实现旱改水。通南平原属长江冲积的砂壤土和粉砂土,由于地势高亢、河沟稀少、水土流失、沟河淤浅、易涝易旱,历史上农作物以旱作玉米、高粱、大豆、花生和山芋为主。1958年随着大规模兴修水利,沟渠河网化逐步形成,大大促进了旱改水的进展。70年代我们还推广在沿江粘土中按比例掺砂,在砂土中按比例掺江水沉淀的淤泥改良土壤质地。当时在现属泰州市的泰兴胡庄肖林村实施每亩掺红江泥20立方米的科研试验,对改善土壤结构、增加有机质含量、提高农作物产量都起到明显的效果。到20世纪70年代末,该地区除了极少数高亢边角实心地、龟背田外,基本上全都实现了旱改水。以现属泰州市的泰兴市为例,共有耕地104万亩,除沿江16万亩系粘土和粘壤土外,其余近90万亩均为"起风飞上天,下雨淌下河"的高砂土。建国后,结合农田水利建设,大搞治砂改土,先后开挖和整治干河13条、支河282条,平田整地87万亩,配套建筑物7000多座,这些工程在抗御水旱灾害、发展农业生产中发挥了巨大作用。1984年粮食总产达6.36亿公斤,是建国初期1.9亿公斤的3.4倍。

丘陵山区冲坝治理

丘陵区进行了冲坝治理和坡耕地改造。这一地区地势起伏,岗冲纵横,分散零乱,计有主冲103条、支冲179条、岔冲495条,冲田面积16万多亩,塝田33万多亩,岗田20万亩左右。溢洪道弯曲狭窄,堤埂矮小,塘坝调蓄能力差,一遇大水,漫田行洪,岗、塝田跑水跑肥,冲田明涝暗渍。20世纪60年代大办机电灌溉,以引补蓄,解决了抗旱灌溉水源不足的矛盾,70年代开展了以平田整地、改造梯田的农田基本建设,80年代进行了以小流域为单元的冲塘治理。到20世纪末,主冲治理了一半左右,建成水平梯田41万亩,尚有坡耕地4万亩左右,逐步改变了这一地区的生产面貌,农业增产了,多种经营发展了,经济效益得到了明显提高。例如仪征市马集乡大鲍冲耕地面积2万亩,经过多年治理,建成水平梯田1.7万亩,实现了一冲三条沟(冲心河、撤洪沟、坎沟),梯田方整化,冲长6公里多,有11座滚水坝梯级控制,上坝灌下田,下坝排上水,旱时能蓄水,涝时能排洪,粮食产量不断增长,建国初期亩产只有50~100公斤,1965年增至200多公斤,1974年增至458公斤,1982年猛增到637公斤。又如邗江区甘泉乡蚂蟥涧结合在冲涧中心开挖冲心河,抬高低田,平整土地,农、林、牧、副、渔统一安排,做土方15万立方米,增加蓄水27万立方米,全乡每亩蓄水达到300立方米。这些举措使原来五级提水的1000亩田改为一级提水,每立方米水费由原来2分钱下降到2厘钱,同时还解决了洪水归槽的问题,解放了冲田,改造了冷浸田。做台田170多亩,结合挖鱼池70多亩,发展苗圃30多亩,栽水杉、意杨50多亩,除林木积蓄外,1984年和1985年两年净收益9万元。这正是:昔日荒丘变绿野,连年丰收喜开怀。沟渠田路全规划,农林牧副巧安排。

扬州运河的前世今生

徐炳顺

从公元前 486 年吴王夫差开邗沟,扬州大运河已流过了近 2500 年的悠悠岁月,今天让我们穿越时空,厘清其变迁脉络,考证其前世今生。

数易其名,堰闸繁多

今日,扬州市境内的大运河北起淮宝交界处的小涵洞,南至扬州经济开发区施桥镇六圩,全长 125.79 公里。该河地跨淮、扬之间,古名邗沟、深沟。《左传》《国语》《水经》《汉书·地理志》中均有记载。中渎水是邗沟的别称,亦称渠水、邗溟沟、韩江、漕渠、官渎、合渎渠、邗江、山阳渎、淮南漕渠、真楚运河、湖漕、里运河、南河等等。运河之名始于宋。不同的时期又有不同的叫法,在不同的县也有不同的叫法。明清时称里运河是指到瓜、仪运河江口。今里运河指的是北从淮安市杨庄,南至扬州市六圩长江边,那是因为 1958 年从今广陵区湾头镇瓦窑铺至六圩,新开了入江口,瓜、仪运河成为区域性河道,所以今里运河入江口已由昔日的瓜洲、仪征改为六圩江边。1981 年续建时改称京杭运河,里运河之名仍然继续沿用。

为了解决好邗沟水多、水少的问题,出现了埭、堰、堤阀、车盘坝、堤、石砒、斗门、澳河、潮闸、覆闸、减水闸、滚水坝、柴土坝、竹络坝、耳闸、耳洞、月河等不同功能的水工程。有的水工程的功能不是单一的,有的是改名称而不改其功能。如今有的已失传,有的被淘汰,有的赋予新的名称,有的则取得更大的进步。值得一提的是:宋雍熙初,于真扬运河第三堰创建的复闸比欧洲 1373 年荷兰运河出现的船闸要早 380 余年；康熙末年开始的瓜洲江岸坍塌治理，开创了长江崩塌治理的先河。明末湾头闸、清代万家塘、车逻坝、子婴闸等遗存尚在。

河线多变　堤防不断加高

里运河历史悠久，已有近 2500 年历史。吴王夫差于哀公九年（前 486）开邗沟，自邗城（今扬州）北出武广（今邵伯）、陆阳之间，下注樊梁湖（今高邮湖），东北出博支湖（今宝应广洋湖）、射阳湖，西北至末口（今淮安市楚州）入淮。江、淮之间自此相通。其后河线常有变动。

汉文景元年（前 179），吴王刘濞开凿邗沟（今老通扬运河），自茱萸湾（今扬州市湾头镇）至如皋磻溪。两邗沟相交于湾头，一支北流，一支东流。汉献帝建安初，邗沟东道淤塞，广陵太守陈登穿樊梁湖（今高邮湖）北注津湖（今界首湖），又凿马濑（今白马湖），史称"西道"。

晋时河线有过三次变动：晋穆帝永和中（345~356），江都水断，其水上承欧阳埭（今仪扬河），引江入埭，六十里至广陵城，邗沟首次西延至今仪征；永和中（345~356），湖道多风，樊梁湖北口穿渠十二里，下注津湖达末口入淮；兴宁中（363~365），以津湖多风，沿东岸凿渠二十里，自后行走不复由湖。太元十年（385）谢安镇广陵，于今邵伯之北筑埭蓄水，利漕便农。

隋代河线有过两次变动：隋文帝开皇初，开山阳渎（即今老三阳河），至扬州湾头，东至江都宜陵、樊川，北至射阳湖入淮。其路线在今运河之东约 10 公里，平行于运河，也称为东道。隋炀帝大业元年（605），"发淮南丁夫十余万，开邗沟，三百余里，自山阳淮至扬子入江"，运河河线又回到原来的位置。

唐开元二十六年（738），润州（今镇江）刺史齐浣开伊娄河，设埭立斗门，瓜洲有运河之始，邗沟从此多了一个入江口门。唐宝历时，对扬州附近官河作了调整，盐铁使王播开城南七里港河，东注官河，名为合渎渠，漕船"不复由城内官河"。

宋初河道改由今宝应黄浦入射阳湖达末口。雍熙（984~987）中，扬州开挖沙河一道（见《（嘉庆）扬州府志·河渠志六》。今扬州大桥下至霍桥旧河尚存)。天禧四年(1020)开扬州城南运河,毁龙舟、新兴、茱萸三堰。宋仁宗天圣时开真州(今仪征)西长芦河入江,避大江风险。

南宋时,"东淮粮饷征发之令久息",对堤防"不复经意",河道废。宋、金议和后,又恢复了江都(今扬州)至淮阴间的通航。

元代,兴海运,疏于漕河,淮扬河道湮废不修。

明初,清江浦开通后,邗沟河道脱离射阳湖。新增入江口两个,一是永乐七年(1409)开白塔河(在今江都),二是宣德六年(1431)开太兴新河(今泰州南官河位置),分别经今通扬运河至湾头入运河。明万历以前,淮扬之间漕运船只一直在白马、氾光、甓社、邵伯诸湖中行走,谓之湖漕。为避诸湖风浪,从弘治到万历,先后沿湖分段开康济河、弘济河、界首河、邵伯月河,至此实现了河湖分隔,奠定今日里运河的基础。万历时,扬州城区河道有过局部调整,开挖了玉带河、玉带新河。

清代河线没有大的变化,只是康熙十七年(1678)堵塞清水潭避深就浅开月河,名永安新河,后称马棚湾。光绪二十七年(1901)漕粮"改征折色",漕运废除,里运河渐颓。

民国年间,治运计划议而未行。兴建邵伯、高邮小船闸,维持里运河简单航运。

水源枯丰决定邗沟功效

吴王夫差在短时间内开成邗沟,对后世影响很大,确是一项伟大的工程,但水源不尽理想。邗沟开凿之初,其水源南部是从长江引水;中部由樊梁湖(后名高邮湖)、博芝湖(后名广洋湖)供给;北部是由射阳湖供给。因季节变化,其量毕竟有限。为防止邗沟里的水流失到淮河里去,于是在入淮口处的末口筑堰阻隔。这时的邗沟是处在自然状态下,也只能是季节性通行船只。

三国之初,邗沟处在魏、吴兵争的前沿,对邗沟未做工程,以致河道不通。魏文帝就因缺水急得要烧毁回师船只,徒步而回。幸亏蒋济想了"豫作土豚"的办法,不然曹军真的不能班师回朝。

六朝时,南方政权常可控制到江淮下游地区,多由邗沟北上,所以对改善邗沟水源做了有益的工程。东晋永和中开设欧阳埭,不仅便于船只通过,也利于拦蓄水源,是一大改进。太元时谢安于邵伯筑埭蓄水,对邗沟水源是一项重要的增补性工程。

隋文帝开山阳渎,隋炀帝开邗沟,只是河线变化,水源无变化。

唐高宗以后,漕运量日益增多。开元十八年(730),江淮河南转运使裴耀卿讲,每年漕运物资运到扬州进闸以后,即遇水浅阻碍,须留一个月以上,至四月以后,才能渡过淮河,进入汴河,往往又遇到汴河干浅,请求于河口建置仓库,使江南之舟不入黄河,黄河之舟不入洛口。于是针对水源不足,创立了换船(转般)法,提高了漕运量。开元时伊娄河的开凿,并设埭、立斗门,增加了引水口门,使水源有所改善。唐代因邗沟水源不足,除了改变运输办法外,还千方百计增辟水源。兴元初,杜亚任淮南节度使,开始借陈公塘的水入漕河济运。元和三年(808)淮南节度使李吉甫还筑平津堰,以"防不足,泄有余"。宝历二年(826),王播任领盐铁转运使,面对官河水源不足,自城南闿门西七里港,屈曲取禅智寺桥,接通原来的旧官河,方便了船只的通行。这既增加了引水口门,又避开了漕船走城内官河水浅之苦。

唐代,邗沟水源一直是只患水少,而不患水多。沿邗沟所做的工程重在蓄水而不在排水。

宋初,除了沿用唐代的办法之外,增设堰闸、创复闸(类似于今船闸)、辟澳河(储水)、浚河、车盘补水。另外还有一项重要的措施即筑堤界水,扩大湖面,增加水源,使原有的湖泊由少变多,由小变大。宋光宗绍熙五年(1194)淮东提举陈损之自江都至楚州淮阴筑堤三百六十里,并沿线建石䃭,其目的是"水不至泛滥,旱不至干涸"。是年虽然发生黄河夺淮,但尚未殃及扬州。

元代,河道浅涩,邗沟水源不足,到了"只仰天雨"的地步。

明初,邗沟水源不足,还得"借塘济运"。为节省水源,在邗沟南北入江、入淮口门大建软坝,用于漕船盘驳。同时还筑堤阻水。明弘治以后,黄河全面夺淮,淮水流入湖槽,水源有所改善。而到明末,高家堰(今洪泽湖大堤)多次溃决,为保漕运和明祖陵安全,实行"蓄清刷黄",水源虽丰,但改变不了泥沙淤积,河道堵塞的状况,导致水患连年。

清代基本上采用明代"借水攻沙"、"借黄济运"和"蓄清刷黄"等办法,同样使河床不断淤高。运河水源不足时又"借黄济运"。道光五年(1825),再次"引黄济运",运河淤积较往年高达一丈有余,里运河北部"中泓如线",不得不实行人工车水,运河濒临绝境。

里运河干旱时,农民也心如汤煮。自791年至1929年中,有53年干旱,有时连续干旱,里运河航运断绝。明正德时,出榜禁止从运河盗水灌溉,否则"田入官,受财者,永成边卫"。

邗沟开凿之初,邗沟两岸东西相平,陆地相连,河湖相通,水位低于田面。宋代筑南北长堤,大建石矴,东西有所分隔,堤西始高于东部。明代为保漕运水源,又多次加高堤防,广建平水闸,蓄水三尺五寸,水大自排,并无大患,堤高不出2米,水位明显高于田面。嘉靖、隆庆间,黄河南徙,湖中水位已高于田面丈余。水涨堤高,已成定规。后经历代多次加高,民国时,堤顶已高出地面5~6米。如今运河堤防高出地面7~8米,正常情况下运河水位比里下河地面高出3~4米,运河已成"悬河"。

城以河兴

漕运时代,扬州是东南漕运咽喉,全国中心城市之一,唐代时曾是我国四大国际贸易港之一,有"扬一益二"、"淮左名都"之称。欧阳埭开挖后,仪征成为京师咽喉之地,"舻尾联翩万斛舟",有京师,不能无仪征,仪征素有"风物淮南第一州"之称。宋时,仪征是运河水工技术的鼎盛地。瓜洲运河开挖后,大诗人李白以诗句盛赞:"齐公凿新河,万古流不绝。丰功利生人,天地同朽灭。"瓜洲"虽弹丸之地,然瞰京口(今镇江),接建康(今南京),际沧海,襟大江",成为七省咽喉。每年的船舶数百万,浮江而至,"商贾之集,冠盖络绎,居民殷阜,第宅蝉联,甲于扬郡",虽不是县城,却盛似县城。高邮、宝应也都是襟喉之地,迅速发展起来。

今日扬州运河

中华人民共和国成立以后,江苏省从灌溉、防洪、调水和航运的需要出发,对里运河进行了重点治理与开发。1950年冬至1951年,首先进行重点险段的复堤加固、块石护坡,及病闸洞修理等工程。

1956年对里运河初步整治,实施高邮界首至高邮镇国寺塔河道拓浚,修筑新东堤,长 26.5 公里,堤顶高程 11.5 米,顶宽 10~14 米。

1958 至 1961 年,每年出动劳力 10 余万人,最高达 39.3 万人,风餐露宿,披星戴月,分三期完成:新筑宝应山阳闸至高邮界首、高邮镇国寺塔至江都鳅鱼口西堤,长 60 余公里;疏浚邵伯湖航道 10.7 公里;新辟自今扬州市广陵区瓦窑铺到今扬州经济开发区六圩航道 19.6 公里。建成邵伯、施桥 2 座船闸及扬州运河大桥。同时改建闸洞 20 多座,建成沿运自流灌区 140 多万亩。

1965 年至 1980 年,重点加固山阳闸至邵伯船闸西堤,长 96 公里;建二里铺至邵伯船闸西堤块石护坡,长 55 公里;用挖泥机船吹填界首至高邮老运河至高程 7~8 米;另对高邮船闸至马棚湾 20 公里长的险工患段加做块石护坡。

1982 年,江苏省进行京杭运河续建工程。按照 1958 年规划实施,宝应段中埝切除 51.89 公里,拓浚高邮临城段 4 公里,建成高邮运西船闸和邵伯、施桥 2 座复线船闸,建成宝应运河公路桥及对界首至六圩浅窄段疏浚等。2003 年 11 月对高邮老运河堤再次进行吹填至真高 9.5 米,并在石堰后侧做了顶宽 6 米,坡比 1:3,顶高程 10.5 米的戗台,于 2005 年 6 月完成。

里运河自 1950 年开始局部整治,后经 1958 年及 1982 年两次大规模整治,河道符合二级航道技术标准,河底宽 45~70 米,堤顶高程 11.5~12.0 米,河底高程:邵伯船闸以上 2.00 米,邵伯船闸至施桥船闸 -0.50 米,施桥船闸下至江口 -3.60 米。沿堤内外块石护坡长 160 公里。

如今的扬州运河,成为国家南水北调东线输水通道,南北水上交通要道。实现跨流域调水,江都、宝应抽水站(2005 年建成)通过里运河分别向北送水 500、100 立方米每秒。北送途中,通过南运西闸还可西送,经金宝航道,分别由石港翻水站、蒋坝抽水站抽入洪泽湖,抽水能力 130 立方米每秒。还可参与排泄淮河洪水 300 立方米每秒,兼抽里下河地区涝水 500 立方米每秒。里运河堤防可防御淮河行洪高邮湖设计水位 9.5 米。堤顶公路已达二级公路标准。里运河可通航 2×2000 吨级顶推船或 2000 吨级机动驳船,2005 年里运河的货运量就已超过亿吨。

高邮运河"两河三堤"的形成

徐炳顺

今大运河自高邮城至界首之间,以现在的运河西堤为界,西为老河槽(即明代康济河旧址),东为京杭运河,从老河槽西侧到京杭运河的东侧有老西堤——老河槽——西堤——大运河——东堤,就是人们常说的"两河三堤"。它的形成,自明永乐年间陈瑄为捍湖风涛,利用洪武时堤防砌筑四十里起,至1965年扬州地区副专员殷炳山主持利用老河槽东堤为西堤,废弃老河槽,新筑东堤止,前后经历了550多年。现在让我们来看看它的演变过程。

陈瑄为捍湖风涛筑堤40里

明洪武初,为捍高邮湖风浪,明朝廷应高邮州耆民要求,修筑了自州北门至张家沟湖岸,以保驿路畅通和不损民田。其后,陈瑄又于永乐二年(1404)、永乐七年、永乐九年,数次在旧堤上用砖石包砌增筑,并延长北至宝应,南达江都。据记载,前后动员了数十万人,用砖、石护砌的湖岸总长度达40里。当地人称此堤为老堤,后来多称老西堤。

高邮知州为避湖涛提议开康济河

弘治初,毛宣到高邮任知州,他看到高邮湖风浪险要,行船叫苦不迭,认为不能被此所困,把除湖涛风浪之险作为己任。于是他向户部侍郎白昂反映,要求开河四十里。白昂采纳了他的意见,并上奏得到批准。弘治三年(1490)三月开工,用了4个月的时间,完成"自城北三里杭家咀至张家沟,长竟湖,广10丈,深1丈有奇,两岸拥土为堤"的河道,实施河湖分开,有利于行船,明孝宗赐名为康济河。

康济河的位置在陈瑄所筑的老西堤以东3里,这3里范围内有民田1.8万亩,叫做"圈子田"。其东谓之东堤,捍隔"圈子田"者称为中堤,因此出现了老堤、中堤、东堤三道堤。康济河开挖之初,三道堤平安无事,"圈子田"也是沃壤乐土。为此,刘健写了"高邮州新开康济河记"。

吴桂芳为除险重开康济河

康济河开成以后,人们满足于开康济河的安定,而忘记了陈瑄所筑老堤的防御能力,年复一年,不加修护。嘉靖三十年(1551)以后,淮水、泗水不断南下,遂渐致老堤与中堤俱坏,东堤也难以独存。万历三年(1575)淮决高家堰,南入高邮湖,西堤倾圮,"圈子田"里进水,成了"田湖",中堤、东堤残坏,民田、庐舍化为鱼虾之穴,康济河荡然无存,"高邮遂狼狈而不可收拾"。

由于高、宝湖堤遭到严重水毁,总理河道的大员面临难守的局面,高邮特疏,请求治理。在这危难时刻,福建漳浦县人、六安知州吴显,于万历三年八月奉调至高邮任知州。可是吴显刚到高邮,就遇到了淮水冲决高家堰、决开清水潭,漂物、畜不可数计。他花了1.2万两银子复筑堤防,但10天后又被冲决。修复老堤、改造康济河成了吴显的头等大事。万历四年二月,督抚吴桂芳到达高邮,见到老百姓呻嗫载道,长泪沾襟。他一方面安抚老百姓,一方面询问老人"有何策而能振高邮?"众人对吴桂芳慨然说到:修复老堤。吴桂芳既而登船查勘,又舍船上岸召集老人问询。老人们说,老堤不守,远离老堤三里开河不是良策。吴桂芳当即上疏,修复老堤,傍陈瑄所筑老西堤重开月河。吴桂芳的上疏,得到嘉旨。但又遭到一些人的反对。万历皇帝非常重视吴桂芳的才望,说吴桂芳在扬州任过知府,情况熟悉,不可以浮议干扰,令吴桂芳负责施工。万历四年八月初三开工。南段800丈由扬州通判蔡玠负责,中段2600丈由高邮知州吴显、宝应知县李涞负责,北段1300丈由判官邢文诰负责。全面对陈瑄时所筑西堤进行修复,加高石工层数;改筑中堤(即白昂所开康济河之西堤,后仍名为中堤);废除白昂所开康济河之东堤。万历五年五月二十日完工。至此,使康济河西徙,做到了真正意义上的河湖分开。所用砖、石来自苏、常、镇、扬、徐州、洞庭等地；灰木来自池、泗、瓜、仪、天、宁等地；民力来自庐、凤、淮、扬等处。参加的官员有泰州知州，宝应、泰兴、如皋、兴化知县，淮扬兵备副

高邮老河槽石墙

使、兵备、水利佥事，凤阳府通判、扬州府同知、通判等。康济河西徙之后，西堤（后来人常称老西堤）得到了修复，中堤得到加固改造，东堤不复存在。正如《高邮州志》所讲的"修复高邮西湖老堤，改添康济月河，并筑中堤"。

天启三年（1623）起，又分年修补砌筑中堤（即西徙后的康济河东堤，今运河西堤）长644丈。后来清代也做了修整。

今高邮老河槽（即明代康济河）西堤南端有一段长约50米，高有五层的石墙，就是永乐时陈瑄所砌、万历时加高的石墙遗迹，它见证了康济河的变迁。

殷炳山拓宽运河，筑新东堤，成就两河三堤

新中国成立初期，扬州运河过水能力低，既不适应灌溉要求，又有碍航运。当时里运河来水取于淮安节制闸，来水量在200～230立方米每秒，到了高邮界首已减到60立方米每秒，至高邮城附近只有20立方米每秒。加之涵闸坝隐患多，堤防矮小，不能挡御洪水。每遇淮河大水年份，高邮湖水位常在9.0米以上，高于运东地面6～7米，再加风浪侵袭，对运河堤防威胁很大，极易破堤决口，易使里下河受淹成灾。界首至高邮城段河床弯曲、狭窄，水深不一，正常情况下河面宽20米左右，水深不足2米，通航能力低。这与经济发展极不适应。

为发展经济，1956年，水利部批准自"高邮界首四里铺至高邮镇国寺塔新建东堤"。当年10月，扬州成立江苏省扬州专区里运河整治工

程指挥部,由副专员殷炳山任工地党委书记兼指挥。在殷炳山的主持下,当年11月1日开工,来自兴化、高邮、宝应、江都、泰兴、泰县10.1万治水大军,云集在高邮界首至高邮城之间,安营扎寨,利用老河槽(原康济河)的东堤作为西堤进行加高培厚,新筑东堤,拓宽运河。1957年春,又增仪征2.23万人。他们一干就是7个月,挖土2078万立方米,终于在7月1日筑成长26.5公里的新东堤,完成高邮运河拓宽任务,成为现在新的运河河段。原来狭小的老河槽成了历史的遗存,被弃置在京杭运河之西。高邮这一段运河拓宽后,出现了本文开头说的老西堤——老河槽——西堤(原中堤)——运河——东堤,"二河三堤"由此而始。殷炳山在拓宽运河时还做了一件大好事,就是在新筑东堤开工前的最后一次施工会议上,他接受了

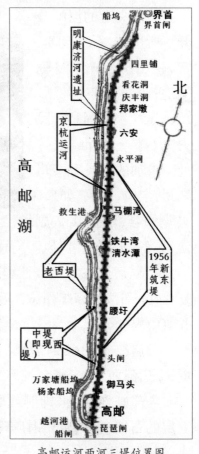

高邮运河两河三堤位置图

地区水利局工务科长陈楚常、工程师许洪武的意见,决定不拆高邮镇国寺塔。镇国寺原在运河之东,新筑东堤以后,到了运河的西侧,成了今日高邮至界首运河拓宽的见证。

黄金水道新画图

吴家兴

扬州运河发端于春秋末期吴王夫差开挖的邗沟,后经隋代、元代两次大规模扩建。唐代,对江北运河疏浚整修,作了一系列的改善。宋代对邗沟一线(楚扬运河)的治理颇多建树,易堰为闸、设置复闸,开航闸工程先河。元代,为改造南北大运河迂回弯绕,建立南北直通运道,重点修凿北方运河,使大都(今北京)通往杭州 3700 余公里的京杭大运河全线贯通。明代在沿袭元代大运河路线的基础上进行了一系列的扩建和改造。清代,黄、淮决溢频繁,为避黄治淮通运,不断兴工治运。顺治八年(1651)、十八年(1661)先后两次疏浚淮扬运河。民国 20 年(1931)实施导淮计划,在民国 25 年完成邵伯、淮阴、刘老涧 3 座船闸后,因日本发动侵华战争,其余工程未能实施。京杭运河历经沧桑,至 1949 年堤岸坍塌,河身淤塞,弯曲浅狭,里运河常水位时仅能通行三四十吨的木船和吃水 1~2 米的小轮船。

新中国建立后,水利和交通部门对京杭运河苏北段(扬州至徐州段)开展了清障除淤、整治疏浚和渠化航道,同时结合导淮、治淮等大型水利工程,加固加高运河堤防、修复塌坍船闸,使运河恢复航运。并先后于 1956 年和 1982 年分别对京杭运河苏北段进行两次大的整治工程。其中第一次整治工程在苏北运河上建立起 8 座现代化船闸,又沿运河两侧兴筑通高宝湖的中港船闸和通江的芒稻船闸,改造原邵伯老船闸。上述船闸的建成使用和与之相配套的导航助航设施的启用,密切和改善了江、河、湖水运网的有机联系,这对促进扬州和里下河地区航运业的发展和安全航行创造了有利条件。第二次整治,是建国以来国家投资最多、规模最大的内河建设工程,其中涉及新造船闸就达4座。兴建复线船闸是第二次整治中的重点。经过6年的整治,京杭运河苏北段的河道被拓宽、疏通、裁弯,实现航道的人工渠化。里运河更加顺直、宽畅、平稳,航道宽达60~70米,枯水期水深大于2.5米,基本符合二级航道标准,可通过2000吨级顶推驳船队,新增北煤南运1000万吨的年运输能力。京杭运河里运河航道成为扬州地区融航运、灌溉、防洪、排涝、绿化、环保、养殖以及旅游为一体的综合性黄金水道。运河船闸不仅成为运河线上最繁忙的船舶聚集点,而且成为运河沿线旅游的热点,是运河珠串上的一颗颗璀璨的宝石。

施桥船闸在扬州南郊7公里施桥镇大运河上,它是长江船舶进入大运河苏北段的第一座船闸。施桥船闸分一线和复线2座。一线船闸建成于1961年,船闸闸室长230米,宽20米。船闸上下闸首、门库、闸室和上下游主辅导航墙及靠船墩总长838米,可通航3000吨位的船只。闸门启闭灵活,输水时间短,系缆方便,航行安全,一次过闸只要半个小时左右。1975年以其计算机综合自动化系统的最先应用,填补了中国内河船闸管理上的一项空白,1977年参加全国科技大会展品展览,获项目奖,因而受人瞩目。复线船闸于1988年建成,闸室长230米,宽23米,与一线船闸并行居东侧。船闸建筑物总长度为1021米,输水系统较一线船闸有所改进,运转系统实行自动化程序控制。自1978年以来,施桥船闸接待大批外国来宾和华侨、港澳同胞。游者可登闸堡看过船,若在酷暑和寒冬,可在室内通过电视看船只通航实况,备受游人赞赏。

邵伯船闸有3座,即邵伯老船闸、一线船闸、复线船闸。其中老船闸始建于民国23年,民国25年竣工,横跨邵伯镇大运河上。在施工期间和建成之后,国民政府要员林森、陈果夫、孙科等曾亲临视察,蒋介石还手书"邵伯船闸"4字,其石刻镶嵌于南闸门外人行桥的栅栏上。由于老船闸建造年久,闸室规模小(长100米,宽10米),不适应航运需要,1962 年于邵伯镇西大运河上建成一线船闸,设计年通过能力为 2100 万吨,老船闸逐步被取代。1978 年老船闸被拆除。1988 年建成复线船闸。新闸闸室长 230 米,宽 23 米,采用钢质横拉闸门。上下游引航道各长 800 米,底宽 70 米,最小水深 5 米,设计年通过能力 2100 万吨。常年有苏、浙、皖、鲁、赣、鄂、沪等省、市的船舶通过,主要过闸物资为煤、粮食、黄沙和江苏油田的原油等。经过多年的建设,邵伯船闸笼罩在一片绿荫之中,到处是浓郁葱翠的龙柏和高大挺拔的水杉。

20 世纪末,扬州市政府加大城市建设力度,提出建设古运河风光带。这是一项巨大的综合整治工程。完成投资 2.8 亿元,拆除各类房屋面积 15.6 万平方米,共搬迁 1800 户居民和 80 家单位;基本完成城区驳岸工程,全长 2.3 万米,新建旅游码头 11 座,安装栏杆 1.7 万米;疏浚河道 1 万米,清除水下淤泥约 60 万立方米;完成部分滨河绿化和景点布置。古运河两岸已新增绿化面积约 45 万平方米,建成“东关古渡”和“气澄壑秀”、“古河新韵”、“双亭”、“撷芳俪浦”等一批景点并对游人开放,修缮作为古运河沿线历史遗迹之一的长生寺;完成钞关、高桥、二道河、响水河和便益门 5 座沿线配套闸站翻建(改造)工程。

2000 年 4 月,在古运河西畔分别举行“气澄壑秀”和“古河新韵”两处景点落成仪式。其中 4 月 16 日落成的“气澄壑秀”景点,位于古运河西岸一期工程河滨绿化带中部,系中国传统山水园林风格,占地面积 3000 平方米。栽植竹、琼花、樱花等各类草木 30 余种、400 余株,铺设草坪 2200 平方米,堆砌假山石 150 多块,园中还修建了古典式双亭一座及勒石、点石小景。4 月 23 日落成的“古河新韵”景点,位于古运河西岸一期工程河滨绿化风光带中部,由亭廊、广场、花木和巨型勒石等景物组成,占地面积 1000 平方米。

2000 年 10 月 22 日,江泽民主席陪同法国总统希拉克游览古运河西侧风光带的东关古渡景区。希拉克总统听了江泽民主席用英语介绍的吴王夫差开邗沟、筑邗城的情况,观看了“东关古渡”牌坊、流淌千年的运河水和整洁美丽的驳岸及景物。希拉克总统对扬州的历史文化非常钦佩,赞叹不已。

至 2002 年底,长 13.5 公里的古运河扬州城区西侧风光带基本竣工,整个风光带以块状绿化景区组成,体现各种不同的植被风格,徜徉其中,仿佛走进植物园。西侧风光带给广大市民带来了休闲、健身、游乐和聚会的好去处。白天,人们在这里健身、小憩、垂钓、歌舞,到了夜间,一串长长的夜灯熠熠发光,与运河中倒影相映成趣。地灯则勾勒出林中小径,悠闲的市民在这里散步、谈心。整修古运河沿岸的吴道台宅第、新建宋大城东门双瓮城遗址公园、唐城南门遗址公园及文峰塔、东关古渡等景点,便益门广场、圣心广场、大水湾广场等,这些广场集休闲、旅游观光、文化遗迹于一体而各具特色,有着独特的景观,是古运河风光带上一颗颗翡翠。古运河风光带的整治提高了市民生活的质量,提高了市民文化生活的水准。

2003 年 2 月,扬州城区古运河东岸风光带的整治拉开序幕,市政府的目标是将东岸雕琢成集旅游、文化、休闲、商贸为一体的多功能风光带。东侧风光带于 2005 年建成,使古运河扬州段真正成为整个旅游线的黄金地段,并成为休闲、居住及生态保护的新亮点。

2004 年 12 月扬州市壁虎河口段(即汪家窑航段)2.1 公里航道整治工程启动,工程采取大拓宽方案,整治长度为 3130 米,整治范围为航道左岸,整治标准为内河二级通航标准。壁虎河口航道拓宽工程完成工程投资 5230 万元,整治工程使行洪通道拓宽近一倍,通航条件得以显著改善,以航标塔、旅游码头、驳岸、绿化等为标志的茱萸湾生态圈初步形成。

2006 年 7 月,京杭运河扬州境内"三改二"整治工程开工,扬州段工程整治范围为高邮至邵伯段 31.63 公里、槐泗至施桥船闸段 13.08 公里,合计 44.71 公里,概算总投资 6 亿元。整治目标为改造现状三级航道达到二级航道标准。整治尺度为航道口宽不小于 110 米,航道底宽 70 米,航道宽度 90 米,设计水深 4 米,最小弯曲半径 800 米。整治项目主要包括拓宽疏浚、护坡护岸。工程穿过古城扬州和高邮,沿岸厂矿、企事业单位、居民住宅众多,码头林立,拆迁难度极大;施工期间不停航、不停止行洪。在扬州市人民政府的高度重视下,所有参建单位更新思路，创新工作，采取先易后难、重点突破的战略解决拆迁困难；采取跳段施工、以点带面的战略解决施工作业面不足的困难；水利、交通、城建、规划等部门进行技术攻关，优化实施方案；推广新技术应用，化解施工难题；规范管理、严格控制，确保质量、进度、投资、安全。累计完成航道建设投资达2.4亿元。在京杭运河扬州段航道"三改二"的建设中始终贯彻环保和人文优先的理念，城区段航道两岸实施了景观改造，保持运河的原有生态景观，达到与城市协调、与自然和谐的目的。17公里长13种造型的生态驳岸既节省了造价又改善了河岸环境质量；新建的驳岸还种植了各式各样的绿化植物，500米鱼槽设计为动植物安家，1500米黄石驳岸增添靓景，60000平方米芦苇保留原始生态。京杭运河"三改二"工程的实施为扬州交通发展和城市景观建设提供了良好的机遇，统筹广陵新城、物流集聚区、码头、港口等的开发建设，预留江扬大桥至南绕城公路近5公里长的区段两岸建成百米宽绿化带，建成曲江公园、"京杭之心"、京杭水镇和广陵新城等一批休闲景点，用足"水资源"，烘托"水文化"，做大"水文章"，将京杭运河扬州段打造成融交通、旅游、生态、环保为一体的十里运河外滩风光带。

高邮段大运河

80 万大军整治运河

徐炳顺

扬州境内的大运河历经 2400 多年，到新中国建立时已千疮百孔、功能退化，无论防洪、灌溉、航运都不能适应大规模经济建设的要求，成为江苏省建省之初重点治理的河道。自 1956 年开始，用 5 年时间，分三期前后共出动 80 万人次，披星戴月，风餐露宿，筑堤防，开新河，建闸站，拓宽整治，挖土 1.2 亿立方米，至 1961 年面貌一新。新筑的运河西堤顶宽 6~8 米，高程在 12~11.5 米；东堤顶宽在 8~23 米，高程在 10.6~12 米；高邮湖水位 9.5 米时东、西堤防洪能力达防御淮河行洪 12000 立方米每秒。河底宽由原来的 6~15 米拓宽到 70 米；水深较以前加深 2.0~2.8 米；过水能力翻了一倍；新增自流灌溉农田 140 万亩。通航能力由原来 30~50 吨木船，提高到能通航 2×2000 吨级顶推船或 2000 吨级机动驳船。从此，古老的扬州运河又焕发青春，为社会经济建设再立新功。

运营维难

建国初期的扬州境内运河是浅、狭、弯曲，涵闸坝隐患多，防洪、过水能力低，灌溉困难，航运不畅。

扬州专署水利局在《大运河简史》中对运河作了调查，归结与国民经济建设不适应的主要问题有：

运河过水能力低，既不适应灌溉要求，又有碍航运。当时里运河来水取之于淮安节制闸，由于两岸涵闸很多，逐段分流，来水量在

200~230 立方米每秒，到了高邮界首已减到 60 立方米每秒，到高邮附近只有 20 立方米每秒。

涵闸坝隐患多，有碍灌溉与防洪。原东堤上有涵闸 51 座，大都建于明清时代，年久失修，且因封建割据，分布不合理，每到汛期需要堵闭，不能用于灌溉。

堤防矮小，不能挡御洪水。每遇淮河大水年份，高宝湖水位常在 9.0 米以上，高于运东地面 6~7 米，再加上风浪对运河堤防威胁很大，极易破堤决口，易使里下河受淹成灾。

河道弯曲，河面、水深不一，通航能力低下。宝应城附近运河稍有弯曲，正常情况下，河面宽 40~70 米，水深在 2~4 米；界首至高邮河床弯曲狭窄，正常情况下河面宽 20 米左右，水深不足 2 米。高邮至邵伯，河线比较顺直，正常情况下河面宽 40~80 米，水深约 3~4 米。扬州以北在枯水期（11 月~次年 2 月），运河水深为 2 米，河面狭的只有 18 米，宽有 47 米。扬州至瓜洲段水浅只有 1.2 米，河底宽最狭的仅有 6 米，水面宽 32 米，最小弯道半径 45 米。扬州城附近河道不仅弯曲狭窄，船舶拥挤，平时内河通行最大的船只 100~200 吨。湾头向北，船只进邵伯湖时，每到汛期，因横向流速大，小拖轮不能拖大船，必须分批拖运，每当壁虎坝开启时，行船更加困难。界首至高邮一段，1955 年通航货运量达 85 万吨。但低水位时河面宽仅 20 米，水深不足 2 米。枯水期，轮船及大木船常常停航搁浅。运东农田需要灌溉时，与航运又发生矛盾。1955 年，高邮货物装卸量吞入为 3.5 万吨，吐出为 16.3 万吨，进出货物多需驳运，增加费用。扬州运河北有淮安船闸，南有邵伯船闸，每次过闸时间在 40~70 分钟，旺季日夜开放，十分拥挤。里运河高水位时，通航最大轮船为 120 马力，最大吃水深 2.5 米；木船最大 150 吨，最大吃水深 2.0 米。枯水期水深不足 1 米，有时甚至断航。这与经济发展极不适应，原来的运河难负重任。

东堤东迁

1956 年，水利部批准江苏省治淮总指挥部《里运河（西干渠）工程设计任务书》，其中明确自"高邮四里铺至高邮镇国寺塔新建东堤"。

当年 10 月,扬州成立江苏省扬州专区里运河整治工程指挥部,由殷炳山任工地党委书记兼指挥,拉开了扬州整治运河的第一期治理工程的序幕。11 月 1 日开工,来自兴化、高邮、宝应、江都、泰兴、泰县 10.1 万治水大军,云集在高邮界首至高邮城之间安营扎寨,拓运河,筑东堤。1957 年春,又增加仪征 2.23 万人。他们一干就是七个月,终于在 7 月 1 日筑成了长 26.5 公里的新东堤,堤顶宽达到 10~14 米,堤顶高程 10.5~11.5 米,西堤堤顶高程 9.3 米,与高邮湖历史最高洪水位相平。挖土 2078 万立方米(见《1959 年专署水利与大运河档案》)。把运河河底展宽到 45~70 米,比原来的河面还要宽 25 到 50 米。原来的运河东堤变成了运河的新西堤,同时加高培厚,形成二河三堤,原来的这一段运河,抛在现在运河的西侧,而成为历史遗存。

西堤西徙

1958 年,那是一个大跃进的年代。交通部提出原定在第三个五年计划完成的大运河拓建工程提前到第二个五年计划内完成,经国务院批准后,确定扬州运河在老西堤以外开辟新航道,建设新西堤,按二级航道标准底宽 70 米、水深 4 米的要求施工。1958 年 10 月,扬州开始第二期运河整治,21.8 万水利大军,北自宝应叶云洞(今山阳闸),南至高邮和高邮镇国寺塔至江都鳅鱼口全面铺开,修筑新西堤。由于"大跃进",过高地估计了工效,进行了全线的调整和降低部分工程标准,决定暂停宝应境内的胡成洞至叶云洞工段,移师镇国寺以南。1959 年 4 月,汛期将临,农忙又要开始,江都境内露筋段直接挖淤土筑堤,易之尚易,施工难度大,进度不快。地委决定组织常备民工,集中兴化、高邮、宝应、靖江、泰兴、泰县 10 余万人,日夜赶筑,用了三个月的时间,挖土 2329 万立方米,胜利完成宝应胡成洞至高邮四里铺 10.7 公里和高邮镇国寺塔至江都鳅鱼口长 23 公里的新西堤。

1959 年 10 月,扬州开始实施第三期运河整治。1960 年 3 月,扬州地委决定建立专区常备水利民兵师,各县以县建师,计 9 个师,各师设政治处,专司政治思想工作,下设团、营、连、排,实行军事化管理,出动 39.3 万人,继续完成宝应胡成洞至叶云洞长 28.55 公里新西堤;同时完成江都境内邵伯运河东堤改线长 2.3 公里；邵伯湖河道疏浚长 10.1 公里。同期完成的还有切除挡水堰加固东堤。至 1961 年 10 月全部完成，挖土 7800 余万立方米。至此，宝应至邵伯运河新西堤全部筑成。三期共完成土方 1.2 亿立方米。

入江口门改道六圩

在第三期运河整治中还完成了一项重要工程，就是运河改道六圩出江。扬州运河在此之前是由瓜洲出江的，为什么要改道呢？

当时交通部规划大运河要通行 2000 吨驳船，有河线弯道半径不得小于 600 米、枯水时水深 3.2 米、河底宽 45 米、流速不大于每秒 1 米、横向流速不大于每秒 0.3 米、要求公路与运河交叉，公路桥大梁底要在 20 年一遇洪水位以上有 8.0 米净空等。为此，扬州专员公署水利局于 1958 年 3 月下旬至 4 月上旬，会同扬州市、邗江县、专署交通科（今市交通局）等有关单位，在对由瓦窑铺经扬州至长江口大运河线路进行了认真而又仔细的查勘，写了一份《大运河由瓦窑铺至长江口的线路查勘报告》。在查勘报告中提出了大运河三个入江口方案：第一方案自瓦窑铺—倪庄—三里桥—施家桥—（直对）焦山（时称焦扬新线）；第二个方案由瓦窑铺—倪庄—五台山—大水湾—（直对）焦山（时称焦扬旧线）；第三方案实际是利用原来的河线，即瓦窑铺—倪庄—五台山—大水湾—宝轮寺—扬子桥—瓜洲（时称瓜洲线）。当时水利局的领导、工程师们在对三个方案进行认真的技术、经济比较后，认为第一方案瓦窑铺—（直对）焦山河线比较理想。它与瓦窑铺—瓜洲河线相比较，工程造价相差不大，地质条件基本相同，但前者航线顺直，又比瓜洲线短 12 公里。而第二、第三方案中五台山至大水

1959 年前后大运河施工时为提高功效，民工们创造了运土的"先进工具"——四平车（后来装土部分改为铁质翻斗车）　　摄影：王建平

扬州段大运河新建工程位置图

湾,沿河两岸民房多,拆迁量大,出土困难,弯道半径小,新建不久的解放桥要重建,并为以后市区运河上新建桥梁增加难度。第一方案则可避免这些困难,并为以后扬州市区向东发展留有余地,而原河道(今古运河)依然可作为市内水运要道。又分析了长江镇江港、瓜洲口淤涨形势,从而放弃了第二方案,邵伯以南大运河主要为航运服务,最终选定瓦窑铺—都天庙直对焦山河线方案,就这样大运河自瓦窑铺向南平地开河至六圩都天庙入江,使扬州运河河线更加顺直。新运河虽然向东移了,但距扬州市区仅2公里。今天之所以有扬州以东大运河由瓦窑铺至今六圩江口的新航道,扬州专区水利工程指挥部的《大运河由瓦窑铺至长江口的线路查勘报告》起了重要作用。

扬州大运河自淮安(今改称为楚州,下同)至长江口水位有落差,因此在整治扩建运河工程中,按照国家二级通航建筑物设计要求,1961年建成施桥船闸,1962年建成邵伯船闸,将扬州运河分为淮安—邵伯船闸—施桥船闸—江口三个梯级进行人工渠化控制运用。有趣的是,大运河说起来是一条河,分为三个梯级后,它的水源却来自三个不同的渠道:淮安至邵伯船闸段主要由江都抽水站供水;邵伯船闸至施桥船闸由邵伯湖供水;施桥船闸下则是承受江水。

扬州运河自1950年开始局部整治,1957年新建高邮至界首新东堤,1958~1961年新筑西堤、新六圩入江口,又经1982年续建,现在具有防洪、南水北调、灌溉、排涝、航运、城镇供水的功能,改善了生态环境,有利于开发旅游,是振兴经济、发展南北水上交通运输的大动脉。特别是江都抽水站建成后,大运河的水源有了可靠的保证,实现了"水往高处送,河随人意流"的愿望。

建国后里运河整治纪实

徐从法

扬州大地上有一条南北走向的河流,它是公元前 486 年吴王夫差开凿的邗沟,今称里运河,是大运河最早开凿的河段。她历经了形成、发展、衰落、复兴的历史演变过程。

"城中烟火千万家,江上帆樯万斛来",古代京杭大运河是封建王朝的生命线,南北物资交流以及商旅南来北往的水上走廊。但自清咸丰五年(1855)黄河北徙,年久失修,淤浅阻滞,水源又无保障,河道狭窄,浅段众多,至解放前夕,里运河已是百孔千疮,船民将里运河形容为:"运河九里十八湾,行船好比上刀山,过闸如过鬼门关,常遇风浪把船翻。"

修堤浚河　治理水患

"黄河南行,淮先受病,淮病而运亦病。"解放后治理里运河是从兴修水利拉开序幕的。里运河一线西为宝应湖、高邮湖、邵伯湖,其湖面远高于运河以东的地面,号称"悬湖"。运河以东为里下河地区,有"锅底洼"之称,而里运河是由东西两条大堤夹筑而成的"地上河",船舶于"地上河"航行,其东即为里下河地区,地势低洼,十分险峻。民国 37 年(1948)冬天淮海战役打响后,国民党军队曾在里运河堤上筑碉堡、砌围墙、挖战壕,人为地制造险工患段。是年 12 月至 1949 年 1 月,宝应、高邮再次解放,扬州亦相继解放。后在苏北运河南段工程处的领导下,修复宝应段因战争破坏的堤防,填战壕 63 处。1949 年夏季防汛,江都、高邮、宝应 3 县抢做险段工程 67 处,1950 年 4 月,高邮县又动员民工 1.95 万人对运河大堤进行整修。工程于 5 月 25 日竣工。1950 年春由江都和泰县民工 1.15 万人,加高培厚东堤 16.4 公里,加固来圣庵、三元庵、昭关坝等处险段。是年冬,又由江都、泰县、兴化 3 县民工 2.07 万人,继续培修东堤。1954 年特大洪水,部分堤段仍窨潮渗漏。1955 年春,由江都县组织民工 7000 人进行汛后运堤恢复工程,废除昭关坝,此后高邮 4 处归海坝也先后废除。

1954 年淮河大洪水,中共江苏省委与省人民委员会下达命令,要求确保里下河地区这个"粮仓"。当时洪泽湖、高宝湖波涛汹涌,河湖堤防险象环生,大堤岌岌可危,里运河大堤经历了一场又一场恶战,才安全渡过汛期。大水以后的 1956 年 10 月,成立了扬州里运河整治工程指挥部,11 月 1 日工程开工,共动员兴化、高邮、宝应、江都、泰县、泰兴 6 个县民工 10 万人,春节前停工。春节后,又增调仪征民工,共12.33 万人,于 2 月 24 日复工,7 月 1 日竣工。此次工程从镇国寺塔到界首四里铺,在老运河东堤脚外另开新河长 26.5 公里。原在高邮城西门内的镇国寺塔被隔至运河中间。建成的新东堤堤顶高程 10.5~11.5米,顶宽 10~14 米;西堤顶高程为 9.3 米。航道底宽,高邮城区为 45 米,其以北河段为 70 米,河底高程 3 米,基本达到国家二级航道标准。国家投资 1284 万元。

运河扩建 一河多用

历史上留下的京杭大运河里运河段,航道底宽一般只有 20~50 米,最窄处界首至马棚湾仅 10 米左右,有"船翘屁股狗跳河"之说。枯水期水深不足 1 米,有时甚至断航。

1958 年 3 月,大运河工程上马,由扬州专区大运河指挥部负责实施扬州段运河北起叶云洞,南至长江边,除界首至高邮已于 1956~1957年整治外,里运河南北两段均在老西堤以外开辟新航道,建设新西堤,按二级航道标准底宽 70 米、水深 4 米施工。按照交通部的规划原则,"靠城而不穿城",改里运河由瓦窑铺、湾头、倪庄、三里桥、施家桥至长江边六圩的都天庙出江。

扬州境的里运河扩建工程正逢"大跃进"高潮。1958年10月,扬州专区动员所属县21.8万人,投入邵伯以北至宝应县的开河筑堤工程。此时到处"放卫星"、"超先进",土方工效越吹越高,但实际仅能完成省定的高定额6立方米土的三分之一至四分之一。

首期工程最艰巨的是高邮至邵伯的开河筑堤任务,在广阔的高邮湖、邵伯湖内施工,开工初,要在齐腰深的湖水中捞泥,筑施工围堰,其难度可见。筑新西堤时,有的地段淤泥极深,在淤土上筑10米高的新大堤,昼做夜坍,难以稳定。兴化周奋公社的民工在淤深达20米的何台湾大塘内,2000多人连续施工40天,平台高度一直保持在7.5米左右,土方比原计划多出3倍。

1959年10月至1961年10月,动员39.3万民工,继续完成北段的叶云洞至胡成洞长28.55公里;中段的江都邵伯镇运河东堤改线2.3公里;邵伯湖航道疏浚10.1公里;南段瓦窑铺至都天庙新开运河19.6公里。这一期工程要在邵伯湖内开辟新航道,湖区淤深一般在2米左右,稀淤不能立足,施工难度较大。通过多次摸索、实践,创造了"插挖蚕食法"、"去淤换土法"、"铺设柴土路"等方法,终于按标准完成航道疏浚任务。

在京杭运河扩建工程中,建邵伯、施桥两船闸,按照国家二级通航建筑物设计,两船闸闸室尺度长230米、宽20米、水深5米,设计年通过量为2100万吨。施桥船闸于1959年6月开工,1961年建成;邵伯船闸于1958年开工,1962年3月建成。工程总投资:施桥船闸800.7万元,邵伯船闸553.3万元。

续建运河　效益倍增

京杭运河苏北段第一期扩建工程由于未能按照设计要求施工,有些河段通行500吨级驳船即感困难。党的十一届三中全会后,1981年3月,国务院副总理万里和交通部、铁道部、煤炭工业部、外贸部的领导同志在江苏省委负责同志的陪同下,乘船查勘京杭运河苏北段。万里面对繁忙的大运河,深有感触地说:"充分利用水运,续建京杭运河,减轻津浦铁路的压力,看来已是非办不可的事了。"为此,经国务院批准,同意徐扬段（即京杭运河苏北段）按二级航道标准建设。

里运河航道续建工程系京杭运河徐扬段续建工程的一个重要组成部分，包括里运河中埝切除，高邮临城段航道拓浚，以及零星浅窄段水下土方机挖疏浚。为确保续建工程的顺利进行，扬州市成立了大运河续建工程指挥部。

京杭运河淮安至邵伯段的里运河原运河西堤未挖除部分，成为运河中埝，既影响航运，也妨碍送水。经研究后决定采用短期断航，组织民工突击开挖。并动员部署淮阴、扬州、盐城三个地区 26 个县的 24 万民工短期突击施工。从 1982 年 11 月 15 日全线开工，至 12 月 23 日，施工期仅 39 天，共完成土方 1112 万立方米。

高邮临城段是京杭运河苏北段卡脖子最严重的河段，长 4 公里，航道狭窄，码头林立。指挥部最后选择了搬东堤方案，动员 1.5 万民工，于 1984 年 12 月 10 日开工，搬东堤，浚航道，砌护坡，搞配套工程，于 1985 年 10 月竣工。搬东堤工程极为艰巨，高邮以北及临城段和至施桥的航道水下疏浚也同时完成。

京杭运河苏北段续建工程中邵伯、施桥均建复线船闸，邵伯复线船闸于 1984 年 12 月开工，1987 年 12 月 15~16 日全部工程竣工验收，1988 年初正式启用。复线船闸闸室尺度长 230 米、宽 23 米、水深 5 米。国家投资 3355.9 万元。施桥复线船闸闸室尺度与邵伯复线船闸同。于 1986 年 4 月施工，1988 年 12 月建成。

京杭运河苏北段续建工程竣工后，不仅增强了南水北调的输水能力，而且大大提高了货物通过量。复线船闸未建前的 1983 年货物通过量是 1037.79 万吨，建成后的 1988 年货物通过量达 1799.14 万吨，增加近 80%。

新的世纪　新的运河

进入二十一世纪，扬州境的京杭运河走上新的起点，谱写了新的篇章。首先拉开序幕的是跨世纪的古运河市区段整治工程，继又开展汪家窑的治理和"三改二"（三级航道改二级航道）工程，以及现已施工的邵伯、施桥三线船闸，这不仅有助于改善航运、行洪、送水的条件，且工程建设与生态环境的建设融为一体,改善了人民生活条件。

里运河邵伯船闸引航道出口至瓦窑铺,有 10.5 公里穿越邵伯湖,下游为运盐、金湾、太平、凤凰、新河、壁虎归江河道,泄洪期间产生横流,威胁过往船舶。自清代至民国年间,每当邵伯湖泄洪时,"势同奔马,行舟往来,迭遭倾覆"。现以汪家窑(壁虎河口)横流最为湍急,此处常发生船损事故,船民称之为"老虎口"。2004 年交通厅决定对该段 2.1 公里航道进行整治。次年 12 月 26 日竣工。工程建成后,行洪通道拓宽近 2 倍,通航条件得到显著改善;以航标灯塔、驳岸、码头、绿化等为标志的新的壁虎河生态环境已经形成。国家总投资 5230 万元。

京杭运河(苏北段)1958 年施工设计原为二级航道,后因国家处于三年经济困难时期,有些河段未能做足标准。20 世纪 80 年代续建工程后,扬州境尚有 44.7 公里,其中高邮至邵伯段 31.63 公里,槐泗至施桥船闸 13.08 公里,仅达三级航道标准。为适应国民经济的发展和航运通过量日益增大的需要,省交通厅决定对扬州境的未达二级航道标准的河段进行整治,工程于 2011 年竣工。

里运河现在既是北煤南运大通道,南水北调输水大动脉,又是集防洪、灌溉、排涝、旅游为一体的综合性河道。据统计,1954 年邵伯船闸货物通过量为 57.62 万吨,估计 1949 年的通过量不会超过 50 万吨,2008 年达 9593.8 万吨,比 1949 年翻了近 200 倍。在农业方面,里下河地区是江苏省的"粮仓",近年来洪涝灾害及旱灾虽时常发生,由于运河强大的抗旱排涝功能,里下河地区的农业经济仍稳定发展。1966 年大旱,淮河断流 146 天,洪泽湖干涸,江都引江抽水站通过里运河向苏北各地送水 37.7 亿立方米。1978 年大旱,江都引江抽水机站抽引江水 111 亿立方米,仅扬州里下河地区就增产粮食 10 亿公斤。1988 年苏北又是大旱之年,引江抽水站通过苏北运河及时抽引江水北送徐州、连云港,缓解了这些地区的旱情。如今,里运河还承担东线南水北调,送水至山东、河北、天津等地,将以清水走廊的新形象,完成南水北调的新任务。

工地宣传鼓动忙

王建平

1958年起,扬州地区组织大量劳力,进行了一系列大型水利工程建设。为加强领导,专区成立了水利工程指挥部,各县也建立指挥部。为强化政治思想工作,各级指挥部内设置了政治处,办了报纸、广播,对鼓舞斗志,提高工效,保证工程质量发挥了重要作用。

淮沭新河二河段扬州工地

1958年3月28日,淮沭新河二河段扬州专区工程指挥部成立。江都、高邮、宝应、泰兴、泰州五个县总队带领4.3万余人,开往二河段高堰一带,搭建工棚住下施工。指挥部机关和工地医院在工地中段简易工棚内工作。同年12月中下旬,完成土方1077万立方米,胜利返扬。工程质量经省、地联合验收,获得好评。

这期工程对扬州的民工来说是一次不太远的"远征",独立作战,时间长,任务比较艰巨,为了努力做好政治思想工作,指挥部设有政治处,专司其职。为加强工地上的宣传鼓动工作,专门办了小报《扬州民工》,十六开版,三五天一期,开始油印,后改为铅印。《扬州民工》主要宣传国家大事(要闻),介绍工地新人新事,开展劳动竞赛,鼓励技术革新(如推行四平车等),关心民工生活等等。因为民工远离家乡,还特地开辟了"在我们的家乡里"的专栏,介绍家乡生产、生活的新变化,深受民工的欢迎。8月10日,工地遭受龙卷风袭击,伤500多人、死3人。《扬州民工》编辑人员集中全力宣传了龙卷风的基本知识,表扬了在灾害中勇于救死扶伤的干部、民工和广大医护人员,对稳定人心、鼓舞斗志、善始善终完成工程任务起了一定的作用。

京杭大运河扬州段全面整治工程

1958 年 10 月,京杭大运河扬州段第二期整治工程开工,投入民工 22 万人,自宝应胡成洞至高邮界首四里铺、高邮城至江都鳅鱼口运河重筑西堤,1959 年 7 月竣工,完成土方 1923 万立方米。

1958 年 10 月,京杭大运河苏北段工程全面开工,从防洪、灌溉、航运、排涝综合利用出发,对全运河裁弯取直、拓宽浚深,在邵伯湖淤土滩地上新筑西堤,彻底实现河、湖分开。同时新辟瓦窑铺至六圩段航道,建成配套工程扬州大桥、扬州客货码头、煤港码头、施桥船闸等。1961 年 10 月施工,动员民工 39.3 万人,完成土石方 8700 多万立方米。

全面整治运河,任务艰巨,1960 年 3 月,扬州地委决定建立专区常备水利民兵师,各县以县建师,共 9 个师,下设团营连排,实行军事化管理。各师设政治处,专司政治思想工作。地区办了《水利战报》和工地广播站,报纸 8 开,三日一期,广播滚动式播放,线路一直拉到工地、工棚。报纸、广播内容基本相同,主要宣传国内大事、工地新人新事、开展劳动竞赛、经验介绍、关心民工生活、前后方信息交流等等。广播上增加中央台、省台、地区台新闻,并放音乐、戏曲、民歌等等,活跃民工生活气氛。报纸、广播一套班子,编辑、采访合一,广播设专职播音员 2 人,分线维修人员数人,保证数十里长的工地上喇叭个个响,数十万民工人人听到广播。为了保证稿源和质量,各县(师)都建立 1~2 人的通讯站、通讯员,负责采写稿件,设专人维护广播器材,保证正常播音。

1960 年 4 月,《水利战报》被中共扬州地委、扬州专员公署授予"扬州专区新闻(广播)先进集体"称号,颁发了奖旗。

中共扬州地方委员会、扬州专员公署奖给《水利战报》的锦旗和奖状 摄影:王建平

民工大战小六堡

——水利工程的一次创举

廖高明

大运河扬州段在我国漫长的历史上曾经发挥过重要作用,但到了建国前夕,已经是堤防卑矮单薄,河道弯曲狭窄,险工林立,隐患丛生,防洪、灌溉、航运能力很差。建国后,党和政府十分关心大运河两岸人民的疾苦,在进行治理淮河的同时,对大运河也进行了全面整治。

1956 年 8 月 30 日,水利部批准了江苏省治淮总指挥部《里运河(西干渠)整治工程设计任务书》。该计划按西堤顶高程 9.3 米,东堤顶高程 10.5~11.5 米标准,由淮安节制闸至邵伯船闸,长 88.75 公里的河道进行拓浚,东西堤均做块石护坡,整修和新建沿运闸洞,拆除归海坝。当年 10 月 13 日,扬州成立扬州专区里运河整治工程指挥部,动员高邮、宝应、江都、兴化、泰兴、泰县 6 县 10.1 万人投入施工。1957 年春,又增加仪征民工,计 12.33 万人,完成界首四里铺至高邮镇国寺塔段新开河,在老运河东堤脚外又另开新河,长 26.5 公里,结合河床开挖取土新筑东堤,形成现在的二河三堤,原来高邮城西门内的镇国寺塔被保留下来,成为河心塔岛。9 月 23 日全部竣工。后因经费无着,南段(高邮镇国寺塔至邵伯船闸)和北段(淮安节制闸至界首四里铺)工程未能按计划实施。

1958 年 3 月,交通部向国务院提出《关于审批大运河恢复拓建工程的报告》,获得国务院批准。扬州段运河北起叶云洞南至长江边,除界首至高邮段已整治外,南北两段尚未施工。

大运河堤防,西临宝应、高邮、邵伯湖,若移建东堤拓宽河槽,则要挖废运东大量的良田和拆迁很多的村庄,且东堤脚下沟塘纵横,施工难度大。扬州专区大运河工程指挥部为了顺利地完成大运河的整治任务,决定移建西堤,在临湖淤滩地上开河筑堤成河。当年10月,扬州大运河工程指挥部动员民工21.8万人,南段和北段全线铺开进行施工。

高邮、兴化两个县负责江都县境内的邵伯卢家嘴到露筋之间的小六堡段,全长5876米。这里不仅淤土层厚,且地势险要,历史上著名的险段、防汛的重要地点——小六堡、蔡家潭、何台湾等就在其中。

在淤土上筑堤,最大的困难就是没有好土可取,指挥部为了就地取材,决定用当地的淤土进行筑堤。

施工前,整个工段一片湖水,白茫茫的一片。邵伯湖的滩面高程在3.5~4米,水深0.5~1米,滩面表层有0.5~1米厚的稀淤泥,表层以下有2~4米的淤软土层。在小六堡和蔡家潭处,淤土深达10米多,何台湾处淤深最深的达28米。面对着这样的难点,广大干部、民工(水利战士)不是知难而退,而是知难而进,各水利民兵团、营的水利战士纷纷写决心书表示决心。高邮县东墩营写决心书的就有1100人,八桥营妇女连的民工写到:"大堤不筑好,不离小六堡,困难有天大,决心比天高。"

在抢筑围堰时,由于淤烂,施工围堰每高出水面20公分就向下坍塌,白天做,夜间塌,无法稳定,加上风浪袭击,全线不能连接。为了不让新筑的土流失,水利战士们就跳下大湖,用人体抵住。当时船只少,工具缺乏,就用澡盆代替船只,下湖推土筑堰,将席子、门板拿出来护堰挡浪,终于把围堰筑成。

在进行淤土筑堤时,由于淤土含水量达到50%,最多到80%,即使做到开沟爽水,含水量仍然很大,水利战士们就利用一切空地进行翻晒,降低含水量。

含水量过高,堤身容易发生坍坡,淤土较深的小六堡、蔡家潭、何台湾等段就坍了50多次,不但要重新返工,还造成很大的浪费。为了不再发生坍坡,工程技术人员就在堤脚线和肩口线上用芦柴插好标志,不断进行观察,一发现堤坡下有隆起现象,堤身就立即停止加高进土,并在堤坡下加做平台,扩大原有设计断面。兴化县戴窑营在何台湾工段,当堤顶做至高程 10.1 米的时候,中心线向东有 120 米堤段发生大滑动,一直塌至航槽。他们就在东部高程 7.5 米、7 米、6.5 米、6 米、5 米、4 米等处增做 6 个平台,进行压实。堤顶也暂不做足标准,临时先做至真高 9 米。两旁堆足积土,以后再进行补做,从而使堤身滑动得到了控制。

广大干部、水利战士在中共扬州地委"集中力量,突击险段,安渡汛期,确保丰收"的号召下,在工地党委的领导下,想方设法克服了许多想象不到的困难。从 1959 年 5 月至 9 月,在短短的四个多月的时间内,终于用淤土筑成堤顶高 12 米,面宽 6 米的雄伟的大堤,50 米宽的防浪林台,还砌建了 16.5 公里长的块石护坡。高邮、兴化两个县水利工程团的干部战士以自己的勤劳与智慧,大战蔡家潭、巧攻小六堡、智取何台湾,在险要工段上,筑了沉陷、沉陷再筑,终于克服淤土,使大堤屹立,固若金汤。这是亘古未有、中外未闻的水利工程壮举。

殷炳山拍板不拆镇国寺塔

杨鹤松

高邮镇国寺塔耸立于高邮城西运河中心岛上,现为江苏省重点文物保护单位,国家 AAA 级旅游风景区。

说起镇国寺塔的历史,这是高邮先人留下的一笔宝贵财富。镇国寺,据《江南通志》所云:"光孝寺在高邮州旧城,有断塔,为唐举直禅师所建",可见镇国寺曾称光孝寺。后来该寺改称镇国寺,其塔改称西塔。《乾隆高邮州志》云:"镇国禅寺,在州城西南隅,寺外有断塔。唐举直禅师建,国朝顺治丙申(1656)寺毁于火,雍正二年(1724)邑人贾国维重修。按:镇国寺,旧志作光孝寺,今据举直禅师本传及现存寺名更正。"(《嘉庆高邮州志》说法同此)。说明到乾隆时更名为镇国寺。《乾隆高邮州志》又云:"断塔,今名西塔,在州治西南隅镇国寺外。旧传塔有九级,为龙爪去其半,仅存六级,高八丈有奇,围十丈有奇。邑人李自华增修七层。乾隆四十三年(1778)火起,诸级皆毁,遂成空塔。"由此见乾隆时称西塔。《乾隆高邮州志》还对建寺原因作了如下叙说:"唐举直禅师,懿宗子,僖宗弟也,行脚至高邮,得太平仓基地,亟请于朝。诏以其地为镇国禅院,居之,仍赐号举直禅师。"塔为方形,仿楼阁式,七层。

1956 年整治运河时,由于该塔地处整治拓宽范围内,传说是扬州专区里运河整治工程指挥部指挥、扬州专员公署副专员殷炳山拍板不拆,而被留了下来,但是个中缘由还不太清楚。

为钩沉这段历史,2011年9月16日,笔者去扬州市水利局汇报第二轮修志工作进展,对镇国寺塔为何得以保留向水利专家、原扬州水利局副局长、扬州市水利史志编纂委员会主编徐炳顺做了请教。提起此事,徐老十分感慨,他随即拿起电话,约请当年参与运河整治的亲历者、江都市水利局退休干部季克宇,回忆当时决定不拆镇国寺塔的情况。当日下午,在徐老的陪同下,我们一起驱车去江都市寻访。

我们一到江都深仙大酒店,原江都市水利局局长张文奎、原纪检组组长腾家月已在那里等候,当我们刚坐下,82岁高龄的季克宇老先生也进入酒店。互相介绍后,我说明来意,在一片谈笑风生中,季老回忆了55年前他参加了由殷炳山主持的关于拆不拆镇国寺塔的一次会议。季老是江都市水利局退休干部,1956年在江都县里运河整治工程总队部担任技术员,后在江都市昭关灌区、江都市水利局工管科任主任、科长等职。季老虽然年事已高,但精神矍铄、思路清晰,一提起镇国寺塔的事,便向我们娓娓道来。他回忆说,里运河高邮段整治工程共分二期,第一期是1956年新建高邮镇国寺塔至界首四里铺新东堤,全长25.6公里,第二期是1958年运河整治拓宽从高邮镇国寺塔至江都的鳅鱼口,新筑运河西堤。运河整治工程是交通部门投资,具体由水利部门实施。扬州地区专门成立了里运河整治工程指挥部,扬州专员公署副专员殷炳山任指挥,工务科长是陈祖常,工程师是许洪武。

第一期运河整治工程,是从高邮镇国寺塔至界首四里铺新筑运河东堤,其中高邮以北头闸至镇国寺塔,全长4.3公里,由江都县里运河整治工程总队部负责施工,总队部指挥是当时的县委常委、农工部部长丁虎,季老任技术员,当年27岁。镇国寺塔位于这一段施工范围内,镇国寺塔保留还是拆除,直接关系到工程的进展。第一期工程规划是两河三堤,但没有明确镇国寺塔拆与不拆,虽然也开过会议,但没有结果。由于开工时间临近,需要确定下来。当年夏天的一个下午,扬州专区里运河整治工程指挥部召开最后一次会议。指挥部设在今高邮通湖路西首一家旅社里,由于时间久远,季老记不清旅社的名字了,但记得旅社是平房,西门朝运河大堤。会议就在这家旅社里召开。会议由殷炳山主持,参加会议的有陈祖常科长、许洪武工程师,高邮参加会议的是里运河总队的陈荫宏,江都县里运河整治工程总队指挥丁虎和季老等人也参加会议。会议一直开到晚。会上陈祖常科长、许洪武工程师提出不拆,其理由是日本鬼子侵略中国占领高邮时,用炸药炸此塔也没有炸掉,应该要保留,建议改为一河两堤,将堤东移。经过一番讨论,最后,殷炳山拍板说保留镇国寺塔。就这样"让道保塔"定了下来。

历经千年风霜的镇国寺塔于 1957 年被列为省第二批文物保护单位。1982 年 3 月 25 日,省人民政府重新公布镇国寺塔为省级文物保护单位。从 2005 年开始,高邮市人民政府重建镇国寺,先后建成大雄宝殿、天王殿、僧寮殿、文殊殿、普贤殿、普渡桥、露天观音像等。如今的镇国寺景区,"塔"与"寺"相辅相成、相得益彰,每逢节假日,游人如织,香烟缭绕。

运河决口清水潭

廖高明

清水潭堤段是里运河大堤上的著名险工,从高邮城北 10 公里处的马棚湾开始,到清水潭南端止,长约 3.3 公里。明隆庆《高邮州志》卷二云:"清水潭在州北二十里,故县村新开湖旁,上有龙王庙。"据扬州地区大运河防震抗震指挥部 1976 年 10 月土质资料汇编记载,这一段堤身就建在从高邮湖至射阳湖一条古河槽上。这条古河槽宽约 4 公里,名叫石梁溪。明隆庆《高邮州志》云:"石梁溪,在州治西北,自天长县发源入新开湖。"

宋景德中(1004~1007),新开湖水散漫,多风涛,载石积为长堤,自是舟行无患。大中祥符间置斗门,以蓄泄水利。宋天禧四年(1020),江淮置制发运副使张纶于高邮北筑湖堤 200 余里,并"锢巨石为十硪,以泄横流"。

《淮系年表》云,南宋嘉泰三年(1203),"十月,高邮大雨,决清水潭,郡守吴铸坚塞之。"清水潭之名始见于此,也是清水潭堤段有史料记载最早的一次决口。高邮军郡守吴铸堵塞决口后,并在清水潭建造了五龙祠(又叫五龙王庙)。

万历三年(1575)黄淮并涨,八月,高堰又决,水注高邮湖,堤决清水潭、丁志口(在清水潭北 5 公里处)诸处,圈田淹没,里下河悉为巨浸。是年,湖广沅江人罗文翰授高邮州管河通判。刚抵高邮,恰逢高邮清水潭堤决,罗文翰立即投入抗洪斗争。昼夜督修,胼胝尽瘁,亲至决口指挥夫役,不慎溺死堤下。因潭深湍急,觅其尸不得。高邮州民悲之,在清水潭构罗公祠祀之。从此清水潭不断出现在文献中。

清代初年,当时由于经过40多年的战乱,堤防失修,水患严重。从顺治十五年(1658)至康熙二十一年(1682)苏北淮河下游地区有25年连续发生洪水,里运河先后在高邮清水潭决口九次,里下河地区洪水经年不退,大批田地沉没水底,鸡犬之声不闻。康熙九年(1670)秋,年方30岁的蒲松龄应同乡孙蕙邀请,到宝应县作幕宾,帮办文牍。第二年三月,孙蕙调署高邮州,蒲松龄亦同往高邮。这一年汛期,清水潭再次决口。蒲松龄亲临决口查勘水势,看到清水潭决口浪如山倾的景象,十分惊愕,以《清水潭决口》诗记录了这一情况。诗云:"河水连天天欲湿,平湖万顷琉璃黑。波山直压帆樯倾,百万强弩射不息。东南溅溅鱼头生,沧海桑田但顷刻。岁岁滥没水衡钱,撑突波涛填泽国。"第二年春天,蒲松龄因水土不服,便向孙蕙辞职,仍由来时的故道返回了故里。康熙十一年四月,当桃花汛到来时,清水潭又一次决口。高邮知州孙蕙写了一首名叫《清水潭感赋》的诗,表达了自己对里下河人民屡遭水患的同情。诗云:"废塍残坝隐湖天,民困东南已七年。转饷漫劳农部策,持筹几费水衡钱。林间细雨生寒柝,野外疏钟上晚烟。力役频频功不就,日听鼙鼓夕阳边。"

康熙十六年(1677),清政府调安徽巡抚靳辅为河道总督,总理治河事宜。康熙十七年靳辅奉旨堵塞清水潭决口,但清水潭决口南北宽300余丈,水深七八尺,且与湖水相连,"湍波冲激"很难施工。当时南河分司蔡音达礼等勘估需57万两银子,还不敢保证必成。靳辅的幕僚、民间水利家陈潢便决定由自己亲自负责施工。采取抛开原来的决口向湖中另筑二道偃月形的土堤,东长605丈,西长921.5丈,首尾均与旧堤相连,这样运河就在高邮湖内形成一个大弯道。至次年工竣,运堤屹然巩固,仅费银9万两。陈潢承建的这项工程,不仅花钱少,而且质量也很好,因而受到了康熙皇帝的嘉奖,名新河为永安河,新河堤为永安堤,堤侧聚庐而居者甚众,亦名为永安镇。

康熙十九年(1680),黄淮并涨,泗洲城沉没,寄治盱山。是年,总河靳辅创建武家墩、高良涧、周桥、古沟东、古沟西及唐埂等六座减水坝,总口宽达170余丈,对运河的压力增大,高邮清水潭东、西两堤并决。当时有人从清水潭底捞到一面黄金宝镜,甚是奇异。诗人李霨作诗云:"黄金跃水底,宝镜雪花团。奏绩鬼神泣,波摇天地寒。以之报圣主,莫苦我民艰。"

由于清水潭堤段经常溃决,造成灾害。康熙四十年(1701)总河张鹏翮铸造了16具铁犀,其中一条安放置清水潭西堤上,以镇水患,称为"马棚湾铁犀"(因为这段运河弯道称为马棚湾,后亦被称为铁牛湾)。1956年大运河拓宽时,马棚湾裁弯取直,铁犀被移存高邮市文管会驻地——文游台的大院内,列为市级文物加以保护。这具饱经沧桑的铁犀,除双角残缺体表稍有锈蚀外,整体上仍较为完好。铁牛身长1.70米,宽0.75米,高0.58米,牛身与铁座铸为一体,重约2.5吨。铁犀身上浇铸的铭文为:"惟金克木蛟龙藏,惟土制水龟蛇降,铁犀作镇奠淮扬,永除昏垫报吾皇。"铸造时间是康熙辛巳(四十年)午日,监造官为王国用。人们开玩笑地说:"旧社会铁牛(犀)未能保护人,新社会人却保护了铁牛(犀)。"

康熙三十八年(1699),康熙皇帝第三次南巡。二月初五日,巡行至高邮时,他驻跸界首,用水平法测得运河水位比高邮湖水位高四尺八寸。初六日到清水潭、九里等处,测得运河水位比高邮湖水位高二尺三寸九分,至高邮等处见河水向湖而流,河水似高一尺,说明当时运河水位已高于高邮湖水位。清水潭决口的次数减少,至建国时仅有道光二年(1822)、同治五年(1866)两次决口。

建国后,为了确保里运河大堤防洪安全,1956~1957年从高邮到界首筑了新东堤,将清水潭放入大运河中。据1980年7月7日邗江县长江护岸工程指挥部测绘的高邮大运河马棚湾水下地形图,查得原清水潭位置已在现大运河内中心偏向,有大、小两个深潭。大潭在南,潭口直径约200米,真高 -1 米左右,潭底真高 -4.1 米。小潭在大潭之北约600米,位处马棚大湾南的直线河段开始处,潭口南北长约200米,东西宽约100米,潭底最深处真高 -4.5 米。在施工过程中曾发生滑坡,两坡加筑了平台,成为复式断面,坡度加至1:15,虽然基本稳定,但尚未经过最大洪水考验。由于地基淤土层较深,堤身仍在不断沉陷,最大沉陷量已达0.9米。为了减轻荷载,堤顶上仅加做了浆砌块石子堰。1976年抗震期间又采取了加固措施。抗震工程直至1979年才完成30~50米宽的平台,巩固了堤基。

江都市运河崇湾凹段加固前的照片　　　　　　　摄影:徐炳顺

仪征建设水库的艰难历程

宋建友

仪征市现有在编水库 47 座,按建成时间分,其中 20 世纪 50 年代有 23 座,60 年代有 9 座,70 年代有 15 座。还有 25 座编外水库除了 3 座于 80 年代建成外,其他也都建成于 50 到 70 年代。由于特定的历史条件,水库建设的历程非常艰难。

水的期盼

历史上,水一直是丘陵山区农业生产和社会经济发展的制约因素,大旱年不但水稻种不成,旱谷也种不下,不少地方连人畜饮水都十分困难。地处丘陵山区腹部的月塘,过去流行着这样的民谣:"山像和尚头,吃水贵如油。十年九不收,人哭无泪流。兔子不爬窝,雀鸟无处留。"

扬州市最大的水库——月塘水库就坐落在这里。水库大坝所在地叫作鸭嘴桥,水库刚刚建成时曾经以鸭嘴桥为名,至今当地群众往往还习惯这样称呼。鸭嘴桥的地名源于当地的一个传说。相传很早以前这里有个老鸭精,为非作歹,残害百姓。附近有条小白龙非常气愤,决心为民除害。谁知老鸭精本领高强,小白龙反被打得遍体鳞伤。周围群众十分怜惜,纷纷为它疗伤,送来食品慰问。小白龙非常感动,更加坚定了除掉老鸭精的决心。后来经过苦心修炼,终于打败了老鸭精,鸭头落处便有了"鸭嘴桥"的地名。"鸭"在这里有着特定的寓意。因为当地人习惯把不会游泳、不熟水性的人叫作"旱鸭子",所以在人们的心目中鸭通旱,龙鸭之斗正是隐寓着人们长期以来对引水蓄水战胜旱魔的期盼。

艰苦建库

新中国建立后,党和政府带领群众展开大规模的水利建设,20世纪50年代后期掀起了水库建设的热潮。《仪征水利志》和《仪征文史资料》都认定,仪征市最早的水库是1956年建设的捺山水库。当年参加捺山水库建设、现已年近八旬的市水利局退休技术干部曾富根回忆这段往事,言语间充满激动和自豪。农民群众对建设水库的热情非常高,或许是爱库及人吧,当时曾富根只是二十岁出头的小伙子,因为是水利技术员,处处受到人们的尊重和善待,房东大伯曾希望以女相许。工程结束后,又坚持挑着行李步行三四十里将曾富根从谢集一直送回仪征县城。不过因为蓄水容量只有4万立方米,捺山水库建成后没有能够列入水库编制,也没有进入编外水库名册。但是,捺山水库的建设在当时影响很大,开风气之先。

紧随其后,全市二十多座水库工程相继开工建设,月塘水库即是其中之一。不过,这座全市唯一的中型水库的建设却一波三折,整整经历了十个年头。1958年9月开工后,大坝筑了不到两米高,就因种种原因于次年4月下马。当年冬季再干,到了1960年4月,由于当时全县集中力量大办电灌,受到资金和劳力的牵制再次被迫停办。这时,筑起的大坝虽然又向上提高了两到三米,但是龙口敞开,根本不能蓄水,只能算是个半拉子工程。1965年8月19日到21日13号台风过境,连日陡降暴雨259毫米。由于水库没有建成,水留不住,蓄不了,鸭嘴桥漫冲行洪,洪水渲泄而下,塘坝堤埂冲毁无数,胥浦河沿线一片汪洋。下游的胥浦桥附近老街积水深达一米以上,大人爬上房顶,小孩被集中起来护送到桥东药店楼上。全县损失粮食590万公斤,倒坍房屋6134间,死4人,伤16人,宁扬公路中断交通4天,灾情十分严重。大灾过后,痛定思痛,地区、县、公社三级党委统一思想,下决心续建月塘水库工程。从当年12月起,直到1968年春,经过连续三年的奋战,雄伟的大坝站立起来了,溢洪闸和放水涵建成了,两级电灌站也配套完成了,月塘水库终于竣工,从此在防洪和灌溉中发挥了重要作用。

那个年代,丘陵山区各地几乎都有水库建设的工地。笔者1968年作为知识青年插队到铜山公社,正好赶上枣林水库的建设,每天早出晚归,劳动时间都在十小时以上。筑坝的土方全部靠人工一担担地挑上去,还要爬上又长又高的堤坡。由于劳动量大,中午一般由生产队集体安排吃一顿干饭,但是菜只能靠出工的农户自带,集体只提供青菜叶子汤。那时当地农民种的青菜不是一棵棵的铲着吃,而是一根根的披菜叶子。就是这样的菜也不能天天吃到,常常没有人带菜就只能吃干饭。条件虽然艰苦,人们却很乐观,常常笑言是"百页炒口条"("百页"是"白咽"的谐音,"口条"即"舌头"的方言)。筑大坝靠劳力,建涵闸要石头,由于经费紧张,还是大打人民战争。铜山公社当时有小铜山采石场,于是发动群众运石头,不但农村劳力有任务,机关干部、教师、医生、企业职工人人都有任务。当时农村板车、拖拉机都很少,更没有汽车,人们主要以肩挑为主,一时间在小铜山到枣林水库长达十多公里的大路上,挑运石头的人不绝于途,成为一道独特的劳动场景。可以说,在那个特定的年代,水库建设靠的就是自力更生、艰苦奋斗的精神。

维修亦难

仪征的水库基本上是在十几年间集中突击建成的,后期维修保安同样十分艰难。由于历史的原因,水库普遍存在先天不足的问题。受到时代的局限和各方面条件的限制,水库工程上马时规划不完善,加之当时倡导因陋就简,土法上马,往往先做土方,以后逐步配套,然后再提高标准,一些水库建设经历了几上几下的反复。所以,水库工程建设遗留的问题比较多。

多年以后,不少水库常年带病运行,上个世纪80年代以后,水库已经进入险情易发多发时期。1991年入汛后连降暴雨,全市水库尽数溢洪,其中有43座不同程度受损,频频告急。芦坝水库溢洪道下游滚水坡被冲翻,戗台滑坡长30米,抢护中抛下的楼板在湍急的水流里竟宛如一片芦叶轻轻飘走,撕开的创口直逼大坝,形势十分危急。陈集乡紧急组织抢险,打桩、抛楼板、叠装土草包、开挖非常溢洪道,终保大坝不倒。2003年"7·5"特大暴雨后,大多数水库溢洪道被冲受损,大坝普遍有渗漏现象。甚至在非汛期,也有水库出现险情。1988 年 3 月,张冲水库大坝迎水面护坡下部出现坍塌,背水坡形成的吊洞达 11 处之多。

水库维修加固成为丘陵山区水利建设的重要任务。中型水库月塘水库于上世纪 80 年代初按照抗御"河南 75 · 8 特大型暴雨"的要求,加固大坝,新做戗台,翻修块石护坡,新建非常溢洪道。小型水库也不断进行维修加固,平均每年维修 5 到 6 座,最多的 1999 年维修水库 26 座,多年来在极其困难的情况下始终确保了水库的安全运行。但是,由于投入不足,水库加固只能就事论事,以维修为主,防洪标准长期难以全面提高。

新的机遇

2004 年以来,水库建设迎来了新的历史机遇。按照水利部的部署,小型水库全面进行大坝安全鉴定和除险加固,做到加固一座水库,即完全摘除一顶病险水库的帽子。紧接着月塘水库又被列为国家拉动内需工程项目,概算总投资达 2803 万元。2009 年 1 月 15 日,全省大中型水库除险加固(扩大内需)工程开工仪式在月塘水库举行,省委常委、副省长黄莉新出席并讲话。

前景看好

水库建设的初始目的主要是蓄水灌溉,全市 47 座在编水库蓄水容量达到 3280 万立方米,正常年份灌溉面积约 15 万亩,干旱年份可达 30 万亩。同时削峰滞洪,从根本上改变历史上漫冲行洪的状况,有效地减轻了下游的防洪压力。随着经济和社会的发展,在发挥工程效益的同时,水库的生态、经济和社会效益日益显现,一些重点水库在地方的社会发展中

仪征市邵冲水库

更是展现出特殊的聚集作用和名片效应。近年,塔山、邵冲、苏墩(编外)等水库相继建设了休闲、餐饮设施,取得了较好的经济效益。

2007年成立的枣林湾生态园发展目标是成为城市的"绿肺"、长三角都市圈的"后花园",枣林水库周边则是生态园的山水名胜。现在水库大坝东西两侧已经形成枣林山庄等特色餐饮服务区,水库西侧依水而建的红山体育公园初具规模,投资人对水库的发展前景十分看好,项目总投资将达人民币12亿元。

月塘水库有几千亩碧波荡漾的水面。21世纪以后,沿着高程32米的等高线修筑了环湖路,湖区建成桃园、梨园、茶园等果木基地,林木面积达到1650亩。2005年4月,由浙西大峡谷旅游开发有限公司投入1500万元重新打造后的登月湖(月塘水库发展旅游使用的名称)风景区正式开园。2006年11月,登月湖风景区成为全国农业旅游示范点。水库水产品由于没有污染,品质好,因而大受青睐,尤其是"登月湖鱼头"更是备受人们的喜爱。优美的生态环境和旅游品牌为地方的发展赢来名气,赚得人气,到水库休闲成为都市人的生活时尚。

仪征市月塘水库

邵伯船闸说古今

徐从法

邵伯船闸位于扬州东北郊古镇邵伯的京杭运河上,它由邵伯埭演变而来。古代船舶过埭并不那么容易,邵伯船闸的前身——邵伯埭过船要用大量的人力牵引,方法是很原始的。

淝水大战获胜后,谢安官封太保、太傅,都督十五州军事,权重一时,威望极高,受到孝武帝胞弟司马道子为首的皇室人员嫉妒。他们常在孝武帝面前进谗言,谢安被迫于太元十年(385)请求出镇广陵。至广陵后,于广陵东北二十里步邱(亦作丘)筑新城屯兵,又见新城之北二十里地势西高东低,西部农田常受干旱,东部农田又易受涝,乃率领民众筑埭挡水。由于埭跨邗沟,于是在埭的两侧建有一定坡比的斜坡。从此埭的两侧,西少旱魃,东减涝灾,而往来江淮之间的船舶仍然照常通航。当地百姓为感谢谢安之德,将他比为春秋时德行高尚的召伯(古召同邵),所筑之埭名邵伯埭,用作为邵伯邗沟上的蓄水、过船设施,今天的邵伯船闸就是由邵伯埭演进而来的。

邵伯埭虽然起着蓄水利农以及使过往船舶盘驳通航的作用,但是重载船过埭时,需反复装卸,费时费力,人们因而谋求改革,通航斗门、二斗门闸、三门两室闸也就应运而生了。

所谓通航斗门,就是类似现代节制闸的通航孔。据成书于北宋年间的《太平寰宇记》记载,唐代后期"广陵县邵伯埭有斗门,临合渎渠"。合渎渠是邗沟之别称。单斗门闸过船远比过埭先进,重载船不需将货物先搬运上岸,过埭后再搬运上船,也减少过埭时船只损伤。但仍有不足之处,那就是船过斗门船闸水势如奔马,危险万分;逆水船过斗门船闸要加缆,用更多的人力来牵引,如缆绳崩断,则船毁人亡。

北宋时期是船闸变革发展的时代。雍熙初,乔惟岳出任淮南转运使时,在淮扬运河线上的西河第三堰建二斗门船闸。这种船闸上、下有两座闸门,中为闸室,但无输水廊道,其结构类似今天的套闸。此后,这一类型的船闸在大江南北广泛使用。40多年后,天圣年间(1023~1031),钟离瑾任江淮制置发运使时,其下属王乙请疏浚邵伯埭至瓜洲之间的运河,并在邵伯、瓜洲建闸。钟离瑾认为投资太大,仅同意在邵伯建闸。天圣七年(1029),邵伯闸建成。王乙主持所建的邵伯船闸是三门两室闸,也称上、下二闸。熙宁五年(1072),日本高僧成寻至山西五台山拜佛、求经,在其所著的《参天台五台山记》中记载了次年返程时经过船闸的情况:五月一日,途经邵伯船闸进入第一闸室,下一闸门未开,船停留在闸室内,成寻未登岸,仍宿在船上;次日进入下一闸,然后出闸南行。元丰八年(1085)十月,苏轼之弟苏辙去安徽绩溪赴任,途经邵伯,船停泊于梵行寺(今盛昌幼儿园北生资仓库)侧运河中,见斗野亭镌刻其兄与孙觉的诗篇。步其韵和诗,首句"扁舟未得解,坐待两闸平"能证实宋代的邵伯船闸是三门两室闸。此闸沿用日久,至元代,闸已废圮。

明洪武初年(1368),重建邵伯上、下二闸,即三门两室闸,专行官船;另在闸的东西两侧设车盘坝4座(从元代起,过船的埭、堰改称坝),官船过闸,民船由东西4坝车盘。永乐十四年(1416)五月,曾维修邵伯上、下二闸。当时的邵伯船闸设闸官2人、闸坝夫230人。

明中叶以后,黄河全面夺淮,使原北流的运河水流渐缓,至明正统初年(1436),"邵伯水皆平流",闸坝废而不用,闸坝夫由原230人减为90人。十一年,又将闸坝夫从90名减至40名,闸官免职,闸、坝由邵伯驿兼管。

弘治八年(1495),黄河北岸筑起太行堤,北支分流被堵,黄河全部南下进入淮河,给淮河尾闾带来的灾害更加严重,湖底、河床加速淤垫,江淮地势变化加剧,转而北高南低,邵伯北"流"之水也由北而南,而且日渐湍急,"运舟往来无虞"的情景已成过去,于是闸、坝废而复兴。万历二十八年(1600),河道总督刘东星令郎中顾云凤开邵伯月河长18里,南北建闸各1座(清初,露筋附近有露筋拦河闸,乾隆二年拆除,疑即北闸;昭关坝附近有三沟拦河闸,乾隆六年拆除,疑即南闸)。万历二十四年(1596),河道总督杨一魁分黄导淮,引淮水入江。为此,疏浚高邮茆塘港,引水入邵伯湖,又开金湾河,建金湾三闸六门减水闸。乾隆二十三年(1758)将金湾北闸闸底降二尺四寸,作为漕舟、盐船的通航闸。金湾北闸后名"邵伯六闸",闸址在今邵伯船闸之南1公里许。

邵伯六闸,并列着两个闸门,闸的对河建关亭一座,亭内设置绞关。船舶上水除用绞关外,闸门两侧还用人夫齐力牵挽。每当上、下游水位差较大时,水流湍急异常,船舶迎激流而上,险象环生。不仅邵伯六闸过船艰险,铁牛湾也水流湍急。这时,邵伯出现了一种特殊行业——"溜子行",船过邵伯六闸、铁牛湾要加纤。"溜子行"看船只大小、水流湍急程度,确定加纤人数,由船主付给酬劳。

运河通而不畅,是南宋时期黄河夺泗、夺淮,特别是明代黄河全面夺淮,淮河尾闾淤垫留下的后患,它并未因黄河北徙而终止。清朝末代状元、南通实业家张謇主张淮河"七分入江,三分入海",其导淮工程计划是科学合理的,但因清政府的腐败,导淮工程计划无一得到实施。辛亥革命以后,导淮工作计划进展不快,直至上世纪30年代初,德国方斯修教授在调查京杭运河航运情况后推测,运河经过整修治理,运输量可迅速增至500万吨,30年后可增至2000万吨。因而导淮委员会的导淮工程计划,首先从整治运河着手,除了治理河道堤防,并在运河内建"新式船闸",使之常年通航。邵伯船闸是导淮工程设施之一,可使邵伯至淮阴段的运河最低水深不小于2.5米,吃水2米深的船舶可常年通航。

建邵伯船闸时,由雷鸿基任邵伯船闸工程局局长,上海陶馥记营造厂承建。施工期间,为不影响通航,闸址选在古运河西岸。船闸有效尺度:长100米,宽10米,上游设计最高水位7.3米,下游设计水位负2.5

米。上、下游闸门两侧之间闸墙与底部连成一体,全部用钢筋混凝土浇筑,坞式整体结构,并设输水廊道。闸门、阀门、启闭机以及钢板桩均向英国订制,4人摇动启闭机,就可启闭闸、阀门。船闸一次可分别通过30吨船15只、40吨船10只、100吨船6只、300吨船4只。

民国25年(1936)十一月,邵伯船闸建成通航,实用银元87.8万余元,经费来源于英国返还的"庚子赔款"。当时国民政府对苏北运河建船闸是非常重视的,国民政府主席林森及孙科、陈果夫等国府要员都曾先后亲临邵伯船闸视察,蒋介石为邵伯船闸题写闸名。此闸在现代化的大型邵伯船闸建成后,曾于1963年"调尾"改通里下河。后因高水河水压力大,在闸况日益恶化的情况下废而不用,于其北建盐邵船闸代替。1979年老船闸被拆除。

1958年,国家为了适应国民经济发展需要,为津浦铁路分流北煤南运,提出扩建京杭运河的任务。京杭运河苏北段被列为重点,计划航道拓宽疏浚,建7座大型船闸,邵伯船闸是其中之一。

邵伯的大型船闸建在原老船闸以西250米邵伯湖畔,闸室长230米,宽20米,最低通航水深5米,年通过量2000万吨,可通航2000吨级驳船队。大型现代化船闸建成后,邵伯船闸年通过量从建闸前1961年的1863576吨,上升至建闸后1963年的2248417吨。2006年的通过量已达1.31亿吨。

由于苏北运河在第一期扩建工程中未能按原方案全部实施,航道尺度参差不齐,有些河段通航500吨级船都困难。船闸又因通航的船型复杂,定型的大型船舶少,小型的挂机船居多,每当通航繁忙季节,船舶常在闸的上、下游排成几公里的长队,待闸两三天,甚至七八天已成常事。北煤南运因受航道等级低、船闸通过量小的影响,通而不畅,对苏、沪、浙地区的工农业生产发展产生一定的影响。

1981年3月,国务院副总理万里视察京杭运河,提出了继续整治京杭运河,分流北煤南运,扭转华东煤炭运输被动局面的建议。此后,国务院批准京杭运河江苏省境的徐(州)扬(州)段续建工程30个项目,邵伯复线船闸是30个项目之一。1984年12月,邵伯复线船闸在

六闸盐河图　　　引自《重修两淮盐法志》

原船闸之西的湖滩上施工,复线船闸长 230 米,宽 23 米,最小通航水深 5 米,设计年通过能力 2000 万吨。1987 年 12 月竣工,1988 年初正式通航。

　　邵伯船闸从古老的过船设施邵伯埭,进而演进为单斗门闸、三门两室闸;明清之际,又因淮水入江,邵伯一带只患水多,不患水少,三门两室闸不利泄水,又退而为单斗门闸;民国时期建"新式船闸"直至今天的大型现代化邵伯船闸。船闸从 20 世纪 50 年代用手摇启闭闸、阀门,后改用机电动力启闭,电器控制;此后又发展至 PLC 程序控制;目前试行"管控一体化",将船闸调度、控制、办公等均纳入计算机管理,已进入世界船闸管理的前列。闸区绿化覆盖率达 70% 以上,苍松翠柏、千姿百态,假山临池、倒影生辉,百花繁茂、异彩纷呈,环境雅洁、清新自然,环境文明整洁让人耳目一新,是全国不多见的花园式船闸。

昭关沧桑

徐炳顺

从历史文化名城扬州向东行,很快就到了闻名中外的江都抽水站,再沿公路北上,便到千年古镇——邵伯。当你走上六七米高的大堤以后,大运河以崭新的面貌出现在面前。东西堤防绵亘百里,掩映在绿树丛中。每日数千辆各种型号的汽车在堤顶柏油公路上奔驰。运河的水顺应人意,静静地流淌。船只汽笛长鸣,南北穿梭,一片欢腾。西堤外湖光粼粼,帆影片片。东堤下平平坦坦的农田,阡陌纵横,沟渠交织。远近还竖着正在开采石油的机架……好一派如画如诗的景象。继续北行,过昭关闸后 1 公里多,便到了昭关坝旧址,昔日的辛酸往事,又将人们带入痛苦的回忆。60 多年间,这里发生了翻天覆地的变化。

明代邵伯水势巨变

邗沟东西原为一体,河湖相连,陆地相平,因与黄、淮隔绝,致使水源匮乏,故治水重在拦蓄。历唐、宋,治水之策虽有多变,皆沿其制,惟恐蓄水不足。从文字记载来看,在邵伯搞蓄水工程最早的是东晋时的太傅谢安。他出镇广陵(今扬州)到步丘筑垒,名为新城。并在步丘筑埭,兼备旱潦。百姓得灌溉、航行之利,为追思他的功绩,把他比做周代的召伯,由于古时“召”与“邵”字通用,便将新城改为邵伯。后来埭、湖皆以邵伯为名。所以谢安筑埭至今仍传为佳话。最早的邗沟(今里运河)是利用天然湖泊洼地联结起来的,河湖不分,它的水源,除有江水补给外,主要靠湖泊蓄水。当时地形南高北低,水的流向由南向北达淮。

但从明代起,少量的淮水由清口进入扬州运道,水势变化使邵伯"水皆平流",使原有蓄水的堰闸失去作用。明万历年间"分黄导淮",淮水由高邮湖进入邵伯湖,邗沟以西诸湖"滩埂陇阜错落,若瓜、若角、若木之交,风帆鱼棹往来不绝,初春农民取湖泥沃田,菜花满塍……夏月荷花盛开,是为湖中大观(后因乾隆四十年大旱,饥民掘而食之,以后再也见不到湖中有荷花)"。万历以后,邵伯、朱家、新城、白茆、黄子、赤岸六个小湖不断扩大连片,后经历代导淮,特别是新中国建立后,对淮河入江水道的全面整治,汇成今天的邵伯湖。明末以后,黄淮汇流南下,又挟带大量的泥沙,淤积原有的河道,不但打乱了水系,而历史上"南高北低"的地形却变为"北高南低";邗沟水北流"下淮"变为淮水南下入海、入江,从此水患与日俱增,邵伯蒙难,人民饱受水患之苦。

昭关坝的悲哀

明末,为了保证漕运和护卫皇陵,不顾里下河人民的反对,在高家堰(今洪泽湖大堤)建了三座排洪闸,一方面排水经宝应射阳湖、子婴沟经广洋湖入海;一方面由高邮湖、邵伯湖通过金湾河达芒稻河入江,但泄量较小,每遇大水,漕堤(即运河堤)常决,使里下河波高于屋。清顺治、康熙年间,漕堤又累塞累决,里下河连年受灾。为了漕运和解决淮水出路,康熙十八(1679)、十九年将高堰三闸改为六座减水坝,同时在运河堤上相应建六座减水坝,排水经里下河入海。这六座减水坝中有一座就在邵伯以北的鳅鱼口,叫鳅鱼口减水坝。康熙三十九年(1700)又将高堰六坝改为三座滚水坝,相应将高邮以南的减水坝改为滚水坝。乾隆二十二年(1757)高邮增建南关新坝,唯恐宣泄不及,又在旧鳅鱼口坝以北新建滚水坝,因坝址迁至昭关庙附近,所以定名为昭关庙滚水坝,简称为昭关坝。这些滚水坝是泄水东去入海,所以叫"归海坝",名为"归海",其实"归田"。后来昭关坝的坝址又有变动,但名字一直未改。

说起昭关,它的来历也起源于治水。相传明洪武年间,建一水关而得益,为感念建关的皇恩取名为昭关。归海坝的设置,尽管在朝廷内部及民间有过开坝、守坝之争,但为了保护运道,往往当权者得胜。乾隆时曾明确"不得已"时才启归海坝,其实"不得已"只是掩人耳目而已。道光六年(1826),曾决定停闭昭关坝,但又"停闭"不了。地方权贵从各自的利益出发,将坝移向邵伯,邵伯人民反对,所以每次坝址移动总是向北。"归海坝"使里下河人民蒙受了巨大的灾难,下河灾情日重。康熙三十八年南巡至邵伯时,坐着小船在人字河查巡,指出"分淮入江拯民昏垫之要筹",指示河臣速办。乾隆又到昭关等地查巡。经康熙、乾隆、嘉庆、道光几代的归江工程建设,才具有宣泄淮水入江的作用,大大减轻了昭关坝的压力。但大水时,照样开启昭关坝,使里下河成为一片泽国。昭关坝对岸的邵伯湖,是高、宝湖群中最小的一个湖,嘉庆时只方圆30里。自昭关坝向南到邵伯六闸水道浅狭,六闸以下分由归江各河入江(各口门有坝,即俗称归江十坝)。当淮洪压境入江不畅时,湖水猛涨,邵伯一带险象丛生,昭关坝与邵伯近在咫尺,生死相连。开坝要淹下河,不开坝要决堤。归海坝一开,运东一片汪洋。昭关坝(鳅鱼口坝)自乾隆六年到道光二十八年,106年间,开过11次,淹没田园村庄损失难以计算。道光十一年,为了生存,数千农民睡在昭关坝上,反对开坝,竟遭河卒的镇压。道光二十八年,昭关坝开启4年后才堵闭,"流民南渡者数十万"。1855年黄河北徙,淮河不复故道,昭关坝仍然是里下河人民的心腹之患。民国10年(1921),正当锦绣淮扬稻香瓜熟之时,旋开高邮三坝,里下河的老百姓成为鱼鳖。民国20年(1931)大水,各县守坝者数千人云集邵伯,哀求不开昭关坝,主持开坝者犹豫不决。当他们抵高邮时,高邮有数千人手执白旗要求开昭关坝,呐喊声如雷。8月26日晨终于冲决东堤26处,宽达800多米,昭关坝冲开130余米,猛兽般的洪水,吞噬了里下河,水深的淹至屋脊,浅的封门到檐口,持续4个月之久,死亡数以万计。据当时币值统计,物产损失2亿元以上,为空前浩劫。里下河人民遭难固然有天灾,但人祸也是其中原因之一。以1931年来说,这年河工人员渎职,不仅没有组织春修,大水来时,跑得毫无踪迹。8月26日昭关坝等处出险,百姓鸣锣告警,河工人员均不知去向。邵伯地处水陆交通要冲,历来也是兵家必争之地。解放前夕,国民党部队竟在运河堤上筑起碉堡,负隅顽抗。1946年汛情紧张,蒋军竟对在昭关附近修堤的民工开枪,打死多人,并妄图挖堤放水入里下河,以水代兵。归海坝曾夺去了多少人生命、财产,所以往日一提到开归海坝,就使人不寒而栗,毛骨悚然。

换了人间

1949 年 10 月 1 日,中国人民站起来了,里下河人民也从水深火热之中被解放出来。1950 年,毛泽东主席作出根治淮河的决策,在党和政府的领导下,开始治理淮河水患。从 1950 年冬天起先后多次加高、加固险工患段,全面提高抗灾能力。1954 年大水,这年江淮并涨,邵伯—昭关一带水位超过 1931 年,西堤顶已漫水,随时都可能决口倒堤,数万干部群众经过三个月的日夜奋战,奏响建国后第一曲抗洪凯歌。这年冬天又重点加固险工,对昭关坝进行翻筑,结束昭关坝倒堤决口的历史。1958~1959 年,筑运河新西堤,河湖分隔。60 多年来经过多次高水位的考验,堤防固若金汤。康熙年间河臣在邵伯设置铁犀镇水的事,成为笑谈。现在的运堤为里下河的可靠屏障,也是两道绿色长城,每年为社会提供大量的苗木树材。与此同时还以昭关命名,建成 21 万亩农田自流灌区,做到高产稳产,旱涝保收。此处兴建了邵伯、盐邵船闸、节制闸,沟通了长江至运河至里下河的航运。这与解放前堤防矮小、河道

昭关坝

狭窄、水患连年相比,真是换了人间。

今日昭关的繁荣与党的富民政策分不开,其中水患的根治的确起了重要作用。以昭关命名的灌区为例,这个灌区虽靠运河边,祖祖辈辈吃尽洪水之苦,还受干旱煎熬。在以漕运为主的年代里,遇上干旱,谁偷放了运河的水,人要充军,田籍没收。到解放初期这里还有四分之一的土地种旱谷,每年插秧季节,人力车水用工占总用工的百分之六十五。有一首民谣对人力车水作了生动的描绘:"家里不断地烧(饭),路上不断地挑(饭),车上不断地敲(锣),打点麦子水上漂。"到头来只能落得个"百亩打百箩,空把骨头磨"。1959 年灌区建成,引运河水自流灌溉。江都抽水站陆续投产后,江水、淮水适时调配。甜美的河水灌溉着肥沃的土地。春天,麦浪滚滚。秋天,稻谷金黄。一片片鱼塘如镜,鹅鸭满塘。这里已成了名副其实的鱼米之乡,呈现出百业兴旺的景象。水车已成了稀有的农具,管水人员已不是老式农民的模样,他们"穿布鞋,撑阳伞,要水一声喊,不要水关闸板",水稻单产 600 余公斤,比建灌区前翻了 4 倍多。成片的楼房代替了昔日的茅草房,多姿多彩,难以用笔墨描述。过去泽国,成了人间乐园。

邵伯船闸

"江淮明珠"的诞生

徐善焜

江淮明珠

名扬中外的江淮明珠——江都抽水站,1961 年开始兴建,1977 年竣工,由 4 座雄伟壮丽的大型电力抽水站组成,装有立式轴流泵 33 台。装机容量 49800 千瓦,设计抽水能力 400 立方米每秒,是江苏省江水北调首站,是国家南水北调东线工程之首,是目前我国规模最大的电力排灌站,也是远东最大的电力排灌站。它每年发挥巨大的排灌作用,40 年来共抽江水北送 1000 多亿立方米,抽排里下河涝水 300 多亿立方米,为苏北人民作出巨大贡献。李先念、杨尚昆、江泽民、胡锦涛、朱镕基、温家宝、田纪云、钱正英等党和国家领导人及朝鲜金日成主席、孟加拉国总统等外国元首来此视察,金日成盛赞它显示了共产党领导下中国人民的伟大力量,是社会主义制度的巨大胜利。

明珠初诞

1958 年,江水北调初期规划抽水站站址在邵伯大控制。当时,江苏省水利厅江水北调工程规划,主要由廖家沟引水至邵伯大控制,在邵伯抽水入高宝湖北送。以后邵伯大控制方案被分散控制方案所代替,分别在几条入江河道上建万福闸、太平闸、金湾闸及芒稻闸,江水北调抽水站址也随着修改。

1960 年,江水北调第二次规划站址在万福闸旁的滨江站。随着淮河中上游蓄水灌溉工程的兴建,为了补偿淮河下游老淮水灌区水源,中央同意兴办苏北引江灌溉工程。江苏省报送了江水北调江苏段工程规划要点,及苏北引江灌溉电力抽水站设计任务书。省水利厅编报了苏北引江灌溉第一期工程滨江电力抽水站初步设计。水电部批准兴建滨江站。1960 年冬,位于万福闸西南侧的滨江电力抽水站的站塘土方开工(站塘至今犹存)。

1961 年,江水北调站址最终迁至江都抽水站。经扬州专署副专员殷炳山和工程师许洪武调查研究,向地委建议:滨江电力抽水站迁至芒稻河东的新通扬运河上,既可沿京杭大运河向北送水,又可利用新通扬运河结合里下河排涝,一举多得。地委同意后,电请省水利厅考虑滨江站迁移问题,并派殷炳山等人向省水利厅反映。

当时,我在省水利厅勘测设计院规划室主持工作,水利厅熊梯云副厅长在厅机关二楼找到我,急促地问我行不行。我认为这是个好主意。回到办公室具体规划送水线路及排灌配套建筑物,将江都至邵伯的河道建成高水河,接通京杭大运河,将江水直接送到淮安闸下,更重要的是利用新通扬运河结合里下河地区排涝,有助于解决里下河易涝的大问题,这个迁址方案效益显著,切实可行。经厅领导研究决定,电报通知滨江站停工待议。而如果没有殷炳山和许洪武的建议,滨江站势必建成。

1961 年 4 月,经水电部同意,苏北引江灌溉工程作重大调整,决定原滨江站迁至新通扬运河口北岸,改名江都抽水站。

1961 年 8 月,省厅编制第一期江都抽水站初步设计。同年 12 月水电部批准后,江都抽水站第一站正式开工,于 1963 年 3 月竣工。从此,江都抽水站诞生。接着,1964 年 8 月二站竣工,1969 年 10 月三站竣工,1977 年 2 月四站竣工。

殷炳山三选站址,抽水站落地江都

赵永继

　　江都抽水站位于扬州市以东 14 公里、江都区仙女镇西南方向、芒稻河与新通扬运河交汇处东端的新通扬运河的河头。整个枢纽工程以 4 座 33 台,装机 5.3 万千瓦的大型电力抽水站为主体,以新通扬运河、高水河为引水和输水干河,以芒稻闸、芒稻船闸、江都西闸和江都东闸等 13 座节制闸、船闸(套闸)以及变电站、高压输变电等多项为配套工程,具有灌溉、排涝、调水、发电、航运和提供城乡生产生活用水、沿海垦区洗碱、冲淤等多种功能。该项工程经过前后 7 年的酝酿,从 1961 年开工,分期实施并投入运行,历经 17 年建设,至 1977 年基本建成。经多年运行证明,该项工程布局合理,设计先进,施工优良,管理科学,效益显著。同时,江都抽水站作为南水北调东线工程第一梯级站,它的作用可经大运河辐射至津、鲁地区。

　　江都抽水站为何落地江都,这与当时任扬州专署副专员的殷炳山关系密切,正是由于他的两次建议,才建成了今日的江都抽水站。

　　殷炳山,男,兴化市下圩镇人。1923 年生,1942 年 2 月参加革命,经过血与火的洗礼,从一名普通党员逐步走上领导岗位。他曾任兴化县长、扬州专员公署副专员、扬州地委副书记、兴化县委书记,但在"文革"期间也惨遭迫害。他于拨乱反正后,任江苏省基本建设局第一副局长、建筑工程局局长,1982 年因病在南京逝世。殷炳山在扬州工作期间,长期分管水利工作。他虽不是科班出身,但勤奋好学,十分熟悉扬州的地情和水情工作,正是在他担任副专员期间,提出了抽水站站址变更的建议。

20世纪50年代初,毛泽东主席在视察黄河时曾说:"南方水多,北方水少,如有可能借一点来是可以的。"受毛主席南水北调思想的启迪,为解决苏北地区灌溉问题,改变贫困面貌,也为全省农业发展,江苏省水利厅制订了江水北调规划。

1960年1月,中共中央在上海召开会议。会议期间,周恩来总理在百忙之中听取了江苏省关于解决苏北缺水问题的汇报,并当即在有关规划设计文件上作出了批示。

周总理的批示极大地调动了江苏省兴建江水北调工程的积极性。经过水利厅领导和有关专家的反复研究,江苏省水利厅编报了苏北引江灌溉第一期工程滨江电力抽水站的初步设计。经水电部审核后,批准在万福闸下西南侧兴建一座滨江抽水站,并于当年冬天动工(遗址尚存)。

站塘土方开挖伊始,殷炳山带领扬州专署水利局的技术人员深入工地,现场调查研究。经过仔细讨论,殷炳山向扬州地委建议,将滨江抽水站站址迁往新通扬运河河头的北岸(即现在的江都抽水站的站址),这样既可溯京杭运河北上引江济淮,又可结合里下河地区排涝,一举两得。扬州地委召开专门会议讨论研究,最终同意殷炳山所提出的两全之法,并决定由殷炳山负责向省水利厅反映。紧接着便是一份电报发往省水利厅:里下河地势低洼,排涝不畅,地下水位高,对农业增产影响较大,即使做了工程还需大量的动力排涝。如结合解决动力设备,能否考虑将滨江抽水站移建于江都闸附近,既可以提引江水,入里运河北送,又可结合抽排里下河一部分雨涝经芒稻闸入江。江苏省水利厅对此十分重视,经过研究,于4月27日电复:"滨江抽水站移建江都闸附近结合里下河排水问题,我厅还在具体研究。如目前立即移建,拦江坝需南移,将影响长江至大运河间航运,今年汛期又不能发挥作用。考虑到江水北调仍需兴建,目前滨江站仍按原址施工。江都闸附近设站问题,今后再作安排。"于是殷炳山的第一份建议胎死腹中。

接到江苏省水利厅的回电以后，殷炳山带领扬州专署水利局的干部和技术人员，对站址又作了进一步的实地考察。取得扬州地委同意后，殷炳山亲自前往水利厅，再次建议将滨江站址迁往江都县南郊芒稻河东侧、新通扬运河北岸。江苏省水利厅对"二进宫"的殷炳山所提方案高度重视，立即组织研究认证。以熊梯云（江苏省水利厅原厅长，时任副厅长）、徐善焜（扬州市水利局原局长，当时在江苏省水利设计院具体负责规划工作）为代表的一批专家经过研究，认为只要送水线路和相关建筑规划到位，迁址切实可行，效益十分明显。经过反复讨论，权衡利弊，通过了殷炳山的建议，并发电报通知滨江抽水站停工。

1961年4月，钱正英（全国政协原副主席、时任水电部长、著名水利专家、中国工程院院士）来江苏视察工作，经实地查勘认为：苏北引江灌溉规划的内容应包括里下河、垦区及高宝湖地区。事后，江苏省水利厅对站址又组织进行了深入的调查研究，并广泛征求各方面意见，认为扬州地区以殷炳山为代表的所提建议比较理想。经向省委、省政府汇报，并取得水电部同意后，于当年8月编就了《苏北引江灌溉第一期工程滨江抽水站修正设计》，将滨江抽水站移往江都，并正式更名为江都抽水站。从1961年至1967年，江都一至四站花费了7年时间终于完工。

若干年后，许多水利人认为，水电部和江苏省水利厅接纳建议、改变了由共和国总理批示的工程位置这一行为体现了实事求是、尊重科学、认真负责的务实精神。而由于殷炳山对事业高度负责，深入调查研究，虚心向技术人员求教，亲往省水利厅力陈善议，抽水站方才落地江都。

江都抽水站与南水北调

徐炳顺　王建平

举世闻名的江都站

从古城扬州趋车向东 14 公里,你就可以看到一字排开的四座高大的站房耸立在新通扬运河河畔。这就是举世闻名的江都抽水站,是江苏江水北调的源头,也是国家南水北调东线的源头。到过都江堰的人无不赞颂那是古代灌溉工程的伟大创举,再看江都抽水站,都会认为这是现代灌溉工程的伟大创举。扬州古有邗沟,今有江都站,真可谓古代水利工程与现代水利工程一脉相承。

江都抽水站俯瞰　　　　　　摄影: 缪宜江

江都抽水站的由来

苏北地区洪水来时铺天盖地,留又留不住,洪水过后却又严重缺水。淮河是急性子,来去匆匆,长江常年川流不息,真是淮水可用不可靠,江水是过路"财神"用不到。水是农业的命脉,缺水,不仅影响着农业的发展,还影响工业、航运和各行各业的用水。这引起了江苏省委、省政府的高度重视,决定在万福闸下廖家沟西侧兴建滨江抽水站。滨江抽水站站塘开挖后,扬州地区水利局向省水利厅发去电报,建议将站址移置江都。水利厅考虑到今后江水北调工程仍需兴建,滨江站仍在原址施工。在这种情况下,扬州专署负责同志带领地区水利局干部实地勘查,再到省水利厅,建议将滨江站址移建在江都县南郊芒稻河东侧、新通扬运河北岸。这一建议得到了省水利厅的赞同。事后水利厅对抽水站站址又进一步深入调查研究,广泛征求了各方面意见,认为扬州建议的站址比较理想。省水利厅向省委、省政府作了汇报,并征得水电部同意后,从滨江抽水站收兵,移师至江都,定名为江都抽水站,于是才有了今天的江都抽水站。

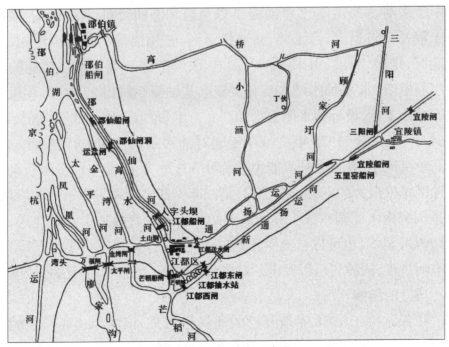

江都水利枢纽布置示意图

建设中的江都第四抽水站　　　　　　　摄影：吴惇

江都水利枢纽的组成

江都水利枢纽工程由4座大型电力抽水站、芒稻闸、芒稻船闸、江都西闸、江都东闸、宜陵闸、宜陵北闸、邵仙闸洞、运盐闸、船闸等12座大中型水闸、3座船闸、2座涵洞、2条鱼道和邵仙套闸、其他桥梁、输变电工程及京杭运河、高水河、新通扬运河、芒稻河等引排河道组成，具有灌溉、排涝、泄洪、引水、通航、发电、改善生态环境等多项功能的大型水利枢纽。4座抽水站共装有大型立式轴流泵机组33台套，装机容量53000千瓦，设计抽水能力为400立方米每秒，分别建成于1963年、1964年、1969年、1975年。1997年起对抽水站轴流泵进行技术改造，提高单机流量，现最大抽水能力为每秒508立方米，是目前我国乃至远东地区规模最大的电力排灌工程，是江苏省江水北调工程第一梯级站，也是国家南水北调东线工程的起点站。它可以直接抽引江水北送，实现跨流域调水，也可以自流引江送往里下河、排除里下河涝水、参与排泄淮河洪水，同时还可以发电。站内环境优美，是旅游的好去处。

巧妙的链接

江都站位于1958年新开挖的通扬运河头，该河与连通长江的芒稻河相接。江都站把从芒稻河抽上来的水如何送入大运河再北送呢？

巧妙之处就是利用原来是芒稻河上段的河道两边加筑堤防,把原来并不高的低水河改造成了高水河,把江都站与大运河连接起来,全长13.5公里。高水河的水位正常情况下要比依偎东堤下的江都市的地面还要高。在这里,高水河却似大运河的"盲肠"。就是这段"盲肠"成了向北送水的咽喉,江都人常年防守着高水河堤防,既保卫着堤身的安全,也为南水北调做出了贡献。

水往高处流

人们常说水往低处流。当年吴王夫差开凿邗沟时就是利用江水高,淮水低,引江水北"下"达淮,水往低处流,既补给水源,又保障通航。但从20世纪60年代开始,江都站的建成实现了长江水往高处流。江都站下的水位最低在1米左右,通过33台巨大水泵,每秒钟最大能把503立方米的水提高7米左右,送入高水河,实现了江水由低向高处流。我们可不能小看江都站仅一秒钟就能把503吨的水提高7米多这个数字,在远东地区确是独一无二!不仅如此,通过江都水利枢纽的调度,实现水随人意流。自流引江为东流,排洪、排涝为南流;向邵伯湖、洪泽湖补水为西流;向北送水无疑是北流。水,既有利又有害,一旦被制服,就可人水和谐。江都站功不可没。

抵御洪涝旱灾建奇功

江都站自建成以来,每年平均抽引江水158天,年均抽水量达40亿立方米,至今共抽江水北送1000多亿立方米,排除涝水300多亿立方米,自流引江水东送950多亿立方米,泄洪9000多亿立方米,为苏北地区的国民经济和社会事业的全面发展发挥了极其重要的作用。扬州地区受惠尤深,有近水楼台先得月之势。扬州沿运有130万亩自流区,灌溉用水,20世纪60年代用淮水,70年代江、淮水并用,80年代全部用江水。昔日用水是尾,今日用水是头,靠的全是江都站,水源有了保障,如今粮食单产较以往翻了三四番。里下河受涝时,江都站一启动,江都、高邮等地区涝水立马排泄到位。江都站对农田稳产高产起了决定性的作用,立了奇功。

举世瞩目的南水北调

2002年12月27日,举世瞩目的中国南水北调工程开工典礼在北京人民大会堂和江苏省、山东省施工现场同时举行。中共中央政治局委员、国家计委主任曾培炎在北京人民大会堂主持开工典礼,并宣读国家主席江泽民的贺信。随着一声号令,这项堪称世界之最的特大水利工程宣告正式开工建设,这标志着南水北调工程进入实施阶段。南水北调东线一期工程江苏段三阳河、潼河、宝应站工程于当日上午在扬州市宝应县也正式开工。

南水北调东线工程是在原来江苏南水北调的基础上的向北延伸和扩大,从江都抽水站和宝应站抽引江水,利用京杭大运河及与其平行的河道为输水干线和分干线,以每秒30立方米的流量,

南水北调东线源头

逐级提水北送,并连接起调蓄作用的洪泽湖、骆马湖、南四湖、东平湖。出东平湖后分两路输水:一路向北,在山东省位山附近,通过隧洞穿过黄河后自流到天津,输水主干线全长达1156公里。江苏境内输水干线404公里,共分9个梯级,新(扩)建33座泵站。另一路向东,通过胶东地区输水干线经济南输水到烟台、威海。规划分三期实施。黄淮海平原的苏皖鲁豫冀及天津地区6000万亩耕地将直接受益。与开工相呼应,位于江都市大桥镇三江营佘板渡口的"南水北调"东线源头第一座水质自动监测站建成投入运行。南水北调完工后,长江水将源源不断北上,天津人将能喝上扬州水,这个奇迹将载入中国乃至世界的史册。

从山阳渎到三阳河

徐炳顺

　　《隋书·文帝纪》记载了隋文帝于"开皇七年（587）夏四月,于扬州开山阳渎,以通运"。隋未平陈以前,与陈（都建康,即今南京）划江而治。隋文帝素有并吞江南之志,开皇元年（581）,经尚书左仆射高颎推荐,贺若弼被隋文帝任命为吴州（今扬州）总管,镇守江北要地广陵（今扬州）,并委以平陈之事,作灭陈准备。贺若弼为人慷慨,崇文精武,颇有名气,计谋颇多。他献取陈十策,得到隋文帝的称赞。其中秘策之一,就是贺若弼"以老马、陈船而匿之,买弊船五六十艘于渎内"（即平陈后六年,贺若弼撰其画策上之,谓为《御授平陈七策》中的第三策）,

高邮三垛段三阳河

让陈国人以为隋国无船。亦恐陈国人窥视,不走以前的运道。贺若弼将船隐藏于"渎内",这个"渎"指的就是三阳渎。三阳渎河线的走向,从今湾头镇起,利用运盐河(今通扬运河)向东至宜陵,由宜陵转向北,经樊汊(今江都市樊川镇),入高邮、宝应三阳河,达射阳湖至末口入淮,又叫山洋浊,后来称为三阳河。这一次开凿与原来邗沟的河线有较大变化,即隋文帝以前邗沟运道由湾头至邵伯,隋文帝以后不再由邵伯。有的史料认为邗沟北段隋以前就有山阳渎即古邗沟故道,隋文帝只是重加修掘,南段则是新开。因此,清道光时刘文淇说山阳渎之名,不起于隋代。仁寿四年(604)又重开山阳渎以通漕,则是因为开了以后河道又淤积了。后来该河作为里下河地区西部南北排水干道,现在江都区境内部分河段还在利用。

1973年,重新开挖了三阳河,昔日的三阳河改名为老三阳河。那么新开的三阳河情况如何?

江都抽水站建成以后,三阳河作为该站的重要配套工程之一。三阳河南接江都区宜陵镇新通扬运河,地跨江都、高邮两区市及宝应县,北抵宝应县杜巷,与东西向的宝应县潼河相接,全长66.5公里。

三阳河自1973年11月起,分五期进行,至2003年全部完成,历时30年。1973~1974年实施第一期工程,从江都市宜陵起,至江都市丁沟镇乔河止,长11公里。1974~1975年实施第二期工程,开挖宜陵北闸引河及新三阳河喇叭口。1975年~1976年实施第三期工程,开挖乔河至樊川段,长9.1公里。1976~1977年实施第四期工程,开挖樊川至高邮市三垛段,长15.6公里。1982~1986年拆迁高邮市三垛老三阳河浅窄段房屋,是年

1975年12月,三阳河第二期工程泰县沈高营工地

接通三垛以北老三阳河。2002 年 12 月 28 日举世瞩目的南水北调工程开工,将三阳河北延至宝应县杜巷,长 29.95 公里,弯接宝应县潼河,向西至宝应抽水站。三阳河开通接潼河后,成了一条综合利用的河道,既是里下河地区抽排水、自流引江水的干河,又是南水北调的重要输水干线之一,具有引水、灌溉、排涝、航运等功能。

三阳河东西两侧是里下河水网圩区,地势平坦,南端稍高于北部。两岸筑有堤防。沿线自南向北,东岸有斜丰港、汉留港、临川等河,西岸有老三阳河、淤溪河、十里长河、子婴河等。流经过程中与老三阳河、盐邵河、北澄子河、南澄子河、横泾河、六安河相交。三阳河抵宝应县杜巷接潼河,西流 15.5 公里至宝应抽水站。

三阳河水资源主要来自于宜北闸,引长江水能力为 300 立方米每秒。据资料统计,2005 年,三阳河通过宜北闸引进的长江水就达 9.6 亿立方米,用于农业灌溉、航运和水产养殖。该河江都区境内水质在全年当中,Ⅱ、Ⅲ类水时间各占二分之一。高邮境内Ⅱ类水时间占三分之二。

今三阳河起于江都区宜陵镇新通扬运河北侧宜北闸。宜北闸之东 2 公里,有老三阳闸,亦引新通扬运河的水向北流入里下河。江水入宜北闸后向北流 1 公里,宁启铁路横穿河道东西。再向北流,新通扬运河穿过老三阳河,附近西侧有横沟闸与老三阳河相通。这里就是闻名全国的花木之乡——丁伙镇。再北流是丁沟镇。在此三阳河西侧是江都区沿运自流灌区尾部,东侧脚下有公路至东汇。镇北西侧有丁西闸,通老三阳河。再北流,东侧有丁泰闸,接里下河水网,至小纪镇。再北流是乔河村,老三阳河由此转入三阳河之东。再北流,西侧有癞西闸,入杨明沟,通盐邵河。东侧有癞东闸,接里下河水网。再北流,东侧有三里闸,通老三阳河。再北流,是千年古镇——樊川,盐邵河、老三阳河在此与三阳河相交,东侧有樊川节制闸和船闸连接盐邵河,入里下河腹部。出樊川,三阳河沿着老三阳河开挖,替代了老三阳河。再北流,东侧有乔港闸。再北,西侧是东汇镇。江都区境内三阳河上桥梁密布,自南向北有宁启铁路大桥、杭庄、朱套、马庄、丁沟、曹庄、乔河、新华、团结、大同、双丰、朝安、东汇等桥。出江都东汇与十里长河相交,河北进入高邮市界。再北流,东有支河——汉留港。继续向北与南澄子河相交。高邮市汉留镇,位于两河交叉口的东南角。在此,三阳河水分流,一部分继续北流,一部分经南澄子河分流向东入里下河地区。出汉留向北流,与东西向北澄子河相交,光明桥横跨三阳河上。桥两侧是千年古镇——三垛,岳飞当年在此抗金"三战三捷"。三垛向北2.8公里,北俞桥横跨河上,桥北与东平河相交。继续北流6.2公里,是司徒镇,司徒镇桥横跨三阳河东西。北流2.4公里与横泾河相交,河上有里运河边的马棚至横泾的公路大桥。北流5公里是官垛桥。北流2公里与六安河相交。再北流5.8公里,周川桥横跨河上。再北流2.5公里,是高邮三大镇之一的临泽镇。界(首)临(泽)沙(兴化市沙沟镇)公路桥横贯三阳河东西。桥南东侧有支河——临川河,西侧有支河——子婴河。出临泽镇,三阳河向西北流4.5公里,抵宝应县杜巷,接潼河,转向西流15.5公里,抵南水北调宝应抽水站。潼河河底宽有30米。宝应抽水站抽水能力100立方米每秒。三阳河两侧均设有堤防,沿线绿树成荫,风景优美。

2002年南水北调开工,三阳河向北延伸至潼河,图为用机械挖土施工的场面

摇头椅引发悬卧闸门的设计遐想

陶 涛

今天,当我们到高邮湖控制线上看到一座座漫水闸,它们的闸门像摇头椅一样可以平卧在闸墩上,它的精巧设计原理和独到之处,来源于摇头椅的自动翻转原理。

20 世纪 50 年代初,治淮任务十分艰巨。淮河入江水道高邮湖控制线上有许多由高邮湖通往邵伯湖的河港。为了行洪后期拦蓄多余的弃水用于灌溉和航运,每年都要筑坝,汛期一来又要拆坝,年复一年,劳民伤财,于是废坝建闸提上议事日程。通常的水闸闸门是向上提升的,这种形式的闸门,影响行洪,不适合用于水位控制线工程。能否设计出一种闸门,不影响过水断面,我和其他工程技术人员时常苦苦思索。

记得那是上世纪 60 年代的一天,我们在原江苏省治淮指挥部大礼堂开会,会议结束时,大家起身,摇头椅"哗啦"响成一片,我扭头看了看身后的座椅,一个个座位部分的座板都竖起来了,随即我联想到控制线上的闸门,能否像摇头椅一样的自动翻转、收放自如呢?我兴奋不已。回到家中,我顾不得一天工作的劳累,立即趴在桌子上草绘闸门图纸。设想在闸门两侧的中央,一边打出一孔,提升闸门到一定的高度,将固定在闸墩上的插销插入孔中,利用人力,将闸门顺势拉平,固定在闸墩上,关闸时再恢复到原位。次日,我一上班就拿着草图,到分管的局领导那里,向他进行汇报。他一边听汇报,一边认真看图纸,认为这样的设计科学可行,能够解决淮河入江水道大型漫水闸以及骨干河道闸门启闭问题,问我叫什么名称好。我说还没有想好。他说:"先悬空,后放倒,就叫放倒闸门。"后来,大家觉得这么叫不雅,进行润色,就叫悬卧闸门。它主要的优点是不减少过水断面,解决了建筑物阻水的难题,同时节省了人力,提高了工作效率,在当时具有一定的先进性。悬卧闸门设计就这样诞生了,并在一些地方得到推广。省水利厅曾组织工程设计人员,到我市进行参观学习,我们毫无保留地进行了介绍,使这项成果在全省乃至全国的一些重点工程中得到运用,推进了节制闸的设计创新,也为扬州市科学治水留下了浓墨重彩的一笔。当然也要看到这类闸门系人工操作,当闸门刚被提起的一刻,闸孔里水流湍急,稍有大意,操作人员易跌入水中易发生事故,现在多采用下卧式闸门,用电动机启闭。在当时的条件下悬卧闸门还属先进技术。

回顾悬卧闸门设计的过程,对我的人生有很大启迪。治水是人类永恒的主题,我们的先辈做出了许多有益的探索,取得了辉煌的成就,给我们留下了许多宝贵的经验。作为治水的后来者,我们要自觉继承和发扬前人的传统,但千万不要墨守成规,要敢于打破思维定势,大胆探索,把创新的勇气与科学的精神结合起来,超越前人,推动水利科技的发展。

水利六十年　润泽千万人

周　晗

扬州是一座因水而生、因运而兴的城市,但解放前扬州也是水多则涝、水少则旱的饱受水患的地区。从明代初年黄河全面夺淮,到明末"分黄导淮",前人兴利除弊,做了不少水利工程。而扬州真正得水之利,还是在新中国建立后。

解放前,扬州境内"涝时,低田淹死牛;旱时,走路脚冒烟"

前不久,省水利厅厅长吕振霖在"扬州讲坛"上说:"如果没有几十年来的水利兴修,如果没有覆盖全区域的机电排灌设施,里下河'十年九淹'、丘陵山区无雨即旱的历史将会一遍又一遍地重演。"

区位特殊的扬州,南临长江,淮河入江水道纵贯南北,新通扬运河自江都起横穿东西。按自然地形,扬州可划分为里下河、通扬运河以南、丘陵山区三大片。里下河地区河网交错、地势低洼,极易成涝;通扬运河以南地区属高沙土地带,易旱易涝;丘陵地区真高10米至50米之间,起伏较大,极易受旱。通扬运河以南、丘陵山区中的沿江、沿湖圩区外水高,汛期围水,易涝易渍。所以,新中国建立后的水利兴修,以及覆盖全区域的机电排灌设施建设,对扬州经济社会的发展起着至关重要的作用。

正如原扬州市水利局副局长、现年85岁的陈泽浦先生所说:"始建于50年代,普惠于80年代的机电排灌设施,解决了里下河涝能排旱能灌的同时,还产生了两个意想不到的效果:一是建成了密集如网的排灌输电线路,为乡镇工业大发展提供了电能支撑;二是兴建了江都抽水站等大型排灌泵站设施,为后来的南水北调东线工程顺畅'引流'奠定了基础。"

扬州地处江淮下游,历史上水旱灾害频发,但由于受地理和社会经济条件制约,解放前整个扬州地区排灌设施十分落后,机器排洪几乎是一片空白,高地抗旱扬程高,洼地排涝水难走,仅靠传统的戽水工具根本抗不了大灾,所以老百姓说里下河是个"十年九淹"的地方。

据不完全统计,明代万历"分黄导淮"以后到新中国建立前,扬州洪涝旱灾多达 221 次,平均每 1.6 年发生一次。河道长期失修,堤防残破不全,作为"锅底洼"的里下河广大地区根本无法逃脱因水旱致灾的厄运。老百姓形容当时生活情景是:"鱼米之乡少鱼米,一片白来水汪汪,三年要开一次坝(归海坝),一熟还要遭水殃。""涝时,高田和尚头,低田淹死牛;旱时,刮风土上天,走路脚冒烟。""山荒田瘦一片黄,亩产不过百斤粮;地主逼债似阎王,卖儿卖女去逃荒。"

陈老说:新中国建立初期,我市辖十县二市,土地辽阔,有山有水,农田约 1000 万亩,人口近 1000 万人,但灌溉设施却非常传统,主要以"三车"当家,机电排灌几乎为"零"。每到灌溉季节,偶尔有江南的机工带几台"大毛机"来,做做戽水的生意,本地几乎没有一台机器。这就是扬州当时的实际情况。

人力、畜力、风力水车,是农田灌溉最初的"三大车"

俗话说:"人往高处走,水往低处流。"这是客观规律。然而,由于时代的进步、科技的发展,各类戽水工具的出现,尤其是"泵"的出现,在一定条件下"水往高处流"的梦想成为可能,将传统的水利抗灾推向一个崭新的阶段。扬州的机电排灌发展就是如此。

50 年代,里下河地区大多数农户要向江南租用一些机灌设备,由于杯水车薪,后来本地机米厂商也仿效江南,将闲置的大头机出租打水,但由于数量太少,不能解决问题,这时机灌就成为大家首选。泰州当时还隶属扬州,当地市政府为了奖励劳动模范于锦风,投资兴建了"泰州智慧电灌站",这是我市电力机械用于灌排的开始。

陈泽浦解释说,机电排灌的广泛普及,是推进农业现代化、催生农村工业文明萌芽的温热土壤。

人力车水槽桶

早先的农田排灌设备主要是人力、畜力、风力"三大车"。据《扬州水利志》记载,东汉灵帝时一个叫毕岚的人发明了水车;三国时,马钧对水车进行改进,灌田更轻便,当时给起的名字叫"翻车"。

水车,用刮板将水沿车槽提升到地面上,再流入田间用于灌溉,或流入河道用于排水,故又名龙骨车,用人脚踏或手摇的称脚车或手车,用牛拉的称牛车,用风力的称风车。车槽长短随提水扬程而定。扬程低,多用2人轴脚车,地势高亢的丘陵冈区,或沿运高地,有4人、6人、8人轴脚车,高地多采用几级水车连续提水。

50年代初,扬州全市农用灌溉"三车"保有量已达28万部以上,脚车最多,风车次之。实际上,当年用牛车的很少。"三车"灌田总面积337万亩,占当年水稻种植面积的55%。

陈老告诉我,当时的水车每部能承担10~15亩的灌田任务。到了50年代中期,扬州农业灌田"三车"发展达到高峰,全市总量已达400多万部,灌田能力进一步增强。

真正把机械化灌排应用到农业生产中,是民国初年,扬州南郊一位马姓商人从南洋带回来一台3马力的内燃机,安装到当时农田灌溉特别困难的高邮县车逻乡,包田戽水。用机器代替人力,提水效率很高,这种被群众称之为"洋龙"的农田机械迅速成为农民的宝贝。50年代机灌发展不多,大都是无锡柴油机厂生产的"2150"和"4150"系列,交通不便,货运中断,柴油不能满足供应;一度时期又改成煤气机,在机器外再加上个发电机,技术复杂,配件难买,维修困难,再加上油源严重紧缺,烧木炭事故又多,因而机灌发展受到很大制约,遭遇旱年农业照样减产受灾。因此,解放初的机电灌溉设施建设,顶多算是起步阶段。

电线杆子"接通"农业现代化,机电灌排为南水北调奠定基础

发展电灌,其实是从今天的城区开始的。

在平山堂脚下朝阳的水面,是瘦西湖水"上山"的进水口,有一排并不起眼的建筑,青砖黛瓦,依水而立。其实,这片建筑物是扬州历史上第一座电力排灌站,由苏北农业试验场于1952年兴建,45千瓦动力,当年承担着灌溉周边1300亩农田的任务。曾担任"第一电灌站"第八任站长的殷国珠告诉我,当年第一任站长金玉兰是女性,在站上工作的全是女性,所以曾将这座电灌站起了个名字:三八电灌站。

从瘦西湖里提水灌溉,三八电灌站是第一道水口,二级提水电灌站建在蜀冈西峰山上的大烟墩,殷国珠说大烟墩是扬州向北方军事枢纽传输军事信号的烽火台。在大烟墩电灌站灌溉渠的西侧有一个土墩,高高地耸立在蜀冈之上。从瘦西湖抽上来的水,经过这里直送到西湖镇的蒋巷、西杨庄灌溉丘陵冈区大约1.2万亩农田。同样,古运河边城北乡黄金坝电力灌溉站,当年服务农田灌溉面积达1.98万亩……当工业化、城市化大踏步而来,这些农业社会的"印迹"就演变成了城市人文景观,但它依然是扬州人民创造历史、改造历史的最好见证。可以想象:当年开机运水上去,那种万众欢腾激动人心的场面。创业者的探索和艰辛令人肃然起敬。

自1952年8月扬州第一座电力排灌站建成始,全市电力排灌开始进入第一个发展期。陈老说,1956年开始兴建的江都县仙女庙电灌工程,在解决里下河地区东起三阳河、西至邵仙引河、南临通扬运河、北接艾菱湖总面积104平方公里灌溉的同时,还为扬州大办电灌站开了个好头。

50年代初,是扬州治水的又一历史转折点,扬州积极响应毛主席"一定要把淮河修好"的号召,一方面组织了10多万精壮劳动力远赴淮阴(今淮安)、盐城开挖苏北灌溉总渠,另一方面组织劳动力全面修复运堤,开挖邵仙引河,兴建邵伯节制闸。这一系列工程的实施,在当时是为淮水送至通扬运河地区灌溉创造条件。

由于受 1958 年大跃进的影响,"三车"保有量直线下降,农田灌溉提水工具不足,大规模发展电力排灌也势在必行。同时在"以粮为纲"的年代,看一个地区发展实力强不强,关键看农村有多少电线杆子"。市水利局原副局长、水利专家徐炳顺说,当年他刚从南京水利学校毕业,分配到扬州专署水利局工务科设计室工作,受时任科长陈泽浦、设计室负责人工程师潘万绥指派,赴南京华东线路器材厂订购并负责驻厂监制电线杆子。这是徐炳顺参加工作后接到的第一项重要任务。

"新中国建立初期,缺乏钢材,那个时候电线杆子都是空心浇注的钢筋混凝土杆子,全省只有南京一家制造,我一蹲就是两个多月,鞋底都跑穿了,发往扬州 1 万根电线杆子,好不容易完成任务。"徐炳顺老人笑着说。

1960 年后三年困难时期,电线杆子竖起来了,没钱建造电灌站怎么办? 农村缺粮,农民吃不饱,不能挑土方又怎么办? 陈老说,始于 1962 年"以低压线代渠道"的"电灌船",是劳动人民的一大发明创造:里下河地区河湖纵横密布,船是代步工具,于是有人想到了省钱省力的办法,那就是在船上安装小型电动机抽水泵,岸上则在电线杆子上绑定输电插座,哪块田地需要灌溉,就将船行到有电线杆子装插座的位置,接上电当即就能抽水灌溉,方便快捷,省时省力。也正因为灌溉设施发展起来了,尤其在通南高沙土地区的旱作田块也改成可种稻子,为今天扬州粮食自给率达 150% 创造了条件。

陈老介绍,1966~1976 年,电力排灌进入快速发展期。这一时期,老灌区充实、提高,新灌区积极发展。到 1976 年底,电力排灌面积已达 467.28 万亩,全市 300 多座国营站绝大部分是这一阶段建成的。从此,电力排灌在农田抗旱排涝中占据了主导地位。

真正大范围建设电力排灌设施,是在 1978~1986 年期间,正好是我国工农业进入全面快速发展期,伴随着各类农田旱涝保收标准的提高,在国家支持下沿江滨湖渍涝地区的不断改造,多目标的大型跨流域调水工程的规划与实施等等,促使机电提水排灌事业得到了很大的发展,排灌设备容量及排灌效益都有了成百倍的增长。

始建于 60 年代初期的江都水利枢纽（排灌站）工程，是我国建设最早、规模最大的综合利用泵站工程，是由四座大型泵站和十余座节制闸、船闸组成联合运行的水利枢纽。江都排灌站共安装大型轴流泵 33 台，总装机容量 49800 千瓦，设计流量 473 立方米每秒，现已成为南水北调东线工程的起点泵站。

自 1964 年以来，扬州相继建成芒稻节制闸、芒稻船闸、运盐闸等排灌调度建筑物。1965 年开始整治大运河，拆除和改建沿运病闸病洞。丘陵地区继续进行翻水上山的骨干工程。也正是从 50 年代中后期开始，相继兴建了一批排灌功能强大的大型泵、闸站，为促进农业生产和国民经济的恢复，提高了抗御自然灾害的能力。

"电线杆子"加快农村电气化进程，催生农村乡镇工业萌芽

陈老认为，新中国建立后，一直实行"以农补工"——重工业优先发展的国家战略，农村的生产生活基础设施条件难以有效改善。故改革开放前，农村基础设施薄弱，农业生产条件落后，市场体系建设滞后。经过几十年发展，尤其是新农村建设启动之后，中央财政加大了对"三农"的投入，农村包括机电排灌在内的基础设施建设规模和力度明显加大，农村基础设施条件有了很大改观。

"机电排灌的发展，不仅推动了生产方式变革，加快了农村电气化进程，还催生了农村乡镇工业的萌芽。"今年 85 岁的陈老思路清晰地举例分析说：首先，当年农业用电执行配额计划，农民舍不得把用不完的电浪费掉，于是有头脑灵活的，就开办了电力碾米、榨油等机械化作坊，以及农用工具生产加工厂，充分利用农业富余电源；其次，水利局是当年扬州地区行署最大的职能机构，拥有大量高级技术人才，于是在黄金坝开办了"机工"培训班，为各县培训技术骨干，每年至少要培训输出 200 多人，这些人很快成长为农业机械化、农村工业化不可多得的一支"人才大军"，并在"传帮带"中不断延展，一定程度上加速了乡镇工业文明的发展。

改革开放前，农村实行高度集中统一的管理体制，农村产业结构长期处于以粮食种植业为主的状态，改革开放促进了农村产业结构的调整,农业生产方式发生了重大变革,由"以粮为纲"转为"决不放松粮食生产,积极发展多种经营";在更加注重改善农村经济结构、提高农业生产质量、实现农业增长方式从数量增长向质量和效益增长转变的历史性机遇面前,源自机电排灌的农村乡镇工业开始萌芽。

这一时期社会经济结构迅速转型升级,从铁匠铺打制镰刀,到生产拖拉机配件,再到精密机械产品的制造……农村,由传统农业社会向农业工业化、乡镇工业现代化过渡发展。

进入 21 世纪,由于中央实施了一系列持续利好的"三农"政策,市委、市政府也在推进农业由传统向现代转型过程中,不断提升农业机械化装备水平,加上城市化进程的加快,土地规模化经营方式的发展,农村社会又一次进行了结构性调整,农村普遍出现劳动力富余,于是,一批批新型农民"洗脚离田",进入工业化、城市化发展行列。源自农田的机电排灌催生着工业文明发展,回过头来又形成了"以工促农、工业反哺农业"的现代经济增长新引擎。

漫话宝应 "沤改旱"

胡晓林　吴家宣

20世纪50年代,电影《柳堡的故事》风靡全国,一曲《九九艳阳天》唱遍大江南北。当你被电影里主人公的悲欢离合所撼动时,是否留意过银幕上的水乡早春景色。迎风旋转的风车,一望无际的水田,狭窄的田埂弯曲延绵,朝气蓬勃的新四军战士单兵队形行进。这是在宝应柳堡实地拍摄的外景,真实记录了当时里下河地区的地理风貌。那大片大片波光粼粼的水下,不是湖荡,而是沤田。

宝应地处江淮之间,运河之滨,古老的大运河水如丰腴的乳汁哺育了宝应先民,养就了淳朴如水的风土人情,积淀了丰厚的文化底蕴,有人这样说:"宝应文化是水的文化,宝应历史是水的历史。"史载,黄河全面夺淮,淮河泛滥,水灾频仍,宝应饱受其害。运东,地面较低,向东入海排水不畅,排灌俱难。先民们为了生存,在水中穿圩,圩中种粮,形成由圩堤围筑的圩内田,即圩田。这种田一年四季都浸沤在水中,亦称沤田,因大多一年只收一季水稻,故也称一熟田。新中国建立前,宝应全县有沤田35733公顷,占全县可耕地的71.7%。

沤田耕种异常艰辛。沤田耕作之苦,莫过于拉犁。因沤田浮土层较厚,田土软蘗陷脚,难以使用农畜耕作,多靠人力拉犁耕耖。为了清除杂草、保持土壤活性,一冬一春,每块地都要翻耖两至三遍。犁田时,拉犁人肩套犁辫子,三人拉一犁或两人拉一犁,领头的称"戳头拐",手挂竹杖,认准方向,躬身跋步,用力向前。后面的人套着前面人的"脚跟塘"走,齐步左右,步调一致,在陷及膝盖甚至腿根的淤泥中艰难跋涉。拉犁汉子都是数得上的强壮劳力,后面扶犁梢的要请"在行老道"的高手,犁要端平扶稳,犁梢稍抬,犁走吃深,拉犁人倍感吃劲;犁梢下压,犁头走空,拉犁人往前猛拉,一个失控,立扑水中。春寒料峭,北风呼啸,夜里结成的薄冰像玻璃一样盖遍了田面,为不误农时,只得踩冰下田。一趟拉到对面田埂,麻木的双腿冻得发紫,皲裂的创口见风呲绽鲜血淋漓。拉犁苦,栽秧更苦,不说其他,就是那田里的蚂蟥,多得让人不寒而栗。栽秧的人都要带个盐卤罐,一趟秧栽下来,双腿黑乎乎叮满了一层蚂蟥,用手拽都拽不下来,只好用盐卤扫。虽然蚂蟥一着卤水便滚落下地,但被蚂蟥吮咬的创口浸了盐卤却流血不止,疼痛难挨。沤田耕种真的是流汗加流血。

沤田种粮,在农业生产技术相当落后的当时,完全是"望天收",土地利用率不高,单产极低,即使最好的年景也不过"三石一亩"(约300~400市斤)。沤田是我们祖先与大自然争斗的智慧结晶,宝应人与水患抗争,水患也磨练了宝应人,他们长年累月,年复一年,世代相继,不屈不挠,与龙王争地,在水中捞粮,但艰辛劳作不能获得相应回报,血汗流淌无法改变贫困的境遇。当地民谣唱道:"有女不嫁圩田郎,破草房,土基墙,光屁股拉田出牛力,白嫩嫩的大腿喂蚂蟥,辛苦整一年,只收半年粮,大水一来尽冲光,好姐姐,你只好驮着小的、扶着老的去逃荒。"这就是旧社会沤田人生活的真实写照。

新中国建立后,党和政府为改变农村贫穷面貌,"沤改旱"成为宝应地区彻底解脱沤田劳作辛苦,使农民脱贫的首选举措。建国初期,地方政府曾鼓励降水改旱,但由于当时国家百废待兴,农村小农经济生产,水利工程设施难以到位,排灌不配套,仅靠局部地区甚至一家一户难以奏效,水大排不出,水小灌不了,形成水包旱、旱间沤的状态。改旱的田土壤板结,产量提不高,群众对"沤改旱"前景顾虑重重,往往又回沤重秒。1959年行政区划调整,划给金湖县运西沤田6533公顷,宝应尚剩沤田29200公顷。这些沤田制约了宝应"农业超纲要"的进程,同时又成为农业机械发展的羁绊,严重地影响了宝应农业经济的发展。

20世纪50年代后期农田水利建设的统一规划,在"大搞河网化"建设的声势下,里下河地区掀起了空前规模的治水热潮。县内外水利工程遍地开花,一时红旗满天飘,号子震天响,人山人海,热气腾腾,大有拔山盖世之状。遗憾的是,由于这一时期的急功冒进,过高地估计了农村和农民的承受力,摊子铺得过大,此后又发生连续三年自然灾害,农业生产遭受严重破坏,人民生活极端困苦,大批工程被迫停顿,"沤改旱"也只得搁置。从河堤上回乡的民工,那副在治淮工程出力、苏北灌溉总渠显威、三河闸二河闸立功的铁肩,只好又套上拉犁的辫套。

其间,党和政府曾多渠道设法减轻沤田拉犁的劳动强度。上世纪60年代初,组织了农机专家试搞电犁,并特别架设一支农电线路到芦村公社三新大队。也许电犁技术本身工艺不成熟,也许当时供电条件不允许实行全面推广,更可能是电犁终究不能从根本上解脱沤田劳作的种种辛苦,这个计划悄然搁置下来。留下的供电线路给当地农民提供了机米、打草糠的便利,使三新大队比其他农村地区大约提早供电20年。

1963年,从自然灾害中刚刚复苏的宝应大地,再一次提起"沤改旱"的话题。冷静下来的人们,慎重地对"沤改旱"作了重新估价。"沤改旱",排降水是关键,全县实施统灌统排和圩内翻排,是保证"沤改旱"的条件。1964年8月宝应组织运东15个公社40多名水利干部和技术人员,对全县圩区进行全面摸底勘查。通过勘查,掌握了圩区河道的第一手资料。县委县政府立足宏观俯瞰全局,对全县水利重新审视,统一规划,统一布局,统一整治,描绘出大排灌、大调度的水利蓝图。联圩并圩,整治圩内河网,改造老河网,建立新河网,预降内河水位,排降地下水和土壤水,使水下田变成水上田。其时,适逢里下河入海港口的控制运用条件得到改善,外排出路加大,冬春水位较前降低,这一契机使"沤改旱"如乘东风。紧接着,按照"农业学大寨,河山重安排"、"大寨治山,宝应治水"的思路,全县大搞河网化建设,大规模挑河治水,工程不分昼夜,白天里"路路红旗路路兵",晚上是"条条灯火条条龙"。连续几个冬春,宝应运东建成"五纵五横"骨干河网,朱马河、大溪河、芦范河、潼河、宝射河、营沙河、芦东河、涧沟河全面开挖,大官河、宝应大河的整治工程也紧锣密鼓。这些骨干河道纵横宝应运东全境,穿湖过境,连接圩口滩地,累计开挖长度250公里。骨干河道的定向,支撑起运东圩区水利排灌的主骨架,圩外开挖新河道,各圩口建圩口闸和翻水站,全部配套到位。这些河道及水利配套设施,在"沤改旱"乃至今后的长期防汛排涝中都发挥了决定作用。

1970年全县"沤改旱"全面完成,至1981年东荡圩区有圩口194个,圩堤总长1589公里,外排河122条,中心河553条,生产河8207条,灌渠8171条,配套大小建筑物9285座。原来《柳堡的故事》影片上的外景地也和全县49850公顷耕地一样,全部成为旱可灌、涝可排,旱涝保收的高产田,是国家商品粮生产的重要基地,还剩一部分沤田也已改为渔、藕等副业基地。宝应人民用自己的双肩挑出一片璀璨的新天地,迎来农业生产改革开放的春天。沤田拉犁的历史不再,一熟田变成二熟田,机械化耕作,科学化种田,劳作强度减轻,复种指数增加,土壤结构得以改良,粮食产量大幅提高。这一变革彪炳史册。

"沤改旱"的变革,是里下河农业生产的沧桑之变,是共产党领导下的向大自然挑战,根治水患,农民自我解放的又一实例。也许若干年后,有人会从生态或其他角度对"沤改旱"提出质疑,但我们要说的是,在当时的历史背景下,无论是对促进农业生产发展,还是加快农村脱贫进程,"沤改旱"功不可没,而"沤改旱"的成功,治水降水又是首功。我们不能忘记宝应人民为"沤改旱"作出的贡献,不能忘记那"改天换地"的峥嵘岁月,不能忘记"沤改旱"后特别是改革开放之后,水乡农村发生的翻天覆地的变化。

毛主席惦记咱水利人

徐善焜

1965 年 8 月 17 日,代表们在北京召开全国水利会议期间,于人民大会堂受到了毛主席为首的十多位中央领导人的接见,极大地鼓舞了全国水利工作者,推动了水利事业的蓬勃发展。

1965 年全国先旱后涝

1965 年江苏省旱涝急转,灾情严重。全省汛前降雨比正常年份少四成,淮河一度断流,里下河水网区抽不上水,山丘区许多库塘干涸,全省受旱一度达到 1427 万亩,主要在苏北和山区。6 月底突然连续大雨,"一日嫌少,两天刚好,三天不得了",苏北汛期 8 次暴雨达 900 至 1200 毫米,大丰县最大日雨 673 毫米,里下河入海 104 亿立方米,江都一、二抽水站入江 10 亿立方米,兴化水位由 0.94 米陡涨至 2.91 米,里下河地区受涝达 900 余万亩。

1965 年全国水利会议

全省紧急抗涝之时,正值 8 月中旬水利部在首都京西宾馆召开全国水利会议,部署当前及今冬明春水利工作。当时时任省委领导和水利厅厅长陈克天正忙于全省抗涝,乃派副厅长梁公甫率领水利规划负责人的我及张经文工程师三人参加这次全国水利会议。我的主要任务是向水利部汇报里下河地区水利修正规划,在旱涝大灾后迫切要求增加江都抽水站的抗旱及排涝能力达 250 立方米每秒,要求江都第三站上马(江都一、二两抽水站仅 128 立方米每秒)。当时水利部规划顾问孙辅世负责审查,认为江都抽水站的排涝任务比抗旱更重要,建议江都第三站上马。

见到毛主席

1965 年 8 月 17 日全国水利会议期间突然通知:中央首长要在人民大会堂接见全国水利代表。我当时以为是中央分管水利的副总理谭震林接见我们。代表们分乘多辆大客车至人民大会堂,先参观,后至接见厅堂就位,梁公甫副厅长站在前排左第 8 位,张工程师站在 3 排左第 15 位,我站在 3 排左第 13 位,400 多位水利会议人员静静地等着中央首长莅临。

突然全堂掌声轰然震耳,我们喜出望外,原来是毛主席偕刘少奇、周恩来、邓小平、薄一波、李先念、彭真、贺龙、罗瑞卿、谭震林等中央首长及水利部部长钱正英、副部长张含英等接见我们,还要合影。这在历次全国水利会议中是罕见的。水利代表们心潮澎湃,久久不能平息。

1960 至 1962 年"三年自然灾害",全国农业大减产,1965 年我省又遭旱涝灾害,更显得水利的重要,毛主席率中央首长此时接见全国水利代表,虽未讲话,但用意极深。我们誓将中国水利事业办好,为人民服务,决不辜负毛主席、党中央的殷切期望!

我珍藏了这张"毛主席刘主席等党和国家领导人接见全国水利会议全体人员合影"。1972 年 7 月,我由省党校下放扬州地区治淮指挥部,直至 1995 年在市水利局离休,特将这幅纪念毛主席、刘主席、周总理、邓小平、李先念等伟人关心水利事业的珍贵合影献给组织。

话说白马湖

梁鼎成　蔡士和

"湖光百里接长天,白马遥看清水连。斜照红妆收乌外,远山青抹断鸥前。渔翁鼓木世空去,贾客推篷镜里眠。三岛蓬莱疑咫尺,乘流便欲访群仙。"这是明万历二十年(1592)宝应知县陈煃的七律《过宝应湖》。诗中的白马湖很美又很神奇,一派超尘脱俗的非凡境界。这首诗可能是此公到任之初时所作。这一年江淮之间风调雨顺,若是在洪涝成灾的年份,这位县太爷恐怕就没有那份闲情逸致了。

次年夏,"淮水涨泗州,为陵寝(明祖陵)患,朝议开周桥(位于洪泽湖东岸)十余丈泄淮水。"此议若获准,白马湖水位陡涨,运河溃堤,宝应及里下河地区即为巨浸,后果不堪设想。为民生计,知县陈煃身携绘图紧急赴京,联络前任宝应知县、户部给事中耿随龙等官员,展开激烈的廷争。后来得到南河主事黄曰谨的支持,"议遂寝"。可是次年又发大水,白马湖卷起排山倒海的浪涛,"淮安(今楚州)开武家墩 20 余丈,高、宝水涨 2 尺。"陈煃与宝应百姓一道,在铺天盖地的洪水中挣扎求生。三年任期,让这位知县留下勤政爱民的美名。

白马湖古称马濑,为东汉末年陈登开凿的夹耶渠邗沟故道,位于宝应县境西北部,现南北长 18 公里,东西最宽处约 11 公里,湖面积约 105 平方公里。分属周围四县区:北为淮安楚州区,西为洪泽县,南为金湖县,东为宝应县。关于白马湖地名的由来,有一则民间故事流传很广。说的是马濑旁有一对叫白姑和马郎的男女青年,他俩以种田为生,在劳动中相识相恋。恶霸刘老财见白姑貌美,将她抢走,勒逼成亲。马郎闻讯,冒死摸进刘家庄院,从洞房里救出心上人。双双逃走之时,前有大河阻拦,后有家丁追赶,情况十分危急。他俩准备一道投河殉情,忽然河心洪波涌起,水中跃出一匹威武雄壮的白马,驮着二人扬鬃飞奔,马蹄过处浪花翻滚,把刘家庄院和家丁全都淹没水中。那平地化成的湖泊,就是白马湖。白马湖原名马濑的"濑"字,《辞海》的释义为"从沙石上流过的急水"。《楚辞·九歌·湘君》:"石濑兮浅浅。"原本不大的马濑之所以成为"湖光百里"的白马湖,那是明代黄河全面夺淮后所形成的。

自里运河筑西堤后,白马湖有多座水闸、船闸和涵洞与运河沟通,既适应灌溉和航行的需要,又能在大水或干旱季节相互调节水位。几百年来,西堤以西的大片湿地渐次成陆,许多湖中的墩阜化为村庄,村庄变成乡镇,白马湖的湖面在逐渐缩小。如今要领略湖上的风光,必须跨越宝应大桥或二桥,奔赴山阳镇西的环湖大堤才行。

泛舟湖上,头顶蓝天,面迎凉风,泱泱湖水千顷碧波映入眼帘,顿觉肺腑间清气充盈,爽快惬意之极。俯瞰水下,似有大片金色的地毯铺在平坦的湖底,定神细看,是一丛一丛淡黄的水草在向四面伸展,怪不得"金白马"的美名驰誉天下。"金"字意味着富足,白马湖的蟹肥、鱼肥、鸭肥……可作为富足的注脚,而这些"肥"都源自湖中丰茂的草肥,此乃湖区生物链的第一环。是湖乡人民称之为黄草的水下草坪,点染了金色的白马湖。

湖上的最佳去处,是那如同田田荷叶漂浮水面的墩阜。有的墩子蒿草环绕,有的墩子芦苇搂抱,有的墩子菱角芡实包围,有的墩子莲叶荷花簇拥。小的仅三五人容膝,中的可两三家落户,大的是像模像样的村庄,大中之大的仿佛山岳雄踞。这种墩子,前面有荷叶与芦苇让开的水道,码头有层层向上的水泥台阶,道路两旁是绿树掩映的别墅小楼。家家楼顶竖起了鱼骨天线,告诉人们这里能够远眺世界。如在墩上觅古寻宝,可以看到不少明清的遗物,还有一些汉魏隋唐的陶片和器皿残件。宋代遗物中,最多的是韩瓶。有人说是军用水壶,也有人说是酒壶,不论是水壶还是酒壶,这里曾闪耀过韩世忠和梁红玉抗金的刀光剑影、鸣响过抗日杀敌的鼓角嘶鸣,那是确凿无疑的。听说白马湖上有 99 个

白马湖　　　　　　　　　　　　　　　　　　　摄影：邓连俊

墩,有人说不止,也有说不足。其实 99 乃约数,多的意思,没有必要弄得一清二楚。然而,这些墩子说明,在明代以前,那广阔的湖面,曾是马濑之水灌溉的万顷良田。湖水之所以不深,湖底之所以平坦,水下之所以遍布黄草,原因就在这里。

　　清咸丰五年(1855)黄河北徙,白马湖依然是淮水南下的泄洪区。1954 年 8 月 6 日深夜,山阳环白马湖大堤在顺河村蔡家塘决口,洪水倾入,顷刻破淮宝交界之太平堰,直达苏北灌溉总渠南堤。破圩后,灾区一片汪洋,水深达 3.5 米左右,漫及屋顶。特大自然灾害的切肤之痛,激起人们与洪水作斗争的决心。1957 年江苏省政府决定兴建白马湖隔堤,将白马湖和宝应湖截然分开,并把 62.5 华里的山阳环湖大圩缩短到 28 华里。1963 年,江苏省政府决定成立白马湖隔堤联防指挥部和白马湖隔堤施工总队部,由沿湖四县联防共保,负责堤防加固、防汛岁修、工程管理,并增做隔堤迎水坡干砌块石护坡,逐年加固土堤。到 1968 年,堤顶高程达 11.5~12 米,堤顶宽 6 米,险段内坡加做戗台,堤坡、堤顶普遍绿化,管理工作井然有序。在此期间,大堤抵挡住多次大洪水和强台风的袭击,确保了人民生命财产的安全。后来国家又连续数年拨巨资置办机电排灌设备,并对圩内一熟田实行沤改旱。从此,昔日饱受自然灾害的白马湖流域,变成了能挡能排、能灌能降、旱涝保收的米粮仓。如今的白马湖,正像威武雄壮的白马,背负人们对幸福的向往,对理想的追求,扬鬃奋蹄,向着高水平的全面小康社会飞驰。

波光潋滟宝应湖

梁鼎成　蔡士和

　　过宝应运河大桥，西行几华里，便是一望无际的宝应湖。那扑面而来的层层湖浪撞击堤岸，给人以清凉爽快之感，不由得敞开衣襟，一任阵阵湖风抚弄胸怀。放眼湖上，茭白葱茏，芦苇连天，罾簖连绵，船帆往来。纵目堤内，片片良田，稻浪起伏，座座村舍，绿树如云，还有那一方方鱼池蟹塘，如一面面明镜倒映蓝天白云。触景生情，对养育我们的鱼米之乡的自豪和感恩油然而生。

　　宝应湖位于宝应县境西部，在高邮湖（古称樊梁湖）和白马湖之

春帆上闸图　　选自《康熙宝应县志》

327

间。原为运(河)西湖泊群。如宝应第一部县志明嘉靖《宝应县志略》所说,乃清水、氾光、洒火、津湖(又称界首湖)四湖汇而为一。人称宝应湖,因该湖北部临近宝应县城而得名。明隆庆《宝应县志》载:"清水湖在县南,东西长十二里,南北阔十八里,西南连氾光湖;氾光湖在县西南十五里,东西长三十里,南北阔十里,南会津湖,西通洒火湖(因此处渔船较多,夜晚渔光点点,若火星洒在水上,故名);洒火湖在县西南四十里,西通衡阳河(今属金湖县),东北入氾光湖;津湖在县南六十里,东通大运河,西北会氾光湖。"宝应湖是上述四湖的总称。解放后,因行政区划调整,分属宝应、金湖两县管辖。如今的宝应湖,是指白马湖隔堤以南,大汕子隔堤以北,金湖县三河拦河坝和淮南大圩以东,中港、氾光湖圩堤以西的大片水域。大汕子隔堤建成以后,由于宝应湖不再受洪泽湖排水的影响而成为内湖,水位变化比较稳定,滩地被大量围垦,至1983年时,湖面积已缩小至140平方公里,宝应境内不足51平方公里。至1989年,宝应境内湖面积仅存37平方公里多一点。又过去了20年,如果今天再去测量的话,可能又少了许多。人水争地的情况并未遏止,令人担忧。

"若把西湖比西子,浓妆淡抹总相宜。"这是宋代文学家苏东坡赞颂杭州西湖的名句。古代不少文人称宝应湖为"小西湖"。其实宝应湖既有西湖清雅瑰丽之秀,亦有雄浑博大之美。南宋诗人杨万里云:"渔家足可压尘嚣,结屋圆沙最近梢。外面更栽杨柳树,上头无数鹭鹚巢。"一幅人与自然和谐相处的世外桃源图画跃然纸上。明代诗人张子羽云:"满湖风浪拍堤沙,雪压黄芦没钓槎。"明扬州府博士曾辰也有一首《过宝应湖》,诗中写道:"长风万里破巨浪,小舸一叶浮中流。"这些诗句大气磅礴,写出了烟波浩淼波澜壮阔的湖上风光。被誉为"江淮大手笔"的明代布衣才子吴敏道,在洋洋数千言的《氾光湖赋》中,僭托玉虚公子来访谈论天下湖泊发端,笔锋转向那"簸荡日月,吐纳星辰"的氾光湖,写繁荣茂盛的水生植物,写多种多样的水下游鱼和空中飞禽,写自邓艾、荀羡以来灌溉的历史,写开渠穿沟筑堰造闸的治水举措……行文纵横捭阖,酣畅淋漓,激情喷涌,神采飞扬。特别是结尾的文字:"余将放船其上,买田其旁,葺蘅杜以为庐,制芰荷以为裳,割鲜鳞以为脍,掇菰米以为粮。濡彩毫于绿水,吹玉笛于沧浪,鼓枻而狎渔父,枕流而傲侯王。使水因徐孺而增色,石因严陵而流芳,不亦当乎?"钟情乡梓热爱湖泊的水乡赤子情怀溢于言表。

　　刘中柱在清康熙年间成书的《宝应名胜纪略·东西诸湖》中说:"邑夹湖而城,城如一瓢浮水上,浩浩瀚瀚……大抵东湖窄,西湖阔;东湖浅,西湖深;东湖平,西湖险……"文中的西湖指宝应湖。在过去漫长的岁月里,它喜怒无常,既滋养周围人民,也造成不少巨灾。自元天历二年(1329)至1949年的620年间,共发生洪涝灾害140次,迭有"大水,湖堤决","一片汪洋,无分湖海,浪卷庐舍无子遗,人畜溺死无数",甚至有"人相食"的记载。特别是明嘉靖三十年(1551)后至民国期间,屡罹水灾,历400余年不断。全国解放后,人民政府兴修水利,根除水患,逐步使宝应湖成为造福周围人民旱涝保收的聚宝盆。

　　今天的宝应湖虽然不大,但也不小。宽阔的湖面,繁茂的水草,铺

宝应湖白鹿岛度假村　　　　　　　　　　　　摄影:杨玉衡

向天际的芦苇,俨然是鸟类的天堂。那丹顶鹤、灰鹤、白天鹅、黑天鹅、鸳鸯、大雁、野鸭等147种水禽,有的前来越冬,有的长年在此繁衍生息。水下的小鱼、草间的小虫,各种各样水生植物的籽粒,为它们提供丰足的食粮。到处张贴和悬挂"严禁打鸟"的标语和告示,为它们提供了保护网,让它们无惊无扰、无忧无虑,在湖面上自由自在地飞翔。

从20世纪60年代中期起,渔民们都开始改水上捕捞为湖边养殖,集居家和打渔为一体的小渔船逐渐减少。渔民们在地方政府帮助下,纷纷在湖边建房陆上定居。经过半个世纪的拆旧翻新,如今随处可见的别墅楼群一幢又一幢,一排又一排,十分靓丽抢眼,组成了一处又一处富有现代风貌的渔家新村。湖面也有几艘装潢时尚的渔船,体形较大,上面空调、冰箱、彩电、电脑、燃气灶具、太阳能热水器等设施一应俱全。当然更有舒适雅致的房间和多种功能的各式渔具。应邀船上做客,餐桌上都是刚刚出水的鲜鱼活虾和青绿脆嫩的水生植物根茎果实,令人垂涎欲滴。湖水煮湖鱼,别有一番风味。把酒临风,大快朵颐,畅快得难以言表。放眼远望,人工养殖区域的道道竹栅、张张围网组成大大小小的方块。俯身凭栏,看鱼翔浅底,各种各样的野生鳞鲜悠然自得地游来游去。航道上机船篷帆穿梭往来,那悠扬悦耳的音乐声在船舷旁交汇,随风飘洒凌波回旋,一曲曲自远而近复由近而远,恍若置身仙境。随船畅游湖上,座座水闸条条河汊在面前掠过,眼见湖水灌溉大片丰腴的良田滋养富足的村庄,看到沿湖村民们憨实的笑脸,便让人领悟到,如今的宝应湖的确是丰收之源、财富之库!

近年来,宝应县贯彻"全面规划,积极保护,科学管理,永续利用"的方针,将京杭大运河以西的区域划为自然保护区,在其核心区域,利用宝应湖得天独厚的资源和环境优势,建立正润生态园和白鹿岛度假村,组织开展娱乐性垂钓和限制性狩猎等休闲活动,组织老人和市民前往观光游览,组织中小学生利用节假日去亲近自然、了解自然,并以此为中心向整个宝应湖流域延伸拓展。未来的宝应湖会变得越来越风流,越来越靓丽!

悬在屋顶上的"湖"

廖高明

登上高邮城东北隅的文游台,极目西望,依稀可见一片云水茫茫、白帆点点的自然景色,那就是苏中平原的一颗明珠——高邮湖。

高邮湖湖面广阔,气象万千。历代的文人雅士面对湖光胜景,不禁留连忘返,写下了许多流传千古的诗篇。宋代的王安石、黄庭坚、杨万里、明代的王世贞等均用他们的如椽之笔,描绘了高邮湖别具一格的"天水一色"。宋沈遘《和中甫新开湖》诗云:"渺渺清波百里浮,昔游曾是一扁舟。十年人事都如梦,犹如湖边旧客游。"元傅若金《秦邮》诗云:"缥缈平湖白,微茫远树青。"这些诗句,至今仍脍炙人口。

高邮湖位于江苏省中部,地处东经 109°06′~119°25′,北纬 32°42′~33°41′之间,行政区划分属苏、皖,地跨高邮、天长、金湖和宝应四市(县)。高邮湖最大长度 40 公里,最大宽度 28 公里,总面积 780 平方公里,仅次于太湖、洪泽湖,为江苏省第三大湖。

据地质勘探资料,江淮之间陆地史前时期还是一片汪洋大海,在全新世初期(距今约 7000 年),形成为长江三角洲北侧的一个浅海海湾。这个海湾西起现在的高邮湖,南由蜀岗古陆向东继续延伸入海的沙嘴(即赤岸),北有古淮河南岸向东不断延伸入海的沙嘴。高邮城附近则是孤立于海洋中的一座被称做"高沙"的小沙墩,所以高邮又有高沙的别称。宋文天祥有《发高沙》诗云:"晓发高沙卧一航,平沙漠漠水茫茫。舟人为指荒烟岸,南北今年几战场。"

随着长江、淮河两个三角洲的不断向前推进,江淮之间陆地开始在江都、高邮、宝应、淮安之间互相连接。在高邮湖地区形成为古潟湖浅洼平原,局部浅洼地段有湖泊。目前见之于记载的有樊梁湖、津湖,至宋代时发展为珠湖、姜里湖、甓社湖、张良湖(原樊梁湖)、新开湖等五湖和隶属于宝应县的津湖。宋蒋子奇《题东园》诗云:"三十六湖水所潴,其间尤大为五湖。"说明当时在高邮湖范围内已经有五座比较大的小湖。南宋著名的抗金女将梁红玉就曾在甓社湖中率众抗击过金兵。

金明昌五年(1194)黄河大决阳武(今河南省原阳县境内),南派由泗水故道入淮,金政权不但不加堵塞,反而乘势利导之,以宋为壑,纵黄河南流,这时对扬州还没有影响。

明代,黄河全面夺淮,对扬州产生了影响。万历初年,河臣潘季驯用三分清水济运,七分清水刷黄,济运的水由清口进入扬州运道,运道难以承受,灌入运道以西的诸湖,使湖面不断扩大。万历二十四年(1596),总河杨一魁"分黄导淮",在高家堰武家墩、高良涧、周家桥建三闸,又浚高邮茅塘港通邵伯湖,开金湾、建金湾三减水闸,泄淮水由芒稻河入江,使高宝、邵伯诸湖成为淮河下游入江水道。同时由今宝应泾河、高邮子婴沟入海(编者按:自从高家堰有了武家墩、高良涧、周家桥三闸,淮水始有向高宝、邵伯诸湖泄水的口门及经泾河、子婴沟淮水入海之路,黄淮汇流这才进入扬州,由扬州入海、入江。换句话说,到这时黄河夺淮对扬州产生了根本性的受害影响,要比以往说的1194年黄河夺淮推迟300年)。

黄河是世界上含沙量最大的河流,淮在前,黄河踵其后,不仅使里运河以西诸小湖湖面扩大,还不断淤高。明代开的这条入江水道过于狭小,每遇暴涨,洪水不及宣泄,就停蓄在高宝、邵伯诸小湖内,使高宝、邵伯诸小湖相连成为高宝湖和邵伯湖,连天无涯,难以区别。后来以堤上的闸坝来划分,自南向北,六闸以北车逻以南为邵伯湖;车逻以北清水潭以南为高邮湖;清水潭以北子婴闸以南为界首湖(原津湖);子婴闸以北大瓦甸以南为氾光湖;大瓦甸以北宝应城以南为宝应湖;宝应城以北为白马湖。清光绪三十二年(1906)测得高宝湖南北长200余里,东西最宽50余里,窄者二三十里不等,面积为5844平方里(约合

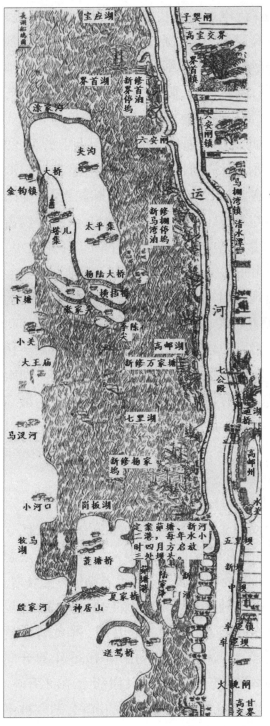

长湖船坞图　选自清光绪《再续高邮州志》

1430 平方公里）。

　　高宝湖地处淮河入江走廊，同时又是一座"悬湖"，湖底比东部里下河地区的地面为高。历史上盛涨的高宝湖水经常冲决里运河堤防，给里下河人民带来灾害。据新编《高邮县志》记载，自明隆庆三年至民国 38 年（1569~1949）的 380 年间，高邮共发生 146 次较大水灾。《淮系年表》云："隆庆三年（1569）秋，黄淮大水……"，"宝应湖堤崩坝，高邮溺死人畜不可胜计。"明代诗人陆典以《隆庆己巳（三年）大水纪实两首》一诗记述了当时高邮湖的惨景："浪倾山势从天下，日抱河流接地浮，""桑田转眼成沧海，只惩鱼龙混九洲。"1931 年大水，沿湖地区一片汪洋，三百多个圩口全部溃决。这种洪水为害的情形，一直延续到建国前夕。

　　建国后，党和政府结合治淮和整治大运河，对高宝湖进行了全面治理。1953 年在洪泽湖上河口建成了三河闸，1958 年建筑穿金沟直达高邮湖的入江水道堤防。1969年起,新建了三河拦河大坝和大汕子隔堤,使淮水由金沟改道直至施尖入高邮湖,高邮湖与宝应湖被分开。高邮湖尚存面积780平方公里,较光绪三十二年缩小660平方公里。高邮湖以南的新民滩,过去芦苇丛生,庄台林立,阻水严重。1962~1992年,建成了7座漫水闸,水位6米时可下泄流量2000多立方米每秒。

高邮湖属过水型湖泊,为淮河入江的通道。上承淮河上中游15.82万平方公里的来水,下经高邮湖以南的新民滩、邵伯湖渲泄入江。淮河平均每年有233亿立方米来水要通过三河闸泄入高邮湖,约占高邮湖总来水量的95%以上。一般以7、8、9三个月开闸最多,来水量约占全年来水量的63.2%,最大来水量集中在8月份,约占全年的30.46%。所以行洪期仅3个月左右,此期间99%的来水量都经过高邮湖入江,农业灌溉用水仅占1%,从而出现排洪期大量洪水入湖,夏种最需水的4~6月少水入湖的矛盾。高邮湖西丘陵山区的白塔河、铜龙河、秦栏河、杨林河、王桥河等河道区间径流约为4.8亿立方米。天长县有水库10余座,库容2.8亿立方米,因此平水年份约有2亿立方米水入湖。湖水位与入湖径流量关系极大,一般每年自6月份明显起涨,8月份达最高水位,以后水位开始下降,至翌年1~3月份水位为最低时期。有记载以来,最高水位9.46米(1931年8月15日),最低水位3.10米(1936年11月8日),多年平均水位为5.73米。

建国前,高宝湖容量较大,据史料记载,民国2年(1913)经江淮水利局实测湖水位8米时,可蓄水57.9亿立方米(内含邵伯湖6.9亿立方米,实为51亿立方米)。但由于在发展演变过程中,不断接受入湖河流所携带的泥沙沉积。根据有关资料记载,1952年入湖输沙量1140万吨,出湖652万吨,淤积量488万吨,占入湖沙量的42.3%。1957年入湖输沙量740万吨,出湖405万吨,淤积量335万吨,占入湖沙量45.3%,平均为44%。入江水道整治工程兴建后,1974~1985年累计向高邮湖输沙4706.46万吨,如按44%淤积量估算,共淤积2070.8万吨,平均每年淤积172.55万吨。加之湖内各种生物残体的沉积,湖底被不断淤高,滩面扩大。1923年高邮湖底平均真高3.5米,现已达到平均真高4米,个别河槽底由原来的真高1米淤到真高4米。1956年有公滩17000亩,1961年公滩为23000亩,五年内就扩大6000亩,因而容积缩小,目前8米水位时可蓄水26.28亿立方米。(编者按:泥沙淤积不可小觑。大汕隔堤以南的滩面在隔堤完成后,冬春都在水下,现在冬春不仅可见,且向南有明显延伸;万福闸、金湾闸下淤滩冬春也明显变大。按现在的淤积速度,其害百年以后更为明显。)

建国后,由于经过多年的水利建设,使高邮湖的面积发生了很大变化,由天然湖泊转变为滞洪、灌溉、航运、养殖等综合利用的人工控制湖泊。淮河水已不再狂奔乱窜,而是有控制地经由高邮湖、邵伯湖安然入江,为湖区人民提供舟楫之利。高邮湖水面辽阔,水深2米左右,可通航载重5~30吨船只。湖底平坦,湖底为含腐植质丰富的黑色淤泥,鱼类赖以生存的螺蛳、水草等天然饵料比较丰富,水质肥沃,形成优良的鱼类栖息环境。据20世纪80年代调查,高邮湖有鱼类资源16科62种,其中以鲤科鱼类为最多,每年出产水产品1500吨左右。湖区水生、湿生植物有芦苇、蒲、莲、菱、芡实等。1978年,国家轻工部与高邮县签订了合办芦苇基地的合同,利用湖滩兴建了一片5万亩的芦苇场,为造纸工业提供优质原料。这大片的芦苇场在全国也算是少见,引来大批的飞禽和鱼类,改善了湖区的生态环境。

说古道今邵伯湖

徐炳顺

邵伯湖是由天然和受人工导淮入江影响而形成的湖泊。《水经注》中最初称为武广湖。宋代始有邵伯湖之名。明万历《江都县志》云：邵伯运河以西有"邵伯、黄之、赤岸、新城、白茆、朱家六湖"（今一部分属邗江区）。明末"分黄导淮"，清代大兴淮水入江工程，淮水南泄，诸湖汇而为邵伯湖。清代焦循著有《北湖小志》，称为北湖。

历史上邵伯湖地区本是沃壤，"邵伯湖中滩隈陇阜错落，若瓜、若角、若木之交。风帆鱼棹，往来不绝。初春，农民取湖泥垩田，菜花满塍。夏日荷花盛开，叶绿花红。鹥鸟喜行于水滩，乃为湖中大观"。明万历二十三年（1595）"分黄导淮"，开挖高邮湖茆港（今称毛港）连通邵伯湖，淮水下泄，邵伯等湖开始联片、扩大，遂成洪水走廊。康熙十四年、十五年（1675~1676）决邵伯湖堤，成灾。康熙三十八年（1699）六月，黄、淮汇流交涨，邵伯更楼决口，陆地成渊。决口长56.5丈（180米），水深4丈（13米），宽近1里。因系居民稠密、商贾辐辏之地，损失惨重。清乾隆时，邵伯湖中还存有大片荷藕，为夏日湖中大观。乾隆四十年（1775），大旱，饥民挖光湖中荷藕充饥。道光以前，今江都区梁家墩一带纯系陆地，邗江区公道镇附近均为粮田，至道光六年（1826）沉于水中。同治时，柴草树木繁盛，邵伯湖周边开垦多了起来，原有堤防矮小，每遇淮河行洪，多为失收。清咸丰五年（1855），黄河北徙，高家堰原礼坝下的三河口不闭，洪水直趋宝应湖、高邮湖、邵伯湖，湖面联片，邵伯

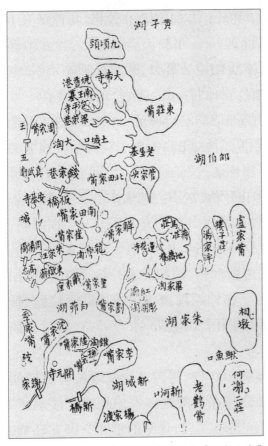

清代邵伯湖　选自《北湖小志》

湖取代了原来的 6 个小湖。至民国初年，因水患，往日圩堤只存故址。1963 年、1965 年行洪时，沿湖地区圩区一片汪洋。

邵伯湖灌溉历史悠久。最早追溯到东晋，谢安于太元十年（385）筑埭蓄水，便于农灌和航运，历隋、唐、宋、元等代，皆沿其制。明、清时，淮水经邵伯湖入江，建闸、筑坝控制，水源有所改善，用于邵伯湖西侧滩地圈圩种植，进一步发展农业灌溉。

1949 年以后，遵照政务院《关于治理淮河的决定》，对邵伯湖地区进行了治理。1950年冬，开始对邵伯湖沿湖圩堤进行修建，后又多次加固。

1954 年大水，对东、西兴圩破圩行洪。1963 年再次破圩行洪。1955年对六闸湖口进行切滩。1970 年对邵伯湖下段六闸至凤凰河切滩。1960 年、1984 年兴建邵伯一、二线船闸，两次加开行洪河道，补偿过水断面。1969~1972 年列入淮河入江水道下游段整治工程，实行联圩、并圩、加固圩堤，同时拆、改建沿湖堤上的病闸病洞。1975 年冬，按照淮河入江水道行洪 12000 立方米每秒的要求，再次提高堤防御洪能力，并用块石护坡裹护。至此，形成今日的邵伯湖，沿湖大圩也于此时基本定型。

今邵伯湖，地处淮河尾闾，东以里运河西堤为界；西至高邮市郭集大圩，邗江区公道、方巷、槐泗大圩、城北大圩，岸线修直；北至高邮湖控制线；南达江都区邵伯镇六闸，水域面积 77 平方公里。

邵伯湖地区地势西高东低。邵伯湖南北长约10公里,东西最宽4公里。北临高邮湖,西侧是沿湖圩区,人工围垦。东以运河为界。南部是蜀冈之尾。邵伯湖是淮河入江水道的组成部分,北承高邮湖来水,南经归江河入江,而成为过水型湖泊。西侧有张公渡、公道引水河、中港引水河、北涧河、槐泗河等河。南侧邵伯湖湖口河道分汊,有运盐河、金湾河、太平河、凤凰河、新河、壁虎河,俗称归江河道。东侧有邵仙闸洞与通扬运河沟通。西南有京杭运河连通长江。

邵伯湖平均水深1.5米。邵伯湖现状水质为地表水Ⅱ~Ⅲ类。

邵伯湖水资源,自产水量甚微。湖西山丘径流大部分发生在汛期,与淮河行洪同步,多为弃水,主要靠高邮湖水补给。遇干旱年水源不足,通过邗江区施桥、瓜洲、仪征市江边翻水站,抽长江水补给,间由江都抽水站通过运盐闸送水。水资源用于邵伯湖周边仪征市、邗江、广陵、扬州经济开发区、江都等县市区110万亩农田灌溉、水产养殖、航运和扬州市城市冲污及瘦西湖换水等。

邵伯湖区生态资源有浮游藻类103种,浮游动物93种,有底栖动物38种,水生植物30余种,主要分布在浅滩处。邵伯湖盛产淡水鱼,鱼类有64种。近年邵伯湖龙虾是一特色菜肴,每年邵伯镇举办龙虾节,享誉省内外。

邵伯湖周边旅游资源,有近江都区邵伯镇的邵伯湖旅游度假村、广陵区泰安镇凤凰岛生态旅游区、扬州市茱萸湾公园。

邵伯湖水域资源,里运河穿过邵伯湖,与邵伯湖连为一体,其航道全年通航。邵伯湖矿产资源有石油。邵伯湖地区以农业生产为主,农民收入靠粮食、乡镇企业、家禽、水产养殖。农作物以水稻、小麦为主。到2004年,邵伯湖开发利用主要为水产养殖,渔业围网面积达20.48平方公里。湖中建有石油井16口。

1991年特大洪水,7月17日,对邵伯湖阻水滩地实施爆破,到7月22日止,完成13处阻水高滩的爆破,爆除面积1.3万平方米,和零星阻水物15处。耗用TNT炸药25.73吨。

邵伯湖北起高邮湖控制线,控制线以北是高邮湖,以南是邵伯湖新

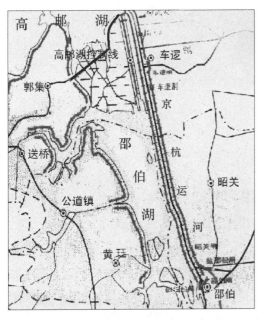

邵伯湖位置图

民滩,滩上有人工开挖的新、老庄台河,新庄台河与里运河之间是湖滨保安圩。邵伯湖西岸从杨庄河漫水闸向南行,西侧是高邮市郭集乡郭集大圩,圩堤人工修筑,岸线修直,护堤林绿树成荫。杨庄河漫水闸南行,堤上有闸,名为朝阳闸。再南,圩堤转向西南,堤外有名为张公渡支河注入。张公渡以南,入邗江区公道镇赤岸圩,护堤林木繁茂。清道光十九年(1839),曾任漕运总督的阮元在此植柳两万株,改名柳湖。沿圩堤南流,赤岸圩南端西有支河——公道引水河注入。再南流,有支河——中港引水河注入。再南流,西岸有槐泗河注入。再南流,邵伯湖水至扬州闸分为两支,一支南流入 1958 年新开的京杭运河至六圩的航道;一支西南流,分别经瓜洲闸、泗源沟闸注入长江。过扬州闸,沿京杭运河南流,经扬州市湾头镇,过施桥船闸,入长江。邵伯湖东岸由高邮市湖滨保安圩起,南流至江都区邵伯镇六闸。邵伯湖六闸水文站建于民国 2 年(1913)。湖东是 1958 年在邵伯湖中新筑的里运河西堤,护堤林木参天,环境优美。在西堤的终点有邵伯湖度假村。再南流,邵伯湖东岸是连接里运河与邵伯湖航道的邵伯一、二、三线大型船闸。再南流,至邵伯湖口。出湖口向南,东岸有运盐河,由运盐河向南,转向东,穿过高水河下的邵仙闸洞,连接通扬运河。运盐河西侧是金湾河,继续南流至金湾闸,注入芒稻河,向东南注入夹江。再南流,是太平河,至太平闸,注入廖家沟。再南有凤凰河、新河、壁虎河,汇流入万福闸,注入廖家沟,与太平河相汇合,注入夹江。再与芒稻河汇合,转向东南至江都区三江营共同注入长江。

漕运故道射阳湖

徐炳顺

射阳湖是邗沟开凿之初抵达淮河的必经之地,"自春秋以迄汴宋,千有余年,为南北馈运之孔道",是邗沟河线的重要组成部分。宋、元时,扬州运道由白马湖经射阳湖至淮河。明初,邗沟运道仍然由宝应黄浦经射阳湖达淮河。明永乐十三年(1415),陈瑄开凿清江浦河(即宋乔惟岳所开沙河故址,后成为里运河的组成部分),改变了邗沟与淮河的连接方式,于是船只由白马湖直达淮安,扬州运道从此不再经过射阳湖达淮,邗沟就此也脱离了射阳湖。射阳湖在漕运史上留下了光辉的篇章。

射阳湖在运道上前后使用长达1900年,终于退出了历史的舞台,这确是运河线路的一次重大变革。

今射阳湖位于宝应县东北部,古㴉湖的残留部分,历史悠久,是里下河地区的天然淡水湖泊。

射阳湖古称射陂。据考证,古射阳湖西起今宝应县射阳湖镇、安丰一线,北至今淮安泾口、左乡一线,东至阜宁县西喻口,南至兴化市得胜湖。《太平寰宇记》称"射阳湖长三百里,阔三十里"。

明万历"分黄导淮"以后,黄河的泥沙进入射阳湖,开始淤积。崇祯时,通往射阳湖的港汊小河淤塞,射阳湖几乎淤成平陆。由于泥沙淤积,加速了射阳湖的衰退过程,使之逐渐变小、变浅、解体,分化为许多大大小小的湖荡,射阳湖为其首。从射阳湖中分离出去,其名称有十余个之多,今比较有名的有阜宁县的马家荡、建湖县的九龙口,楚州区、宝应县交界处的绿草荡,盐都县、兴化市交界处的大纵湖。

20世纪50年代初,射阳湖面积约400平方公里,分属阜宁、淮安、建湖、盐城、宝应五县管辖。在宝应境内大致范围:其南缘界,西起北

射阳湖　　　　　　　　　　　　　　　　摄影：邓连俊

沙子头向东沿平江、官陈庄、射阳镇、琵琶头一线以北；西缘界北起泾河口向南，沿窑河口、西安丰镇、黄荡、周墩北、翟墩、夏庄、戴堡一线以东；北至淮安，东与建湖、盐城境交界。宝应县境内面积为139.28平方公里，西承大溪河、宝射河、朱马河诸水；南纳营沙河、大三王河之水；东北面排水经九龙口、蔷薇河、戛粮河、射阳河入海。60年代大规模围湖造田，80年代大规模圈圩养殖，湖荡面积不断萎缩，至2000年，射阳湖地区湖荡面积仅存35平方公里。现在射阳湖，南起宝应县的琵琶荡，北至九龙口，东与建湖县交界，西迄西安丰。到2000年，宝应县境内湖面积已不足16平方公里，水大时还能看到湖，水小时只能看到河而看不到湖了。射阳湖平均水深只有0.7米。

　　射阳湖畔的射阳湖镇，已有2000多年历史，西汉初年为项伯封地"项侯国"，公元前117年置射阳县。从今射阳湖镇南端，斜向东南至油坊头后侧湖荡，经过赵家、高夏，至季庄，转弯向南，由琵琶头、北廖徐、南廖徐出射阳湖境至兰亭、古溪河，又名海陵溪，就是古邗沟的遗址。干旱年分，河水降低，河旁出现一排木桩，每两米多一根，数里不绝，木桩有碗口粗，边缘已烂。射阳湖镇南廖徐、北廖徐和庙塘沟曾发现古井。另射阳湖镇至西安丰，名为漕河，原是射阳湖通往黄浦溪的漕运河，也是邗沟的遗存（见《射阳湖镇志》）。射阳湖镇有三国名士建安七子陈琳墓，九里一千墩汉墓群、稀世珍宝"孔子见老子"石门画像。藕制品畅销日本、韩国及东南亚。

诗画瘦西湖

徐炳顺

　　瘦西湖位于历史文化名城江苏省扬州市西北郊蜀冈南麓冲积平原上,是岗坡径流冲刷结合人工开挖的河道,非天然湖泊。在人们的记忆中,瘦西湖曾有多个称谓。在此之前曾称为保障河,又叫炮山河。《扬州画舫录》云:"法海桥在关帝庙前,东西跨炮山河。炮山河受蜀冈、金匮、甘泉诸山水,由二十四桥出是桥,乃得与保障湖通,故炮山河亦名保障湖。"此外还称为长春河。2006年,笔者参与编写《中国河湖大典·淮河篇》扬州条目时,其中有瘦西湖,按要求首先需释名,在查阅有关史籍后,发现瘦西湖的名字最初应为保扬河。

　　据《读史方舆纪要》卷二十三在官河条下云:"保扬河在府西四里,城北三里。旧有柴河,东达官河,西接市河入城。而城西一望平原,别无濠堑。崇祯十年(1637)始自柴河口引城东运河绕西郭,复折而西,南接城南二里之宝带河,仍合运河,延袤十六里。时又于近河东岸缘垒为城,上设敌台,以备敌寇侵逼,因名曰保扬。"

　　《续行水金鉴·运河水》引《扬州府新志》(即嘉庆《重修扬州府志》)云:"运河西岸又南至高桥,桥以外有坝桥,以内有柴河,亦名草河,迤西而南,出长春桥合保障河。保障河北至蜀冈下,又南有二十四桥水来注之。又南出虹桥,经砚池口至南门外二道沟入运河。"

　　上述两段文字中所说的保扬河、保障河实际上是一条河,就是今日的瘦西湖,但名称不同而已,《读史方舆纪要》讲是保扬河,《扬州府

瘦西湖 　　　　　　　　　　　　　　　摄影：缪宜江

新志》讲是保障河，为何名称不同呢？我们可以从《续行水金鉴·运河水》引《扬州府新志》中的一段文字中找到答案。《扬州府新志》云："保障河在府西四里，城北三里。旧有柴河，东连官河，西接市河入城。而城西一望平原，别无濠堑。崇祯十年，始自柴河口引城东运河绕西郭，复折而西南，接城南二里之宝带河，仍合运河，延袤十六里。时又于近河东岸缘垒为城，上设敌台，因名保障焉。"这一段引文与《读史方舆纪要》有关保扬河的文字对照，叙述完全一致，唯《扬州府新志》将"保扬"改成了"保障"，于是保障河之名由此而来，而保扬河之名就这样被隐去了。

瘦西湖水面长 4.3 千米，宽 100~300 米，水面积 49.9 公顷。经过历代人工修治，建造园林，打造成旅游胜地。瘦西湖清瘦狭长，水清路曲，宽狭不一，岛屿相间。景沿湖置，湖沿景流，风景宜人。其特点是利用自然地形、人工岛屿、土丘，加以修饰，构成山水环抱的湖上胜境。现是风景秀丽的国家 AAAAA 级风景区——蜀冈瘦西湖风景名胜区，驰名中外。

瘦西湖中的五亭桥建于清乾隆年间,桥上建有五座亭子,因名五亭桥,又像莲花,故又名莲花桥。造型典雅秀丽,黄瓦朱柱,配以白色栏杆,富丽堂皇,成为历史文化名城扬州的标志。

中华人民共和国成立后,对瘦西湖进行多次整修,新建和复建了卷石洞天、二十四桥景区、静香书屋、蜀岗朝旭等 20 多个景区、景点。瘦西湖是蜀冈—瘦西湖风景名胜区的核心组成部分,曲折的河道将四桥烟雨、玲珑花界、熙春台、二十四桥、五亭桥、白塔、吹台、徐园、小金山、长堤春柳等两岸景点串联起来。园林建筑融"南方之秀,北方之雄"于一体,风格独特。风景区景点各具特色,现在整个景区呈现出"两堤花柳全依水,一路楼台直到山"的意境。

瘦西湖水源一靠拦蓄北部和西部丘陵雨水,二靠邵伯湖和古运河水补给。为保持景象,先后在通往外部河道的口门筑溢流坝稳定水位。为改善瘦西湖水质,20 世纪 70 年代兴建便益门抽水站,抽古运河水补给。后因古运河水体污染,2002 年实施瘦西湖换水工程,翻抽北接邵伯湖的大运河水补给,瘦西湖重现清波。水质提高以后,生态环境改善,过去少见的白鹭飞来达数千只。

天下第五泉

徐炳顺

　　天下第五泉,位于历史文化名城江苏省扬州市西北蜀冈上的一座古刹——大明寺平山堂西园内。园内现有两口人工开凿的古井:一是西园水池中部岛屿"天下第五泉",又称塔院西廊井;另一口是西园池东岸侧的第五泉,又名下院蜀井。泉水主要用于游客观赏、品尝,别有情趣。

　　大明寺内平山堂的西侧四周假山屏列,壮若冈阜,拾级而下,中央为一近于方形的池塘,水面不足 1 公顷,像似山谷,名为西园,又名芳圃,建于清乾隆二年(1737)。池中突出一岛,其岛之小,只容天下第五泉。池的东岸有一泉名为第五泉。两泉相距约 30 米。唐代的《煎茶水记》、宋代的《大明寺水记》、清代的《扬州画舫录》等都有与泉相关的记述。两口第五泉凿于蜀冈中峰,均是山顶之井。

　　唐代状元张又新于 825 年(宝历时)前后写了一篇《煎茶水记》的文章,说唐代宗时李秀卿出任湖州刺史路过扬州,遇到我国古代著名茶叶专家陆羽,请陆羽口授天下水的优劣。陆羽说:"扬子江南零水第一,无锡惠山水第二,……扬州大明寺水第十二……"陆羽之后,唐元和时,刑部侍郎刘伯刍也是一位学识渊博的人,把江淮最宜于烹茶的水分为七等,"扬子江南零水第一,无锡惠山寺水第二,……大明寺水第五……"于是大明寺有"第五泉"之誉。北宋欧阳修在扬州任职时,品尝泉水,并在井上建"美泉亭",还撰《大明寺水记》,称赞"此井为水之美者也"。宋元祐二年（1087），欧阳修的学生苏东坡出任扬州知州，记道："大明寺塔院西廊井与下院蜀井的水，以塔院为胜。"证实这里有塔院西廊井和下院蜀井的说法。后来亭毁，井亦湮没。

天下第五泉　　　　　　　摄影：宋丹丽

据记载，明代和尚沧溟于大明寺掘地时，复得一井，井内有残碑，上有"大明禅寺"。嘉靖年间巡盐御史徐九皋于井旁立石，碑高二米，上书"第五泉"三个大字，并建复井亭于井上，这就是下院蜀井。据记载，乾隆二年（1737），扬州巨富光禄寺少卿汪应庚，建西园凿池时又发现一井，井围15尺，深20丈。井中有唐景福钱币数十文，又有古砖刻"殿司"二字，就是现在的"天下第五泉"，即塔院西廊井。并请著名书法家太史王澍书写"天下第五泉"，立石井旁。后来将刻石嵌于大明寺院墙外西侧，与东偏壁上的"淮东第一观"两相对应。道光癸巳年（1833年）初夏，王诚书"天下第五泉"小石刻一方，立于美泉亭旁。1963年重建美泉亭。

蜀冈有两口古泉，《平山堂图志》云"宋时已无定说"，《扬州画舫录》云："不必据古井的真迹"，"总之大明寺水自与诸水不同也"。"三分茶七分水，好茶还需好水泡"，经现代检验，天下第五泉水质符合国家规定的一级饮用水卫生标准。2006年4月，笔者编写《中国河湖大典》扬州条目时，请扬州市节约用水办公室宋丹丽主任一行，带着测绳，实测井深8米，井水深6.6米，井口直径120厘米。井中水位有浮动，晨高暮低，井中水位始终高于井外池中水位30厘米左右，世间罕见。另实测第五泉井深8米，井栏直径35厘米，井底无水，井栏上有"第五泉，光绪二年八月立"字样。

新通扬运河的诞生与续建

徐炳顺

新通扬运河位于江苏省中部长江北岸,因系新开,对照旧有通扬运河之名,故名新通扬运河。现为江都水利枢纽工程的重要配套工程之一,为今日南水北调的东线源头,先后分四期开挖完成的大型人工河道。全长90.1公里。其中扬州市境内河段,从芒稻河向东,经仙女镇、丁伙镇、宜陵镇、丁沟镇、郭村镇至界沟,长28.3公里。该河西起江都区仙女镇南芒稻河,向东经泰州市,抵南通市海安县海安镇凤山与通榆运河相交。在宜陵镇西五里窑穿过通扬运河,与通扬运河呈剪刀形交叉。五里窑以西,新河在通扬运河南侧;五里窑以东,新河在通扬运河北侧。它南邻长江,北与淮河流域里下河水网毗连。新通扬运河地跨

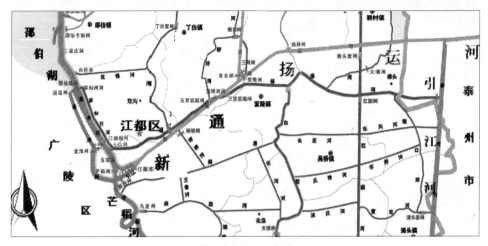

新通扬运河位置图

扬州、泰州、南通三个地级市,涉及到江都区、海陵区、姜堰市、海安县的部分乡镇。

新通扬运河的诞生

1958 年秋天,江苏省水利厅副厅长熊梯云来到扬州,根据 1952 年编制的《苏北灌溉总渠规划》将通扬运河列为南干渠用作灌溉,提出疏浚通扬运河。接待他的是副专员殷炳山和水利局长金子平、副局长王家骥等人。在讨论中,扬州专区水利局认为,沿通扬运河一线有宜陵、泰州、塘湾、姜堰等诸镇,拆迁量大,地势高,任务大,建议在通扬运河以北开辟一条新河,以泰州赵公桥为河道中心,在图上定出河线,向东经姜堰至海安,向西经宜陵折向芒稻河,新河线地势低,村庄少,经济可行。熊副厅长拍板同意,开挖新通扬运河的方案就这样诞生了。

那是一个大跃进的年代,当年 11 月 15 日就开工进行第一期工程。江都、泰县、海安等县出动 10.5 万人进行开挖,至 1959 年 5 月,因土方量大,农忙将至,短期内难以完成,因此中途停工。1960 年春,河道工程复工,参加施工的有扬州、盐城、南通 3 个地区 11 个县的 12.5 万名民工,开挖江都至泰东河段,长 40 公里,次年 5 月竣工,完成土方 1100

1980 年初,即将完工的新通扬运河

万立方米。至此,江都至泰州河段基本开通。河底高程 –2.5 米,底宽 20 米;泰县大白米至海安 19.7 公里,基本成河,河底高程 –1.0 米,底宽 10 米。

引来江都抽水站落户江都

苏北地区缺水,不仅影响着农业的发展,还影响工业、航运和各行各业的用水。这引起了江苏省委、省政府的高度重视,决定在万福闸下廖家沟西侧兴建滨江电力抽水站,于 1960 年冬在万福闸下破土动工。随后,扬州专署水利局向水利厅发去电报,建议将站址移置江都县(今江都区)南郊芒稻河东侧、新通扬运河北岸。水利厅考虑到今后江水北调工程仍需兴建,滨江站仍在原址继续施工。在此情况下,扬州专署副专员殷炳山带领水利局工程师许洪武一行,经过一番调查研究以后,取得扬州地委同意,即去南京向省水利厅申述迁站理由。水利厅副厅长熊梯云问水利厅勘测设计院规划室主任徐善焜是否可行,徐善焜说这是一个好主意,既可沿京杭运河向北送水,又可利用新通扬运河结合抽排里下河涝水,一举两得。同时,水利厅对抽水站站址又进一步深入调查研究,广泛征求各方面意见,认为扬州建议的站址比较理想,向省委、省政府作了汇报,决定电报通知滨江电力抽水站停工待议。1961 年 4 月,经水电部同意将滨江电力抽水站移师江都,定名为江都抽水站。就这样,因有新通扬运河的开挖,引来江都抽水站落户江都。至此,新通扬运河与江都抽水站结下不解之缘,成为江都抽水站的取水源地和水利枢纽的配套工程之一,成了江苏江水北调、国家南水北调工程东线输水源头。

1979 年兴化水利团大垛营用机械牵引爬坡挖送土方

江都一、二站建成，河道狭小，首次拓浚

1963年，江都第一抽水站建成，当年汛期通过新通扬运河抽排里下河涝水排涝1亿立方米；1964年8月江都第二抽水站建成，随即投入运行，共抽里下河涝水1.6亿立方米。10月给里下河补水、沿海冲淤保港用水，共引江水3.8亿立方米。两年的实践证明，新通扬运河标准低，加上河道的雨淋坍陷，河床被冲、河道淤积，不能充分发挥一、二站的作用。于是省水利厅报请水电部按江都站抽排150立方米每秒整治新通扬运河。经水电部批准，扩大新通扬运河江都至泰州段，1965年1月开工，动员泰县、兴化两县民工1.3万人，当年4月竣工，完成土方88万立方米、石方1.1万立方米。

三站建成，河道偏小，二次拓浚

1967年江都第三抽水机站开工兴建，抽排流量增加到250立方米每秒，新通扬运河又不适应，1968年冬，拓建新通扬运河江都宜陵至泰县大白米段河道，长55公里。由扬州、盐城两专区的泰县、江都、兴化、宝应、高邮、大

建设中的宜陵地下涵洞

丰等县民工14.7万人投入施工，次年1月竣工，完成土方2051万立方米。至此，新通扬运河扬州境内全线贯通。

四站建成，再次拓宽河口段

1977年2月，江都第四抽水机站建成，抽排总流量提高到450立方米每秒。新通扬运河再次不适应，为充分发挥江都抽水站的作用及三阳河扩大后的引排作用，进行第三次扩大。1978年建成江都东桥、江都东闸和江都送水闸。1980年汛前完成宜陵地下涵洞和砖桥镇的新向阳桥。1979年11月21日，又按江都西闸外灌溉期枯潮水位2.19

1979 年冬至 1980 年春, 拓建江都东闸至宜陵新三阳河口施工场面

米, 三阳河口水位 1.89 米, 自流引江水 550 立方米每秒及抽排 400 立方米每秒的设计标准, 拓建江都东闸至宜陵新三阳河口长 10.6 公里的河段。1979 年 11 月, 扬州地区 9 个县出动民工 14 万人投入施工, 1980 年 2 月竣工。完成土方 743 万立方米, 同时拆除向阳桥, 并采用控制爆破技术拆除江都闸, 汛前完成宜陵地下涵洞。

1978 年 11 月至 12 月, 南通地区出动海安民工 7.3 万人, 拓建新通扬运河泰县大白米至海安段, 长 19.7 公里, 计挖土方 382 万立方米。至此新通扬运河全部完成。

新通扬运河从诞生到四次拓宽浚深, 先后出动扬州、盐城、南通三个地区十一个县 60 万人次, 披星戴月, 顶烈日, 冒严寒, 不怕苦, 不怕累, 一锹锹, 一担担, 肩上挑, 独轮车推, 共计挖土 5195 万立方米, 平地开成了一条大河。开成后的新通扬运河平均每年可向里下河地区送江水 23.4 亿立方米, 使里下河农田灌溉受益面积达 700 万亩; 平均每年排除涝水 7.5 亿立方米, 使里下河 13500 平方公里受益。

大汕隔堤气势如虹

陈鸿林

1969年夏,我调往水利部门工作,就被分到淮河入江水道金沟段东西堤改道和大汕子隔堤工程处做后勤财务工作。该工程是在百里湖面的风口浪尖上修筑隔堤,在深厚的淤泥中打坝筑堤。用老水利人的话说:这是水利建设史上少见的老虎头工程,是一场打硬仗、恶仗的攻坚工程,是一个工期短、时间紧和难度大的急办工程,也是一个创造奇迹的景观工程。

大汕子隔堤直穿高邮湖、宝应湖腹部而建。施工前,百里湖区芦苇、杂草茂密,茫茫一片草甸,沉睡多年的淤泥深达几米、十几米,如同一汪"烂泥糊"。

夏季,兴化、江都、宝应县组织部分民工先期到达工地进行清障,他们吃住在农船上,白天烈日当头晒,夜晚被蚊虫叮咬得无法入眠。去往工地探路、勘察和清障工作全靠农船,别无其他办法进入施工场地。

秋季,经清障后的施工场地湖水茫茫,一望无际。运送6万民工到工地的农船,数以万计像野鸭似的漂泊在湖面上,任凭风吹浪打。广大民工乘船在湖中挖土,为了争时间、抢速度,个个"鱼鹰"似的争先恐后跳入水中,扎猛子挖土垡,筑围堰,打坝排水。运土垡的船只万船竞发,往来穿梭,蔚为壮观。筑好围堰,打好坝头,仅为排水、清淤和为挖土方筑堤做好前期准备工作。

初冬,进入紧张的施工阶段,施工中碰到的困难一个接着一个,想象不到的问题可多呢！一是水排干后发现淤泥太多太深，人无法站稳使劲，稍不注意，就有可能陷入淤泥中无法自拔。为解决施工中首先遇到的这只"拦路虎"，国家在物资十分紧缺时期，紧急调来木材加工成木板，供人站立，但与工程所需相比，只是"杯水车薪"。广大干部、民工为争夺时间，不等、不靠、不要，千方百计想办法，就地取材，用芦苇、杂树等捆扎成"龙埂"，这样既解决人站的问题，又节约了国家开支。淤泥太多又不能用作筑堤的土源，就得用勺子、面盆和桶一勺、一盆、一桶舀进农船，送到工地以外。二是湖心里气温较其他地方偏低3℃~4℃，冰冻来得早、持续时间长，冻土层厚而实，一般铁锹无济于事。省淮河入江水道工程指挥部向人民解放军工程兵部队求援，借调大批十字镐凿开冻土层继续施工。三是淤泥底层的土含水量高，承载力差，筑成的堤塌陷、滑坡严重。今天筑的堤，明天会塌陷、滑坡，就这样筑了塌，塌了再筑，反复多次直至沉陷稳定，达到工程验收标准才罢休。四是排水系统常因淤土塌陷影响排水而停工，民工们见状，二话不说，裤子一卷，鞋子一脱，光着脚站在冰块水中排除障碍，有不少民工腿和脚上毛细血管被冰刺得冒出血珠，也不喊一声苦。五是民工的生活条件更为艰苦，"文革"年代，粮食限量，蔬菜和副食品匮乏，饥饿、寒冷和营养不足交织在一起，病员增多。

广大干部、民工在毛主席"一定要把淮河修好"号召下，发扬"一不怕苦，二不怕死"的大无畏精神，齐心协力，并肩作战，顶烈日，忍虫咬，战严寒，斗风雪，度过了300多个日日夜夜，终于在1970年4月建成长12.1公里，堤顶高程11.6~12.5米、顶宽7~8米、内坡1∶3，以及筑有防风浪平台的大汕子隔堤。

大汕子隔堤的建成，为沿湖地区免除了洪水年年过境之苦，构成宝应湖、白马湖完整防洪体系，缩短了防洪战线，提高了防洪能力，保护着整个白马湖和宝应湖地区2342平方公里的人民生活安康，对社会稳定、经济发展发挥了巨大作用。

如今的大汕子隔堤，经受了几十年大风、大雨、大浪和高水位行洪的严峻考验，国家又多次对险工患段加高培厚，增做块石护坡工程和植

夕照宝应湖 摄影：邓连俊

物保护措施,极目远望,像镶嵌在宝应湖、高邮湖中的一条玉带,又像扼守湖河洪水横流的一条蛟龙。改革开放以来,其效益功能也发生了深刻的变化。除担负防洪任务外,还集水陆交通、旅游以及成为当代绿色农业、水产开发于一体的重要基地,成为金湖、宝应人民发家致富、建设小康社会的重要依靠。

河堤块石筑长城

——高邮运河西堤石坡石堰工程纪事

廖高明

建国前,大运河堤又矮又小,百孔千疮,大水年份,一冲即溃。过去在里下河地区有过这样一个传说,说是在古代某朝,有一个皇帝,他也是被淮河的水灾闹够了,就听信了一个河臣的建议,打算把里运河的这段河堤,全部用铁水浇铸成铁堤,这样以后再遇到大水,里运河就不会决堤了。想不到这件事被一个奸臣知道了,这家伙就到皇太后那里去挑唆,说是筑了铁堤,会把国库搞空,把国家搞穷,以后这段铁堤就没有造起来。讲故事的人还绘声绘色地描绘说:"当时要是能够把铁堤造起来,那我们里下河人民现在就好了,就是遇到再大的洪水,里运河也不会决堤了。"

对于这样的传说,谁也不会相信它是真话,但是它却反映了一个问题,说明里下河人民多么渴望里运河的堤防能像钢铁一样的稳固啊!

里下河人民的这种愿望在过去当然是不能实现的。1970年,江苏省入江水道工程指挥部为了彻底铲除里运河这一历史患段,增强防浪能力,打算进行运河西堤加固工程。由高邮船闸石工头起,北至界首二里铺止,全长26490米,将原有的干砌块石护坡,用水泥砂浆和混凝土灌砌,并在堤顶砌筑一道挡浪石堰。石堰顶高马棚湾以南为11.5米,长15300米;马棚湾以北为11.2米,长11190米,顶宽0.5米。这样,今后不管再有多大的洪水,运河堤防也万无一失了。这个计划一经提

高邮湖"块石长城"　　摄影：杨玉衡

出，当时很多人都为之咋舌，这要有多少块石、多少水泥、多少黄沙来做啊！

这项工程决定由高邮县淮河入江水道工程团负责施工，高邮县动员民工 4400 人，从 1970 年 4 月下旬起开始兴工。

民工们到达工地以后，摆在他们面前的第一个艰巨任务就是必须在 3 个月的时间内把近百万吨的块石、水泥、黄沙等建筑材料抢运到工地，装运这些材料的船队都停靠在里运河的河槽里，必须翻过一道又高又陡的中堤，再渡过一道老运河，才能一担担、一包包地把材料运上工地。

里运河上一场紧张的抢卸石料的战斗打响了，广大民工发扬不怕吃苦和连续作战的精神，抢卸砂石材料，杠子抬断了，肩膀压肿了，手掌磨破了，没有人叫一声苦，也没有人肯后退一步。当时正值隆冬，气温下降到零下 4 度，河水结冰，装运材料的船队靠不了岸，民工们破冰下水推船。真是"人心齐，泰山移"，四千多民工经过两个多月的艰苦奋斗，硬是把近百万吨的材料运送到工地。

开始砌筑石坡以后，当时全团没有一个熟练的技工，他们就把民工们组织起来，进行火线练兵，"干中学、学中干"，既砌好了石堤，又培训出一支砌石工技术队伍。

在砌筑石堰时，他们发现用常规的方法砌，石块左右缝口有泥浆，上下缝口却不带浆，这要影响到工程质量。工程技术人员反复琢磨，终于研究出一种叫做"翻浆砌"的砌石方法，就是在砌的一层石块下面，铺上砂浆，然后将要砌的石块，一个个地从砂浆上翻个身，挨次排了一层，最后又在左右缝口上一次浆，用这种方法砌石的石堰质量比过去的浆砌块石还要好。

石堰砌成以后，正值盛夏，骄阳似火，石头被晒得滚烫，气温高达38℃以上，汗水滴在石头上，一眨眼就烤干了。连日的高温给施工带来了严重的困难，特别是刚砌好的石堰，为了保持缝口不脱水分，在一定时间内让水泥凝固，要用草包遮盖，还要人工不停地浇水。当时工地上草包、人力都跟不上，工程进度受到影响。民工们就用水草覆盖缝口，不但节省了一大批草包，还腾出了浇水的大批劳力。

1970 年 7 月，在全国军民热烈庆祝建党 49 周年的光辉日子里，石堤工程胜利竣工，共完成石方 118250 立方米，土方 9750 立方米，国家投资经费 160.91 万元。从湖面上观看，新筑成的块石长堤，犹如巍巍城墙屹立于万顷波涛之上，蔚为壮观。石堰被外文版的《中国建设》杂志称为"水上块石长城"，向国外进行了报道。

百里长河通长江

滕家月　张文奎

江都市境东部,有一条从长江直通里下河圩区腹部的百里长河,河的名称叫野田河。野田河名称的来历,源于明末学者费密的故居野田庄。费密,字此度,四川省新繁(今新都县)人。少时,由于受封建伦理观念的支配,组织地主武装对抗张献忠的农民起义。失败后,弃家出三峡,顺长江东下,几经辗转,清康熙七年(1668)流寓到江都野田庄隐居从事著述。清初著名诗人王士祯官扬州时,造访定居在野田庄明末学者费密的途中作诗一首,曰:"辘辘车声转毂忙,霏霏小雨湿衣裳。不见成都费此度,春风吹送野田庄。"

野田河的开挖,早在20世纪70年代,就列入全县"四五"期间水利建设规划。在建设过程中采取分步实施的方案:

第一步,先开挖通南地区的红旗河,由长江至通扬运河,全长15.8公里,于1970年冬开工,至次年底竣工。工程由大桥区8个公社动员民工5.6万人(次),完成土方500万立方米,并同期建成通江套闸、红旗套闸及通江套闸东西两座泵站(抽排流量10立方米每秒),为通南地区"旱改水"提供充足的水源。在通江套闸建设中大胆革新,在南闸首两侧建有水力发电、过鱼道等附属项目,使该闸具有引水、灌溉、翻水、排涝、发电、过鱼、通航、公路交通等八大功能,是一座闸站结合、一闸多用、一机多能、综合利用的新型套闸。当年省水电局在扬州召开水利建筑工程现场会,组织在全省推广通江套闸"综合利用"的经验。

第二步,开挖里下河圩区腹部的野田河,由新通扬运河至斜丰港（盐邵河）,全长29公里。1976年冬开工,由小纪区10个公社和宜陵区4个公社,共动员民力2.31万人投入施工,实行受益地区按亩负担,按劳出工,实施粮草、工具、工棚器材、排水机械五自带。各级干部齐上阵,男女劳力上河工,上工民力最多时达5万余人,大干苦干45个晴天,于次年2月竣工。完成土方348万立方米,同时完成沿线拆建排灌站30座,兴建圩口闸7座,并建成纪（小纪）武（武坚）公路一条,长15.5公里。将长江水从新通扬运河引进里下河腹部,有效地改善了水质,并为里下河排涝增加了新的通道,加快了涝水抽排速度,增强了抗灾能力。

第三步,市委、市政府决定按原"四五"水利规划,实施野田河南接工程,将野田河南段新通扬运河至通扬运河之间4公里的实心地段开通。2004年10月底开工,采用机械化挖土施工,于2006年12月底竣工,完成土方120万立方米,同期建成塘头套闸及328国道公路桥各一座。将野田河由新通扬运河延伸至通扬运河,连接红旗河,达到江淮互济,三水（江水、淮水、里下河水）贯通。至此,实现全市由长江至里下河全线贯通的一条百里长河的宏伟目标。

画意诗情瓜洲闸

朱剑虹

瓜洲水利枢纽是座中型水利工程,坐落在扬州市西南约 15 公里的瓜洲镇古运河口门,20 世纪 70 年初建成后,在抗洪、排涝、抗旱、航运、换水等方面曾发挥巨大作用。闸管处充分利用所处的地理特点和环境优势,在抓好工程管理的同时,充分利用闸区 8 万多平方米的水土资源,大力开展绿化,栽种了 7 万多株 96 个大类的树木,蔚然成林。银岭塔、锦春园、映影池、"古渡"碑、沉香亭、观潮亭等景点散落在林间山顶,整个闸区滨江临河,四面环水,树木葱郁,楼台亭榭,错落有致。闸区历史遗迹依稀可寻,被誉为"古渡名珠"、"滨江宝石",形成集历史遗迹与现代人文景观于一体的休闲、旅游、娱乐场所,被水利部命名为"全国水利风景区",也是拟建的扬州"春江花月夜"游览线的核心景区。

但枢纽各项水利工程随着工情、水情的变化,原设计标准偏低,挡洪高度不足,主要水工建筑物稳定防渗指标均不能满足安全要求。加之运行多年,混凝土碳化严重,闸门锈蚀,机电设备老化,工程隐患较多,急需除险加固。

2001 年 11 月 13 日,瓜洲水利枢纽除险加固工程正式实施。枢纽重要组成建筑物节制闸拆除重建,其下游西岸原防洪墙加固增设了一道二级钢筋混凝土挡洪墙,长 160 多米,高 1.8 米。进入管理处大门,一堵灰色的长墙就映入眼帘,视觉受阻,与秀美闸区景观很不协调。参

加除险加固项目工程建设的
领导、职工多次谋划,想方设
法在出新的枢纽工程上消除
这一瑕疵。事有凑巧,工程项
目处一位工程师,看了扬州市
广播电视局编印的《千年咏扬
州》百首诗词书法集,突发灵
感:百首古诗的书法,汇集全
国百名书法名家的墨宝,楷书
端庄俊秀,草书笔走龙蛇,隶
书古朴雅致,百书百风,实为
书法精品,如将百米挡洪墙刻
上百首赞美扬州的名诗墨宝,
形成诗墙或诗廊,岂不壮哉,

摄影:杨玉衡

美哉!此创意一出,得到工程建设者一致赞同,并向省水利厅和市、区
领导汇报,认为结合市沿江开发的战略部署和沿江、古运河风光带建
设,除险加固工程多做些基础工作、增添几份景色,很有意义,于是"千
年咏扬州"百米诗墙跃然出图。扬州玉器厂热情承担了诗词书法镌刻
任务,厂长亲自挂帅,组织专门班子,在厂里搭建起工作棚,调集玉雕工
艺大师参战。从书法放大、重新排版、试雕,用雕玉的技法精心镌刻,在
1.4米宽、1.2米高的花岗岩石板上尽量彰显原书法的笔工美韵,连书法
家的印章也都精心仿刻,可谓匠心独运。诗墙所嵌100块大尺寸黑色
花岗岩石板,扬州市场难觅,热心的石材厂老板特地从内蒙古采购"蒙
古黑"花岗岩到厂加工。参与施工的单位高薪聘请有镶嵌大理石经验
的技工,反复试验,小心裁制镶贴。项目工程处技术人员巧妙结合地形、
环境、绿化,设计墙顶雨棚、镌刻镶边。经过近半年的努力,一堵高2米、
长160米的诗墙沿着闸区大道亮丽地出现在人们面前,绿树丛中,百帧
全国书法名家书录百首"千年咏扬州"名诗,透出古色古香,融入现代
水利建筑物之中,古韵诗情落新闸,瓜洲闸瑰丽又添精美一笔。

长江下游最大一次崩坍

徐炳顺

1984年7月21日至23日,江都县嘶马镇发生特大江岸崩坍,时间之长,坍失范围之广,损失之重,是长江下游有记载以来所罕见,引起中央、省、市和各方面的高度重视。

7月21日凌晨5时起,江都长江嘶马弯道弯顶下东侧一号坝到西一号坝之间的红旗河口,开始崩坍。当时我任扬州市水利局工程管理科科长,具体负责江岸坍塌治理,上班后接到江都来电知道了这一消息,在向市水利局领导汇报后,又用电话向省防汛防旱指挥部报告,随即我赶到嘶马坍江现场。一到那里,只见江面上巨大的漩涡不停地在打转,河口两侧岸壁土体断断续续、左一块右一块坠入江中,掀起的浪花不断翻滚,土体坍入江中的响声此起彼落。河口东侧二三十米高的水杉树倒入江中,顷刻间被漩涡卷得无影无踪。河口西侧密集的民房、工厂厂房哗啦啦坠入江中,砖瓦碎裂声不绝于耳。

就这样持续到23日,长达63小时,最大坍进350米,东西宽330米,坍失土地面积11.5万平方米,创下长江下游罕见的特大崩坍记录,使96户居民的宅基,1027间房屋沦入江中,直接经济损失达200多万元。不仅如此,崩坍还严重威胁着嘶马镇及扬州至靖江县的公路安全。

红旗河口强崩过程中,先后分别从南京、扬州、江都紧急赶到现场的领导有江苏省省长顾秀莲、副省长陈焕友、扬州市市长黄书祥、副市长吴孟镛以及省市水利、民政部门和江都县负责同志。他们一面查

嘶马江岸强崩

江都嘶马坍江抛石抢险

看险情、灾情,一面研究应急措施。江都县委、县政府成立江都县嘶马抢险加固工程指挥部,紧急动员大桥区各乡镇3000余名民工,6.3万人次,在15天时间内突击抢抛块石6.5万立方米、沉树木1万棵、沉船4条护底、沉树梢8000平方米,同时抛石加固西一号坝根,使坍势得以控制。共计耗费300多万元,在当时来讲确是一笔巨资。

嘶马坍江险情重,对长江河势影响大,引起了国务院副总理田纪云的高度重视。8月初,他专门指示水电部(今水利部)长江流域办公室(今长江水利委员会)派员到江都详细调查了解坍江情况,为以后嘶马弯道治理争取国家支持打下了基础。

8月6日,省水利厅、扬州市水利局邀请南京、镇江、邗江、靖江护岸治理技术人员在江都召开"嘶马河道强崩"会商会议。扬州市水利局局长、高级工程师徐善焜主持会议。通过实际查勘,分析崩坍原因,总结经验教训,提出"守住弯顶、延护两翼,实现丁坝到平抛的战略转移,从稳定局部岸线入手,力争大的河势不发生恶化"的治理原则,从此扬州市全市江岸治理从丁坝治理开始向平抛块石过渡转移。

嘶马强崩已过去将近30年,那一次的强崩和各方支持、坚强有力的抢险将永远留在治水的史册之中。

十万河工切除宝应中埂

徐炳顺

1982 年,为适应国民经济的发展和北煤南运、江水北调的需要,扬州运河进入了全面续建的新时期。当时续建工程共有七个单项,其中一项就是切除宝应运河中埂。扬州地区出动泰兴、泰县、高邮、宝应、兴化、邗江、江都、仪征、靖江九个县的 10 万人,以军事化建制,组成 9 个水利团,平均每米工段达 4.3 人,汇成人的长河,仅用 39 天,既挖土,又拆除旧石墙、石柜、砖柜以及残存的石闸、排桩,完成中埂切除任务。这一拆除工程非同寻常,在运河建设史上留下浓墨重彩的一笔。

中埂之名的由来与扬州的切除任务

1958 年 10 月,扬州进行运河整治,在原来运河西堤之西筑新西堤,北自宝应叶云洞(今山阳闸),南至江都鳅鱼口(后因故暂停宝应境内的胡成洞至叶云洞工段)。1960 年 3 月,继续完成宝应胡成洞至叶云洞新西堤,因此老运河西堤残留在新河床之中,被称为"中埂","中埂"由此得名。

高邮自界首至高邮城因新筑新东堤,原西堤留在现西堤以外;江都境内邵伯以北有一段中埂,中埂之西河床不影响过水断面,能满足二级航道要求,未予切除,如今当运河水位在 5.5 米左右时隐约可见。淮阴(今淮安)境内也因新筑新西堤,因此宝应中埂北延续至淮安(今楚州)运南闸下,南至南运西闸,全长达 51.89 公里。本次切除中埂由淮阴、盐城、扬州三个地区共同实施。宝应黄浦镇南约 150 米向北由淮阴地区（今淮安市）负责；向南至郎儿闸由扬州地区负责；再向南至大汕子隔堤至界首由盐城地区负责。扬州切除工段长23公里。这里记叙的是扬州境内中埝切除情况。

浩浩荡荡的水利大军奔赴宝应中埝切除工地
摄影：吴惇

中埝的简历

宝应中埝，就是宝应运河原来的西堤，历史悠久，它起源于宋天禧中，江淮发运副使张纶始筑漕河堤二百里于高邮北，旁锢巨石为十石碇以泄洪流。这是宝应段运道有湖堤之始。后来另筑东堤，湖堤成了后来的西堤，就是今日所说的中埝。明洪武九年（1376），用砖工砌护高宝湖堤六十里以捍风涛。明洪武中，开宝应直渠，自槐楼抵界首四十里，同时筑一堤长与渠同。永乐七年（1409），对氾光、宝应、白马诸湖长堤又进行一次修筑。成化时（1465~1487），原直渠北段湮废。万历十三年（1585），以原来的湖堤为西堤，在西堤之东另筑东堤，开成弘济河，宝应城南至界首河段，自此有东西二堤。明万历十六年（1588），自黄浦至三官庙之西（弘济河北闸）筑西土堤，束水归漕，宝应城以北自此亦有东西二堤。清康熙、雍正、乾隆、光绪年间又多次修筑堤工，加筑砖石工程。民国年间再次加修、帮宽加高。新中国建立后，1960年宝应新西堤建成，1982年宝应运河西堤被切除，结束了它长达840年的历史。

为什么要切除中埝

中埝即原来的西堤，位于东堤与新西堤之间，使运河的过水断面既不能满足向北送水的要求，也不能满足运河二级航道航槽70米河底宽的要求，所以切除中埝成为1982年京杭运河续建工程时7项中的重要一项。

古旧工程成了切除中埝的"拦路虎"

据文献记载,宝应城南至界首,因氾光湖风浪大,漕船损失惨重,从漕运出发,保证漕船安全,确保湖堤安全,历经宋、明、清三朝,为避风浪,在西堤(当时的湖堤)上做了大量的工程。有宋代建的石砝,多达20余座,或存或废不明。有明、清时代建的砖护砌堤防、石柜、砖柜、减水闸、滚水坝等。见于文字的有洪武九年(1376)的砖护砌的宝应湖堤、成化时添建的减水洞、弘治时的减水石闸,说出名字的有七里沟、菜桥口、鱼儿沟三减水闸,还有白马湖、七里沟、槐楼三滚水坝和长沙沟、朱马湾、刘家堡减水闸等。万历元年(1573)以后,修筑的宝应湖堤石工,有梅花桩石柜、砖柜及平水闸。崇祯年间建的西堤双桥闸、三浅闸、四浅闸、郭家沟小闸、九浅小闸。康熙十一年(1673)建的黄浦西堤双闸,四十年重修的宝应西堤石工。雍正宝应西岸建有竹络坝。嘉庆十八年(1813)建成龙亭闸(后称北闸)、南窑闸(后称南闸)等等。1959年里运河整治时虽然已经拆除清代建的叶云洞、叶云双孔闸、王鼎洞、淮梁洞、通湖闸、龙亭闸、南窑闸、槐楼泄水坝、小瓦甸双孔闸、七里闸,由于这些工程几度拆建兴废,缺少确切的记载,不少残存砖石工程,隐埋在土堤中,数量和位置均不明确。这给中埝切除带来很大的难度。

详查中埝古旧建筑

为了进一步查清中埝内部隐蔽的砖、石、古旧工程的位置和数量,扬州地区指挥部派徐善焜(扬州市水利局原局长)、吴光东(扬州市水利局原副局长,曾主持工作)带领有关人员,于1982年3月17~23日到宝应县召开对运河历史比较熟悉的老人座谈会,查阅资料。接着由宝应县运河堤防管理所组织60人,南由氾水公社的胡成洞,北至黄浦闸的轮船站,长达29.3公里的范围内进行普查。1982年4月,又进行锥探,采用6米以上的锥杆,锥至高程2.0米以下。锥孔布置沿中埝纵向两排,排距5米,呈锯齿状部孔,达到每2.5米就有一孔。又垂直于中埝,每50米锥一个横断面,孔距1.0米,从中埝的东脚锥到西脚,起点和终点锥点高程均要求在6.0米以下。每一断面和平剖面都进行详细记载。经过 4 个月的努力,锥孔达 37000 余孔,总入土深度达 15 万米以上,探到各类障碍物 90 余处,其中有连续砖柜 38 处,3300 余米;连片乱石 52 处、桩 7 处及少量棺木、房基。成片障碍物主要分布在宝应船闸以南到朱马闸之间。分散杂物,全线皆有。个别地段还采用人工抓斗挖泥船进行漕探剖析,省疏浚队挖泥抓斗都被损坏。

施工方案的敲定

省指挥部对中埝切除有机械和人工两个开挖方案,但一直迟疑未定。当京杭运河宝应段整治工程扬州地区指挥部在探得中埝内部情况,向省指挥部作汇报后,继而向省委、省政府汇报,分析有关情况,加之工程资金落实,对短期内完成中埝切除是有利时机,于是省里最后决定采用人工开挖切除中埝的方案。

开工前的三项准备工作

方案确定以后,有三项工作必须在开工前做好。一是突击抢运修复工程的材料。宝应中埝切除中除开挖土方外,还有港池护坡、沿运涵闸洞护坡接长等工程,需要大量的沙石材料,均必须在打坝合拢断航前抢运到位,否则将影响整个工期。当时确定 11 月 1 日断航,经省、地、县有关单位全力以赴,宝应县对此当作大事来办,组织机关干部支援,终于在 10 月底将 700 吨水泥、32000 多吨沙石、92 万块红砖、10 万片大瓦和 5400 吨民工生活用煤以及民工补助粮全部运到,保证工程需要。二是拆迁安置。中埝切除时,宝应城区和沿线集镇,在挖土区和堆土范围内有大量的房屋和部分工厂、企事业单位需要拆迁,为此,地区指挥部专人负责,宝应县成立拆迁办公室专门处理拆迁事宜,沿线有关公社有专职人员分管。根据开挖和堆土的位置,由地区、县、公社共同实地调查,明确标准,动员拆迁,妥善安置,共拆迁房屋 2469.5 间。对交通渡口、电力线、通讯线、猪圈、厕所等等均作了妥善安置和赔偿。还对沿线树木由宝应县堤防管理所砍伐,计倒树掏根 22 万余棵。原有堤防块石护坡拆下的块石由有关县团负责清理,集中堆放,保证工程所需。三是开挖引河解决供水。施工期间,宝应境内运河被切断,不仅宝应城自来水无法供水,沿运 50 万亩越冬作物无水冬灌,连民工和沿线居民饮用水也成了问题。经省指挥部批准同意,开挖氾水公社干沟河、沿河公社战备河、城郊公社二里排河、泾河公社引水河和利用废弃的潭庄沟突击疏通送水,总长达28公里,用于补给水源。沿运50万亩越冬作物冬灌原由运河供水,改由自灌区补水站和增设临时机泵适时开机翻水,保征冬灌。为解决宝应城区供水,从城郊二里排河设机翻水入跃进洞下游,保证自来水厂供水,又增设管道送水,以保城内居民和工厂用水。同时利用宝应水利团工段的龙沟水,排入跃龙洞入城河,维持沿河居民用水。还在中港闸口坝头上涵洞,控制放宝应湖水入龙沟以补不足。对民工用水也作了逐一安排,泰县、高邮、宝应、兴化县团4万人驻西堤,用宝应湖水;泰兴、邗江、江都、仪征、靖江县团驻东堤东坡外,兴化、泰兴各自设机抽水,邗江团和沿河公社居民由公社安排补水。江都、仪征两县团由江都团统一设机翻水补给。靖江团和氾水镇,利用宝应地龙引宝应湖水,沿干渠送至劳动闸下以保供水。由于供水安排周全,没有出现因饮水而造成疾病流行。

立下军令状,任务包干到县

9月下旬,省指挥部在施工会议上确定运河断航3个月,11月1日停航,1983年1月底复航。由淮阴(今淮安)、扬州、盐城三个地区26个县的24万人进行切除中埝。

地委书记傅宗华与副专员、地区指挥部指挥杨可夫来到工地　　摄影:吴惇

扬州地委根据省分配工程任务,决定出动泰兴、泰县、高邮、宝应、兴化、邗江、江都、仪征、靖江九个县10万人,设立团、营、连组织实施。

随后,扬州地区指挥部组织各县进行施工测量。根据省里的要求,计算土方、拆石的工日,编制初步设计预算上报省指挥部。9月下旬,召开施工会议,将切除任务下达各县:泰兴县工段长3696.4米,

中埂切除时的壮观场面　　　　　　　　　摄影：吴惇

出动劳力 1.6 万人；泰县工段长 3643.6 米，出动劳力 1.45 万人；高邮工段长 1718.6 米，出动劳力 0.9 万人；宝应工段长 950.8 米，出动劳力 0.9 万人；兴化工段长 4542.3 米，出动劳力 2 万人；邗江工段长 1906.8 米，出动劳力 0.7 万人；江都工段长 3540.3 米，出动劳力 1.35 万人；仪征工段长 1624.5 米，出动劳力 0.6 万人；靖江工段长 1403.1 米，出动劳力 0.5 万人。将施工测量断面资料交给各县水利团部，编制预算，分段到营、连。开工后，扬州地区指挥部将开工前省指挥部下达的任务批转到各县水利团部，实行包干，县团下达到营、连。由于任务、经费都见底，极大地调动了干部、民工的积极性，对促进工程进度起

飞机在上空拍摄纪录片　　　　　　摄影：吴惇

筑坝切断运河,实施中埋切除　　　　　　　摄影:吴惇

了推动作用。原定上 10 万河工,开工后各县都增加人数,最后达 10.59 万人。

堵筑坝头,按时开工

堵筑施工坝头是中埋切除的关键。扬州境内要筑的施工坝头有 4 座,一是南大坝,二、三、四分别是运河西岸瓦甸洞、中港闸、山阳闸引河坝。省指挥部明确要求必须于 10 月底前筑成,交付验收使用,以保证 11 月份按时开工。拦河正坝在施工时还要维持通航,由地区指挥部直接掌握施工进度与质量,其余 3 座分别交由宝应运西 3 个公社承担。

10 月 12 日,开始堵筑宝应地龙拦河正坝。宝应县水利团部坐镇安排,动员子婴公社强干民工 600 人,夜间又加附近农民 800 人。至 25 日坝口宽缩至 40 米。为维持通航,到 10 月底要保留河底宽 15 米,水面宽 28 米。这时坝口水流湍急,加之施工场地局促,为节省经费和以后拆坝带来方便,依然采用纯土坝,用草包挡浪。11 月 1 日凌晨正坝开始合拢,但坝口流速较大,迅速通过江都抽水站压缩流量,又通过高邮县沿运闸洞放水降低运河水位。2 日晨,坝口流速已降至 0.5 米每秒。干部、民工奋力拼搏,加快推进筑坝进度。9 时左右,坝口水面已缩至 10 米以内,南运西闸又及时调节水位,坝口流速减缓。10 时以后,

爆破杂物　　　　　　　　　　　　摄影: 吴惇

水面基本平稳,出现大坝合拢的最好时机,民工们"不断流,不吃饭",全力抢堵,11 时 30 分断流,合拢成功。此后继续帮宽加高、夯实坝身。11 月 16 日筑坝全部结束,保证了中埂切除的正常进行。

解放军驰援爆破

10 月上旬,为中埂切除做好各项施工准备,各县出动百分之二十的人员先期抵达工地,搭工棚,清现场,安装抽水机械,开沟爽水及清淤串路。11 月上旬陆续全部到工排除积水,15 日全线开始切除中埂。

切除中埂过程中,遇到大量的桩石和淤土,各县水利团克服种种困难,始终坚持工程标准。邗江团工段发现总长 1900 米的"石龙"双埂,龙底是密集木桩,桩上是条石墙砌成的石柜,柜身弯曲,四次横穿河床。两埂相距 10~15 米,断面呈"U"型,平面呈"S"型,墙厚达 0.7~2.0 米。槽内添有土夹碎石,外侧以大条石砌成光面,背面以粗料石砌成。河槽部位中的墙高 1.0~2.0 米,伸向堤身内部的墙高有 3.0 米以上。墙底高程在 1.5~2.5 米。条石每块有 0.2~0.3 立方米,最大的达 0.7 立方米。墙下有梅花桩或马牙桩,桩长都在 2.0 米左右。

兴化和江都团工段发现单石柜,柜身为砖石结构,外侧用条石砌成光面,内用毛料石衬护堤砖。砖块有 43×19×11 厘米和

39.5×27.5×10.5厘米等数种规格。砖上铭文有"江字一号"、"天字一号"、"都字一号"、"东字一号"、"淮安府县字一号"和少量"洪武三年"等字样。柜高在3.0~4.0米,柜厚0.8~1.5米之间。墙基均有梅花桩或马牙关桩,桩长达5~6米,最长达8米。兴化团在宝应船闸南450米处,挖出"嘉庆十八年署扬河通判督建龙亭闸"石碑一方。兴化工段还发现四道拦河石墙。江都工段也发现大量砖石挡在河底。

由于"石龙"、"石柜"、"石坝"体积大、数量多,石缝有胶结物,深陷淤泥,人力难以拆除,且影响排水。为保工期,扬州军分区调来高邮、邗江人武部有爆破经验的解放军参战,邗江团炸4000炮,兴化团炸3000余炮,终于搬掉了"石龙"、"石柜"、"石坝"。兴化团对无法爆破的南闸(即南窑闸)残身,实施人工凿除,一块块的逐一清除。为加快拔桩进度,邗江团采取权力下放,拔出的木桩不交团部,不另附报酬,由营部直接处理;兴化团采取按桩计价,送团部付款。

在40天中,拆除双石柜1.9公里,单石柜6.4公里,拦河石坝4道,涵闸残身9座,柴埽四段,码头2处,砖"船"四处,古井13口,砖墓4处。邗江团炸抬石柜7000立方米,兴化团拔桩5万多根。做到了既无伤亡事故,也不误工期。

清淤防坍

中埝清除时,出土区主要在老运河河槽中,槽中淤泥深一般在2~4米。中埝在高程5.0米以下有软淤土,厚达2~5米,深至高程0.0米以下,最深至-8.0米(宝应船闸以南)。堆土未经夯实,要发生塌坍。地区指挥部多次研究,采取排水、理水、降水。开沟爽水,力求淤土硬结。进土前要清基、去杂、开阶、倒毛,进土均衡,逐步上升,平坯进,踩坏倒,避免高差悬殊,虽有坍裂,但未发生深层滑动。

抢做修复工程

中埝切除中,对宝应运河东堤小涵洞、向阳洞、大兴洞、新民洞、朱马闸、劳动闸、胡成洞、张成洞、革命闸(后名永安洞)9座涵闸,进行引河两侧接长护坡,总长达125.4米,以保各闸正常引水。为防引水时对行船构成影响,又在各闸外增设护桩一道,还增建八浅洞一座。

胜利竣工

全线河道土方工程于 1982 年 12 月 25 日全部结束,涵洞接长也于 12 月底完成,具备放水条件,省指挥部确定在部、省验收后,提前于 1983 年 1 月 10 日复航。12 月下旬,大量船只云集坝南至界首之间,等待拆坝。12 月 20 日开始拆坝。1 月 2 日北坝(淮阴负责)通水,10 日 9 时,南坝通水,12 时正式复航,比原计划提前 30 多天。宝应县境内的河床底宽达 70 米,达到二级航道标准,又为满足江水北送创造了条件。此次工程共做土方 520 万立方米,拆除并收集块石 1.57 万立方米,条石 0.85 万立方米,护堤砖 3340 立方米,拔桩 14 万根以上。宝应境内运河通过整治续建旧貌换新颜。

今日宝应运河东堤　　　　　　　　　　　摄影:邓连俊

扬州运来宝应运河大桥

刘世昌

扬州人到宝应看运河大桥，"他乡遇故知"，一定很亲切。没有错，那是从扬州运来的。

1982 年起，为适应国民经济的发展、北煤南运、江水北调，运河进入了全面续建的新时期。要做的有七项工程，其中有一项就是建设宝应运河公路大桥。

据记载，宝应运河上曾经有过嘉定桥、广惠桥、氾光桥，但早已成为历史。隔河千里，宝应人民一直盼望有朝一日能建成一座现代化的公路大桥，直到 1985 年才实现了这一多年的夙愿。

正当此时，原扬州大桥因不能适应日益增长的主干线公路运输量，桥宽要扩大一倍，原桥体"中孔系杆拱"正当"年富力强"，拱内全钢筋正处于弹性工作状态，却要令其"退休"，改换两座钢架桥梁。如此桥体废之可惜，弃之无地，实在是难以处理。工程技术人员提出了一个大胆设想，让原扬州大桥桥体"无价调拨"到宝应继续工作，为宝应人民继续"奉献青春"。这样做，宝应大桥一可以河心不设桥墩，大大提高通航安全度；二可以直接坐落在两岸墩台上，缩短主桥 32.376 米，并减少两岸接线困难；三可以大大减少工程量，降低造价，为国家节省大量建材资金；四可以提高通航能力，桥下净空高 7 米、宽 50 米的通航断面，满足二级航道要求。问题的关键，在于大桥主体能否"搬"到宝应来。

1985 年 3 月 20 日开始施工。为此，省市政府专门成立了"扬州大桥老桥中孔系杆拱搬迁指挥小组"，由省交通厅副厅长颜伟任组长，扬州市副市长吴孟镛、市交通局副局长吴晋、市水利局副局长翟浩辉、宝应县副县长仲伟功等人任副组长。省交通厅副总工程师袁慰祖负责拆装施工。宝应大桥的营建与扬州大桥的拆卸同步进行。6 月中旬运载船体试航，试位圆满成功。6 月 20 日，宝应大桥中孔三、四号两个主桥墩预先建成。8 月 30 日，在扬州市第二招待所召开了搬迁工作会议。9 月 15 日，扬州大桥中孔系杆拱浮运宝应的工作正式开始。一个激动人心的时刻来临了。

如何将重达 668 吨的扬州大桥中孔系杆拱这一庞然大物，从水上运到百里之外的宝应确实是个大难题。至 9 月 13 日，扬州大桥工程处在扬州军分区招待所开会，检查落实搬迁前的各项准备工作，进一步明确要求运输过程中不能有横向流速的情况并满足了各级水位的要求。负责水位调度的是扬州市防汛防旱指挥部办公室，他们第一步准确无误地满足了系杆拱运输离开原位进入邵伯湖要求水位 4.8 ± 0.2 米，流速小于每秒 0.5 米，再进入邵伯船闸，出邵伯船闸进入运河的要求。

1985 年 9 月 22 日 6 时至 26 日 22 时，扬州至宝应运河段停止通航。22 日，装载系杆拱的运输船从邵伯船闸出闸后沿运河北上，市交通局七艘航政船和一艘护航指挥艇为浮运船护航。市、县公安局抽调干警维持两岸秩序。市气象局及时报告天气情况。市供电局派员协作，让船队安全通过 13 对跨河高压电缆。24 日，系杆拱运到宝应，抵达指定位置。

25 日晨，宝应大桥两侧人山人海。10 时左右，宝应大桥工程处为了要把系杆拱从运输船上拉出，要求把运河水位降至 6.0 米，上下浮动不超过 ±0.05 米，流速小于每秒 0.5 米。当时的水位从 6.36 米，要降到 6.0 米，必须在短时间内放掉 3000 万立方米的水。事前已经赶到宝应的市防汛办公室负责人就在宝应防办室下达指令，傍晚，高邮运河水位已达 6.0 米，宝应水位稍高一点，夜间又进行微调。

26 日 6 时，宝应大桥附近的水位 6.02 米，达到施工水位 6.0 米的要求。大桥工程处的干部、工人开始紧张而有序的工作。9 时左右，发现水位向上浮动 3 厘米，施工不仅有困难，而且有危险，市防办采取了有效措施，制止了个别节制闸向运河排水。10 时多一点，系杆拱全部就位，两岸欢声雷动，鞭炮齐鸣，载歌载舞，宝应人民沉浸在一片欢乐之中。

　　1986 年 9 月 15 日，宝应运河大桥全部竣工。主桥宽 12.5 米，长 183.4 米，引桥接线 423 米，沙石路面。西岸草皮植被，东岸块石护坡。9 月 29 日，隆重举行竣工验收通车典礼。大桥西连金湖，东接盐城，沟通运西与里下河地区的公路交通，使宝应成为苏中

从扬州移来的宝应运河大桥 摄影：邓连俊

地区一个重要的水陆交通枢纽。扬州大桥主体系杆拱的搬运和利用，沿途 40 个省市县水利工程管理单位协调动作，全省进行跨水系、跨地区大合作调度水位，这是社会主义大协作的结果，也是中国建桥史上的一项伟大创举。

史无前例的水位调配

徐炳顺

　　20 世纪 50 年代后期,扬州大运河改道由湾头瓦窑铺至六圩入江,全部为平地新开河道。为方便运河两岸交通往来,1960 年 6 月建成扬州京杭运河大桥。桥宽 12 米,行车道宽 7 米,长 194 米,计有 7 个孔,中间为通航孔,净跨 50 米,系钢筋混凝土系杆拱,其余 6 孔为长 20 米的"T"型梁。此桥是当时扬州境内规模最大、技术标准最高的公路桥,由于居于扬州交通枢纽区中心地带,所以它刚建成,就成为扬州和省内公路交通大动脉,也是华东地区国防交通线上的重要建筑物。1985 年 9 月,在原桥南侧建新的运河大桥,与改造后的老桥合并为一体,原来大桥的系杆拱尚在"青春"岁月,即将报"废"。

　　长期以来,宝应人民就盼望有一座连接运河两岸的大桥,曾有过设计,终因跨度、结构、经费等所限,未能如愿。扬州大桥扩建时,自然想到已成为"废物"的扬州大桥系杆拱能否搬迁到宝应。经测试论证,认为是可行的!但如何将长 54.6 米,高 12 米,宽 9.1 米,自重 668 吨的系杆拱这个庞然大物,由浮船水运送到宝应,对沿途水位调配要求特别高,成了运输系杆拱的一个关键。

　　扬州大桥系杆拱水上搬迁的路线:从扬州大桥起,向北经邵伯湖航道,过邵伯船闸,进入大运河,继续向北至宝应县城运河公路大桥新址。全程 108 公里。途中要穿越邵伯湖、大运河。途经过程中,水位要求稳定,误差小,不得有横向流速。这在扬州水位调度史上尚属首次。

当时确定系杆拱起运时邵伯湖水位：4.5 米，±0.2 米，流速小于每秒 0.5 米。宝应大桥：宝应运河水位 6.0 米，上下浮动正负误差不超过 0.05 米，流速小于每秒 0.5 米。

1985 年 9 月 13 日，扬州市防汛指挥部办公室按 8 月 30 日《扬州大桥老桥中孔系杆拱搬迁工作会议纪要决议》要求，已将邵伯湖水位控制在 4.5 米。当天，扬州大桥工程处在扬州军分区招待所开会，检查落实搬迁前的各项准备工作。会上施工单位提出扬州大桥下的水位改为 4.8 米。虽然只增加 0.3 米，由于当时天气偏旱，高邮湖水位已降到 5.4 米，水源偏紧，而离搬迁的时间只有 1 天多，要抬高 0.3 米的水位确有一定的难度，不抬高又要影响大桥施工。为了大桥系杆拱的搬迁，防汛办公室负责人表示想方设法满足要求，会议尚未结束，立即通知从高邮湖开两孔闸门，放水稳定水位。并迅即向省防汛指挥部办公室紧急请求支持，同意 14 日起，江都水利工程管理处由运盐闸向邵伯湖补水 100 立方米每秒，终于把邵伯湖水位抬了上来。

20 日，是大桥系杆拱装船的最后一天，下午要求把大桥下的水位从 4.9 米降至 4.5 米。当时江潮较高，短时间要放掉 7000 万立方米的水，又出现了新的困难，不排掉，运大桥系杆拱的船经过湾头时，因水位高，要碰到高压线，而船只必须在 21 日上午通过邵伯湖，否则下午行洪，有横向流速，那就要等到行洪以后才能通过，而系杆拱已装上船，大运河不能长时间的限航。快速、准确地把水位降下来是当务之急。20 日下午，防汛办公室一直保持着与江都水利管理处、泗源沟闸、瓜洲闸、扬州闸的联系排水。万福闸因检修，闸门不能全开，又加开了金湾闸；泗源沟闸克服潮汐、渔船的影响，将闸门全部打开；扬州闸每隔 1 小时观测一次水位。晚 8 时，万福闸上水位已降到 4.34 米，通知关闸。由于比降大，降水过急，加上夜间降雨，农田积水的排出和 4 级东北风的影响，21 日临晨，大桥下水位又回到 4.86 米，各方面人员心急如焚，迅即通知万福闸、泗源沟闸猛降，扬州闸每 15 分钟报一次水位。10 时，邵伯湖水位降至 4.6 米，此时运输大桥系杆拱的船已进入邵伯湖，随即关闭万福闸，以防止横流。11 时 30 分，装载大桥系杆拱的运输船顺利通过邵伯湖。

22日,装载系杆拱的运输船从邵伯船闸出闸后沿运河北上,经过车逻、高邮时,上空有高压线,运河水位不得超过6.5米,随即通知芒稻闸放水,降到6.36米,运输船顺利通过了高邮。

24日,系杆拱运到了宝应,到达指定位置。25日晨,宝应大桥两侧人山人海。10时左右,宝应大桥工程处为了要把系杆拱从运输船上拉出,要求把运河水位降至6米,上下浮动不超过±0.05米,流速小于每秒0.5米。水位从6.36米降到6米,要在短时间内放掉3000万立方米的水,防汛办公室迅即与淮安、江都、扬州、高邮等地的有关闸管所联系,通知立即放水。11时,发现个别单位因当地涝情较重,推迟了执行时间,水位降的不理想,迅即通知宝应以南沿运河各闸洞加大泄量。傍晚,高邮运河水位已达6米,宝应水位稍高一点,又经夜间的微调,26日6时,宝应大桥附近的水位6.02米,达到施工要求。大桥工程处的干部、工人开始紧张而有序的工作。9时左右,发现水位向上浮动3厘米,施工不仅有困难,而且有危险。经查,发现运西有个别闸向运河排水,随即迅速制止。10时多一点,系杆拱全部就位,工地上欢声雷动。至此,调配水位工作顺利结束。分管水利、交通的副市长吴孟铺高兴地笑了,他说水位调得很准确,很及时。

扬州大桥系杆拱的搬运和利用,为我国桥梁建筑史增添了光辉的一页。史无前例的水位调配,充分显示了人工运河水位的可控制性,做到了要高就高,要低就低,准确无误,创造了水随人意流的奇迹。近30年过去了,难以忘怀的是省防办破例同意在大桥系杆拱调运期间,由扬州市防办直接与省属水利管理单位联系,沿途江苏省江都、淮安水利枢纽管理处、扬州闸、泗源沟闸、瓜洲闸及江都、高邮、宝应沿运河20余座闸洞,40个水利管理单位协同动作、精心调度,水利、交通紧密配合,谱写了一曲胜利的凯歌。

百万亩低产田改造工程

陶 涛

　　扬州地处长江下游,淮河尾闾。按地形、水利条件分类,从治理水旱灾害的角度,分为里下河地区、通南高沙土地区、丘陵山区三大片。这里讲的低产田改造,是指 1986、1987、1988 连续三年亩产低于 800 斤的田块。通过调查,它们共同的特点就是远离骨干河道,引水排水困难,粮食产量没有保证。这样的田块主要集中在通南高沙土地区,分布在江都县 8 个乡镇,25.21 万亩;泰县 10 个乡镇,30.69 万亩;泰兴县 12 个乡镇,44.11 万亩,合计 30 个乡镇,共 100.01 万亩(当时扬州、泰州尚未分治)。改造中低产田一直是人民群众的热切期盼和农村水利建设的重点。

　　1989 年,中共扬州市委、市政府作出决策,在全市实施三项重点农业工程,即:百万亩低产田改造、百万亩吨粮田建设、百万亩非耕地资源开发。市委书记姜永荣亲自部署,分管副市长吴孟镛主抓,市水利局局长翟浩辉、市计委农业计划科科长徐祥华负责协调,三项工程同步推进。水利局主要负责集中在通扬运河以南高沙地区的一百万亩低产田的改造。

　　任务明确以后,水利局开始紧张筹划,首先发动基层一起搞规划,确定施工方案。其次,进行培训。明确乡镇 1 名乡负责人、1 名工程员参加培训,内容包括工程规划、设计、实施意见等,通过培训把技术传下去。每年组织大小活动 4 次,即"春议"、"夏定"、"秋干"、"冬成"。当年施工当年收益。"春议",即春议规划。市县水利局农水科每年春季都要组织力量,深入到具体的乡镇搞好调研,进行规划,把任务落实到每个乡镇和村组。"夏定",即夏定计划。要把各乡镇领导招集来开会,明确任务,进行动员部署,充分做好各项准备。"秋干",即组织施工。召开现场会进行推进,市水利局农水科人员全部深入乡镇施工一线,搞好技术保障。"冬成",即检查验收。冬季主要搞好工程验收,总结经验,查找不足,为来年工程建设做好基础性工作。第一年市财政投资100万元,加群众的自筹资金,主要用于小型泵站建设,一下子建起300多座电灌站,泰兴县的泵站建设达到解放以后建站的总和,为低产田改造开了一个好头。

百万亩低产田的改造工程,原计划5年完成。但由于第二年资金困难,拖延了一年。当时,省水利厅认为扬州的低产田改造工程规划科学合理,工作扎实,成绩突出,而且是每年秋季动工,动作快,声势大,对全省冬春水利建设是一个促进,不仅在资金上作了一些支持,还派员到现场进行指导,几乎每年都在扬州召开现场会,总结推广扬州的经验。第三至第六年,每年市财政下拨50万元,加速了低产田改造的进度。

在省水利厅和市委、市政府的正确领导下,百万亩低产田改造工程历经6年奋战,经过三县市30个乡镇群众的自力更生,艰苦奋斗,克服经费不足等重重困难,于1995年底顺利完成,在全省乃至全国产生了很大的反响。

扬州百万亩低产田改造不仅创造了社会经济效益,也创造了精神财富,先后获得扬州市技术进步一等奖、省水利厅水利成果一等奖、省科技进步二等奖、省农业新技术推广二等奖、国家科技成果奖。

酸性盐土上水稻获丰收

徐善焜

根据中、塞两国政府换文及经贸部的协议，省水利厅选派我率领水质调查组一行四人，于 1990 年 6 月首次出国，来到大西洋畔的塞内加尔共和国，针对阿菲尼亚姆水坝上游水质变酸、滩地不能种稻的事件进行为期一年调查。当年我已是 60 岁老人，我知道派我们出国的任务十分艰巨，但经过艰苦勤奋的工作，完成了任务。后经塞方要求，两国政府协商决定，我于 1996 年 6 月再次率组援外两年，出色地完成了任务，并得到塞方的表彰，授予国家级狮子军官勋章。

我国援建水坝误遭指责

1988 年 6 月，我国援建塞内加尔共和国阿菲尼亚姆水坝由江苏水利部门承建完成。该水坝建在大西洋畔红树林海滩比尼奥纳河上，是一座 5 孔 10 米的挡潮闸，用以挡盐水、蓄淡水，发展水稻，减少大米进口。

由于红树林滩地的土壤不但含盐，而且含硫，为酸性硫酸盐土，和江苏沿海单纯的盐渍土不同。挡潮露滩后脱水氧化，土质和水质严重变酸，虽然坝上游水质含盐明显下降（由 30‰以上降至 10‰以下），但水质明显变酸（PH 值由 7 以上变成 3 以下），种稻不能成活。

我省援建该水坝时，该国首都达喀尔曾举行国际土壤学会第三次酸性硫酸盐土专题讨论会，各国专家专门考察了我国正在援建中的水坝，一致认为大型水坝不能满足要求，建设该水坝是一个错误，建议停止施工。

该水坝建成挡潮露滩后,1989年坝上游水质确实变酸,水坝上游水质难以种稻。国际指责,水坝建错了!国内也有指责,花了4000万元,修了一座废坝!

深入研究酸性硫酸盐土

江苏省沿海建成不少挡潮闸,洗盐种稻都成功,但对热带红树林滩建挡潮闸种稻没有经验。面对国内外的严厉指责,老专家碰到新问题,为了祖国荣誉,下定决心,困难再大,也要创造性地解决问题。我们首先虚心学习国内外关于酸性硫酸盐土的学术论文,尤其是国际土壤学会多次关于酸性硫酸盐土的专题论文非学不可,不懂法文也要学,办法是多查字典。学了国内外大量有关论文和资料,了解世界水平,心里有了底,但始终没有找到酸性硫酸盐土建挡潮闸种稻成功的先例,只有在实践中学。

我们生活工作的地方在热带森林中试验田旁简陋的工房里,着重化验水质、搞规划设计。40多度的高温下没有空调,没有电话,没有商店,傍晚要种菜自给,晚上要防可恶的疟蚊和小偷。尤其在烈日高温下要全体外出,头戴大草帽,身穿防晒长衣,背着仪器、挖土大锹和水壶,脚穿防酸盐的长筒胶鞋,坐着手扶拖拉机,到试验田亲自测量、放样、埋观测井、取水样、取土样和挖沟筑埂示范。天天流大汗,一天换洗两三次衣服,有时遇雷雨浑身湿透,这种能吃苦耐劳、一专多能的民工型专家,只有我们具有党的优良传统作风的中国专家才有。在反复试验中,我们进一步认识了当地酸性硫酸盐土的酸盐变化规律,研究可行举措,怎样才能既降酸、又降盐,以适应水稻正常生长。

一炮打响

来到水坝,已进入雨季。我们选择坝上游酸盐较次的水草滩及红树滩堆土区,综合里下河汇田种稻及盐垦区治水种稻的办法,联系当地实际,部分修改制定方案,试种水稻。经过四个月紧张艰苦的实践,至10月,分别获得汕优63杂交稻每公顷3.85及5.25吨的可喜成果,打响了第一炮。当地村民路过试验田,无不称好(当地高田单产仅一吨多)。塞方水利部农水局长对在如此短的时间内取得十分鼓舞人心的成果表示衷心的祝贺。

实践证明：没有挡潮水坝，坝上游大片滩地不可能显露耕种，也不可能创造良好的稻田排酸水及排盐水条件。1990年美国亦派出专家组，住在大城市研究酸性硫酸盐土的种稻问题，主张在上游建小水坝，蓄水种稻。他们一直针对我方水坝进行调查，怀疑水坝作用，认为大水坝使上游水质变酸，只有废坝引潮，才能中和酸水。在塞方配合下，曾试验引小潮四天，高潮滩地淹没，初期河水降酸增盐，出现大量淡黄色絮状物，大量死鱼，但20天后酸水恢复，含盐上升，根本不能解决滩地种稻问题。

美国专家组虽然自己不动手试种水稻，但对我组试种水稻十分关注，不相信草滩能连续种稻，先后六次来水坝访问。见到我组水稻长势良好，取得丰收，很感兴趣，美方专家组长书面要求和我组合作和索取灌溉资料，我方请其向塞方联系。他们由不赞成建大水坝，到要求合作研究种水稻，这是很大的转变。

挽留半年

出国一年期将至，塞方要求我组继续调查水质及试种水稻，经两国政府换文同意，延期半年回国，我们进入了第二个雨季试种水稻期。我们一方面巩固原有成果，一方面扩大试种范围，在盐酸更重的不长一根草的光滩上，拦蓄雨水压渗酸盐入沟，免耕密栽生长期较短的早熟稻，只施基肥。出乎意料地试种水稻成功，单产每公顷1.7至3.7吨，引来当地村民和各界人士前来参观，也引起美、法、日、朝等国农业、水利专家的关注。塞方农水局工程管理处长逐一考察试验田后，竖起大拇指称好，要求再次延期回国。农业开发公司负责人观察后称："非常高兴，非常感谢，你们给农民带来好处，可惜你们就要走了。"当地省长来水坝参观后说："与欧美专家合作太昂贵，中国专家肯吃苦，经验易学，过去合作不多，希望回国后再来帮忙，发挥水坝效益。"一年半的艰苦探索和辛勤劳动，取得了可喜成果，完成了祖国下达的任务。回国前，塞方政府召见我组全体专家，干杯祝贺合作成功，主张农业、水利、开发部门联合开发水坝上游,并决定授予我组每位专家一枚国家级狮子骑士勋章。

我驻塞使馆经参处、经贸部援外司、中国水利电力对外公司等单位有关领导,听取我组工作汇报后,也给予高度评价,称赞出色完成任务。1992年2月22日,《中国水利报》也及时刊登了"塞内加尔政府为我水质调查组授勋"的报道。

为国争光

刚回国到北京,经贸部又接到塞方水利部长的邀请,要求水质调查专家组再去援助两年,进一步调查阿菲尼亚姆水坝上游河水酸化问题并进行水稻试种。1992年8月,中塞两国政府技术合作项目换文确认后,我于1993年6月再次率组援外,至1995年6月,我组再次完成祖国下达的任务。经过一万多次测试酸、盐数据,测定了当地水稻耐酸耐盐值,在强酸($PH>3$)低盐($<2‰$)的水中,当地水稻可以正常生长成熟。制定了水坝上游雨季的水位控制办法,它有利于前期排酸排盐及后期蓄水种稻。据测算,建坝六年来,排盐188万吨,共排酸100万吨,河水含盐含酸逐年减少,水稻可用河水大大增加,扩大了沿河水稻和高盐光滩种植水稻的面积,并在草滩田上连续第五年洗盐种稻成功,说明水坝作用正在不断增强。

但是,河边大片的死红树低滩,它具有极高酸(PH为1.7)、极高盐($>30‰$)及极高的空隙率(20%),近期仍无法蓄水种稻。虽然在红树滩上堆土0.5米厚试种水稻丰收,因工程量太大,仍无法推广。

调查中发现水坝上游可灌溉河水逐年扩大,由上而下,已下移22公里,沿河农民的稻田也紧随着扩大了18%。同时发现河水降盐比降酸更难更重要,多处河水含酸可以达标了,但含盐仍然过高。这些都进一步证明兴建挡潮(盐)水坝的必要性和正确性。

法国人1982年在附近建成Guidel试验水坝,木叠门缝常年漏进含盐潮水,水质不太酸($PH>5$),但连续3年在草滩种稻失败,结论是"盐分一直很高,仍然不适宜种植水稻"。他们只注意减酸,不注意减盐,最终导致3年种稻失败。

1993 年 12 月，美国新组建的专家组来访我组，对光滩种稻成功感到不可思议，对草滩水稻连续四年高产不敢相信，向我方索取有关技术，我方以申请专利而谢绝。1994 年雨季，为了获得中国专家组种稻成功的经验，他们不再暗中派人在我方试验田提取水样，委托塞方农业研究院，前来我方光滩试验田种稻 200 平方米，获得成功，他们信服了。

1994 年 1 月，塞方新任水利部长 MAMADOU FAYE 视察水坝，对我组试种水稻高度评价，说："中国派来了调查组，研究水坝对上游水和土壤的影响，并且在受保护的土地上试种水稻，取得的成果，给我们带来了希望。这一令人振奋的经验，塞内加尔政府充分肯定中国技术人员为取得丰硕成果而作出的不懈努力。"

1995 年 5 月 11 日，塞方水利部长代表总统，在首都达喀尔部长办公室首先给我授勋，特别授予我国家级狮子军官勋章，接着授予其他中国专家国家级狮子骑士勋章。5 月 15 日，塞方国家《太阳报》专文报道了授勋消息，表彰了中国水利专家组的工作。

两年来，我组甘苦备尝，艰苦求索，克服困难，创造性地工作，为我国援建的水坝恢复了声誉，巩固和扩大了水坝成果，再次获得塞方政府和人民的好评，也令美国专家组折服，为国争了光。

亲历 1991 年大汛

陈恒镁

　　1991 年是扬州水利史上特殊的一年,也是值得记载的一年。这一年汛期梅雨时间之长、梅雨量之大,创有记载以来最高记录,梅雨期 56 天,下了 43 天雨,梅雨量相当于常年全年雨量。根据统计,里下河普遍在 1000 毫米以上,兴化最多达 1301 毫米;沿湖 900~1000 毫米,最大的公道达 1063 毫米;通南沿江 700~900 毫米,最大的泗源沟达 936 毫米。内河水位猛涨,里下河地区出现了建国后最高水位,一片汪洋,几成泽国。淮河入江水道、长江也出现了仅次于 1954 年的洪水位,为建国后第二高水位。当时阴云密布,大雨滂沱,内涝、外洪夹击,严峻的防汛形势笼罩着水利战线上的每一个人。笔者有幸经历这场罕见的洪涝灾害,并能亲身投入到抗御洪涝的战斗中尽一份职责,感到无比自豪。

　　这年 5 月 21 日就入梅了,根据汛情发展,时任市防汛指挥部副指挥、防办室主任的徐炳顺同志带领防办室成员从 6 月 13 日起就吃住在办公室,随时应对各种情况,办理各项工作。在抗洪救灾工作进入紧张阶段,市防指各成员单位参加集中办公的全体同志,以及水利局部分人员也都投入夜以继日的紧张工作。笔者一直坚守在防汛办公室。过去的条件不能和现在相比,各办公室只装有电风扇,也没有沙发。我拿了一张钢丝折叠床,到 4 楼找了一个暂时没有人的办公室住下,直到 8 月上旬才回家。

　　笔者所在工管科承担着及时掌握汛灾情、下情上报、上情下达、水情调度等工作,为领导决策提供基本情况和依据。当时科里还有张成之、黄永辉、鲁国钊等三人,我们同心协力、紧张有序地做好每一件事,一般都要工作到晚上十点钟以后,有时要忙到半夜。每天接发的各类电话非常多,那时的通讯质量也没有现在好,有时要喊着说才能听得清,传真也是经常出故障。除了几天一次定期的防汛抗灾报表要按时上报外,编发防汛简报、根据领导要求草拟全市防汛抗灾情况通报、办理争取经费物资、有关预测预报等各类文件,同时还要做好简报、文件的装订分发、传真等日常事务。据后来统计,工管科的一部电话机一天最多接发电话70多次,从6月中旬到7月底,编发防汛简报75期,发各类文件47份。7月16日出梅,意味着梅雨即将结束,随着各闸站持续的抽排涝水,内河水位也应该日趋回落,但严峻的灾情却悄悄逼近。

7月15日里下河兴化水位高达3.34米,创建国后最高纪录,比1954年最高水位还高26厘米。就在这一天的下午两点半左右,我接到电话说通运闸两侧崩坍。当时第一反应是淮河洪水将涌进扬州城区,首当其冲的是东南片。随即奔向水利局会议室,向集中办公的各成员单位人员通报这一情况,供电、粮食等单位迅速通知可能影响到的变电所、粮站等抢筑土围砖围,先行自保,尽量减少损失。接着一场军民齐上阵的抢险堵口战斗开始了。经过30多个小时奋战,七里河上两道坝相继合拢,保住了扬州城。7月22日淮河入江水道高邮湖最高水位达9.22米,比1954年最高水位仅低16厘米,邵伯湖最高水位达7.91米,均为建国后第二高水位。为了加大淮河洪水泄量,省委决定爆破高邮湖新民滩1.3公里南北坝行洪障碍。爆破炸药交由高邮人武部负责押运,我们每天都要掌握炸药运输、存放等情况。那时没有手机,高邮人武部押运人员都是每天晚上向我们报告。在爆破前的几天中,省防办室几乎每天晚上十点钟以后都要打来电话查问炸药运送、存放情况,以确保万无一失。7月26日和28日,1.3公里的南、北坝分别炸开500米和400米的缺口。7月31日,为了测量爆破后的断面,高邮市水利局技术员吴志平不幸被湍急的洪流卷走,献出了年仅21岁的生命,我们知道后深感痛心和惋惜。

　　8月5日,笔者第一次走出办公楼,和防指成员单位领导一起到兴化荡朱、高邮郭集、江都嘶马等地察看灾情,后来又多次陪同过省部有关人员到灾区考察。虽然一些被淹水线还历历在目,但由于党政军民同心协力,多年建设起来的水利工程发挥了重大作用,大江、大河和主要大堤无一决口,也没有因水围困而淹死、饿死人,里下河大部分农业圩保住了。随着水退,撤离群众都陆续返回家园,恢复生产、生活,社会秩序井然,一片祥和景象,这是历史上任何一次大灾情况下所不可能出现的。

1991年特大洪水时,市防汛指挥部成员深夜研究汛情

通运闸抢险

徐炳顺

通运闸是一座普普通通的小型水闸。位于扬州市城郊结合部七里河东首,运河南路与七里河交叉处,距上游大运河约 300 米,与邵伯湖相通,闸下游与古运河相连。它是扬州市区南部抵御淮河洪水的重要口门,担负着七里河沿岸菜地、农田的灌排和沿线主要工业区工厂的排污重任。

通运闸建成于 1976 年。设计标准按二十年一遇,排涝流量 19.4 立方米每秒。结构为 4.5×6.5 米单孔钢筋混凝土框架结构节制闸,并

1991 年 7 月 15 日 14 时 30 分,通运闸水毁　　摄影:徐炳顺

带汽 15 挂 80、净宽 8 米双车道公路桥和排涝公路涵闸。闸旁建有一座排涝站,装机 4×80 千瓦。闸身稳定计算内外水位差 3.0 米。

1991 年 7 月,连日暴雨,水势猛涨。15 日上午,扬州市城郊联合防汛指挥负责同志到通运闸进行防汛检查,中午 12 时前有关负责同志又到闸上进行检查,均未发现异常现象。14 时 15 分,通运闸防汛值班人员突然发现该闸南侧水面冒起约 0.45 米高、直径约 0.5 米的黑色水柱,随即向负责人汇报。然而险情迅雷不及掩耳,并急剧恶化,14 时 25 分左右,闸南侧岸墙还填土部位裂开下陷,整个闸身随之南倾,与北侧岸墙填土部位拉开。顷刻间,闸两侧穿通,冲开约 30 米宽的决口,汹涌的淮河洪水瞬时流量达 100 立方米每秒,直灌七里河,狂泻七里河两岸的城东、汤汪两乡,受淹波及面积达 11 平方公里,进水深达 1.5 米左右。

当日电视台播出后,这座名不见经传的通运闸,成了人们最为关注的新闻,引起了世人的关注。海外媒体也作了相关报道,通运闸险情成了万众瞩目的焦点。

险情就是命令!通运闸出险后,市委、市政府高度重视,市委书记姜永荣迅速赶到现场,并紧急成立"火线指挥部"。

这一天我正在高邮参加论证入江水道清障炸坝会议,午饭后急赶扬州,落实邵伯湖行洪障碍的炸药事宜。没想到刚过扬州大桥路段经运河南路大转盘时,见到气喘吁吁的人群向南跑去,边跑边说:"闸倒了!"随即转向通运闸,准备看个究竟。

姜书记见到我以后,拍了一下我的肩膀,说:"把堵口的任务交给你。"紧接着,姜书记带领大家查勘四周情况。我在陪同姜书记查勘过程中,心里却惦记着如何堵决口。当我见到许多大小船

通运闸抢险　　　　摄影:徐炳顺

只停泊在运河内,又见磷肥厂的磷矿石及周围的块石、石子,顿时想起了采用就地取材、装石沉船、加戗封堵的方案。

查勘快要结束之时,又下起了阵雨,此时夜幕已经降临。姜书记在一间小屋里召开了短会。接着他要我汇报堵口方案。我说,用两艘船装石块后连在一起,并顺河道(即所谓顺沉)把船沉下去,然后加做土戗。他说,不行,改一条船横沉,即可拦断河道。听到姜书记焦急的声音,看到他严肃的面孔,我也容不得细想,便说,好,就按你说的办。

我随即到达堵口位置,并请船工用竹篙探了探水深,发现沙土河床已被冲刷垮塌,所以南岸要比北岸深约 3 米,而且河中间流速过大,船只无法接近从而难以测量。但时间容不得我多想,于是急忙赶到姜书记身边,向他汇报了这一情况,并建议说,还是两船并联之后沉入水中比较好。"好,就照你的意见办。"姜书记说,"速去布置,随时向我报告情况。"

我随即与在场负责船只的交通部门负责同志联系,并商定采用三艘 80 吨的水泥船,两艘装石块,另用一艘空载并联在一起,用以防止下沉过快和调整沉位及适应水下地形变化。石块装在后舱,增加装载重量,以控制船只在移往堵口位置的过程中不至于提前沉入水中。前舱不放石料,以防止前重后轻,沉船时发生船体下滑移位。船体的联结和岸上的板线均用钢丝绳。船体到位后,由经验丰富的船民打通船舱隔板,再打通前舱进水。并用消防水泵向前舱同时注水,以使船体均匀下沉。

第一批船沉入水底以后,我迅即到指挥部向姜书记作了报告,他脸上出现了笑容并再三嘱咐,"快快进行第二批沉船。"第二批用的是 60 吨水泥船,沉船后部分船体已露出水面。第三批简单多了,很快扫尾结束。

沉船以后,虽然形成了坝体,因船体架隔,加之抛填杂物(其中一部分未经同意而抛入报废汽车)留出空隙,过水很严重,必须立即加戗封堵。

此前,省委副书记曹克明也赶到现场亲临指导。随后,省政府、省防总、南京部队派来支援的解放军 500 名官兵赶到现场。彼此之间没有客套寒暄,当我向官兵们讲了用草包灌土及加戗的做法以后,他们个个力大神速,机关干部3~4个人才能抬起的草包,他们一人一袋,在泥泞中背起飞奔。在场的扬州机关干部、武警官兵和来自四面八方的工人、居民、学生为他们的精神感动,毫不示弱,争分夺秒挖土、灌袋,送往沉船前沿加做土戗。

16日清晨,决口终于被封堵了,但是坝体还不断漏水。9时许,深夜赶到抢险现场助阵的吴孟镛副市长、杜青山局长和我碰了一下头,研究谁留下来继续加固坝体。开始决定我留下,后又考虑到邵伯湖清障开炸已刻不容缓,我便回到办公室。临走前画了一份加做土戗的草图、提名抽调二名技术人员立即到工地,负责施工质量。此后,市领导作了紧急部署,戗土源源不断运来,至16日20时30分,第一道坝加固全面结束。同期位于下游的第二道坝也相继完成。

从溃闸到堵口结束,前后约30个小时,不管是单位还是个人,都出力出物,无私奉献。在毫无准备的情况下,肆虐一时的洪水终于被制服了。香港《大公报》记者16日晚抵通运闸采访,连夜发回消息,17日以"两万人奋战30小时,军民护城连建两新坝"的大幅新闻照片,向香港市民传递了扬州抗洪救灾的壮观场面。

1992年,在通运闸原址上,又高标准、严要求地重建了通运闸,历史翻开了新的一页。

1991年大水,扬州市解放桥北泰州路挡水围堰　摄影:徐炳顺

淮河入江水道　爆破清障分洪

徐炳顺

1991 年,扬州市遇到了类似于 1954 年的特大洪水,里下河全面告急,高邮湖水位高达 9.22 米,直逼 1954 年大洪水时最高水位 9.38 米和设计防洪水位 9.5 米,防汛形势极为严峻。为保卫江苏淮河地区安全,增加排洪量,加快排水速度,清除淮河入江水道行洪障碍成了重中之重。

水情恶化,形势严峻

1991 年 5 月 21 日,入梅,比常年提前一个月。6 月 26 日出梅,连续阴雨 31 天,降水量是常年的 4~5 倍。时隔 3 天,6 月 29 日又发生第二段梅雨,7 月 15 日出梅。在这 13 天中,11 天有暴雨,其中有 5 天日降 100 毫米以上。全市梅雨期总降水量达 800~1000 毫米,比常年多 3.4 倍。最大站点达 1301 毫米,创 20 世纪有记载以来的最高值。

7 月 8 日,普降大雨后,里下河水位全面超过历史记录。7 月 9 日,宝应县射阳镇水位 3.21 米,超过历史同期最高 0.51 米,7 月 16 日达 3.24 米(1954 年是 3.17 米),创 20 世纪最高记录。

淮河上中游也连降暴雨,来势猛、强度大、范围广、历时长,形成特大洪水。5 月 31 日入江道开始行洪,6 月 3 日达 5000 立方米每秒。6 月 16 日三河闸 63 孔闸门全面提出水面,泄洪量达 6000 立方米每秒。6 月 18 日达 8660 立方米每秒。加之三河闸以下区间来水量大,7 月 7 日高邮湖水位超过 8.0 米的警戒水位,12 日达 9.22 米,成为建国后第二高水位,直逼1954年最高洪水位。到7月6日排出洪泽湖的洪水173亿立方米,未进洪泽湖的还有200亿立方米,意味着还有大量的洪水要由扬州过境。

长江上中游也普降大到暴雨,长江大通流量站来量迅速增长。7月14日,三江营最高潮达5.81米,比1954年最高潮位仅低0.04米。

扬州市面临江淮特大洪水,大部分农田受涝,里下河、沿江圩区尤为严重,不少集镇村庄被淹,圩路河荡不相连,到处一片汪洋,全市处在洪涝夹击之中,形势极为严峻。

省防指首道指令

1991年6月17日,随着汛情的加剧,省防汛防旱指挥部在江都市召开《洪泽湖、里下河、废黄河联防会议》,水利厅厅长孙龙在讲话中特别说到了高邮湖新民滩和邵伯湖东、西兴圩柴草阻水问题。当晚,扬州市水利局局长杜青山、副局长徐炳顺向孙厅长专门作了汇报。6月26日,将"湖滨乡地区破坝行洪实施方案"通过邮局以"特快专递"寄给了省防指。

6月29日,第二段梅雨开始,高邮湖水位上涨迅猛,形势急转直下。7月11日,省防汛防旱指挥部向扬州市防汛防旱指挥部发来了首道指令称:"由于今年梅雨集中在江淮之间,高邮湖区降雨多、来量大,以致高邮湖水位比入江道正常行洪的水位高0.3米以上。目前雨区仍稳定在淮河流域,上中游水情不断见涨,为了及早防御可能发生的特大洪水,要尽快上报新民滩1.3公里、东西兴圩和老归江坝束水段的应急处理方案。"新民滩等处清除行水障碍摆上议事日程。

省委重要决策

面对严峻的水情形势,7月14日,中共江苏省委召开扬、淮、盐三个市的党政负责人紧急会议。会上省委决定对淮水实行"南下、东调、北分"六字方针和"早抽底水、清障增泄、滞洪削峰"的三步对策。

为迅速排泄洪泽湖的洪水,确保全省淮河流域的安全,江都市邵伯湖部分阻水高滩和高邮市湖滨乡新民滩1.3公里实行爆破清障,则是实施这一决策的重要举措之一。

市、县紧急行动

7月14日下午,省委会议后,中共扬州市委在高邮紧急召开四套班子和有关负责同志参加的会议。市委副书记、代市长李炳才传达省委决定精神,表示坚决、严肃、认真地贯彻省委提出的保卫淮河地区安全重要决策,明确邵伯湖阻水地段清障由扬州市防指负责;高邮湖1.3公里坝头,高邮必须立足爆破,迅速做好准备。

江都、高邮市均表示坚决贯彻扬州市委紧急会议精神,做到坚决执行省委和扬州市委的意见,把省、市委的决策落到实处。江都、高邮分别成立了指挥部,抽调人员立即到位开始工作。江都县连夜召开有关人员会议,制定了科学、周密的执行方案。高邮市当晚拿出了新民滩人员转移、财产撤离、护堤、生活保障等切实可行的方案,并立即进行4000多名老弱病残人员的转移工作。

7月15日上午,江苏省水利厅沈之毅、翟浩辉两位副厅长,在高邮市第一招待所主持省、市专家认证会,很快取得先爆破邵伯湖阻水障碍的一致意见。10时45分,扬州市防指由吴孟镛、杜青山、徐炳顺联名签发致电省防指《关于立即炸除邵伯湖行洪阻水滩地的紧急报告》,并要求速派工兵到扬州协助实施。当日下午2时许,扬州通运闸垮闸,给扬州市防汛工作增添了压力,虽然要集中力量抢堵决口,但对邵伯湖阻水清障工作一刻没有停顿。

一声令下,巨大的土团腾空而起

7月16日14时,原定邵伯湖清障爆破进行试爆,因其他原因稍有推迟。当日19时,南京部队工兵某部地爆连91位官兵抵达邵伯。

17日,全体官兵不顾疲劳,冒高温,顶烈日,忍饥渴,在急流中的阻水滩地上连续掘孔埋药。17日17时,随着市委副书记吉宜才一声令下,15分钟后,西兴圩东侧的两个高滩(水面以上80平方米)腾空而起,浓烟滚滚,泥土纷纷扬扬,湖面上掀起一阵巨浪。

省委、省军区、扬州市委、军分区、市防指、江都县政府的负责同志和各新闻单位的记者目睹了爆破现场。在场的省委副书记曹克明等领导同志表示满意,次日继续进行。

完善邵伯湖清障爆破方案

邵伯湖阻碍洪水下泄的浅滩近百个,全面清除既不可能,也无必要,无重点的清除只能造成障碍物搬家,达不到泄洪的目的。

为了科学实施清障方案,加速邵伯湖的清障,根据上级指示精神,7月19日上午,由市防指傅杰三、徐炳顺、张守迅,江都防指赵培林、扬州预备役师张科长、南京部队某部参谋长宋品超、军务参谋雍海林等7人,乘船至东西兴圩、花园墩进行实地勘察,认真研究,权衡利弊,求得共识,完善方案。确认邵伯湖的清障原则:炸横不炸纵,炸侧不炸高,突出重点,拓宽泓道,深浅适度,确保泄洪。清障的范围:东、西兴圩之间的泓道,东西300米、南北200米为主要清障范围。在此范围的浅滩、圩埂、坝头、残存破房等各类障碍一并清除。炸点深度一般1.5~2米,炸宽一般5~7米。对清障的组织、要求,提出了更明确的方案。随后向省防指作了汇报。7月20日,孙龙厅长签发电报批复,"原则同意扬州汇报,大汛期间的爆破清障只能突出重点。原定13个滩点,要求在7月24日前尽快清除,并注意节约人力、物力。对于面积不大、一时爆破难以奏效的滩面,可留待今后用正常办法清障。"经省防指同意后,立即贯彻实施。到7月22日20时30分,提前两天,完成了13处阻水高滩的爆破,爆除面积1.3万平方米和零星阻水物15处。耗用TNT炸药25.73吨。

7月23日,由扬州市防汛指挥部副指挥徐炳顺主持通过验收。省防指委派唐开骊、张建华、朱海生、张亚中参加验收。一致认为:邵伯湖爆破清障,是必要的,及时的,突出了重点,达到了预期的效果,改善了流势和流态,爆破是成功的。

南京军区某部队在爆破中,顶烈日,战酷暑,给地方同志留下了深刻印象。江都徐赴前县长亲自坐镇,承担了药械运送、安全警戒、通讯联络、后勤保障、医疗救护等,所做各项工作周到、出色,得到省、市领导赞扬。同时,省市领导对江苏油田和邗江县水利局所做的大力支持也表示肯定。

爆破新民滩乡亲们故土难离

邵伯湖清障后,理应接着对新民滩1.3公里南北坝实施爆破,但由于当地历史原因,群众工作出现了难度。

1969年至1972年,在京杭运河西堤以西1.3公里,开挖庄台河(惯称一点三公里),在河东筑成长8.8公里,顶宽18米的庄台,把散居在新民滩上的130多个自然村庄和6000多人全部搬上新庄台。为解决当地渔民的生产出路,在庄台南北两端,与运河西堤之间筑成围堰,形成一个圩区。规定北、南坝围堰顶高程分别为6.5米、5.5米,加筑子堰,保圩,保田,当地群众不断加高子堰,留下后患。扬州市、高邮市历年防汛调度方案中都明确规定:当高邮湖水位8.0米,且有上涨趋势时,必须炸开1.3公里南、北围堰(即南、北坝)行洪。往年也曾多次做过"湖滨乡地区破坝泄洪实施方案",年年谈,年年议,终因未遇上大洪水,成了纸上谈兵。

从长远来看,长痛不如短痛。早炸,还湖滨人民一个安定的生活环境,是为上策。世世代代居住在新民滩的渔民,在别人看来长年生活在水滩上异常艰苦,而湖滨人却酷爱赖以生存的这片滩地。70年代庄台建成后,经过多年的苦心经营,"经济繁荣,环境优美,风景秀丽,生活富庶",1990年人均收入900元,远远超过高邮的平均水平,曾被《解放日报》誉为"高邮的小香港"。

5月下旬起,湖滨乡遇到了特大洪涝,他们"誓死保卫"1.3公里南、北大坝,先后投入2400多个劳力,耗用资金76万多元,"克服土源匮乏,雨暴路滑,手脚溃烂等重重困难,从齐腰深的水底下,捞起泥土,船运肩扛,使北坝经受了(7月12日)高邮湖9.22米高洪水的考验。"因此,当决定爆破南、北坝行洪的时候,湖滨乡难舍那扬花抽穗的水稻,开花结桃的棉花,成熟上市的番茄,觅食长膘的鱼群,即待开园的水果,鳞次栉比的房屋,及交通、教学、水电设施,企业机械设备价值6000多万元的财产。渔民们家园难舍,热土难离,他们担忧圩内所有工厂、学校、民房、农田、鱼池以及公路、邮电、自来水等设施被毁,今后的生活靠什么?

湖滨人民"舍小家，保大家"

新民滩 1.3 公里实施爆破，引起党和政府的高度重视。为确保清障工作安全顺利实施，省委书记沈达人、省长陈焕友亲自过问。省委副书记曹克明带领工作组坐镇高邮。副省长凌启鸿、水利厅长孙龙坐阵抗洪救灾指挥部直接部署。省军区司令员章昭薰、南京军区工程兵部长李彩銮、扬州军分区政委陈占魁、司令员潘继仁、预备役师参谋长史双顶，水利部副部长周文智、淮委主任袁国林、省水利厅副厅长沈之毅、翟浩辉，还有省、市其他有关部门的负责同志，都深入到清障现场具体帮助指导。扬州市委书记姜永荣、代市长李炳才多次到高邮，深入现场进行部署指导。扬州市委副书记吉宜才坐镇高邮，副市长吴孟镛坐镇扬州市防指。高邮市四套班子和各部委办局的负责同志日以继夜开展工作。高邮市水利局全力以赴，超负荷运作，湖滨乡党委书记张金定，既是当地群众利益的维护者，又是执行决定的带头人，熬过了一个个不眠之夜。

扬州、高邮市委、市政府的负责同志，多次与群众直接接触，面对面地做思想工作。首先逐级承包。先统一湖滨乡党委一班人和村组干部的思想。高邮抽调 35 名过去在湖滨工作过的老同志和 16 名有农村工作经验的部委办局负责人，与乡干部编组到村，村干部分片到组，组干部及党团员分工到户，逐级承包，明确责任。稳定群众情绪，保证人民群众生命、财产、庄堤的安全，而且做好治安秩序和群众生活安排。

抓住重点问题和关键人物做工作，解决群众的疑虑。高邮市委、市政府编写广播讲话宣传提纲，反复宣传小局服从大局，牺牲小家保大家的道理，对个别言行偏激和在群众中有一定影响与感召力的人，摸底排队，逐个登门"开小灶"，解决重点带动一般。

向群众交底，反复宣传省委负责同志所讲的"洪水要给出路，群众生活也要给出路"的道理。"省委决定一定要服从，群众的实际问题一定要解决。党和政府负责人说话算数，负责兑现。"反复讲明党和政府一定会帮助湖滨人民重建家园。

解决急需要解决的问题。两三天内突击抢运了价值近 50 万元的粮食、燃料及生活必需品；重新架设了高压输电线路；采取了可行的水厂保护措施；连续抢运保护庄堤的物资，还调运了一部分帐篷。所有这些，群众看得到，也体验到党和政府对他们的关心。

通过仔细、认真的工作，群众情绪基本稳定，7月19日，扬州市防指向省抗洪救灾指挥部、防汛指挥部上报了实施方案。省防指回电，原则同意，要扬州市做好前期工作。

运送炸药

邵伯湖和新民滩1.3公里爆破清障，共用炸药85吨（其中邵伯湖清障25.73吨，其余用于高邮新民滩），炸药来源于南京、盱眙和安徽等地。用于邵伯湖的炸药是从南京等地直接运往邵伯，由江都县保管，用于高邮新民滩的炸药由扬州中转。

7月20日，省防指给扬州电报称："为尽快落实高邮新民滩1.3公里行洪障碍的爆破清障方案，请将炸药存放地点、接收人员，于20日24点前上报省抗洪救灾指挥部。并于21日上午，派2人到省防指共同参加运送炸药事宜。"

扬州防指随即与高邮电话联系。7月21日0时45分，接到高邮抗洪救灾指挥部给省抗洪救灾指挥部、省防汛防旱指挥部的电报抄件称："请示省委曹书记同意，将湖滨清障分洪炸药，一部分存放在扬州军分区某仓库，一部分放在邵伯。"扬州防指见到电报的抄件，感到困惑，放在扬州还可以说，放在邵伯不太合适，况且邵伯湖爆破已经结束，邵伯不具有存放大量炸药的条件，万一有失不好办。因为曹书记已答应高邮炸药放在扬州，于是紧急与扬州军分区参与市防指工作的副指挥磋商，又与军分区取得联系，最后决定炸药放在扬州。2个小时后，即21日2时40分，扬州市防指给省抗洪救灾指挥部、省防汛指挥部电报明确接受："湖滨分洪炸药TNT30吨、硝氨30吨及配套火具，请省安排送达。存放地点：扬州军分区某仓库。去省接收押运人员，高邮市公安局消防股长朱玉田、人武部军事科长吴桂荣。"

7月22日11时，部分炸药运抵扬州。由高邮派来的人员办理了接收和暂存手续。

23 日,又有一批炸药安全抵达扬州入库。因此扬州军分区某仓库,连过道、走廊都堆满了炸药。如此大量的炸药,堆在一地,保管责任之重可想而知。

25 日上午,高邮运走了 4 吨试爆炸药。下午又派 11 辆卡车抵扬,当晚约 10 时左右运载炸药的车队,浩浩荡荡通过扬州市政府门口(现为市政府东大院),急驶向东,奔向高邮。由于发送、运输、押运、保管人员高度负责,没有出现任何差错。

南、北坝实施爆破

7 月 20 日至 24 日,省委工作组指导扬州、高邮做好了各项准备工作。24 日下午 5 时 20 分,扬州市防指副指挥徐炳顺接到扬州市委副书记吉宜才从高邮市打来电话称:7 月 25 日做准备,26 日炸南坝,27 日炸北坝,速电告省抗洪救灾指挥部、省防指,迅速派部队到高邮实施爆破。5 时 45 分,扬州市防指由徐炳顺签发特急明传电报,致省抗洪救灾指挥部、省防指,稍后(24 日),省防指向扬州市人民政府、扬州市防汛指挥部发出由凌启鸿签发的《关于立即爆破新民滩 1.3 公里行洪障碍的通知》,称"条件成熟,同意立即实施。要求新民滩 1.3 公里行洪障碍于 7 月 28 日 20 时前完成爆破清障。爆破具体位置:北坝炸除长度为 400 米,爆破口东侧距里运河西堤为 800 米;南坝炸除长度为 500 米,爆破口东侧距里运河西堤 600 米。爆破任务由省军区联系落实。扬州市人民政府负责整个方案实施的现场组织领导。"

7 月 25 日 15 时,省委副书记曹克明在水利厅副厅长沈之毅的陪同下,来到扬州,7 月 26 日零时至 2 时许,执行爆破任务的南京军区工兵二团两个连 180 名官兵到达高邮,驻扎在高邮中学。7 月 26 日下午,在南坝展开作业。晚 8 时 30 分,随着一声令下,南坝一次 6 组起爆成功,一切基本正常。

7 月 27 日,湖滨部分群众因 26 日南坝爆破后,对房屋倒塌、生活安排、财产损失等又发生疑虑,于是到北坝阻拦工兵作业,工兵奉命撤出,堆放现场的炸药也作了转移。扬州市委副书记吉宜才、高邮市委书记孙龙山等迅即赶到湖滨乡,进行破堤分洪的思想教育工作。晚 10 时,扬州市委书记姜永荣主持召开会议,扬州市、高邮市及高邮市临城区、湖滨乡等有关负责同志出席了会议。省委副书记曹克明参加会议并讲了话,对有关问题形成纪要。主要对群众吃饭、迁移户居住、就医、交通、粪便处理、供电、财产损失、今后湖滨乡的建设等问题作了详细说明。7月28日凌晨3时,高邮市委书记孙龙山到湖滨乡,参加凌晨4时召开的乡、村两级干部会议。会后又到村、到户做工作。至28日上午9时,群众情绪稳定下来,无一人再去北坝。10时,工兵进场开展作业。下午6时30分,扬州市委副书记吉宜才下达命令,起爆炸开北坝400米口子。至此,南、北坝爆破清障,较省防指规定的时限,提前一个半小时。

重建家园

根据省委、省政府关于"洪水要给出路,群众生活也要给出路"的指示,经省水利厅勘测设计院反复认证,扬州市水利勘测设计院于1991年10月上报湖滨圩工程的初步设计。1991年11月,经水利部淮河水利委员会批准,决定兴建新民滩清障保安工程。在高邮湖行洪12000立方米每秒的前提下,新民滩1.3公里西侧让出850米,作为行洪通道;东侧留450米宽进行圈圩。新筑南北向大堤及加固东西向大堤,利用北大堤与运河西堤交圈,作为安置湖滨人民生产、生活的基地,达到长治久安的目的。

为此,高邮市成立了淮河入江水道湖滨圩工程指挥部。高邮市水利局一马当先,于1991年11月13日举行湖滨圩工程开工典礼。3.7万劳力驻扎在工地上,克服重重困难,1992年1月20日全部竣工。新筑大堤9.55公里,其南北堤长9.1公里。从此,湖滨人民有了新的稳定的家园。

问苍茫大地，谁主沉浮

——1991 宝应抗洪纪实

刘世昌

运东：气壮山河抗天歌

1991 年汛期，华东地区遭受特大洪涝灾害，其汛情来势之猛，受涝面积之大，持续时间之长，为百年未遇。

宝应从 5 月 21 日入梅连续两个月暴雨不绝，河水猛涨，平地扬波。6 月 29 日后 18 天内 7 次普降特大暴雨，县城三分之二下水，船厂、酒厂、水泥制品厂等数十家企业相继受淹，部分道路、千户民宅水齐腰深。东荡总雨量达 1200 毫米。7 月 4 日凌晨，射阳湖水位创历史新高，面临着外洪内涝，腹背受敌，险象环生，四面告急的严重形势。

7 月 5 日，江苏省、扬州市党政领导来到东荡灾区视察、指导抗灾。

7 月 15 日下午，国务院抗洪救灾苏北工作组一行抵达宝应，慰问灾民，指导抗灾。新华社、人民日报等媒体 60 多位记者云集宝应采访。

面对严重的灾情，宝应县委、县政府采取了一个又一个果断措施。7 月 3 日暴雨不停，水位猛升，四套班子紧急会议，作出"上控、中滞、下泄，力保农业圩"的果断决策，县领导分六个工作组连夜分头奔赴各重灾区，到第一线指挥抗洪。广大干群团结一心，众志成城，人在圩在，水涨堤高，誓与圩堤共存亡，打响了一场抗洪保圩的人民战争，谱写了一曲曲气壮山河的"抗天歌"，出现了一幅幅惊心动魄的"战洪图"。

战洪魔,固守 215 个农业圩

6 月 29 日暴雨连绵,水位猛涨。全县 87 万亩农田全部受涝,4 万多户民房被淹,790 多家工厂下水,90 万人民的生命财产受到严重威胁。6 月 30 日上午,县委、县政府召开紧急电话会议,号召全县人民立即投入抗洪斗争。

一方有难,八方支援。江苏省、扬州市防汛指挥部从连云港调来 5 万只麻袋、10 万只草包。徐州市三次派车南下支援草包 7.5 万只,702 研究所从上海运来了 1.6 万条塑料编织袋。靖江县送来了 2500 只草包、2750 箱饼干、560 件衣服和 24295 元人民币。在宝应插过队的南京知青捐款 11589 元,粮票 481 斤。江苏省军区医疗队一行 7 人抵达宝应服务灾民。国务院工作组和省、市领导多次视察,极大地鼓舞了全县人民的抗天斗志。

在肆虐的洪水面前,全县 215 个农业圩,长达 1740 公里的圩堤,成了群众的生命线。23 万劳力打响了保卫圩堤的保卫战,经过 20 多个日日夜夜连续奋战,与洪魔展开了殊死搏斗,加圩挑土 300 多万方,加固险工患段 2568 处,长达 340 公里,基本保住了农业圩的安全。鲁垛乡家西圩是几个村联圩,由于支援外乡,保卫家西圩的重担落在了只有 800 多个劳力的朱斗村,而该村只有一小半耕地在圩内。大灾当前,岂分你我？全体村民二话没说,男女老少 1100 多人一齐上了堤,顶风冒雨奋战了 3 天 3 夜。300 条船只来回运泥,叠下 1300 条灌土编织袋,接连打下 3000 根树桩,在缺口处沉船 28 条,终于挡住了汹涌的洪水,保住了圩内 8000 亩粮田和数千户人家。

刘家村,孤岛不孤

广洋湖乡刘家村地处宝应、盐城、兴化三县交界,是广洋湖中的一个小岛,是全县最小的行政村,仅有 78 户、316 人,360 亩耕地。7 月 16 日,广洋湖水位猛增到 3.43 米,上午 8 时 10 分西圩决口,达 15 米,经过 8 小时苦战,未能堵复决口。时间就是生命,村支部书记高国章迅速组织全村干部转移群众,抢救财产。村里的党员们腾出自家 3 条大船,抢出 10 万斤粮食,使转移群众免受饥饿。高国章又乘船挨家逐户查找,发现了刚生孩子的村民许桂凤抱着孩子泡在水里哭泣,赶快把她救上船来,立即熬锅热粥让她暖和身子,送到高地学校安顿下来才离开。他一直奔波到深夜,清点人数,全村无一伤亡。

破圩后的第8天,他们重返家园,堵塞决口,集中19台抽水机,抽了4天4夜,300亩农田终于露出水面,然而秧苗全闷死了。7月28日19条机帆船满载着下舍人民对刘家人民"血浓于水"的深情厚谊,将110万棵茨菇秧浩浩荡荡地送到了刘家村,广洋湖乡20多村千余名群众自发赶来,帮助刘家冒雨抢栽,半天就栽光了300亩,创造了"欲与天公试比高,半天又绿刘家圩"的奇迹。刘家村人深深地感受到刘家村孤岛不孤。

水泗乡,"锅底洼"发扬"龙江风格"

水泗乡是里下河出名的"锅底洼",在1958年的《宝应地图》上还是一片白水,平均地面高程只有0.63米。四周客水压境,圩内外水位差将近2米。全乡农田面积12万亩,圩堤长147公里,其中10个农业圩长83公里,大小22个圩口村村相接,有一处出险都会产生连锁反应,造成不堪设想的后果,几万人逃的地方都没有。保圩就是保命,乡党委组织300多个抢险突击队,每天出动14000余人,7000多条船只加固圩堤,共耗用了草包、麻袋62万只,打下13000根树桩,抢做20多万方工程,将外大圩普遍增高1米,终于抵挡住了3.34米空前水位洪水冲击。

7月11日,正当水泗人民抗洪保圩斗争取得节节胜利的时刻,省委副书记曹克明来宝应视察,强调:"要不惜代价保住农业圩,保护人民生命安全。"县委当机立断,下达了破52个副业圩全部滞涝的紧急命令。这180度的大转弯,水泗人民怎能接受得了?水泗一乡就有12个副业圩,这里水面多于农田,副业就是主业,对全乡人民的生活有着举足轻重的影响,这35000亩藕田、鱼池是一家家承包户苦心经营十几年的"小银行",是他们赖以生存的命根子。群众想不通了,有的横舟立篙和干部对着干,有的睡在圩上痛哭不让破。乡党委书记薛慎贵带着乡村干部反反复复做工作,"留得青山在,不愁没柴烧",水泗群众终于发扬"龙江风格",顾大局,识大体,为了全县人民的生命财产安全,承受了重大的经济损失,狠下心来主动破掉了这储金蓄银的几个副业圩。全县76平方公里的52个副业圩至7月15日全部滞洪,大大减轻了农业圩的压力,为确保人民生命财产安全作出了贡献。

郝立芹,一个普通农民的抗天壮歌

7月3日凌晨,下舍乡溪北村圩外水位猛增到2.90米,而该村丰收河北闸只能挡3.0米水位,闸内的溪北、华庆、曹南三村民房和3千亩农田受到严重威胁。村委会当即派人倒伐杨树,突击加工闸方,连日守圩,而疲劳不堪的63岁老农郝立芹抢着要去,村领导分工他只管撑船。下午5时许,在电锯船上加工到第二段树料时,因树身太重,木工抬不上电锯台面,年迈体弱的郝立芹不顾连日劳累,立即上前抱起树段帮助加工。风大雨急,电闪雷鸣,一阵大风使船身突然晃动,在泥泞水滑的船板上,郝立芹一个踉跄,头栽在电锯上……当晚,闸方被安装在闸门上,挡住了3.06米的滔滔洪水,保住了圩内的安全,而郝立芹却永远地离开了我们。邻近各村2500余名男女老少闻讯后,络绎不绝地前来吊唁,为他守灵。广大干群无不为之悲痛,异口同声地称赞他是"普通人中的英雄"。

就是这个"普通英雄",哪里有难事累活,哪里就有他的身影。1975年麦收时,他独身一人冲进浓烟滚滚的库房滚灭火苗,保住了该组8万斤口粮。1990年秋夜,他主动查圩,见北闸边漏水,立即跳下河堵塞漏洞,不是乡村医生夜诊撞见,根本无人知道。村里的桥坏了,他怕孩子们上学掉下水,不声不响地把桥板填补好。他做的好事数也数不清,村里夸他是"老雷锋",亲切地称他是"二队长"。

就是这个"普通英雄",他没有惊天动地的丰功伟绩,也没有留下一句豪言壮语,他是那样地平凡,又是那样地崇高,在他的身上我们看到了中国农民淳朴的本质,他是我县农民的骄傲。

7月6日,中共宝应县委发出向郝立芹同志学习的通知。8月24日江苏省民政厅批准郝立芹同志为革命烈士。

运西：惊心动魄战洪图

宝应县运河以西有氾光湖、中港、长沟、山阳4乡镇,12.5万人,粮田万亩,碧波千顷,是一块正在开发即将腾飞的宝地。其万亩鱼场、南湖农场、航运林场、杂交稻制种场、特种水产养殖场、中港渔业村皆全国闻名。在百年未遇的世纪洪灾面前,运西人民与洪水进行了殊死搏斗。

十里为营奏凯歌

大汕子隔堤位于宝应县南端,运河以西,在高邮湖与宝应湖之间,东至运河西堤,西至南运西闸与金湖县为界,长15里,担负着宝应、金湖、洪泽、淮安4县市25个乡镇、54万人民的防洪重任。

7月初,堤上突然出现1公里险段滑坡。县委立即调集了氾光湖、氾水、石桥、子婴河、黄浦、韦镇、沿河7个乡镇2266名民工火速上堤抢险。县人武部预备役团500名官兵赶来增援。3000人安营扎寨,日夜固守着这"运西生命线"。

7月12日,电闪雷鸣,暴雨倾盆,指挥部警示牌上标出了堤外高邮湖9.23米的水位,超过警戒水位0.83米,超过历史最高水位1.27米。内外落差1.83米,大汕子隔堤岌岌可危。

这里四面临水,无土可取,抗洪大军硬是用车载,用船装,越运河、翻大堤,从5公里外运土1万多立方米、砂石2万多吨,短短几天突击完成加高一米的护坡防浪工程,对堤身百处漏洞全部灌浆堵塞。又组成500人的巡逻队、抢险队,十步一岗,定位观测,备足10万只麻袋、1.3万吨石料应付险情。大汕子隔堤终于保住了。

百舟争流,马头套闸锁蛟龙

7月12日,运西马头套闸告急。该闸西挡宝应湖水,东控内河,警戒水位8米。宝应湖水位猛增到7.4米,超历史最高水位0.47米,危在旦夕,威胁着山阳、长沟、中港三个乡镇的安危。

险情就是命令。封闭马头闸是当务之急。县防汛指挥部接到告急电话,立即送来8000只草包。各家各户翻箱倒柜凑足了4000条编织袋,还拿出了100多条裤子和枕套迅速送至马头套闸。山阳、南圩两村千余名劳力迅速开赴闸口。大东、徐阳村的4个渔业队调集所有的小渔船前来助战,到三里外的高墩上取土。他们顶风冒雨奋战两天,筑成一条底宽 4 米,顶宽 3 米,高 9 米,长 30 米的护闸外大坝,马头套闸安然无恙。

千人并肩,复太圩上筑长城

有一位当地的老年人回忆说:"宝应运西每次被淹都是因白马湖堤倒圩,而几次决口倒圩的地段都在现在中南村西部的复太圩!"

1991 年,白马湖水位已上升到 8.33 米,几乎与堤顶相平——人们的心都悬了起来。光辉村王庄组一位 81 岁的高老太说:"我长这么大年纪都没有见过这么大的水,民国 20 年倒圩子,我村一条圩上就死了 180 人,有一位孩子的父亲爬上树,眼睁睁看着屋脊上的儿子被水卷走也救不了。今年看样子在劫难逃。"

绝不能让历史重演,这是县乡两级政府的誓言。政府立即调集了山阳、长沟两乡镇民工,死守 50 里白马湖大堤。4 里多长的复太圩是白马湖大堤上最危险的一段,7 月 6 日夜 10 时半,忽然刮起 10 级西北风,中南村 45 名突击队员奋不顾身下水进行抢险。夜 11 时 40 分,山阳镇的干部都到了,火速组织附近 3 个村的男女劳力,全部上堤抢险。几十条小船到附近秧池取土,上百人在堤旁树林中倒树,锯拉斧砍,声闻数里,一下子倒了近千根树桩,一个接一个打在堤外,又扎下一捆又一捆柴把,填起所有一两米深的大浪窝,把复太圩加高到 9.5 米,二道防线加高到 9.0 米。

"把我们的血肉,筑成我们新的长城!……"清越洪亮的国歌仿佛在人们的耳际激荡。臂挽着臂,肩并着肩,复太圩 900 米险段上 1500 名男男女女用身体筑成一道护堤人墙。

复太圩段保住了,但整个白马湖大堤的险情日益严重,湖水还在不断上涨。7 月 13 日,江苏省武警总队 150 名武警官兵从南京飞车驰援白马湖大堤,军民携手,上下同心,共同筑起了坚不可摧的防洪长城。

万民转移,八浅渡口保平安

"人民的生命高于一切!"这是县委在抗洪斗争中的指导思想。7 月 8 日上午 11 时 30 分,县委再次召开紧急会议,决定对居住在低洼地区和危房中的老弱病残幼向高地进行安全转移。县委又连夜召集运西4乡镇会议,再三强调:"大水压境,要防患于未然,保证不死一个人。"

危急关头,责任重大,情况紧急,倘有差池,人命关天!县委派出160名机关干部和120名公安干警开赴7个主要渡口,扶老携幼,维持秩序,帮助群众转移。就在这一天,运西的山阳、长沟、中港、淮安的南闸,洪泽的岔河、仁和6乡镇8万多名群众,沿着山阳至八浅的公路向运东缓缓转移,队伍绵延八九里,渡口昼夜人流量达3万人次。扶老携幼,拖儿带女,忍饥挨饿,跋涉泥泞。板车、自行车、独轮车、拖拉机,装着家具、彩电、粮食、肥猪,一辆挨一辆,寸步难行。13日,转移基本结束。八浅渡口4天3夜的8万灾民大转移无一落水伤亡,不能不算是一大奇迹。

1991年大洪水中,全县转移灾民13万人,运西就达10.5万人。县总工会、建工局等单位腾出了办公大楼,教师进修学校、城北小学、黄浦中学腾出了教室让灾民居住。仅运西大堤上的各种临时棚舍南达高邮界首、北到淮安南闸绵延40多公里。县防指派95人,13辆卡车、7辆三轮卡和1艘机动船,及时给运西灾民送去大米、食油、糕点、煤球、煤炉、煤油、电池等大批救灾物资。许多群众说:"这次大水胜过一次社教运动,干部和我们的心贴得更近了。"大灾之年无大疫,没有淹死一个人,没有饿死一个人,1991年大洪水,在党和政府的领导下终于被战胜了。

编者按:本文原载《91扬州抗洪纪实》一书,收录时作了部分删节。

1991年大水,江都里下河干部群众冒雨加高圩堤

聚宝盆的兴筑与除险

陈恒镍

　　水库被丘陵山区的人民誉为聚宝盆。扬州市仪征、邗江、高邮等县（市、区）计有丘陵岗地总面积 1044 平方公里，缺水是制约地区农业和经济发展的重要原因。建国前这里没有一座水库，仅靠小塘小坝蓄水灌溉。建国后党和政府十分重视山丘区的水利建设，领导人民兴筑了一大批水库，到 20 世纪末，境内计有水库 62 座，其中中型 1 座，小（一）型 12 座，小（二）型 49 座。水库大坝均为土质坝，大坝高度除中型月塘水库 17 米、小（一）型水库有 3 座坝高大于 10 米外，其余平均坝高 7 米左右。总库容 7074 万立方米，兴利库容 3892 万立方米，灌溉面积 19.67 万亩，可养鱼面积 1.23 万亩。这对发展山丘区农业生产，改变山丘区贫困落后的面貌起了十分重要的作用。

　　从 1952 年开始，丘陵山区人民进行了以修建水库为中心的治水工程，邗江酒甸的北涧水库就是在 1952 年 3 月施工修建的。以后水库建设大致集中在以下几个高潮时期：1956 年至 1960 年，修建了中型月塘水库，小（一）型塔山、凤岭、大鲍云、达天岗等 4 座水库以及小（二）型水库 25 座；1964 年至 1967 年，续建并完成了月塘水库大坝，修建了 3 座小（二）型水库；1970 年至 1978 年，修建了小（一）型芦坝、桥头、枣林、邵冲、光华、六松、铁坝、沙河徐等 8 座水库，小（二）型水库 24 座。同时还修建有 23 座小水库，没有能列入"户口"，称为编外水库，降级为大塘。建国后二三十年中，累计修建的水库有 80 多座。1980 年至

1991年水利建设投资锐减,农村实行经济体制改革,水库建设与管理没有及时跟上,导致水库难以维持和发展,有的水库标准逐步退减。1994年开始了对小水库全面普查测量,并对中小型水库进行洪水复核计算,在此基础上,1995年我市上报省水利厅核销小(二)型水库3座。1996年对水库大坝进行全面注册登记,并根据工程现状划分为三类,当时一类好的水库只有26座,差的三类水库有19座。同时开展中、小型水库大坝鉴定工作,我们负责中型月塘水库的大坝安全鉴定工作,对大坝洪水标准进行了复核计算,对大坝、涵洞、溢洪闸等进行了抗震复核计算,对大坝质量进行了分析评价,对水库安全进行了综合评价,总体是大坝工程质量良好,达到设计要求,工程运行可靠,但工程老化问题也是不容忽视。1997年又制作了月塘水库下游洪水风险图,分析计算校核洪水位条件下,水库正常调度运行和发生溃坝两种情况下的水库下游淹没范围,为防洪抢险提供决策依据,为洪涝灾情评估系统提供基础依据。

小型水库大部分工程缺乏规划设计,施工质量差,管理薄弱,缺乏日常维护。当时有国营管理单位的只有塔山、凤岭、邵冲3座水库,水利站管理的有13座水库,其余45座水库都属乡村管。水库工程上有了问题才找水利站,即使管理也只是灌溉期间开闸放水,因此工程老化问题十分突出。例如:大坝边坡损坏严重,有些块石护坡塌落毁坏,放水涵洞漏水,溢洪道混凝土风化碳化,闸门启闭锈蚀磨损;部分水库库区淤积严重,如仪征大鲍云水库,由于上游采砂,造成严重淤积,总库容由1980年的160万立方米减少为120万立方米,六松水库总库容由1980年的176万立方米减少为60万立方米。自1988年起至2010年进行全面除险加固,总投资达1.3亿元。

水库的另一个重要险情是白蚁猖獗。仪征市47座水库,有34座大坝发生过白蚁危害,直接影响大坝安全。20世纪80年代前后,水库大坝的白蚁防治提上了议事日程,仪征市还专门成立了水利工程白蚁防治站,对水库大坝白蚁进行正常的检查防治,取得了明显的效果。1985年在大鲍云水库大坝上破的1个白蚁巢穴,可放1张大方桌,4个

破巢查找白蚁　　摄影：徐炳顺

人坐在里面打麻将，这就是"千里大堤，溃于蚁穴"的真实写照。白蚁防治工作也经历了摸索、探讨、积累经验的过程。首先要查找白蚁的活动迹象，就是找泥线泥被，一般在夏季，我们参加检查的人手持一根树枝或小棍棒，大家一字排开，在杂草丛生的坝坡上进行地毯式的查看。然后就要用挖沟、药治等办法灭杀白蚁。最后要查找地面指示物地炭棒、红锤蘑等，确定白蚁巢穴的所在位置，再破土清巢回填土方，确保大坝万无一失。

20世纪七八十年代，由于缺乏防治知识，发现大坝遭受蚁害发生险情，便采用较原始的方法，即挖沟截道，追踪破巢，在大坝背水坡浸润线以上沿坝轴线方向开挖探沟，截出蚁道，再从蚁道判别通向主巢的方向，再向主巢方向蚁道追挖，直至主巢。为防止在追挖过程中蚁王、蚁后逃跑，往往先用"666"粉熏烟剂沿蚁道向内熏杀，再行追挖。这种方法要在大坝背水坡挖多条深沟，因此花工大，耗资多，还不能消灭幼巢。后来通过对大坝土栖白蚁生活习性、采食活动规律的观察，根据灭蚁灵慢性胃中毒原理，从1986年开始研究以灭蚁灵为主药剂，配以白蚁喜食植物为饵剂，加适量引诱剂制成灭蚁灵毒饵。根据土栖白蚁的兵蚁、蚁王、蚁后都依赖于工蚁喂食，而工蚁之间又具有相互吮舐的习惯，使其互相传染，到一定时间药性发作，达到全巢白蚁中毒死亡的目的。在省厅的领导研制下，最终研制出灭蚁灵毒饵诱杀袋，定名JSSO-Ⅰ、Ⅱ型，取得了预想的灭杀效果，且操作简单，成本低。经过JSSO-Ⅰ、Ⅱ型的药杀，后来发现在药杀死的蚁巢部位能长出地面指示物——地炭棒、红锤蘑等，沿地炭棒、红锤蘑下挖即可挖到白蚁巢穴，便于清除白蚁所造成的隐患,因而能及时清除白蚁在大坝上造成的危害。这就使大坝白蚁防治取得了突破性进展。

在此基础上,根据《江苏省堤坝白蚁防治暂行办法》规定的蚁害基本控制标准,我们每年都要有1~2座水库进行白蚁防治的达标验收,年初制定"达标"计划,下半年组织复查和验收,以巩固防治成果。例如月塘水库,1984年首次在坝下的水杉林中发现有一处泥线泥被高1.5米,并对当年所打的引诱桩进行拔桩检查,也发现有白蚁蛀蚀现象。当时用冻胶剂灭蚁灵灭杀,效果不明显。1985~1987年检查,结果均发现白蚁危害十分严重,坝上树根,迎水坡的浪渣草、块石缝泥被泥线到处可见。通过使用JSSO–Ⅰ、Ⅱ型灭蚁灵毒饵诱杀袋灭治,1988年和1989年检查发现白蚁活动明显减少,1990年检查没有发现白蚁活动迹象。据统计,从1986年到1990年计投药1367袋,食药量39袋,其中1989年就食药35袋,发现地面指示物红锤蘑3处,地炭棒6处,共破主巢11个,副巢367个,活捉蚁王、蚁后各1只,破巢共挖土方177立方米,从1987~1992年连续6年逐段对大坝进行药物灌浆,灌浆长840米,总灌浆量1009立方米,灌浆掺用农药135公斤,取得十分明显的效果,水库的白蚁防治达到"基本控制"要求,至2010年,又通过复查验收,均未发现白蚁活动迹象。

除险加固中的仪征市芦坝水库

城市防洪屏障沿山河开挖始末

陈恒镲　刘金生

扬州城区西北为丘陵岗区,地面高程 10~30 米,南部为平原圩区,地面高程 5~10 米。历史上蜀冈丘陵的来水,要通过瘦西湖、北城河、西城河、外城河分别排入古运河。1954 年大水后,为解决丘陵岗区的排水出路和两岸的排涝问题,1957 年在原扬州市与邗江县交界处开挖了西排涝河(现名新城河),这条河北起蜀冈南麓,向南到迎新桥再折向东,至龙衣庵出古运河,全长 6578 米。一段时期有效保护了扬州城区、

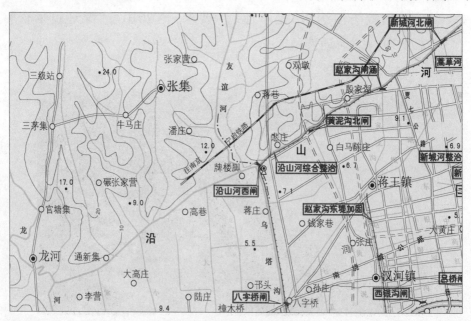

沿山河综合整治工程位置图

郊区、邗江、市农科所、军分区农场等范围内 30.5 平方公里，近 15 万人的生命财产安全，保护了瘦西湖风景区、西北郊大专院校、工厂企业，以及 1 万余亩蔬菜基地的防洪安全。

多年后，由于河道土质为沙土，缺乏管理，水土流失，河床淤积严重，工程效益日趋降低，一遇暴雨，山洪下注，泛滥成灾。1984 年 7 月 20 日，丘陵区突发大暴雨（"7·20"暴雨），暴雨中心在邗江大官桥，5 小时降雨 270 毫米，6 小时降雨 273 毫米。城区周边降雨：市气象台 163 毫米，邗江气象台 178 毫米，万福闸 96 毫米，公道 83 毫米，大仪 74 毫米。洪水从西北丘陵向东南平原奔腾而下，西湖乡经圩村及扬天公路近郊五六公里沿线一片汪洋，水深 1 米左右，受淹粮田菜地 2.9 万多亩，冲垮涧坝、库坝 50 余道，冲毁涵洞 74 座、桥梁 6 座、堤防护岸 80 多米，倒塌房屋 975 间，出现危房 2000 多间，冲走鱼苗 400 多万尾、成鱼 130 多万尾，7 个砖瓦厂损坏砖坯 1200 多万块，乡村工副业也损失严重。侵入城区的洪水，使战备桥（现名石塔桥）宿舍区也淹在水中。1984 年冬、1985 年春，水利部门对西排涝河流域进行全面查勘、测量，并按十年一遇标准规划和设计。全流域面积 17 平方公里，其中丘陵岗区 7 平方公里，平原 10 平方公里，设计最大排洪流量 37.66 立方米每秒。沿山河到老七里河新开河道 310 米，向南疏浚长度 5220 米。工程于 1986 年 3 月施工，5 月开坝放水，8 月全面竣工，计完成河道土方 20 万立方米，围堰土方 6 万多立方米，建成桥梁 11 座、滚水坝 1 座，涵洞 65 座，块石护坡 4100 米，拆建电灌站 6 座，建成 3055 米城西干道（现名新城河路），河道植树 1.6 万株。工程包括拆迁、征地总经费 157 万元，由各方集资解决。但由于管理跟不上，河道淤积又日趋严重。

随着扬州城区的西进东扩，解决城区的防洪问题越来越刻不容缓。把丘陵洪水截离下游城区，沿山河整治工程成为重要的截洪、排洪河道，也是扬州市城市防洪工程体系的重要组成部分，与二期乌塔沟（含分洪道）工程共同组成扬州城西部、北部的城市防洪圈。沿山河位于扬州城区西北部的丘陵和平原交界地带，东起文汇北路北端，西到乌塔沟，全长 9.8 公里。工程的主要作用，是将沿山河以北 14.6 平方公里丘陵岗区的洪水归槽,调向西排到乌塔沟向南入江,不让丘陵区洪水进入城区,漫溢平原圩区,免除山洪对扬州城区及平原圩区的威胁。干旱年份还可利用沿山河西闸站以抽补蓄,提高供水保证率。工程设计标准为,河道行洪按 20 年一遇设计,河道堤防挡洪按 50 年一遇设计。工程于 2003 年 12 月 18 日开工建设,于 2005 年 12 月底全线建成通水。拓浚河道 5.46 公里,新开河道 4.34 公里,西

建设中的沿山河　　　　摄影:缪宜江

整治后的沿山河

段与乌塔沟衔接处建沿山河西闸站 1 座,设计排洪流量 54.9 立方米每秒,沿线建筑物 5 座,跨河桥梁 13 座,两岸河坡采用连锁块护土砖护砌和加筋模块挡土墙砌筑,沿河进行了绿化景观布置。工程实施总投资 1.9 亿元,其中工程投资 1.14 亿元,征地补偿及移民安置投资 0.74 亿元。

　　沿山河工程建成后,在汛期中充分发挥了防洪效益,特别是 2006 年市区遭遇大暴雨过程中,起到了挡洪、排涝作用。

亲历扬州港江岸强崩

徐炳顺

1993 年 7 月 3 日,扬州港江岸发生猛烈的崩坍。

长江镇扬河段六圩弯道是长江中下游江岸崩坍较严重的地段之一。江岸坍塌给当地群众生产、生活带来危害。有江岸不能使用,也抑制着古城扬州的经济发展。自 1970 年开始进行治理,1974 年以前以护岸为主,1975 年改用平顺抛石护岸,到 1981 年建丁坝 7 条,护岸长度 3700 米;平顺抛石护岸长 3180 米。为发展扬州经济,1975 年起在 5 号~6 号丁坝之间建起了万吨级过驳浮码头和三千吨级客运码头的

扬州港抛石抢险　　　　　　　　　　摄影:徐炳顺

扬州港。

1993年7月3日晨,扬州港区前沿船民反映缆绳扯断,锚起不来,但并未意识到水下地形发生变化。晚8点左右,市政府办公室接到港区报告,反映港区道路发生裂缝。分管水利的市领导和水利局负责同志随即赶往现场。

我在现场看到港区前沿地面上有长长的3道裂缝和数不清的短裂缝,作为在水利局工作多年的人,直觉告诉我,将要发生大坍。果然,大概两小时后,客运码头坍入江中。油库外面大坍,很大一块土体先缓慢裂开后,急速坠入江中,壅起2米高的水头。又过一会,只见水塔开始倾斜,转眼间,水塔轰的一声倒入江中。猛烈的坍塌以摧枯拉朽之势迅速吞噬岸滩和建筑物。随即客运码头的钢栈桥被扯断,火星四溅,一块块小坍此起彼落。

面对崩坍,港区工作人员利用间隙,抢运100多只集装箱及办公室的财物。可也巧,集装箱、棉籽等物搬走没有多长时间,一块块岸滩、一些房屋又相继沦入江中。零零星星的小坍一直持续到7月4日上午。前后坍宽达250米,最大坍进90米。

这一晚,是我一生中见到的继1969年10月28日嘶马镇大塌、1984年7月21日嘶马强崩后的又一次江岸强崩。坍失的面积虽没有前两次大,但发生在港区,损失远远超过以往任何一次大坍。

市委、市政府负责同志迅速召开现场会,成立了现场抢险指挥部,确定"前抢后防"、"先保后建"、"边建边防"的原则,即对港区前坍口进行抢险,后面筑退建堤;先保客运大楼,后修复港区;在建设港区的同时,密切注视河势变化,加固险工。根据市委市政府紧急部署,4日下午

1993年7月3日夜间,扬州港前沿发生猛烈崩坍

首批石料船到达扬州港,预备役师、民兵、机关干部、工人、农民陆续来到了抢险工地,日以继夜地进行抛石。

扬州港建在特定的5号坝到6号坝之间,处在弯道顶点部位,丁坝建成到1993年已有23年,对河势

抢险人员赶赴现场　　　　　　摄影：徐炳顺

变化来说只是瞬间,河道稳定是相对的、暂时的。随着丁坝上下游产生回流和前沿深泓冲深,丁坝护岸作用已逐渐削弱。当时的扬州港区建设已初具规模,要让它为扬州经济发展发挥更大的作用,确保港区的正常运行是一个长期的任务。为此,市委、市政府于7月10日再次召开专题会议,论证确定了水利局提出的具体抢险应急和加固方案,即对港区范围内岸线进行全面加固治理。

抢险方案获得批准和认可后,扬州预备役师、民兵、市直机关干部、工厂工人、船民日以继夜地奋战,到7月29日止,共抛石8.87万吨。31日,水下测图后证明,此番抢险工作效果明显,港区经平抛加固,基本稳定。

8月9日下午,市委召开办公会议,再次研究六圩弯道及扬州港区岸线加固整治方案。会上,市水利局作了《关于进一步加固整治扬州港区岸线方案的汇报》。市交通局和邗江县也作了相关汇报。会上通过了市水利局的《加固整治扬州港区岸线方案》。市委办公室发出《会议决定事项》,明确了下一步加固整治方案的原则和决定的几项主要工作。

从9月13日到10月4日,开始第二期加固工作。重点是客运大楼前沿,客运码头趸船下,及港区崩窝西侧断桥处,共完成抛石2.06万吨。

第二期加固工程完成后，由于汛期已结束，按照水法规有关规定，不再作为抢险加固，要经过设计部门设计，经批准按正常要求施工。

1994年除夕的下午，虽然是忙过春节的日子，市政府负责同志召集水利、交通等有关

仪征抛石护岸

部门负责人会议，落实第三期加固工程资金。

1995年春节过后，第三期加固工作启动，重点对港区前沿封口，另外在抢险的基础上，填补空白段，到6月29日完成，共抛石8.07万吨。

扬州港强烈崩坍以后，各方面大力支持，经抢险和加固，历时近一年，完成抛石19万吨，土方2.5万立方米，扬州港生产很快得以恢复。

新开泰州引江河

徐炳顺

　　泰州引江河是"九五"期间江苏省兴建的重点水利工程,是国家南水北调东线引江口门之一,亦是解决苏北地区水源,改善淮北、沿海地区水利条件和里下河排涝条件,发展航运、促进区域经济发展的一项重要基础设施,也是开发沿海滩涂、帮助贫困地区和革命老区脱贫致富、实施开发"海上苏东"的战略性工程。1995 年 11 月开工。1996 年扬州、泰州分治,泰州市成立泰州引江河工程建设指挥部,此后由两市共同完成,至 1999 年 9 月底河道全面建成通水,2002 年 10 月工程全部完成。泰州引江河位于江都市东南部与泰州市交界处,南起长江,北与新通扬运河相连,全长 24 公里。江都境内河段全长 8.3 公里,沿线涉及原嘶马、浦头、高汉、二姜 4 乡镇,6 个行政村、22 个村民小组。

　　泰州引江河按引水流量 300 立方米每秒标准进行河道开挖。河底宽 80 米,河底高程 -3.0 米,高程 -0.5 米处两侧设有平台,宽 7.5 米,平台以上坡比 1:3,平台以下坡比 1:8,河口宽 168 米,河口地面高程 5.0 米。堤防设计标准为:青坎宽 15 米、高程 5.0 米,小堤堤顶高程 6.0 米,顶宽 15 米,堤坡坡比 1:2,大堤堤顶高程 10.0 米,顶宽 90 米,堤坡坡比 1:3。沿线建筑物主要有高港枢纽 1 座、通扬运河东、西套闸、周山河套闸、北箍江涵洞、跨河桥梁 10 座及水土保持等工程。总投资 11.9 亿元。完成土方 3550 万立方米、混凝土 24.3 万立方米、石方 34.8 万立方米。征用泰州市的高港区、海陵区、姜堰市和扬州市的江都市 4 个市、区的土地 1.6 万亩, 拆迁房屋 1.5 万间, 迁移人口约 2 万人。其中江都境内共征用土地 2531.5 亩, 拆迁房屋 1683 间。

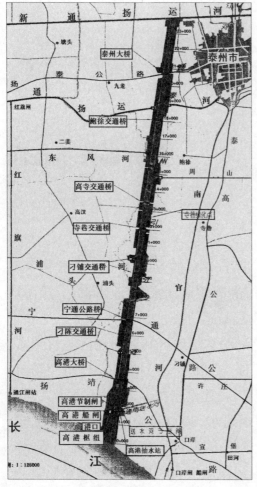

泰州引江河总布置图

江都境内泰州引江河河道工程于 1997 年 8 月 20 日开工, 工长 1.45 公里, 采用机械化施工, 共组织推土机、挖掘机等施工机械 180 多台(套), 实行 24 小时作业。首先完成围堰土方, 然后用挖塘机组开挖河道下层土方, 11 月 5 日竣工, 完成土方 180 万立方米。同时建成嘶马、浦头、高汉、二姜码头 4 四座。码头设计标准为, 南北长 70 米, 东西宽为 15 米, 码头平面高程 3.6 米, 码头前沿距河道中心距离为 80 米, 设计吨位为 500 吨级。配套工程有浦头河一条, 该河长 2.5 公里, 其中在江都境内长 1.28 公里, 东接泰州引江河, 西连堰口河, 接通董汌河, 为 1999 年 3 月 16 日开工, 9 月底竣工, 征用土地 347.5 亩, 完成土方 33.5 万立方米, 投资 357.92 万元。上段河底宽 10 米, 河底高程 -0.5 米, 在高程 2.5 米处设平台宽 5.0 米, 平台以下河坡 1:4, 平台以上 1:3; 下游段河底宽 15 米, 河底高程 -1.0 米, 在 2.5 米处设平台宽 5.0 米, 平台以下河坡 1:4, 平台以上 1:3; 河道两侧在高程 5.0 米处留青坎, 宽 10 米。还有浦头套闸一座, 1999 年 10 月开工, 2000 年 7 月竣工, 投资 741.41 万元, 完成土方 16.95 万立方米, 混凝土及钢筋混凝土 5150 立方米, 浆砌块石 4435 立方米, 干砌块石 2050 立方米。套闸按 XII 级通航河道标准,

Ⅲ级水工建筑物设计,兼有排灌和航运的综合功能。上下闸首净宽8.0米,闸室规模为12×100米。上闸首底板顶高程 –0.5米,门顶高程5.3米,下闸首底板顶高程 –1.0米,门顶高程4.3米。设计水位上游正向4.5米,下游正向1.14米,设计最大排涝流量40立方米每秒。

泰州引江河建成后,具有扩大引江增加供水、加速排除里下河涝水、促进航运、改善生态环境等多种功能。现泰州引江河两岸桃李争春、绿荫护夏、枫叶染秋、红梅暖冬风优美,已成为生态环境美、经济效益好的综合性大型水利园林示范区。

2000年江都区浦头引江河新建成的套闸

白塔河上永济桥

扈　刚

在江都市大桥镇的白塔河上有一座永济桥,它有三百多年的历史,原是大桥镇上一座古老的建筑物。如今,大桥镇成为沿江开发区,江都市对白塔河进行全面疏浚整治,还对集镇段驳岸改造,河道环境面貌一新,白塔河上的永济桥也同步实施了改造,这座古老的建筑正在以崭新的面容诉说着历史。

白塔河,又名官河、大桥河,位于市境南部,是通南地区的一条主要引、排、航河道。1409年(明永乐七年),为江南漕粮运往北京,避免绕经瓜洲运口盘坝,延长时间和节省劳资及减少漕船过江风险,由平江伯陈瑄开凿,因河口有唐代建造的白塔寺,故名白塔河。

据有关资料记载,白塔河上的永济桥建于康熙年间。在这之前,河上无桥,往来行人过河得靠小船摆渡。一些无孔不入的地方官吏见此情景,便趁机下桩挡船,收敛钱财,盘剥群众。这样一来,贫苦百姓只得涉水过河,每到秋季,河水骤涨,失足落水的事不断发生,周围乡民叫苦不迭,都希望在白塔河上能建一座便利交通的桥梁。但是,希望仅仅是希望,在那豺狼当道的社会,又有谁为百姓着想呢?

直到康熙年间,这里有个叫朱江的人决心造桥"以济行人"。于是,这座石拱桥造起来之后便叫做"永济桥"。永济桥是一座具有民族特色的石拱桥,桥亭四角卷翘,凌空欲飞,每个角顶是雕塑的龙头,屋脊是龙身,远远望去,就像四条从空而降的飞龙前来戏水。桥亭的四根石柱上还刻着两副楹联,朝东的一副是:"南北赏江湖,潮落潮生终不息;东西达城市,人来人往为何忙。"朝西的一副是:"带水绕长堤,凭栏眺望鸥乡远;石梁横古渡,隔岸通行驿路平。"

随着时间的推移,这座永济桥在解放后远远不能适应大桥镇建设事业发展的需要。由于行人过桥要拾阶上下,推车尤感不便。1966年,江都县人民政府决定将白塔河拓宽取直,将这里的河床西移了一百米,并将这座桥拆除,在新河上重新建了一座宽阔、平坦的钢筋混凝土拱桥。2009年,大桥镇又全面翻建了永济桥。

南水北调三阳河潼河宝应抽水站工程

柯敦弘　付宏卿　沈玉珊

　　扬州市境内的三阳河、潼河、宝应站工程是南水北调东线一期工程的重要组成部分。三阳河、潼河是宝应泵站的引水河道,由宝应站抽江水 100 立方米每秒入里运河,与江都站(抽水 400 立方米每秒)共同实现第一期工程抽江水 500 立方米每秒规模的输水目标。工程位于江苏省扬州市的高邮市和宝应县境内里下河地区。工程建设主要项目包括征地拆迁安置工程、河道工程、宝应站工程、跨河桥梁工程、沿线影响工程和水土保持工程。工程总投资 9.25 亿元。工程于 2002 年底开工,2005 年 4 月 19 日开始拆坝放水,三阳河、潼河与宝应站引水河道全线

2002 年 12 月 27 日,南水北调三阳河、潼河、宝应站工程于宝应县夏集镇万民村举行

贯通,实现"三年工期,两年半完成"的奋斗目标。同年10月9日,最大的单项建筑物宝应站通过试运行验收。

2002年11月,经省政府同意,省水利厅成立省南水北调三阳河潼河宝应站工程建设局(简称南水北调省建设局),作为建设期项目法人,负责工程建设管理工作。南水北调省建设局于12月3日批复成立"江苏省南水北调三阳河潼河宝应站扬州市建设处(以下简称市南水北调建设处)",具体负责全线征地拆迁、河道工程、桥梁工程、影响工程和水土保持工程的组织实施和建设管理工作。2003年1月23日,扬州市建设处批复成立"扬州市南水北调三阳河潼河宝应站工程高邮市、宝应县建设处",作为项目法人现场管理机构,主要负责相应市(县)境内的征地拆迁、影响工程的实施,并配合河道、桥梁工程的建设。

省委、省政府和扬州市委、市政府高度重视南水北调工程建设。2003年5月4日,省水利厅专门印发《江苏省南水北调三阳河潼河宝应站工程建设管理办法》。

扬州市人民政府成立由市长季建业任组长,副市长潘湘玉、市政府秘书长陈勤任副组长的南水北调工程建设领导小组,成员包括市发展与改革委员会、水利、财政、交通、国土、环保、公安、广电、电信、电力、建设、纪检、监察等职能部门及各县(市、区)主要负责人,负责工程建设的统一管理和协调工作。

2002年12月27日上午,南水北调三阳河潼河宝应站工程开工典礼在宝应县夏集镇境内举行。江苏省委书记回良玉为工程奠基石揭碑,江苏省委副书记、代省长梁保华代表省委省政府作重要讲话,省领导陈焕友、曹克明、许仲林、赵少麟、吴齐、顾惠琪、张长胜等出席开工典礼,开工典礼由副省长吴瑞林主持。江苏省水利厅厅长黄莉新汇报工程建设准备工作情况。

三阳河潼河宝应站工程由江苏省水利勘测设计研究院有限公司、扬州市勘测设计研究院有限公司设计。工程开工以来,建设处严格执行国家基本建设程序,扬州市负责实施的征地拆迁安置、河道工程、桥梁工程、沿线影响工程和水土保持工程等五大部分,共分73个标段,其中监理标段 21 个,施工标段 52 个。按既定的招标计划,均采用国内竞争性公开招标,圆满地完成各阶段的招标任务。工程施工监理单位为上海宏波监理公司、江苏苏源监理公司等 7 家单位。工程由浙江、山东和江苏共 15 家水利建设公司中标施工。江苏省水利工程质量监督中心站和扬州市水利工程质量监督站联合成立南水北调三阳河潼河宝应站河道工程项目监督站,负责工程的质量监督工作。

南水北调三阳河潼河宝应站工程的征地拆迁安置工作涉及到高邮市、宝应县 7 个乡镇,34 个行政村,涉及企事业单位 54 个,占地 1.5 万亩,工程影响居民 1325 户,搬迁人口 5750 人。拆迁房屋 17.41 万平方米,迁建输变电线路 107 条,通讯电缆光缆 234 条,征地移民投资 3.96 亿元,从 2002 年 12 月开始,到 2005 年 10 月底结束。

河道工程由三阳河、潼河组成,全长 45.45 公里。其中三阳河南北走向,本期工程三阳河按输水能力 100 立方米每秒自三垛向北延伸开挖,长 29.955 公里,设计规模底宽 30 米,底高程 –3.5 米(其中三垛镇区段按二期规模一次到位,底宽 50 米,河底高程 –5.5 米);潼河东西走向,东起杜巷与三阳河相接,西至京杭大运河,全长 14.26 公里(其中宝应泵站枢纽段 1.2 公里),设计规模底宽 30 米,底高程 –3.5 米,本期工程按输水能力 100 立方米每秒平地开挖。考虑到二期实施,本次河

潼河

道开挖一侧弃土,其中三阳河弃土区位于河道东侧,潼河位于北侧。

为方便三阳河、潼河的工程管理,并结合改善当地的交通条件,江苏省三阳河潼河宝应站工程扬州市建设处组织实施管理通道工程。该工程位于三阳河东侧、潼河的北侧,工长近50公里,路面采用泥结碎石路面(局部段采用混凝土路面),路基宽6~7米,路面宽4~4.5米,路面顶高程5.5米。该工程于2004年11月20日开工建设,2005年12月25日完工,并于2006年3月28日通过完工验收。河道工程投资2.23亿元。

宝应站枢纽工程位于宝应县范水镇境内,工程内容包括主体工程、上游清污机桥、下游淮江公路桥、灌溉涵洞和上下游引河。该工程作为南水北调工程的水源工程,其主要作用是与江都站共同组成第一级抽水站,以满足南水北调规划确定的东线一期工程抽江水500立方米每秒北送的要求,并可结合抽排里下河地区涝水。该站工程设计规模100立方米每秒。配套电机功率3400千瓦,总装机容量13600千瓦。宝应站枢纽工程于2003年9月开工建设,2005年4月13日水下工程通过阶段验收,2005年8月底机电设备安装结束,同年10月9日通过江苏省南水北调工程建设领导小组办公室组织的试运行验收。2005年11月8日,移交代管单位——江苏省江都水利工程管理处管理。整

宝应抽水站　　　　　　　　　　　　　　摄影:缪宜江

三阳河潼河宝应站工程位置图

个宝应站工程挖填土方 138 万立方米,浇筑混凝土 2.72 万立方米,工程总投资 1.4 亿元。2006 年 7 月 1 日投入正式排涝运行。

河道的拓浚和平地开挖切断原有干线公路和众多县与乡、乡与乡之间的一般公路,隔断沿河两岸人民的交通。本着尽可能恢复现有交通,不影响当地群众的生产和生活,需拆迁(新建)跨河公路桥及生产桥计 23 座(含按照规划已建成的高兴东公路桥和京沪高速公路潼河大桥)。其中,高邮市境内 14 座、宝应县境内 9 座,工程概算投资 8526 万元,均由江苏省三阳河潼河宝应站工程扬州市建设处组织实施。工程于 2003 年 6 月 1 日开工建设,至 2005 年 4 月 30 日完工,并于 2005 年 6 月 9 日全部通过交工验收。跨河桥梁工程的全部建成,既恢复了沿线原有的交通体系,又改善了该区域的交通条件。共完成公路桥 6 座、生产桥 17 座。公路桥设计荷载汽 –20,挂 –100;生产桥设计荷载汽 –10,履 –50。

为防止河道工程弃土区的水土流失,美化工程沿线的环境,在三阳河、潼河河道主体工程完工后,江苏省三阳河潼河宝应站工程扬州市建设处实施水土保持工程。主要包括:45.45 公里河道绿化工程,新建 23 座桥梁工程,沿线影响工程,高邮市三垛镇拆迁安置小区绿化,三阳河管理所、潼河、宝应站绿化,共计 240 项。根据土壤的性质,栽植不同的地被植物和树木,保证水土保持的效果。地被植物以白三叶、马尼拉、云南黄馨、香根草等搭配种植;迎水面以垂柳、花灌木、大叶冬青、夹竹桃等搭配栽植,弃土区顶面以银杏、水杉、意扬等经济树木搭配栽植。

整个绿化工程于 2004 年 4 月开工实施,至 2006 年 5 月完工,总投资 2663.72 万元。

南水北调三阳河潼河宝应站工程的实施,对工程沿线原有的灌溉交通体系均产生明显影响,为保证沿线地区正常的生产生活,在主体工程实施的同时,组织实施影响工程。沿线影响工程按占一补一、确保运行、不留后患的原则进行布置。重建、改建沿线影响工程各类小型建筑物共 240 项。整个影响工程与主体工程同步,从 2003 年 4 月开工建设,于 2005 年 11 月全面结束。

三阳河工程实施中到该处查勘、调研、视察的有时任国务院副总理温家宝、曾培炎,水利部部长汪恕诚、水利部副部长侯捷、索丽生、张基尧,江苏省委书记李源潮、江苏省省长梁保华、江苏省委副书记张连珍、江苏省副省长黄莉新,国务院南水北调工程建设委员会办公室副主任孟学农、国务院南水北调办公室副主任宁远,江苏省九届人大常委会主任陈焕友、副主任俞兴德、王霞林、俞敬忠、省水利厅厅长吕振霖等。

建设中的南水北调高邮八桥补水站

百里江堤达标建设

陈恒镍　刘金生

扬州地处长江下游,位于长江北岸冲积平原,江岸自西向东逐渐延伸,每临汛期,"涨潮一片浪,落潮一片滩"。筑堤挡潮,就成为各个朝代增加土地,发展农业生产,保障人民生活安全的大事。历史记载,明代开始重视江堤修筑,永乐元年(1403)修江都县河东等乡及永贞沙沿江圩岸。十年仪征修筑缘江堤岸,成化八年(1472)修筑瓜洲堤岸。清代江堤屡修屡损的现象严重,决堤也时有发生。道光十四年(1834)江都、仪征等县潮汐泛滥,冲破圩堤,外圩及部分内圩被淹。光绪二十五年(1899)六圩首次退建江堤。民国10年(1921)大水,次年春江都修筑江堤。1931年大水后,次年春大修仪征、江都江堤。1933年因江水早涨,又大修仪征、江都江堤。1936年仪征、江都再修江堤,六圩退筑护堤。到1949年底,仪征江堤堤高1.0米,顶宽1.0米;江都(今邗江、江都)堤高4.0米,顶宽2.5~3.0米。江堤矮小,难御洪水。

新中国建立后,根据水情变化,沿江各县对长江堤防进行过多次整修加固,不断提高防御江汛、潮汐的能力,但江堤的达标建设任重而道远,直到2003年才真正实现了百里江堤建设全部达标,江堤基本达到50年一遇防洪标准。

扬州境内长江从宁扬交界处仪征市小河口,经仪征市、扬州市区(邗江区、开发区)、江都市,在江都立新涵进入泰州,干流全长80公里,现已形成防洪堤防114.6千米,其中主江堤74千米,闸外港堤40.6千米,沿江建有大中小涵闸站 104 座。长江流域面积 1766 平方公里,分属镇扬、扬中河段。新中国建立的 1949 年就发生大水,次年由江苏省长江下游工程局修防处设计,经苏北行署批准,组织丘陵岗区群众支援沿江圩区,堤顶高程按 1949 年最高水位加超高 0.5~1.0 米,顶宽 2~3 米,外坡 1：3,内坡 1：2,进行重点培修、加固江堤。1954 年大水,大通来量 92600 立方米每秒,三江营水位达 5.85 米,出现了长江历史最大来量和最高潮位,江港堤防全部遭到严重破坏。1955 年,长江下游工程局修防处提出复堤标准,经江苏省水利厅批准,江堤标准顶高程按 1954 年最高洪水位加 9 级台风风浪高 1.24 米,再加安全超高 0.5 米,顶宽 3~4 米,外坡 1：3,内坡 1：2~3。1955 年冬进行了全面培修加固。1971 年扬州地区革命委员会水电处决定,提高长江重点堤段标准,按 1954 年最高水位加超高 1.0~1.5 米,顶宽 3~4 米,内外坡比不变,加固江堤,邗江县筑华家宵、小虹桥、扇子圩大坝,江洲联圩,缩短防洪堤线。1974 年大潮,三江营以下出现超历史的最高潮位。1975 年扬州地区防汛防旱指挥部提出新的修堤标准,堤顶高程按 1954 年最高洪水位加超高 1.5 米,顶宽 3~5 米,内外坡比不变,冬季进行了全面加固。1981 年根据水电部《把水利工作的重点转移到管理上来》的精神,在地区防汛会议上确定,结合提高江堤标准,开展综合经营,以加强江堤管理。具体要求:江堤顶高程按 1954 年最高洪水位加超高 2.0 米,顶宽 5.0 米,内外坡 1：3。1983 年大通来量 74500 立方米每秒,比 1954 年最大来量少 18100 立方米每秒,而水位接近 1954 年最高水位,泗源沟仅低 0.02 米,三江营低 0.08 米。因此,市水利局根据长江流域规划办公室的长江水位流量关系曲线,调整了设计洪水位,并提出加固堤防按设计洪水位加超高 2.0 米的标准,顶宽结合滨江公路的不小于 6.5 米,背水坡下脚留 15 米护堤地,结合综合利用,迎水坡外留 20 米植防浪柳。到 1987 年,江堤顶高程达到超高 1.5 米以上的长度不足 50%,其中达到超高 2.0 米长度的只占 10% 左右。1996 年汛期长江出现建国以来最高洪水位,三江营达 6.27 米,超 1954 年 0.42 米,市水利局于 10 月发出《关于下达长江、淮河入江水道圩区堤防达标工程的通知》,要求各县市从

1996年冬到1999年春三个冬春完成堤防达标工程计划。1997年春节前,市政府专门召开了长江堤防达标建设会议,要求进一步统一思想,加大加快江港堤防达标建设力度。随着改革开放,走向市场经济时代,没有财力支撑,已很难动员农民再像以前那样出工挑土加固堤防了。然而,从1996年至1999年,长江连续四年出现大洪水,特别是1998年流量之大,潮位之高,持续时间之长均令人瞩目。虽经全体军民严防死守,未造成大的灾害,但已是险象环生,水毁严重,影响了正常的社会生产秩序,付出了很大的代价。据统计,四年中累计发生坍江17次,坍失面积11.5万平方米,堤身严重渗漏近20处,涵闸出现重大险情3处,70%以上的涵闸靠打坝封闭度汛,外江堤决口2次,受淹农田鱼塘1100亩,340间民房进水,并直接威胁主江堤安全。

连年的长江大洪水,中央和省委、省政府及时作出了加快长江堤防达标建设的决策部署,扬州市长江沿线水利部门在省水利厅的领导下,积极开展前期工作,抓好项目的落实,开始了大规模的江堤达标建设。按《长江流域综合利用规划简要报告》(简称长流规)确定的设计水位作为设计标准。这一设计标准大抵相当于20世纪90年代初工情、水情条件下,洪潮和台

扬州江堤　　　　　　　　摄影：缪宜江

仪征十二圩附近江堤

风增水影响的 50 年一遇水位。江堤设计等级为 2 级堤防,复堤标准:主江堤堤顶高程为"长流规"设计水位加超高 2 米,即 9.9~8.5 米,堤顶宽为 6 米,内外坡比均为 1:3。考虑到堤防工程现状,对堤顶宽达到设计标准,仅堤顶高度相差较小的堤段,堤顶建挡浪墙。闸外港堤标准堤顶宽为 5 米,超高 1.5 米。工程自 1997 年开始,2003 年全面完成。全市完成堤防加固土方 268 万立方米,新做护坡 77.5 千米,建挡浪墙 37.8 千米,维修加固小型建筑物 93 座,堤防灌浆 89.7 千米及必要的管理设施。除险加固仪征泗源沟套闸、仪征十二圩抽水站、江都通江闸、江都河口闸、拆建仪征泗源沟节制闸、仪征土桥抽水站、仪征胥浦河节制闸、瓜洲水利枢纽等。特别是 9 座中型建筑物的拆建或除险加固,把沿江中型建筑物都重新翻修过一遍,提高了防洪标准,确保了重点建筑物的防洪安全。新建护岸 4.05 千米,新建护坎 3.28 千米,加固护岸 1.7 千米,抛石 49 万立方米。累计完成投资 5.1 亿元。百里江堤的达标建设,终于使沿江地区形成了以主江堤、闸外港堤、水下护岸工程和穿堤建筑物为主的防洪体系,防洪标准基本上达到 50 年一遇。

战胜 2003 年淮河大洪水

张东培

　　2003 年汛期,淮河流域发生 1954 年以来最大洪水,位于淮河下游的扬州市淮河入江水道的高邮湖出现超历史、超设计洪水位,里下河地区发生 1991 年以来最为严重的涝灾,沿江丘陵山区、扬州市区遭受特大暴雨袭击。特别是在高邮湖出现超历史、超设计洪水位的情况下,无溃口,无决堤,无伤亡,把灾害损失减轻到最低限度。

　　2003 年春节后,扬州市降雨就偏多。进入汛期后,5~9 月份全市降雨 834~1100 毫米,平均降雨量 994.7 毫米,为 1991 年以来最大降雨量。6 月 21 日入梅,7 月 13 日出梅,梅雨期 22 天降雨量达 467~689 毫米。降雨范围广、雨量大。全市平均梅雨量 547 毫米,最大宝应站梅雨量达 689 毫米,为全省之冠。降雨又相对比较集中,6 月 26 日至 7 月 10 日,出现 7 次暴雨过程。沿江丘陵山区出现历史罕见的特大暴雨。7 月 4 日 19：30 至 5 日 14：30,扬州市沿江丘陵山区陡降特大暴雨,最大的仪征泗源沟站 19 小时降雨量达 305.2 毫米,扬州城区 19 小时降雨量达 233 毫米,为扬州市近 50 年未有。

　　淮河入江水道三河闸从 6 月 28 日开始泄洪,7 月 13 日实测最大泄量达 9270 立方米每秒,比 1991 年最大泄量多 820 立方米每秒。由于淮河洪水来势凶猛,加之又遇本地连日暴雨,位于淮河下游的扬州市淮河入江水道高邮湖水位直线攀升,连破历史记录。7 月 13 日创历史新高,达 9.52 米,超过设计防洪水位 9.50 米,形势极为严峻。

里下河地区，自 6 月 29 日至 7 月 10 日止，连降 7 场暴雨、大暴雨。短短的 12 天时间里，里下河地区平均降雨达 482 毫米，加之整个里下河地区上抽下排出路不足，圩内排涝动力增加，排水速度加快，及湖荡滞蓄能力减小等因素影响，一遇暴雨，水位猛涨。7 月 1 日高邮三垛水位一天就上涨 0.52 米，7 月 10 日三垛水位涨至 3.30 米，仅比 1991 年最高水位低 0.16 米，12 日宝应射阳镇水位达 3.39 米，超 1991 年历史最高水位 0.06 米。汛期仅 7 月份，入海四港就排里下河涝水 43 亿立方米，江都、高港抽水站抽排里下河涝水 18.4 亿立方米。由于 6 月底 7 月上旬连日暴雨，里下河水位涨得快，降得慢。持续 3 米以上里下河水位，高邮三垛达 10 天，宝应射阳镇达 14 天。里下河圩堤全面告急，险情频发，出现 1991 年以来最为严重的涝灾。

丘陵山区，自 6 月 21 日入梅后，降雨相对增多。7 月 4 日前，水库蓄水位就基本达到汛限水位。7 月 4 日晚至 7 月 5 日下午，沿江、丘陵山区突降高强度特大暴雨后，仅扬丘陵山区水库全部敞开泄洪，大部分水库溢洪水头超过 1 米，中型月塘水库最大溢洪水头达 1.5 米以上。部分仪扬山洪汇流后直入仪扬河、古运河，导致仪扬河、古运河水位迅猛上涨。7 月 5 日，仪扬河泗源沟站水位达 7.22 米，超过 1991 年历史最高水位 0.28 米，并倒灌扬州城区。当时扬州城区西北部山圩之间没有防洪圈，丘陵高地洪水四处漫溢，致使扬州市区内涝积水严重，仪征城区多处低洼地段也严重积水，积水最深处达 1.5 米。

面对超历史特大洪涝，市委、市政府主要领导同志几乎每天白天都深入防汛抗洪一线，检查指导防汛抗洪工作，晚上赶到防汛指挥部，分析会商汛情，研究部署防汛抗洪工作，紧急动员，全民发动，全力抗灾。由于领导高度重视、靠前指挥，科学冷静应对，各项防汛抗洪工作井然有序，社会秩序安宁。经过 20 多天的日夜奋战，先后投入 119.1 万人，上堤巡逻人数 19.6 万人，抢险人数 35.5 万人，部队官兵 1691 人；投入抗灾柴油机、电动机等排涝动力 21763 台，42.6 万千瓦，耗用柴油 9280 吨，耗用电力 3806.5 万度，以及草包、编织袋、木桩、铁丝等大量物资，确保了江、河、湖大堤安全，最大限度地减轻了损失。

高邮湖西抗洪纪实

阚成法

高邮湖地跨江苏省高邮市、宝应县、金湖县和安徽省天长市,是淮河入江水道的重要组成部分,承泄淮河90%的洪水。高邮市有4个乡镇在高邮湖西侧,习惯上称这一地区为高邮湖西。其中有2个乡镇是三面环湖,极易受灾,是扬州市、高邮市防洪的重点区域。

2003年进入汛期之后,淮河流域上、中游连降暴雨,雨量是常年的2.9倍。7月4~5日,扬州市普降特大暴雨,多处超过警戒水位,市委决定向汛情严重地区派6个工作组参加防汛抗洪工作。

水位:超警戒线、超历史、超设防标准,汛情异常严峻

淮河上、中游大量洪水压境,本地又普降暴雨,高邮湖水位快速上涨。7月5日水位超警戒线,9日晚达到9米,超过警戒水位0.5米。市、县领导看着湖内滚滚下泄的洪水,当即决定所有圩口、险段和病险闸洞涵实行24小时专人把守,圩堤全线用埽把护堤,以防风浪。至10日下午6时,水位升至9.25米,突破1991年最高水位0.04米,圩堤多处出现险情隐患,防汛形势越来越严峻。11日晚9时,水位达9.44米,直逼1931年的历史最高水位9.46米,加之又遇客水、雨水、风浪三碰头,水位有超圩堤设防的9.50米趋势,高邮湖西大堤将十分危险。6500多名青壮劳力和300多名解放军、武警战士坚守大堤,随时准备抢险。

12日晚6时,高邮湖水位涨至9.50米,与大堤设计防洪水位标准持平。可是水位还在不断上涨,到13日上午10时达到9.52米,超历史最高水位 0.06 米,超圩堤设防标准 0.02 米。汛情万分危急,如应对不当,大堤随时都有倒塌的危险。

面对异常严峻的汛情,各级领导高度重视。在抗洪最关键、最紧张的 7 月 11~14 日 4 天时间里,部、省领导先后 6 次深入到高邮湖西大堤,察看汛情、灾情,指导抗洪工作。扬州市委、市政府主要领导一天几次上大堤,单在高邮湖西就先后 3 次召开全市防汛抗洪紧急会议,千方百计动员、组织一切力量投入防汛抗洪,保卫高邮湖西 9 万多人民的生命财产安全。

果敢、无私、无畏,军民齐抢险

由于长时间高水位浸泡,圩内圩外水位差过大(达 4 米多),圩堤和闸涵洞多处出险。7 月 5 日凌晨,村民马福银夫妇在巡堤时发现高排洞险情,随即跳入冰凉的洪水中,夫妇合力及时采取措施,防止了险情的扩大,使高排洞免遭失事。6 日早晨,郭集镇的朝阳闸因里外水位差过大,闸门所受压力失衡漏水。村民李华春调头回家抱来 5 条棉被,用脚趾一点一点嵌入闸门门缝中,止住了闸门漏水。

9 日晚 7 时左右,送桥镇红马圩出险。警报一响,附近的群众、突击队员、砖瓦厂的留守工人两百多人扛着铁锹、拿着编织袋、抬着木桩赶到出险堤段。有的跳入水中打桩,挖土、运土、扛抢险物资,众人各司其职,整个现场高度协调,几百人的抢险现场只听到"快!快快!快快快!"的催促和"小心!小心小心!小心小心小心!"的提醒。经过将近一夜的奋战,险情基本得到控制。

10~11 日,郭集大圩朝阳闸、毛港闸和送桥镇的机关圩、李古圩、明庄圩及菱塘薛尖圩等多处出现险情,抢险全面告急。在这最紧要关头,南京军区舟桥旅和武警部队及时赶到,投入抢险。解放军的到来极大地增强了广大人民群众防汛抗洪的信心和决心。在抢险的过程中,一名战士脚被芦苇根戳了个洞,还扛着近百斤的土包快步如飞。他身后每个脚印里都有滩鲜血,战友把他拖下来,他自己还不知受伤了,在场群众感动得直掉泪。险情刚解除,解放军顾不上休整,又连续作战组织力量对 3000 多米重点堤段护坡进行了全面加固和提升。13 日晚 6 时,高邮湖水位开始缓慢回落。

一方有灾八方支援,有序、快速、顺利转移

针对高邮湖的水位、雨情、险情和淮河上中游汛情,为了确保人民群众的生命安全,高邮市政府决定7月10日启动第一批转移方案。先将老弱病残幼转移到安全地带,成立社会稳定、交通运输、卫生防疫、灾民安置、后勤保障、宣传组织六个小组,明确了各组的工作职责和时间要求(10日晚6时完成第一批转移),强调组织纪律。

天山镇接到安置任务后,一边忙自身的抗洪,一边忙灾民的安置。只用了几小时就落实好天山初中、中心小学、夏庄小学、南茶小学四个安置点,安置1000多人。邻近的邗江甘泉、仪征大仪等乡镇主动伸出援手,安置400多名灾民,并在生活、治疗、防疫等方面作了妥善、周到的安排。

在顺利完成第一批转移安置任务的同时,所有青壮劳力全在圩堤上,死守大堤。雨还在下,上游来水量还在增加,水位还在上涨,已近设防标准,在不得已的情况下,启动第二批转移预案。到12日晚,2.2万人全部有序、快速、顺利、安全转移到位,圩堤上留下专业人员和解放军官兵,进一步死守大堤。

在抢险中,南京军区捐献了大量的抢险物资,社会各界捐献大量生活必需品和资金。结果是未倒一圩、未死一人,圩外一片“白”,圩内一片“绿”。

1996年汛期,高邮郭集圩农民打迎水硪夯实堤坡
摄影:徐炳顺

水旱风灾 60 年

徐炳顺

自古以来,洪、涝、旱等自然灾害,经常扰乱人们的生产、生活,对社会进步造成巨大的阻碍。尤其在大规模经济建设、水土资源的开发利用、人口不断增长和高度集中、生命线工程迅速发展的今天,比以往更容易毁于灾变之中。

由于地理位置的固定性,气候的多变性,灾害的不确定性,防大灾的脆弱性和抗灾的艰巨性,也由于对未来天气、水情还不能做到准确预测、预报,洪涝旱灾害时有发生。局部性的洪、涝、旱灾害几乎年年都有,有的年份旱涝兼有,只是轻重程度不同而已。造成扬州市洪、涝、旱灾害的主要因素有长江及淮河洪水、气候多变、降水丰枯、梅雨、台风等。

长江洪水

长江在南京市东下扬州市,经仪征市、邗江区、经济技术开发区、江都区出境达泰州市,岸线长 80.5 公里,是全市主要引水源地和排水通路。但它的洪水、泥沙、潮汐、江岸塌坍常给沿江地区带来灾害。为御洪水,筑江堤,建引排涵、闸、站,以及疏浚主要河道。主要通江口门自西向东有胥浦河、仪扬河、瓜洲运河、京杭运河、淮河入江水道、大桥河等。

长江平均年径流量 1 万亿立方米,1954 年大通站发生的历史最大流量是 92600 立方米每秒,最枯流量 4620 立方米每秒,年平均流量 29500 立方米每秒。由于受季风气候影响,水位、流量夏丰冬枯差异悬殊较大，1、2月份最低，3、4月开始回升，夏秋多雨，水位高涨，最高水位常在7、8月，大通站流量一般在40000立方米每秒以上，三江营最高潮位5.85米，最低潮位负0.82米。

长江频繁出现洪水，1954年出现全江性洪水，大

1998年长江洪水

通站流量达92600立方米每秒。该年大通站从4月中旬开始回涨，8月达最高，直到12月份才退尽，当年沿江各县几乎全部破圩陆沉。大通站在1995年出现74500立方米每秒，1996年出现75000立方米每秒，1998年出现81700立方米每秒，1999年出现83900立方米每秒。这几个年份集中性的洪水，对全市沿江地区都有重大威胁。

长江受海洋潮汐影响十分明显，扬州市沿江处在潮流区，又东濒大海，风暴潮同临再与上中游洪水相遇，极易溃堤成灾。三江营最高潮位：1954年5.85米、1983年5.77米、1995年5.46米、1996年6.27米、1998年5.85米、1999年5.69米，常使三江营以西沿江农田失去自排机会，形成内涝。长江在每年入梅前，往往潮位低，沿江各闸引不进水，逢夏栽用水高峰期，水源普遍不足，形成干旱。入梅后，江、淮同时进入雨季，本地水多，上中游来水又多。若再遇潮位回涨，高潮位顶托上中游洪峰，易形成外洪内涝。扬州市境内最高潮位最早出现在5月份，最迟出现在9月份，7~8月份出现高水位的机会为76%，汛期很长，长江汛期有些年份直至10月份。

长江常年输沙量达4.8亿多吨，大部分入海，少部分淤积在沿江河港外侧。水流对沿江河港外侧既淤积，又冲刷，使境内长江河床弯曲多变。仪征市十二圩、土桥翻水站引河经常要组织清淤。

长江沿线汛期极易发生江岸强烈崩坍。1981年8月17日，江都县东二号坝引坝坍失长185米，坍失坝两侧面积4万多平方米，1982

年修复二号坝,1983年8月20日再次坍塌。同时小桥口坍塌长150米,王圩发生窝崩,1984年7月21日东一号坝到西一号坝之间出现罕见的连续强崩,长达63小时,坍失土地173亩,使234户人家遭灾。1993年7月3日,扬州港(5号坝到6号丁坝之间)发生严重崩坍,一直持续到7月4日上午,坍宽250米,最大坍进90米,给港区建设造成损失。

淮洪过境灾害

历史上扬州市受淮河洪灾十分严重,它多属暴雨洪水,河道宣泄能力小,源短流急,水势汹猛,洪水比较频繁。淮河年平均径流量是459亿立方米。三河闸最大泄洪流量10700立方米每秒,水少时,三河闸关闸断流。入江水道高邮湖最高水位1954年9.38米,2003年9.52米,给沿线防洪带来巨大压力。高邮湖最低水位,湖底干涸,农田缺少灌溉水源,增添抗旱的难度。归江河道多弯曲,冲坍又多,一旦堤防溃决都会有较大的损失。

淮河洪水一般发生在暴雨集中的6~9月,6月中旬至7月上旬是梅雨季节,往往出现持续暴雨、洪水。7~8月全流域都会发生洪水,9月份较少。汛期中常与长江洪水同频率遭遇,形成江、淮并涨的局面。建国后,1954年最为严重。淮河入江水道在排洪时,常受长江潮汐影响,每遇高潮,泄量减少,不仅使邵伯湖短时水位涌高,还使扬州城区增加防洪压力。新中国建立以后三河闸泄量1954年最大达10700立方米每秒,1991年达8450立方米每秒,2003年达9420立方米每秒,2005年达8290立方米每秒,均一度给沿湖地区防汛带来巨大压力。

淮河余洪又是丘陵区的重要水源。淮河曾以水害而闻名,洪水为患频繁。汛末拦蓄淮河部分洪水,也是高邮湖、邵伯湖以西的高邮、仪征、邗江、维扬、

1978年大旱,高邮湖湖底朝天,高邮御马头水位站的水文人员站在水尺面前望旱兴叹

拍摄时间:1978年10月20日　　　　摄影:吴惇

广陵和江都通北高地农田灌溉、水路航运、城市用水的主要水源。

气候多变

扬州市属亚热带气候湿润区,季风显著,四季分明,东距黄海较近,受海洋气候影响,雨热同季,本地雨季同江淮上中游来量同遇。年均降水量在 1023.9 毫米左右,年际之间悬殊较大,丰水年最大降水量 2013 毫米(三垛,1991 年),枯水年最小降水量 485.2 毫米(宝应,1994 年)。扬州市降水量 70% 集中在汛期 5~9 月,7~9 三个月尤为突出,极易形成内涝。各月各地之间很不均匀,1991 年 7 月,三垛达 788.5 毫米,同期高邮只有 18.1 毫米,易生彼旱此涝。

扬州市蒸发量年均 980.3 毫米,最大 1119.2(1965 年)毫米,最小 852 毫米(1980 年)。从降雨与蒸发情况来看:1~2 月,两者基本接近;3~4 月,蒸发量大于降水量,易发生春旱,对三麦、春插有影响,但威胁不大;5~6 月,进入用水高峰,蒸发量大于降水量,7~9 月降水量大于蒸发量,易发生内涝,亦有发生秋旱,对秋播和出苗有一定影响;10~12 月,蒸发量大于降水量,易发生冬旱。由于地形高低不一,河网蓄水量有限,地面径流利用率低,从全年水情来说,大多数时间要注意蓄水保水,调节引进水源,7~9 月要注意防涝。

梅期暴雨

暴雨是短时间内的大气降水现象,也是形成扬州市低洼圩区内涝的主要影响因素。特大暴雨危害尤大,一场暴雨,短则几分钟,长则 6~7 天以上。1984 年 7 月 20 日,邗江县大官桥 5 小时降雨 270 毫米,破坏较大,人畜均有伤亡,房屋倒塌,物资有所损失。梅雨是由大气环流调整,造成阴雨连绵和暴雨集中。暴雨分布不均,暴雨强度一般比台风暴雨要小得多,但时间长,造成洪涝灾害一般比台风大。1954 年江淮流域梅雨持续 50 多天,又与江淮洪水遭遇,受灾面之广、时间之长,为历史罕见。梅雨期潮湿、多阴雨、暴雨频繁,正是农业生产的关键时刻,梅雨的发生早迟,历时之长短,雨量之多寡,对全市洪、涝、旱关系极大,易形成洪涝夹击。梅雨中的暴雨往往突发,集中而又持续。

扬州市梅雨一般发生在每年的 6 月 18 日 ~7 月 10 日,平均梅期

1994 年大旱时,施桥翻水站开机向邵伯湖补水
摄影:徐炳顺

23 天。新中国建立后,梅期最早开始日是 1956 年 6 月 3 日,最迟开始日是 1951 年 7 月 6 日。梅期最早结束日是 1961 年 6 月 16 日,最迟结束日是 1965 年 8 月 5 日。梅期最长是 1954 年,为 49 天。有的年份出现两段梅雨,如 1974 年。少数年份形成"空梅",如 1978 年、1992 年。梅雨期降水量平均 231 毫米,占全年总量的 23%。最大的年梅雨量 765.7 毫米(1954 年三江营)。由于梅雨量集中,往往易造成涝灾,如 1972 年、1975 年通南地区发生的"7·3"、"6·24"暴雨,造成损失很大。近年来里下河局部地区受涝较重,也是因梅雨后期雨区北移发生的。1983 年 7 月 20~22 日,高、宝部分地区和 1985 年 7 月 16 日后宝应北部受涝均源于此。梅雨发生早迟或空梅,不仅对夏收有影响,还直接影响夏栽水源,1978 年空梅,使全市旱情超过民国 18 年(1929)。1994 年、1999 年、2001 年、2002 年、2004 年、2005 年梅雨发生迟,给夏栽带来灌溉水源困难。

台风暴雨

台风过境每年都有,每次历时很短,不一定形成灾害,一旦成灾,损失很大。台风主要发生在 7~8 月,这段时间是农作物的重要生长季节。台风对扬州市影响最早在 6 月份,最迟的在 11 月,以 8、9 月最多。平均每年 1 至 2 次,1950 年、1962 年影响较多,分别为 4 次和 5 次。对全市影响较大的 1953 年 9 月 1~3 日的台风,全市暴雨,扬州降雨 278.5 毫米。1956 年 8 月 29 日至 9 月 1 日的 4 号台风,降雨 76~126 毫米;

1962 年 8 月 31 日~9 月 3 日的 13 号台风,里下河地区大面积暴雨 40~400 毫米,接着 9 月 15~18 日,14 号台风再袭,全市暴雨,里下河降雨 146~166 毫米,暴雨中心在溱潼,日雨 339.6 毫米,里下河 270 多万亩农田受涝(含今泰州市部分),严重减产。1965 年 8 月 19 日至 22 日 13 号台风,全市暴雨,扬州 353 毫米,里下河 133~248 毫米;1966 年 9 月 9 日的 15 号台风,全市暴雨 80~203 毫米。也有台风经过扬州时并无影响,1987 年 7 号台风中心途经泰兴,既无雨,风亦不大。

2005 年麦莎台风高邮市菱塘小堰护坡塌陷

2007 年 9 月 6 日下午 5:45,高邮湖面上的卷龙风

　　扬州市夏季雨涝主要是梅雨期雨暴引起。8 月中旬后多由台风引起。全市性雨涝有 1954 年、1962 年、1969 年、1991 年、2003 年,其中以 1954 年、1969 年、1991 年和 2003 年为大,其次 1965 年、1972 年、1975 年也较重。1965 年宝应县 22 天,降水 746.6 毫米,为历史罕见,造成严重雨涝。这一年也是旱涝急转,6 月 3 日降雨"嫌少",7 月 1 日"正好",7 月 2 日"不得了"。当年里下河涝情很重,"三车六桶"都用于排涝。1990 年有 9015 号、1997 年有 9711 号、2005 年有 0509"麦莎"、2005 年有 0513"卡努"台风过境,暴雨大风,造成严重灾害。

　　江、淮洪水,台风、暴雨、天文大潮同时相遇,或其中两个以上相遇,都是扬州市防汛工作难度最大的时刻。扬州市的防汛防旱工作既要防江淮洪水,也要防台风、暴雨、潮汐交互为害,更要注意旱涝急转。

人水和谐看扬州

——水利部陈雷部长考察扬州水利工作纪实

傅桂明

春回大地,万物复苏。2008年2月21日下午,水利部陈雷部长专程来扬考察,对我市水利工作给予高度评价。他指出,为政之要在于治水,扬州近年来水利工作所取得的成绩很好地体现了这一点,积累了许多好的理念和做法。省委常委、副省长黄莉新,省水利厅厅长吕振霖、市委书记季建业陪同考察。

陈雷部长一行考察了沿山河工程。沿山河工程是我市重要的截洪、行洪河道,既是丘陵山区与平原圩区治理的重要区域性工程,又是城市防洪工程体系的重要组成部分,规划与乌塔沟分洪道共同组成城区北部、西部城市防洪圈。工程自2005年底建成后,每年汛期都充分发挥了防洪效益,同时优化了扬州城区的生态环境。陈雷部长在沿山河现场听取乌塔沟和治淮工程有关工作情况汇报后表示,扬州为淮河抗洪作出了贡献,应予以支持。

陈雷部长一行考察了古运河城区段。古运河在我市城市水利建设中可圈可点,近年来,我市先后投入10多亿元进行综合整治,不仅恢复、提高了河道送水和沿线挡洪能力,而且打造出了沿河两岸景观和文化内涵,古运河成为集防洪、排涝、灌溉、通航、文化旅游等功能于一体的"人文生态繁华欢乐之河"。在古运河工程现场,陈部长提出了古运河管理体制、工程的投入、整治后城区的防洪标准等问题,在听取市水利局李春国局长的回答后连连点头,并强调看了扬州城市水利后,感到"很高兴"、"很振奋"。

当晚,水利部陈雷部长还出席了《中国水利志丛刊》首发仪式,与江苏省委常委、副省长黄莉新、扬州市委书记季建业共同为新丛刊揭牌。《中国水利志丛刊》由我市广陵书社出版,一套70册,主要收录包括同类丛书未出版过的我国古代水道、河防、江防等方面的论著90余种,具体包括水利总论、各省水道考说及具体河道的研究著作。其价值不仅在于水利文献本身的资料价值,还在于编者通过辑佚与文献整理所具有的版本价值,对水利历史文化的研究和今后的水利工作具有重要的参考和借鉴意义。陈雷部长在首发仪式后欣然题词:"为政之要在于治水。"

晚上,陈雷部长还考察了瘦西湖活水工程。投资近2亿元打造的瘦西湖活水工程是我市景观水利的又一个大手笔。泛舟湖上,水波清澄,花木扶疏,亭台楼榭,错落有致,让人感觉独具风韵。季建业书记在陪同游览时,全面汇报了扬州水利工作情况。他说,水是人与自然和谐相处的最佳体现,我市将在部、省的支持下,进一步加大治水力度,使扬州永无水灾之虞。

听了季建业书记的汇报后,陈雷部长非常高兴。他说,这几年扬州水利工作发展很快,城市防洪标准得到进一步提高,水资源调配能力得到增强,水利工程管理体制改革完成后,管理水平得到提升。他要求继续做好水利工作,为扬州经济社会发展提供更好的服务。

从锅底洼到米粮仓

陈恒镍

　　过了邵伯，来到里运河东岸，骋目东眺，一马平川，沟渠纵横，公路密布，楼宇林立，绿水环绕。这里就是闻名全国的鱼米之乡——里下河。但这里也曾是历史上有名的多灾多难的重灾区。建国后，经过大力治理，如今已是江苏省的粮仓之一。

　　我们现在常说的里下河地区，西起里运河，东至串场河，北自苏北灌溉总渠，南抵老通扬运河，总面积 13500 余平方公里。今江都区、高邮市和宝应县运河以东地区都属于里下河地区。

　　这一块地区为什么叫里下河呢？提起下河之名，说来它与邗沟运道有着密切的关系。宋代为了解决邗沟运道水源不足，开始筑堤界水，将东西分割开来，于是便有了堤西水位高的叫上河，堤东水位低的叫下河。宋绍熙元年（1190），进士曹叔远在《五龙王庙记》中说到（高邮）清水潭以东"俗号称下河"，可见下河之名起源于宋代。

　　到明万历乙未（1595）年，有位进士陈应芳，家居泰州日涉园（今乔园），他讲究水道的源委与河道的利害，将当时有关水利的奏疏、公文、私信集为一书，名《敬止集》。他重桑梓，各绘为图，其图名有《泰州下河》《高邮下河》《兴化下河》《宝应下河》《盐城下河》。他在该书的附论中说到，明初大治湖堤，以通漕运、盐运，民生赖之。西来之水，冲决湖堤，邵伯湖堤决，先淹泰州、兴化，高邮、宝应次之；高邮湖堤决，先淹高邮、兴化，泰州、宝应、盐城次之；氾光湖堤决，先淹宝应、盐城，

449

高邮、兴化、泰州次之。射阳湖不胜拦蓄,庙湾排泄入海不及,水涨满腹,汪洋一片。这时分黄导淮已经实施,小股淮水经下河入海,下河被水困之势已成定局。

清康熙时,下河西有里运河车逻、南关等归海坝的坝水流入,北与黄淮冲积平原相隔,南有通扬运河水流入,东侧串场河沿线入海口因年久被沙土淤浅,比兴化、高邮河身反高,形成了四面高,中间低,四水归塘的地势。这一范围内有山阳(今楚州区)、宝应、高邮、江都、兴化、泰州、盐城七州县,常称此为下河七州县,又称为之东下河。道光时,州县增多了,包世臣在《中衢一勺·下河水利说》中说到"淮扬运河东岸州县曰山阳、宝应、高邮、泰州、兴化、东台、盐城、阜宁、如皋、泰兴、通州(今南通),其甘泉(民国时废)、江都城在西岸,而地半在东岸,共十州、县。兴化、东台、盐城、阜宁,及高邮、宝应、山阳之东北乡为下河;泰州、如皋、泰兴、通州,及江都、甘泉之东北乡为上河。民国初年,改称为里下河,并相沿至今。

里下河为什么会成为水患连年的重灾区呢?客观上有地势之凹的原因,但也有人为的因素。明末"分黄导淮",里下河开始沦为排洪道、滞洪区。清代为解决淮水出路,在运河堤上修筑了归海五坝,归海坝一开就要淹下河,"庐舍田园,鸡犬老幼,随波尽逝";归海坝不开,运河堤就要决口,运堤决口,漕运难保。漕运是军国大计,下河被淹,苍生涂炭。因此保漕、治水是当时河臣们的重点和难点。康熙初年,通政使高邮人王明德向康熙皇帝上疏,大声疾呼"当今第一急务,莫重于水"。但往往只顾漕运,而丢弃下河。遇到干旱年份,漕运为重,运河闭闸蓄水,不让百姓浥注灌溉,田苗尽枯。

建国初期,扬州里下河地区包括兴化、高邮、宝应和江都、泰县、泰州的部分。这里和其他县一样,内部湖荡多,河港稠密而零乱,坝埂多,行水很不畅通。人们形容旧河网为河多乱无头,水多弯曲流,口宽船搁浅,坝埂塞咽喉。土壤是碱性土,遇水像年糕,落干似石头,土质极易板结,洪、涝、渍、旱、碱等多种自然灾害频发,人们谈水色变。

里下河地区昔日苦在水,如今兴也在水,这是里下河老百姓普遍的感受。这里主要介绍建国后,在流域性大规模治水的同时,扬州里下河地区开展轰轰烈烈圩区治理而跃为米粮仓的概况。

扬州境内里下河地区按地形分为圩区和自流灌区,先谈圩区治理。

建国后,三年恢复时期,首先对原有圩堤进行了加高培厚,填塘固基,消除隐患,逐步提高了抗御洪水的能力,使千百年来洪水漫流的局面逐步得到控制,对恢复生产发挥了作用。合作化以后,进行了联圩并圩,缩短防洪堤线,同时浚河开沟,修筑圩内灌排系统,发展机电排灌,改造塘心田,进行沤改旱,使生产面貌发生了很大变化。20世纪70年代后,以改土治水为中心,大搞农田基本建设,逐步从单项治理向全面规划、综合治理的方向发展,全面解决洪、涝、渍、旱、碱等问题。开挖县级骨干河道,以河定向,调整圩口,开挖农田一套沟,平田整地,建立健全农田灌排系统,配套桥涵闸站,及时排除地表水,控制地下水,控制土壤含水量,建设"三田"(千斤田、双纲田、吨粮田),实现旱涝保收,高产稳产,综合利用,全面发展。1991年大水后,为根本解决里下河洪涝问题,又进行了适当联圩并圩,提高圩堤防洪标准。1992年迅速掀起加修圩堤达标高潮,至1994年全部实现达标要求,结束了圩口堵拆坝的历史,被称为"无坝市"。

加修圩堤,联圩并圩。圩堤是村庄、农田的防洪屏障、排涝的阵地。历史遗留下来的圩子面积小,大部分只有数百亩,甚至有不少百亩以下的鱼鳞小圩。这就带来圩堤堤线长,防洪压力大,修堤土方量大,需要建筑物多,渗水量大,排涝负担重,而且圩内水面积小,不利于水量调节。建国后,各地普遍进行了联圩并圩,把许多零星分散的小圩联成一个个大圩。20世纪60年代发展最快,例如高邮把2063个址圩联成300多个联圩。到20世纪70年代,开河定向,圩口定型,对过大过小的圩口又作适当调整,高邮又将300多个圩口并成225个。到80年代末,里下河圩口从原来一万多个小址圩联成1270个,圩长9366公里,比建国初期缩短防洪圩线2.5万公里。随着里下河地区工情水情的变化,圩堤的标准也逐步提高。上世纪50年代,要求圩堤顶高程一般超出历史最高水位0.3米,顶宽1米。上世纪60年代堤顶高程要求达到

4米,顶宽1.5米。此后各地又不断加固圩堤。1991年里下河发生大洪涝,兴化水位高达3.34米,超过建国后最高水位0.26米;三垛水位高达3.45米。江都、高邮、宝应三县市里下河先后破圩195个,面积2.56万公顷,长时间围水受涝沉圩504个,面积15万公顷。大水后,宝应圩堤顶高程5米,顶宽5米,1:2坡,青坎5米;高邮市按堤顶高程4.5米,顶宽4米,河坡1:3;江都市按堤顶高程4.5米,顶宽3~5米,河坡1:3,进行加修。至2005年底,江都、高邮、宝应三县市里下河圩口,从1988年的579个合并成514个,圩堤总长度从1988年4373公里缩短至4256公里。

遏制湖荡滩地围垦。随着联圩并圩的开展,自1965年以后,湖荡滩地被大量围垦变成农业圩、副业圩,滞涝调蓄的能力大大削弱。高邮湖荡面积由20世纪50年代的101.7平方公里,减少到42.4平方公里;宝应县从264.2平方公里减少到95平方公里。每遇内涝,整个里下河地区排水出路不足,破圩、沉圩时有发生。1981年国务院、省政府发出"不准与河争地和设置阻水障碍"、"不准围湖造田"的通知,扬州市规定1966年以前圈的农业、副业圩河口建网口闸,当兴化水位2.5米时自动滞涝;1966~1978年圈的副业圩,河口建网口闸,在兴化水位2米时自动滞涝;1979年以后新圈的副业圩,河口设网,任何时候不得堵闭;所有副业圩不得再种庄稼,对缓和涝情起了一定的作用。

广建圩口闸。在联圩并圩的同时,20世纪60年代中期,开始兴建圩口闸。70年代初,沤改旱改制基本完成后,为实现内外分开、灌排分开、高低分开,控制内河水位,圩口闸建设速度加快,但那时设计标准低,结构过分简单,加之施工质量差,大部分需要维修,有的已经报废。80年代以后,门型从最初的叠梁门,逐步发展为一字门、人字门、直升门,到2005年的当家门型悬搁门、移门、闸门带泵等多种形式的新型圩口闸。1994年底,江都、高邮、宝应三县市里下河所有圩口口门实现有闸控制,结束圩口堵坝、拆坝的历史。进入21世纪,随着陆路交通特别是农村通达工程的基本建成,水路交通被公路交通代替,导致圩口闸在群众对外交通和圩内外生产活动的作用日渐减小。因此在圩口闸建设与改造过程中，逐步将病险圩口闸改建为圩口涵，不仅投资省，同样具有活水洁水作用，而且在汛期高水位时，在运行管理上要比圩口闸安全方便。

开挖疏浚骨干河道，改造老河网。建国后，陆续形成里下河新的河网。20世纪50年代起，至21世纪初，江都、高邮、宝应开挖的骨干河道有35条；宝应境内有下引河、大溪河、宝射河、向阳河、芦氾河、潼河等18条；高邮境内有子婴河、二里大沟、六安河、横泾河、东平河、北澄子河、南澄子河等11条；江都境内有盐邵河、小涵河、滪汀河、野田河、老三阳河等6条，为灌溉、排涝、航运发挥了重要作用。

建立新的排灌渠系，解放塘心田，实现沤改旱。建国后扬州里下河地区有300万亩一熟沤田，每年只能种一季水稻。为了实现沤改旱，一般先开挖圩内中心河，穿过圩心解放塘心田，作为新水系的骨干河道。两侧生产河，垂直于中心河，呈"丰"字形，圩口大的呈双"丰"字形，圩口小的呈"艹"字形。经过河网改造，田间沟网建设，有效控制田间地下水位，消灭了塘心田，实现了沤改旱稻麦两熟，对农作物增产起到了重要作用。

发展机电排灌。1957年首先在江都的通北高地建成仙女庙电灌区。后来大力发展机电排灌，至1987年，江都、高邮、宝应三县市里下河动力已发展到13.25万千瓦，排涝流量1967立方米每秒。有45%的农田两天能排除日雨200毫米，有25%的农田两天能排除日雨150~200毫米。1991年大水以后，里下河地区增建排涝泵站的速度加快，单1992年就增建3841千瓦，是历年发展最多的一年。至2005年底，三县市里下河圩区拥有排涝动力11.7万千瓦，排涝能力达1858立方米每秒，虽较以前略有下降，但布局更为合理，基本达到"江苏省农田水利建设八条标准"。

再谈沿运自流灌区建设。解放以前，江都、高邮、宝应三县市沿运一带农田灌溉，全赖人畜提水上田，劳动强度大，费用高。1958年起，随着苏北灌溉总渠的兴建和里运河的整治，拆除病闸洞，新建渠首，高邮、宝应、江都陆续建成昭关、车逻、南关、头闸、子英、永丰、庆丰、临城、泾河9个自流灌区,灌溉面积达140万亩。20世纪末,自流灌区工程设施普遍老化,部分运河渠首闸洞病险不断,严重威胁里运河防洪安全。渠道淤浅,堤身低矮倒塌,建筑物老化失修,水源流失和水源短缺现象普遍。为适应灌溉、节水要求和确保运河堤防安全,自1989年起,对9个自灌区的干、支渠首进行加固改造,渠堤加高、防渗,渠坡衬砌。尤其是2008、2009年对灌区渠道进行加固,防渗衬砌,配套改造建筑物,计加固干渠4.2公里,衬砌干支渠77.55公里,改造斗农渠114.6公里,配套改造建筑物821座,总计投资20815万元。其中:中央投资6930万元,省投资4635万元,地方配套9250万元。已改造的地方全都旧貌换新颜。

　　建国后,江都抽水站的建成,为里下河地区的灌溉、排涝发挥了极其重大的作用。近年来中央、省、地方财力的支持,里下河地区的水利设施不断得以改善,才确保了这个地区农副业的大发展、大提高,人民安居乐业,使昔日的锅底洼变成了今日的米粮仓。

昭关自流灌区区首——昭关闸

扬州地处江淮两大流域

徐炳顺

《禹贡》云：扬州（非今扬州，包括今扬州）贡道"沿于江海，达于淮泗"，说明今日的扬州在 2000 多年前，江淮不通。前 486 年邗沟开凿以后，沟通了江淮，只是船通而水不畅流，所以前人说到"扬州之水只受江，而不受淮"。今天扬州境内有两大水系即长江与淮河，那么淮河是怎样进入扬州的呢？这与多变黄河的改道有着密切的关系。

淮河历史上是一条直接由云梯关（位于今涟水县）入海的河道。今淮安市向东到海边的废黄河就是淮河的故道。

黄河是一条多变的河道，据史料记载，4000 多年来大变有六次，小变的粗略统计是 1500~1600 次。明代，黄河全面夺淮，逼淮南下，淮水流进了扬州。

金章宗明昌五年（1194），黄河第四次大徙，河决阳武（今河南原阳县）光禄村东流。黄河的水分为两道，一由北清河即大清河（济水故道）经山东入海，一由南清河即泗水（邗沟过淮河以后的运道）夺淮入海。这是黄河夺淮的开始，虽然黄河的水大半入淮，但还未全部入淮，对扬州尚无影响。就在这一年，淮东提举陈损之认为：高邮、楚州之间，波湖渺漫，菱葑弥满，宜并立堤堰，以为潴泄，庶几水不至泛滥，旱不至于干涸。于是"自扬州江都至楚州淮阴筑堤三百六十里"。筑堤的目的，陈损之明言："水不至泛滥，旱不至于干涸。"并沿线建碴，以"引盱眙、天长以来的众湖之水，起自江都、经高邮及楚州、宝应、山阳，北至淮阴，而达于淮。"就是说高邮、楚州之间的湖泊此时还没有淮水加入,说明陈损之筑堤的当年发生了黄河夺淮,并未殃及扬州。

由于金人纵黄河水南下,南宋偏安江南,黄河夺淮已成定局。到了元代时,北流入海的水已很少。

明洪武二十四年(1391),黄河的水已全部流入淮河,淮河的故道即今废黄河开始淤积。

永乐时,平江伯陈瑄引淮通漕,自是淮水入湖,邵伯湖水皆平流,闸坝失去作用,"此运河之大变革也"(见刘文淇《扬州水道记》),说明淮水开始进入扬州。

明正统元年(1436),黄河的水流开始倒灌清口。景泰六年(1455),黄河的泥沙使清江浦运道淤积长达30里。

成化七年(1471),黄河发大水,清江浦上的新庄闸淤塞。此后不断发生淤积,枯水时,黄河的河水中夹带大量泥沙,流入运河,直向邗沟宝应以南,使运道淤积日趋严重;大水时常决高家堰,流入高(邮)、宝(应)诸湖,冲决湖东漕堤(湖堤),黄、淮汇流对扬州的影响不断加剧。

弘治二年至八年(1489~1495),黄河全面夺淮。由于黄强淮弱,黄河的水注入洪泽湖,不仅使洪泽湖底淤高,还使湖面扩大,并使黄河、淮河、运河交汇处的清口(位于今淮安)上下淤塞。黄、淮并流,浊水泥沙淤垫日趋严重,邗沟运道除要承受清口来的淮水,还要承担高堰决堤后的洪水,堤身单薄的运道湖堤经常溃决成灾。弘治七年(1494),河臣刘大夏率河工堵塞黄河决口,大筑堤防360里,遏制黄河北流。黄河北流断绝,全面夺淮,经徐州、宿迁到淮阴的清口合并于淮河东流至云梯关入海。黄河发水时,其水高于淮水,则倒灌清口,使清江浦河段淤垫。

万历初年,泗州明祖陵常被水淹。为救明陵,万历六年(1578)采用"三分济运,七分刷黄"的"蓄清刷黄"河策,加高高家堰,利用洪泽湖水高于黄河,放出清水(即洪泽湖的水)出清口,冲刷黄河的泥沙,使黄、淮汇流入海;济运的水则由清江浦进入扬州,利用芒稻、沙河及瓜洲、仪征等口门排入长江。

万历二十三年(1595),明祖陵再遭水淹。为解决淮水出路,次年

"役山东、河南、江苏20万人大举分黄导淮","开桃源黄坝新河分黄入海,辟清口沙七里导淮会黄;建高堰三闸、泾河、子婴闸分泄淮水;又浚茆塘港引水入邵伯湖,开金湾(今金湾河前身),达芒稻河入江,建金湾、芒稻河减水闸。"至此,淮水流入扬州经泾河、子婴河,排往大海,经金湾河、芒稻河排往长江,但规模很小。

清初,继续沿用"蓄清刷黄"河策,加高高家堰。黄河"斗水沙居其六,伏秋则居其八,非极湍急,必至停滞",清口不断淤高,淮水难出,为解决淮河出路,清康熙、乾隆时在运河堤上建归海五坝。为减轻归海坝对里下河的危害,乾隆时大建淮水归江工程。

嘉庆九年(1804)后,黄河的水已高于洪泽湖的清水,"蓄清刷黄"失效。同时,高家堰五坝大都被冲毁。

嘉庆十八年(1813),移建高家堰仁、义、礼三坝于蒋坝南,坝下开引河,对应坝下的引河分别命名为头、二、三河(礼坝下的引河是三河)。

清道光八年(1828),新开了归江河道中最后一条河——新河。到这时归江、归海工程成为排泄淮水的关键。

淮河入江口

咸丰元年(1851),淮河洪水冲破洪泽湖上的礼坝,淮水由坝下的三河直接泄入高、宝湖、邵伯湖入江。从此淮、黄汇流由入海改为入江,三河成了洪泽湖最大的排泄淮河洪水的通道。

咸丰五年(1855),黄河在河南兰考铜瓦厢决口北徙,由山东利津入海,黄河夺淮的历史虽告结束,但淮河入海的故道却被黄河泥沙淤废,淮河不能再直接入海,被迫从洪泽湖以下的三河经高、宝湖抵三江营入江,形成一条人工水道,而不是自然河流。

新中国建立以后,兴筑大汕子隔堤,

自金湖县改由高邮湖、邵伯湖、归江河道抵三江营入江,今称淮河入江水道,是为今日淮河尾闾。

　　淮河入江水道在扬州境内纵横南北,成了除长江以外的大河。沿线湖泊、河流、水库以长江、淮河为干流,形成网络,成为长江、淮河两大水系。两大水系的分水岭即流域界限,今称江淮分水岭,它西起仪征市沙集,经铁牌、古井、邗江区甘泉、司徒庙、广陵区湾头,穿过万福、太平、金湾、芒稻闸,沿江都区通扬运河至界沟。分水岭以北属淮河流域,以南属长江流域。

向邵伯湖补水的仪征十二圩翻水站

淮河入江水道的整治与开发

徐炳顺

自明末"分黄导淮",淮水由高邮湖、邵伯湖、芒稻河南下入江,又历清代,宝应、高邮、邵伯湖成了洪水走廊,扬州深受其害,为心腹之患。新中国建立后,扬州人民凭着肩挑人抬,披星戴月,一锹锹,一担担,战风雪,斗严寒,全力整治淮河入江水道,挑出了新的入江水道,主要堤防已由防御淮河行洪 8000 立方米每秒提高到 12000 立方米每秒,为保障经济建设和社会安宁构筑了新的水环境。

我们今天所说的淮河入江水道,是指淮水从洪泽湖畔的三河闸起,沿途经盱眙、洪泽、金湖、高邮、邗江、江都等县区。全长 157.2 公里,其中扬州市境内长 111.4 公里。分为三段:上段自三河闸至施家尖入高邮湖,长 56 公里,有三河与金沟改道组成;中段从施家尖到邵伯湖六闸,长 60 公里,为湖区行洪;下段从六闸分流经金湾、太平、凤凰、新河、壁虎等归江河道,再经芒稻、金湾、太平、万福等闸,南流汇于夹江,至江都区三江营注入长江,长 41.2 公里。它的形成过程,由最初的明万历二十四年(1596)排泄淮水入江算起,到 2011 年已有 415 年的历史。

淮河入江水道的形成,是人工导淮的结果。淮河原是独流入海的河道,不从扬州入江。高邮、宝应、邵伯湖地区原本是村落、沃土。明代万历初年至万历中期,黄淮汇流,使位于泗州的明祖陵不断遭受到洪水的淹没,明祖陵的安危,引起万历皇帝朱翊钧震怒。为了解决洪水的出路,朝廷引起争议。万历二十一年(1593)洪泽湖再次水位上涨,为救明祖陵,于是派给事中张企程勘淮。他提出分黄导淮的主张:开周桥注草字河,疏通高邮湖入邵伯湖,开金湾河达芒稻河入江;由子婴沟入广洋湖达海;开武家墩入济河,由窑湾闸出泾河,从射阳湖入海。万历皇帝见此"大悦"。为保证漕运、保护明陵不被淹,万历皇帝批准了张企程的"分黄导淮"方案。万历二十四年,总河尚书杨一魁实施"分黄导淮",在高家堰建了武家墩、高良涧、周家桥三座泄水闸,浚高邮茆塘港(今称毛港),引淮水入邵伯湖,开金湾(非今金湾河)河,下芒稻河。不过此时只有少量的淮水入江,而淮河入江水道有了雏形。

清康熙初年,发生了类似万历时的水情,高邮清水潭连续 8 次决口,下河被淹,漕运受阻,引起了清政府的重视。康熙、乾隆二帝南巡时决策淮水入江的方略,大兴淮水入江工程,先后开挖人字河、石羊沟,建东西湾滚水坝,拓宽凤凰河、壁虎河。嘉庆时,归江河道口门上的坝闸水毁,无力修复,始以草坝代替(至咸丰时全部改为草坝,民国初年统称为归江十坝,始有归江十坝之名)。道光时为加大淮水泄量又开新河,形成现在的归江河道布局。

咸丰五年(1855)黄河北徙,至民国年间,虽有"导淮"、"复淮"之议,但议多行少,入江水道没有大的变化。

新中国建立后,党中央和政务院及时作出治理淮河的决策,扬州人民治理心腹之患,对入江水道做了一系列的工程。淮河洪水从洪泽湖流出,原经三河排洪,进入宝应湖,多又分流,北达白马湖,南达高邮湖、邵伯湖,迂回、曲折流入长江。1950 年大水后,政务院决定"淮河洪水暂以入江水道为泄水尾闾"的要求,对入江水道的三河堤、运河堤及沿湖圩堤全面复堤加固,疏通水道,清除行洪障碍。1954 年特大洪水以后,对淮河入江水道进行了多次大规模治理。

1954 年 12 月,水利部提出"尽量扩大入江水道"的意见,1955 年 4 月开始拉开了大规模治理淮入江水道序幕。所做的治淮工程有:

邵伯湖口清障

邵伯湖口是淮水下泄分流归江河道的咽喉,湖面宽 1300 米,湖口滩地众多,几乎占去湖口的一半,滩地高,严重影响淮水下泄。1954 年汛期,放弃东、西兴圩,切除横向圩埂。1955 年 4~10 月,治淮委员会工程总队、机械疏浚队切除夏家庄等处高墩,搬土 186 万立方米。1963年汛期,邗江、江都又组织 1800 人对东、西兴圩上下坝头和花园墩坝头予以平毁。1977 年冬至 1978 年春,对严重影响排泄淮水的邵伯湖西岸邗江县乡黄珏同心圩彻底清除。

凤凰河拓浚

凤凰河从河口起,至横河长 4.6 公里,1955 年 4 月至 6 月动员兴化、高邮、宝应、泰县 4 万治水大军,挖土 221.7 万立方米,将河底拓宽 40 米。11 月至 1956 年 2 月,再次挖土 432.1 万立方米,将河底展宽至 80 米。3 月又组织靖江、兴化、泰兴、泰县水利大军 5.51 万人,至 5 月中旬,挖土 440 万立方米。至此凤凰河河底宽达 230 米,可增加淮水泄量 2200多立方米米每秒。

芒稻河拓浚裁弯

芒稻河,是明清时排泄淮河淮水的主要河道,如今是引长江水入新通扬运河的重要口门。现北起芒稻闸(在高水河形成以前北起拦江坝),经九龙、四歧湾,至八港口入夹江,全长 10 公里。解放前,芒稻河堤身矮小弯曲,御洪能力很差。1954 年大水后的冬天,对小摆渡至四歧湾长 300 米的弯道进行裁弯,开挖土方 30 万立方米,缩短河线 3 公里。后来于 1971 年冬至 1972 年春,由泰兴、兴化组织民工 2.11 万人,再次对芒稻河裁贾家港弯道(杭集镇境内)裁弯,新开河长 940 米,挖方 233 万立方米,缩短河线长 1.43 公里。芒稻河经过两次裁弯,大大改善了泄洪、排涝、引水和通航的条件。

加固圩堤

沿宝应、高邮、邵伯湖西,至解放初期有大小圩口 200 多个,圩堤矮小,圩口又小,不能抵御淮河洪水。虽经 1956 年冬,高邮、宝应、江都、邗江动员民工按照行洪 8000 立方米每秒的要求,进行全面修复加固宝应、高邮、邵伯湖沿湖圩堤,但到 1963 年、1965 年,三河闸泄量 8000 立方米每秒左右时,全部沉入水中。此后连续不断地加高圩堤。1969 年冬至 1972 年结合入江水道整治,大规模联圩并圩,加做防浪设施,使湖西圩堤基本定型,防洪能力显著提高。1991 年、2003 年特大洪水,虽然汛情险恶,但没有破圩。1957 年宝应复堤,从东至宝应县山阳大圩王家庄,西至老三河口的孙庄,筑成长 23 公里的白马湖隔堤,将白马湖与宝应湖隔开,使淮河洪水不再倒灌流入白马湖。同时对万福闸以下归江河道圩口进行加高培厚及坍岸抛石防护。后又经结合 1997 年至2003 年江堤达标建设,加高江、港堤防,基本上能防御淮河、长江行洪设计洪水位。

运河整治

1956 年至 1961 年,扬州专区先后动员约 80 万人次,分三期对里运河堤防根据航运、防洪要求,实行拓建、新建。第一期工程:1956 年11 月至 1957 年 7 月,出动 12.5 万人。自高邮镇国寺塔到界首四里铺,在老运河东堤外另开新河,长 26.5 公里,结合河床开挖新筑东堤,挖土方 2078 万立方米。第二期:1959 年 4 月至 7 月,出动劳力 19 万人,新筑宝应胡成洞至高邮界首四里铺西堤;同期完成高邮镇国寺塔至江都鳅鱼口西堤,挖土 2010 万立方米。第三期工程:1959 年 10 月至 1961年 10 月,出动人数 39.3 万人,挖土 7873 万立方米。继续完成宝应叶云洞至胡成洞新西堤。至此扬州运河新筑西堤全部完成,成为扬州入江水道西堤,御洪能力显著提高,防御淮河行洪 12000 立方米每秒。同期切除施工时留下的挡水堰加固东堤;邵伯东堤改线长 2.3 公里;疏浚邵伯湖航道 10.1 公里;挖航道结合筑西堤;新辟瓦窑铺至长江边都天庙出江的河道,长 19.6 公里。1982 年又出动 10 万人,实施宝应中埝切除。

运河整治以后,使里运河东西堤防防洪能力普遍提高。

修筑金沟改道段东西堤

1958 年冬,高邮、宝应两县修筑金沟改道段(位于金湖县,当时隶属扬州)东西堤,长 37 公里,后因工程量大,中途下马,但已初具规模。

开辟金沟改道工程

从 1969 年按照三河闸行洪 12000 立方米每秒(比第一次治理提高 4000 立方米每秒)的水位相应超高 2.5 米的要求,再次掀起空前规模的治淮高潮。

金沟改道工程,北起三河,南至高邮湖西北角的新河洼,全长 18.5 公里,东西堤相距 3 公里,筑堤结合取土开挖东西偏泓。扬州、淮阴、六合三专区分别成立治淮指挥部。5 月开始做施工前的准备工作,组织泰兴、仪征、金湖县 2.3 万人,施挖改道段西偏泓北段及东西偏泓闸塘等工程。10 月全面开工,共计出动 22.5 万人,其中扬州来自宝应、高邮、江都、仪征、邗江、兴化、泰兴、泰县、靖江的有 11 万人,淮阴 8 万人,六合 3.5 万人。他们告别亲人,远离家乡,奔赴水利工地,驻扎高、宝湖畔,举锸如云,共同全面治理入江水道。三个专区的任务范围由江苏省治淮指挥部不分地界,统一分工。

扬州专区负责开挖东西偏泓、筑堤和兴筑大汕子隔堤。大汕子隔堤长 12.1 公里(其中在扬州境内 4.7 公里),在高邮湖、宝应湖中穿筑。1969 年 11 月,兴化、江都、宝应县 6 万民工进入施工现场,吃住在农船上,工程艰巨,施工条件差,前所未有。他们不顾天寒地冻,破冰雪、战严寒,在水中取土,在淤泥中作业,苦战一冬春,终于在 1970 年 4 月在高宝湖之间筑起了一道大堤。自此,也将宝应湖与高邮湖分开。堤北筑堤时结合取土,还挖成金宝航道,成为今南水北调由里运河向洪泽湖的输水河道。

淮阴专区负责筑三河拦河大坝等工程。三河拦河大坝长 4 公里多,它建成后,切断淮水流入宝应湖的口门,使淮河洪水不再绕经宝应湖,改由金沟直下高邮湖,既缩短洪水入江路线 20 余公里,又使宝应湖成为内湖,便于农垦。至 1972 年底,宝应湖退水闸等配套建筑物全部完成。至 1973 年,入江水道所有工程全部竣工。1974 年后,又对重点堤段进行翻筑、加高、培厚,并对裂缝处进行压力灌浆,至 1980 年全部结束。六合专区分工开挖西偏泓及入江水道内清障。

大汕子隔堤与三河拦河大坝的建成,形成了现在的淮河入江水道的现状。

上凤凰河切滩

凤凰河西岸北起孔桥,南至槐泗河口;东岸北起六闸,南至凤凰河口,长 5.78 公里,是淮河入江的咽喉。1970 年,动员江都、泰兴、靖江、宝应、泰县、兴化 10.3 万治水大军,当年 10 月 27 日全线开工,对上凤凰河进行切滩。经过 7 个月的奋战,挖土 1014 万立方米,于 1971 年 5 月完成。

整治新民滩,清除行洪障碍

高邮湖与邵伯湖之间有一块很大的滩地,名为新民滩,由 165 块滩地组成,南北长 7.8 公里,东西宽 6.8 公里,地面高程与现在的正常蓄水位大体持平。由于滩高,不仅影响行洪,还是血吸虫病流行地区。滩地上旧有港汊 16 条;有圩口 8 个,耕地 5000 多亩;庄台 94 个;墓穴遍地;芦苇 3 万多亩。庄台林立,杂草丛生,严重阻水,淮河行洪时,是淮水入江的咽喉,成为过水型漫滩行洪区。1949 年以后,先后进行过 14 次割柴清障,最多一次出动两万多人和上千条船只,每次清障要 15 天左右,国家和当地群众耗资巨大。为了汛后蓄水灌溉,自清光绪时就开始堵港保水。1953 年起,每年汛后,用柴土坝堵闭各港汊,蓄水灌溉。至 1969 年堵拆坝多达 219 次,真是劳民伤财。

1962 年起至 1972 年 11 月,将高邮湖通往邵伯湖的港汊合并,对新民滩彻底治理。先后建成老王港、新港、毛港、庄台、杨庄、新王港 6 座漫水闸。同时西起高邮市郭集乡的郭集大圩,东至里运河西堤,全长 10.5 公里筑一高程在 6.5 米的土埂,与 6 座漫水闸联成一体,形成高邮湖控制线。

1970 年,距里运河西堤 1.3 公里处,顺水流方向新筑庄台,名为湖滨庄台,庄台高程高出设计洪水位 1.5~2 米,长 8850 米,供散居在新民滩上的渔民集中居住。规定新庄台与运河西堤之间南北河头各筑一道子堰,种植一季水稻,一季麦子。遇大水年份,高邮湖水位超过 7.5 米,拆除子堰、放弃耕作行洪。

1987 年冬,经江苏省、扬州市防汛指挥部批准,对新民滩的滩地实施"以垦代清",即以翻耕种麦,代替割柴清障。新民滩有 3 万多亩的柴草、芦苇,生长茂盛,不仅是淮水行洪的障碍,又是钉螺的栖生地。"以垦代清"实施以后,一举四得:既有利于行洪,又减轻国家、群众的负担,不仅抑制钉螺孳生,还增加了渔民收入。1991年大水,这一年冬天又建新庄台闸,控制线向东北延伸至里运河西堤。自此高邮湖并港建闸全部完成,将高邮湖、邵伯湖分级控制,做到蓄泄兼筹。

1991年大水时,对新民滩南北子堰实施爆破行洪。当年11月,经水利部淮河水利委员会批准,决定废弃1970年筑的庄台,兴建新民滩清障保安圩工程。新民滩至里运河西堤之间1.3公里,西侧让出850米作为行洪通道,东侧留450米宽进行圈圩。新筑南北向大堤及加固东西向大堤,利用北大堤与运河西堤相接,作为安置湖滨人民生产、生活的安生基地。新筑的大堤长9.55公里,南、北堤长9.1公里。筑堤结合开挖河道长9.1公里。1996年,又为连接高邮市运东和高邮湖西地区,繁荣当地经济,兴建了高邮湖漫水公路,长9.5公里。

废坝建闸

明清时,归江河道口门初建时都有坝、闸控制。到嘉庆年间,部分坝闸水毁,无力修复,代之以草坝。咸丰十一年(1861)裁减河督,行水听其自然,归江河道上原有的三合土坝水毁后,全部改用柴土坝,至民国5年(1916)统称归江十坝。前人因无"巨资建闸",不得不保留其柴土坝,并延续至新中国建立以后。

中华人民共和国建立以后,为了改善淮河下游地区排洪、蓄水、引水、通航条件及扭转每年堵拆归江坝的状况,有计划地进行了废除归江河道上的柴土坝,改建为闸。1953年建江都船闸(仙女庙)取代了土山坝。1958年大运河开挖后,废除了沙河坝;1962年建成万福闸,代替

万福闸

太平闸

金湾闸

了老坝、壁虎坝、新河坝、凤凰坝；1966年建成运盐闸、芒稻闸，代替了拦江坝；1973年建成太平闸，代替了东湾、西湾坝；1974年建成金湾闸，代替金湾坝。从此结束了归江坝100多年来堵堵拆拆的历史。

经过60多年治理，入江水道已成为上起三河闸，下至三江营淮河排洪入江的最大泄洪道。主要堤防的防洪能力已从8000立方米每秒提高到12000立方米每秒。白马湖、宝应湖地区百万亩农田洪涝分治，部分湖田放垦，特别是为保障下游和里下河地区防洪安全发挥了重要作用。高邮湖控制线、归江控制区的建成，为开发利用水资源，改变以往以排洪为主的工程转为发展灌溉、调水、养殖、排涝、航运、旅游、城市换水、改变生态环境等综合开发利用的工程。入江水道尚存不足，2011年已开始新一轮治理，淮河入江水道的治理不可能一蹴而就，任重而道远。

宝应县金宝圩抢险

李春国

2007 年 7 月初,扬州市连降大雨,河水位猛涨,里下河地区防汛形势渐紧。

10 日上午 10 时许,我与分管市长、市防汛防旱指挥部指挥纪春明正向在扬州检查防汛的省交通厅领导汇报工作,突然接报:宝应县范水镇金宝圩决口,造成重大险情。险情就是命令,纪副市长立即起程赴宝应指导抢险。

虽说水利工作干了多年,但直接担负责任指导抢险还是第一次,路上,我一路思考一路布置。事有凑巧,在汛前准备中,我曾专门组织我市水利系统的老同志召开了一次座谈会,向他们请教水利发展难题。江都市水利局的老局长张文奎同志关于打坝头的文章特别吸引了我。他在文中写到打坝是非常复杂的技术活,不但要制定切实可行的方案,而且要精心组织抢险人员、抢险物资等,尤其是“坝王”(打坝能手)十分重要亦十分关键,现场的指挥调度方案制定都得精通。因此,一路上我不断回味张老局长的经验之谈。因为我是市水利局局长,又是专业技术干部,现场指挥的责任感到力压千钧。为此,我一方面调集市设计院的张松、刘志祥、曹生祥及工务科的凌国栋等同志研究技术方案,一方面积极联系防汛物资。到了现场一看,金宝圩圩堤已被冲成一个 10多米的大口子,当地的农民试图用船只堵口,用了几只都没有用,而且还把口子撕得越来越大,湍急的河水挤着冲向圩内村庄和鱼塘、稻田。

　　金宝圩，又名大寨圩，位于宝应范水境内京杭大运河西侧，因其在金宝航道一侧，又是建于农业学大寨时期而得名。金宝航道南侧大堤叫大汕子隔堤，与高邮湖隔堤，北侧就是金宝圩，本来这里是芦苇荡，因不少渔民打鱼而定居，至今已有300多户村民，2000多亩稻田和鱼塘，而圩子的另一侧与宝应湖西腹部相连，一旦出险，后果不堪设想。

　　看着汹涌的洪水在圩内肆虐，我心急如焚，制定好的方案因物资难以送达，根本无法实施，抢险需要的土源因圩内已淹，也难以挖取，而时间却在不断逝去。屋漏偏遇连夜雨，北侧的圩堤也不断报来险情，多处地段出现"管涌"，到现场查勘，找不到"管涌"上游的孔眼，封堵效果不甚理想。这时，宝应县人大的曹步华副主任灵感一闪，他说过去曾有人直接破堤找眼，一试果然有效，原来确实是腐烂的芦柴根在作祟，心头一块石头终于落地……

金宝圩决口

现在又有了新的堵口方式

再回到决口现场时,扬州军分区司令员常高潮、政委王松林,宝应县领导林正玉、张耀武等都已来到现场,不仅组织了宝应县内的许多民兵,还调集了高邮、江都等地人武部的力量支援抢险;省水利厅吕振霖厅长专门打电话给我,嘱咐我如何抢险,并调度骆运管理处的专业抢险队伍前来支援。

傍晚时分,所需钢管等材料陆续备齐。

晚上6时25分,实施第一方案沉船堵口。

晚上10点,实施第二套方案钢结构堵口。

夜里11点多,副省长黄莉新也赶到现场,指挥抢险。

11日凌晨1时许,省市防指紧急调拨的物资到位,其中包括编织袋20万只、草包5万只、土工布2000平方米、木桩500根。

11日2时,由数百根钢管组成的钢架终于将决口两端连接起来。

4时30分,弧形新堤坝终于横亘在决口的前端,水魔终于被降服。随后,抢险军民又加高加固新堤坝,直到5时30分,整个抢险才宣告结束。

润扬河工程树丰碑

李春国

在扬州城西南部,开发区和邗江区之间,一条新开的河道,宛如一条巨龙,从仪扬河南岸浩浩荡荡,直奔长江。这是新中国建立以来,扬州市兴建的规模最大的城市防洪工程——润扬河工程。

润扬河原名乌塔沟分洪道。工程全长 8.24 公里,河道行洪按 20 年一遇标准设计,由分洪道、分洪道闸、乌塔沟东闸三个部分组成,总投资超过 5.8 亿元。它的建成,标志着扬州主城区实现了西部防洪绞圈,可做到高水高排、低水低排、洪涝分开。

三十年的期盼

扬州主城西部、北部连接丘陵山区,地势较高,往东南地势逐渐平缓。每到汛期,经常出现淮河入江水道行洪,如遇山区洪水,常常造成城区内涝。早在 1970 年,扬州市就提出将老乌塔沟南延,注入长江,减轻城区防洪压力。可是,由于财力不济,技术困难,规划始终不能实施。1991 年夏天连降暴雨,山洪倒灌扬州古城,扬州百姓沿古运河用泥包筑起 1 米多高的"防洪墙",始保城区安全。2003 年扬州市又遭遇了历史上罕见的淮河洪水,丘陵山区的洪水再次直逼城区,造成城区部分街道积水,厂房、商铺、居民区进水,给经济社会发展造成重大损失。2003 年,投资 1.7 亿元,历经一年半时间,顺利实施了扬州城北部沿山河整治工程,使北部丘陵山区洪水归槽,发挥了较好的防洪效益。但是,沿山河工程虽解决了北部山洪归槽问题,西部丘陵山区洪水对主城区的威胁仍然没有解除。随着工业化、城市化快速发展,扬州城区成倍扩大,2006 年

扬州市乌塔沟分洪道工程开工典礼

7月20日,扬州市区2小时降雨90多毫米,西部丘陵山区洪水再次倒灌城区,造成部分城区被淹。市领导决定打通开挖乌塔沟分洪道。

2006年,新年伊始,我刚上任主持市水利局工作,便和前任局长程希同志到南京拜望省水利厅厅长吕振霖,吕厅长是扬州人,对家乡格外关心,交待说"程希任上建成了沿山河,春国你要把乌塔沟建成"。为此,我谨记教诲,加快分洪道工程前期研究,认真进行多方案的可行性及经济效益比选。当年的12月21日,市长王燕文专题听取汇报,决定实施乌塔沟工程,但由于元旦之后耕地占用税要成倍上升,会议要求我10天之内拿到工程立项批文!当晚就组织局负责规划的徐卫东及设计院张松等专业人员,连续几个昼夜,加班加点,4天时间,完成了项目建议书。虽然立项文本送到省发展改革委员会和省水利厅时,已入年关,但有关专家和领导还是克服困难,特事特办,鼎力帮忙,通过审查论证,28日就给予了批复。然而,工程实施资金问题成了新的难题,为得到省水利厅、发改委和财政部门的支持,我多次汇报请示,得到各级领导的支持。特别是争取到水利部及水利部淮河委员会领导以及国家发改委有关部门的支持,把乌塔沟分洪道项目纳入到淮河入江水道整治项目重要影响工程,予以资金支持,国家、省里补助1.6亿元,大大缓解了建设资金的压力。

抢抓机遇，让工程提速

乌塔沟分洪道工程永久性占地 2043.45 亩，还有资金、环境影响、水土保持、长江河道影响等 10 多项报告需要省发改委、财政、国土、农林、水利、环保等部门审批。为了尽快拿到各项批文，确保工程早日开工，我派专人到南京紧盯着每项批文。派去的同志每天来回奔波在省机关有关部门。功夫不负有心人，前前后后整整 3 个月，终于完成了工程用地计划审批以及地质灾害危险性评估、环境影响、水土保持方案、仪扬河口水流数值模拟研究、入江口门段长江河床演变分析及数学模型计算、林地使用可行性研究等诸项报告的评审和审批文件。为了早日开工上马，2008 年 8 月成立乌塔沟分洪道工程建设处，设在邗江区瓜洲镇建华村，负责筹办开工前各项准备工作。

2008 年 11 月 18 日 9 时 18 分，在邗江区瓜洲镇建华村举行乌塔沟分洪道工程开工典礼。扬州市人民政府副市长纪春明主持开工仪式，市委书记季建业宣布开工。江苏省水利厅厅长吕振霖、市长王燕文致辞。市领导徐益民、桑光裕、张爱军、卢桂平出席仪式。

攻坚克难，确保工程质量

乌塔沟分洪道工程经过的地段计划拆迁 250 户，实际需拆迁 294 户，征迁工作难度相当大，市政府明确由属地负责，大大缓解了建设处的压力。邗江区和开发区的同志积极负责，做好拆迁工作，对拆迁工作流程、补偿标准、评估结果、监督电话全部公开，实行阳光操作，全程接受群众监督。整个征地拆迁补偿共计 24900 万元，及时足额补偿到位，没有发生一起群众上访事件。

乌塔沟分洪道工程属平地开河，河底高程 0.0 米，堤顶高程 8.0 米。河道经过的地段地质复杂，属长江江沙淤积土质，挖掘机早上挖出来的是黑土，太阳一晒，一蒸发，土质便成了闪着银光的灰沙，土质含水量大，必须晾晒后才能筑堤，在这种土质的地方开河，给施工带来很大的难度，大多数参建工程技术人员还是第一次。我始终牵挂着工程的进展，隔三岔五必到工地，时刻关注工程进展和遇到的难题。为了解决土壤沙性易出现坍塌的难题和节约利用土地，在乌塔沟分洪道工程建设中先后采用防渗墙、块石护坡、生态驳岸、地连墙、灌注桩、搅拌桩等 10 多项新技术。每到施工关键时刻，我会同工程建设处的负责人、专家到场，现场组织施工。乌塔沟分洪道工程平地筑高堤，开河土方只能筑一侧堤防，需从外部调土 100 万方，而寸土寸金的扬州，土源十分紧缺，从一二十公里以外的丘陵山区取土，粘性土，质量好，但运距远，投资大；从附近挖田取土，取土面积约 750 亩，面积大，农田损失较多，征迁也比较困难。本着"省地、省工、节支、便捷"的原则，经过钻探，反复考量，决定从江滩取土，既节省土地，又节省资金。为了把乌塔沟分洪道工程打造成生态河、景观河，工程建设处多次组织技术人员和施工单位负责人前往苏州、无锡、浙江绍兴等地考察学习，借鉴当地河道整治、水土保持和绿化美化的经验，高起点设计和建设河道的水土保持工程。新建的乌塔沟分洪道，泵站、引水涵、闸、桥梁设施

润扬河工程位置图

配套，堤防绿树成行，芳草如茵，四季常青，成为市民休闲的好去处。为了抓紧工期，负责工程施工的同志不管刮风下雨，酷暑严寒，始终奋战在施工一线。原副局长周海军，2010 年满 58 周岁，退居二线，不再担任领导职务，但乌塔沟分洪道工程建设的担子从来没有从他的肩上卸下，经常看到他在指导施工。建设处的工作人员、市水利工程质监站的同志一心扑在工地上，为抓好乌塔沟分洪道工程建设的进度和质量而默默奉献。

领导的关怀,增添动力

乌塔沟分洪道工程是扬州城市防洪的重大工程,得到国家发改委、水利部、省委省政府、市委市政府有关领导的关心和支持。国家水利部部长陈雷对工程建设十分关心。水利部原副部长翟浩辉,副省长黄莉新,省水利厅厅长吕振霖先后到乌塔沟分洪道工程建设工地进行检查指导。国家发改委王文松、石波,水利部周学文、段红东、梅锦山,淮河水利委员会主任钱敏等有关司局领导都对工程给予了极大关心。扬州市委原书记季建业、原市长王燕文对乌塔沟分洪道工程质量十分关注,王燕文同志担任市委书记后,多次视察建设工地,听取工程建设情况汇报,对工程建设和质量作出指示。市长谢正义上任不久就视察乌塔沟分洪道建设工地,常务副市长张爱军多次对工程建设问题作出重要批示,分管副市长纪春明在乌塔沟分洪道工程建设期间,先后主持召开各种协调会达 21 次之多。市人大、市政协、水利局及市党政机关退下来的老同志多次到工地视察指导,给乌塔沟分洪道工程建设者们以极大的关怀和鼓舞。

经过 3 年多的奋战,乌塔沟工程进展顺利,取得决定性成果。完成开挖河道 8.24 公里,配套跨河桥梁 5 座,涵、闸、站 17 座,2012 年 6 月 10 日整个主体工程基本完成,实现全线通水的总目标。乌塔沟工程建成,把区域防洪标准提高到 20 年一遇,在扬州西城区筑起一道防御丘陵山区洪水的坚固防线,这项造福子孙后代的防洪工程,润泽扬州,故在竣工前夕,项目名称乌塔沟分洪道更名为润扬河。

竣工后的润扬河   摄影:缪宜江

70万农民喝上"安全水"

姜 涛 李章林

2011年11月1日，笔者从市有关部门获悉，历时3年、直接投资3亿元的农村饮水安全工程将全部结束。全市70万饮水困难人口将全部喝上安全水，实现农民从"有水喝"到"喝好水"、从乡镇集中供水到城乡区域供水的愿望。全市470座水厂最后将只保留17座。

"幸福水"滋润众乡亲

我市农村饮水安全肇始于2006年的血防工程。当时为了解决长江边血吸虫疫区农民饮水安全问题，在当时仪征的十二圩、朴席等地实现集中饮水。随着调查的深入，我市饮水困难人口达到70万人。

昨天，在高邮车逻镇师伙村，一说起饮水安全工程，村民们就兴奋不已，都说喝上了"幸福水"。督察组走进一个农家小院，主人陈发广正在自来水管前接水。听到督查组询问水质，他说："我们现在喝的是清水。以前喝的水多数时候是浑浊的，舀在碗里一会儿就是黑黑的一层，经常闹肚子。"

说起现在的清水，陈发广赞不绝口："农村饮水安全工程，这是政府花钱为老百姓办的大好事，要不然靠单个农民，根本没能力接通那么长的新水管。"据车逻镇负责人介绍，车逻镇建有5座小水厂，主要靠采取地下水供应13个村3.3万人的饮用水。由于已运行20多年，供水设施老化、制水工艺简陋、管网老化，农民饮水存在诸多问题。为统筹城乡供水，保障农村饮水安全，铺设水厂之间的联并主干管网15.85

公里,改造内部管网 6.6 公里。如今工程改造已完成,"哗哗的自来水就像甘泉一样滋润着乡亲们,也去掉了我们农村干部的一块心病!"

后山区也喝上了长江水

一年前的今天,仪征市后山区刘集镇古井村元井组的村民,终于和城里人一样喝上了自来水。80 岁的罗老太捧着洗得干干净净的青菜,大声说:"扬州水真好! 这是党和政府送给我们农民最好的礼物!"

在仪征市刘集镇古井村这个江淮分水岭,村民世世代代喝的是池塘水;池塘干涸污染了,他们只好家家户户掘深井。可是地下水含钙、镁太高,全村 27000 人有 3000 人患上胆结石。罗桂珍老人说:"我家 6 口人,有 3 个得了结石病。去年,我还到镇上卫生院开了刀,拿出来的石头有鸡蛋那么大!"据古井水厂尹厂长介绍,古井镇有一口明朝古井,已成了枯井;上世纪 80 年代后又相继打了几口 150 米深井,这恐怕也是扬州最深的饮水井了,可现在不仅水质差,碱性高,矿物质含量高,出水量也非常小。全镇近 3 万人口,有 5000 多人吃水不能保障。

我市实施农村饮水安全工程后,终于把瓜洲附近的扬州四水厂自来水通过铺设 45 公里的输水管道,再进行三级提水(山区和江边落差近 40 米),一级一级、一节一节地送到了古井村每个分散的农户家。

城乡"同网同源同质同价"

市水利局农水处李处长说,解决饮水安全问题,集中供水是重要手段。为了确保今年农村饮水安全工程建设资金足额到位,我市采取市政府加大投入为主、县(市、区)配套、市场融资、农民自筹等多种方式筹集资金,有力地保障了我市农村饮水安全工程建设所需资金。

在投入有保障的基础上,我市针对农村水源不足、水污染等影响饮水安全问题,结合省《宁镇扬泰通区域供水规划》和我市村镇建设整体规划,编制完成了农村饮水安全总体实施规划,率先在省里通过了专家评审并实施。

按照规划,高邮、江都改扩或利用现有乡镇水厂,改造和延伸主干管网,铺设镇村管网,将镇、村级主管道并网,等区域供水工程实施后,全市管网进行联并;仪征市和邗江区以现有供水管网为基础,结合区域供水,以各乡镇水厂为中心向各村、组进行管道延伸、更新、改造,供水到户。实践证明,采取自来水到户的供水方式,集中连片、跨地区引水,能够有效解决饮水安全问题。

当时水源问题最为迫切。平原地区取自地下水,水质差,碱性高、矿物质含量高,出水量也非常小;山区喝的是河塘水,污染严重,有重金属污染。自来水厂小而散,全市有 470 座之多,大多小水厂供水能力只有 5000 吨/日,而现在只有 17 座集中供水厂,日供水量平均达到了 50000 吨/日。

据了解,我市农村饮水安全工程共铺设管道 8000 多公里,长度超过万里长城;水源全部取自于大江大河大湖,而全市水厂也从最初的 470 座减少至最后的 17 座,实现了城乡用水"同网同源同质同价"。

仪征弘桥水厂净化设施

他走过的大堤,可绕地球 10 圈

姜　涛

2012 年,扬州进入主汛期之际,笔者赶到江都区邵伯古镇上的江都区运河管理处,先坐"小划子"过大运河,又爬上泥泞不堪的河西大堤,才来到运河大堤 1 号汛棚一间孤房,由于无法架线,至今尚未通电。

巡堤一来回,泥鞋足有三四斤重

中午时分,赵景榴回来了,头上、身上全是汗水,脚上沾满泥巴,那双泥鞋足有三四斤重。每天早上 6：30 出发,从邵伯到江都与高邮交界的露筋,一共是 17 公里。然后返回,直到中午 11 点多才能到站上。午饭后休息一下,下午 4 点,新一轮巡堤开始,直到傍晚 6 点多才能到站,这就是赵景榴一天的行程。

"巡堤可不是赶路,"赵景榴扬了扬手中的棍子,"先看树木有没有被砍伐,再看大堤有无异常,如果遇到獾洞,还要做上大大的记号。"巡堤还不能着急,要在沿线 6 个汛棚观测、记录水位水情,发现情况及时上报。

巡堤员还有一项特殊任务:边走边查看有没有狗獾子洞、白蚁穴。狗獾子喜欢在圩堤上打洞,其洞穴既深又大,

观测水位　　　　摄影:姜涛

478

一个洞穴弯弯曲曲可达几百米,对河湖大堤危害较大;白蚁的力量同样不能小瞧,"有种黑背白蚁,做出来的窝很大,里边能坐四个人打麻将!"

用脚丈量,30年走过45万公里

记者看到,巡堤员喝的水是用明矾沉淀过的河水,几样蔬菜和少许肉,就是午饭的全部。赵景榴说他今年已50多岁,在这里已跑了30年,寂寞辛苦他都能忍,最放心不下的是不远处的家。昭关虽然离这里并不远,可他一个月才能回去一次,上午到家下午走,扛上一个月的口粮赶回来值晚班。

20多岁时,赵景榴接了父亲的班,大堤西面是浩浩荡荡的邵伯湖,东面是奔流不息的大运河,大堤长期处于高水位的浸泡中,压力很大。"这些年来,我们及时发现险情、报告水情、巡堤护堤,基本没发生什么意外。"

正常年月,主汛期时长170天,每天早晚分别巡查一次,每天步行66公里。管理处副主任王国顺说,剔除非汛期巡查量减半,赵景榴每年需要在大堤上步行1.5万公里以上。已在大堤上工作了30年的他,走过的大堤总长有45万公里,相当于绕地球10圈。

扬州境内河湖众多,又处在淮河入江水道与长江交汇要冲,全市有1000多名像赵景榴一样的堤防巡查员常年值守在堤坝上。

后 记

2009 年新春伊始,为庆祝中华人民共和国成立 60 周年,扬州市水利局为挖掘整理传统水文化遗产,丰富现代水利的文化内涵,进一步加强水利文化建设,决定组织编写《扬州水利史话》。经过三年多时间的努力,于 2012 年完稿,终于交付出版。

《扬州水利史话》自 2009 年 4 月起,通过广泛征稿,至 2010 年 10 月,先后收到稿件 140 余篇,其内容涉及时间跨度长,上自春秋吴王夫差开挖邗沟,下至 21 世纪初扬州市区建成防洪工程润扬河止,长达 2500 年。为使读者系统地了解扬州 2500 年来的治水历程,本着大事不漏、小事从简、详今略古的原则,对来稿内容进行了筛选和补缺,并将稿件分组,请徐炳顺、张泽民、吴家兴、刘栋、王虎华、周晗、姜涛、朱志泊、傅桂明、沈玉珊等同志进行文字审阅。又经反复研究,决定以年代为经,以历代的水利工程、河湖变迁、水害、机构、人物等为纬进行编排。最后确定由徐炳顺、吴家兴校阅统稿,加工润色。

本书是扬州市第一部全面介绍扬州境内江河、湖泊、农田建设治理、管理、使用、防汛、抗旱的专著,既是水利史也是治水史,本书以史料为据,记载了运河的形成和变迁、长江的演变和治理、扬州受黄河夺淮的影响等重要水利史实,还描述了众多的治水人物、江淮两大流域的形成、里下河长期饱受水害的原因,叙述构成扬州洪、涝、旱灾的诸多影响因素。书中特别对新中国成立后 60 多年来,全面拓浚扬州运河、治理淮河入江水道、大规模兴修农田水利、治理江岸坍塌、里下河实行沤改旱、山区大兴库塘坝、发展机电排灌动力、兴建南水北调工程、城市防洪、重大防洪抢险、依法治水、依法管水、变水害为水利等记载尤为翔实。参与撰写的作者,大都是有多年直接从事水利、水运工作的专家、学者、亲历者,还有社会各界热爱关心水利事业的文史学者、专家,他们不避寒暑,实心力行,以严谨的态度,反复研讨,伏案查考,认真校订,从而使本书具有史料性、真实性和可读性。在此向各位作者深表敬意。

本书中有大量的地名、河湖名称,因后来多有变化写法不一,有的加注,有的未全部改写,如氾光湖的氾字,史籍中有的作范光湖,有的作氾光湖,新中国成立后随着宝应县将氾水镇改作范水镇,今用范字,本书仅作说明,继用氾字。

本书中有少数照片因来稿时未署作者姓名,请作者见书后与扬州市水利局办公室联系,一经核实即付稿酬。

在稿件编审过程中,得到了各县(市、区)水务(利)局和扬州市水利局全体工作人员、离退休老干部的大力支持。特别是水利部原副部长翟浩辉、江苏省水利厅厅长吕振霖、扬州市政协主席洪锦华为本书写了序言,在此一并表示感谢。

水文化是扬州市水利建设中不可或缺的组成部分,《扬州水利史话》则是我们加强水文化建设的又一次尝试。由于经验不足,水平有限,疏漏不足之处在所难免,敬请读者指正。

编　者